U0379500

机械设计工程师资格考试培训教材

机电一体化系统设计

中国机械工程学会机械设计分会　组编

主　编　芮延年

参　编　赵根林　潘　巍

主　审　陈长琦

机械工业出版社

本书为机械设计工程师资格考试培训教材。本书从机电一体化技术角度出发，系统地阐述了"机电一体化系统设计"的原理、方法与应用。本书内容包括绪论，系统总体方案设计，机械传动系统设计，电气、液压驱动系统设计，传感器与检测系统，可编程序控制器（PLC）原理及应用，单片机原理及接口技术，机电一体化系统设计范例。

本书不但可以作为机械工程及自动化等相关专业的教材，同时也可作为机电一体化产品设计、制造和生产管理人员的学习和参考用书。

图书在版编目（CIP）数据

机电一体化系统设计/芮延年主编；中国机械工程学会机械设计分会组编．—北京：机械工业出版社，2014.7（2024.7重印）

机械设计工程师资格考试培训教材

ISBN 978-7-111-46732-8

Ⅰ．①机… Ⅱ．①芮…②中… Ⅲ．①机电一体化—系统设计—工程师—资格考试—教材 Ⅳ．①TH-39

中国版本图书馆 CIP 数据核字（2014）第 099494 号

机械工业出版社（北京市百万庄大街 22 号　邮政编码 100037）
策划编辑：蔡开颖　　责任编辑：蔡开颖　李　超　王　荣　卢若薇
版式设计：赵颖喆　　责任校对：丁丽丽
封面设计：张　静　　责任印制：张　博
北京雁林吉兆印刷有限公司印刷
2024 年 7 月第 1 版第 3 次印刷
184mm×260mm · 18.25 印张 · 441 千字
标准书号：ISBN 978-7-111-46732-8
定价：49.80 元

电话服务　　　　　　　　网络服务
客服电话：010-88361066　机　工　官　网：www.cmpbook.com
　　　　　010-88379833　机　工　官　博：weibo.com/cmp1952
　　　　　010-68326294　金　　书　　网：www.golden-book.com
封底无防伪标均为盗版　机工教育服务网：www.cmpedu.com

前　言

现代科学技术的迅猛发展，尤其是微电子技术、信息技术、传感与检测技术和机械技术的相互渗透，使传统的机械工业产生了较大的变革。机械装备的面貌已经焕然一新，一些广泛应用的传统机械运动系统，逐渐被机械电子机构所取代，传感器和微电子控制系统已成为机电产品的重要组成部分。现代机电产品已成为机与电高度融合的整体机电一体化产品。

本书为机械设计工程师资格考试培训教材，也可供见习机械设计工程师资格考试培训参考使用。本书主要介绍了机电一体化系统设计过程中，系统总体方案设计、机械传动系统设计、电气、液压驱动系统设计、传感器与检测系统、可编程序控制器（PLC）原理及应用、单片机原理及接口技术，并通过机电一体化系统设计范例对全书进行了综合总结。本书以"以机为主、电为机用、机电结合"为方向进行编写。全书分为8章，主要涉及内容如下：

第1章绪论。主要介绍机电一体化基本概念、关键技术及发展趋势。

第2章系统总体方案设计。主要介绍机电一体化系统设计基本原则、一般过程、总体方案设计等内容。

第3章机械传动系统设计。主要介绍机电一体化系统的机械传动和支承机构的功能及要求、齿轮传动的设计与选择、带传动的设计与选择、链传动的设计与选择、螺旋传动的设计与选择、间隙传动的设计与选择、自动给料机构、轴系部件的设计与选择等内容。

第4章电气、液压驱动系统设计。主要介绍机电一体化系统设计中电气驱动方式、电动机的选择、三相异步电动机、步进电动机、直线电动机、压电驱动器、液压传动系统、液压伺服控制系统的设计与选择等内容。

第5章传感器与检测系统。主要介绍传感器的基本概念，温度传感器，位移传感器，速度与加速度传感器，力、压力和转矩传感器，位置传感器，红外、图像传感器等常用传感器的工作原理及应用。

第6章可编程序控制器（PLC）的原理及应用。主要介绍可编程序控制器（PLC）的基本原理、指令系统和编程技术与方法，以及PLC基本逻辑指令应用编程。

第7章单片机原理及接口技术。主要介绍单片机的基本原理、PLC的基本构成、FX系列PLC的基本指令及编程、PLC基本逻辑指令应用编程等内容。

第8章机电一体化系统设计范例。主要通过几个产品开发设计实例，介绍机电一体化产品开发设计过程与方法。

本书的第1~4章和第8章由芮延年老师编写；第6、7章由赵根林老师编写；第 5 章由潘巍老师编写，参考资料的收集与翻译也由其负责；全书由芮延年老师统稿，由陈长琦老师担任主审。本书在编写过程中参阅了国内外同行的教材、参考书、手册和期刊文献，在此谨致谢意。蒋澄灿、廖黎莉、管淼等博士研究生为本书的插图收集、文字整理做了大量工作，在此表示衷心的感谢！

由于作者水平有限，错漏及不足之处在所难免，敬请读者批评指正。

编　者

于苏大后庄

目　　录

V

第1章 绪 论

1.1 机电一体化基本概念

1.1.1 机电一体化的定义

"机电一体化"在国外被称为"Mechatronics",是日本人在20世纪70年代提出来的,它是取机械学(Mechanics)的前半部分和电子学(Electronics)的后半部分组合起来构成的,意思是融合机械技术、电子技术、信息技术、自动控制技术等为一体的新兴交叉技术。

机械技术是一门古老的学科,它为人类社会的进步与发展做出了卓越贡献,直到今天机械技术仍然是现代工业的基础,国民经济的各个部门都离不开它。机械种类繁多,功能各异,不论哪一种机械,从诞生以来都经历了使用→改进→再使用→再改进,即不断革新和逐步完善的过程,可以说机械技术的发展是无止境的。

随着科学发展与进步,人们认识到机械学科发展到今天,与其他新兴学科相比,其发展速度开始变得缓慢,有些问题单从机械角度对它们进行改进是越来越不容易了。

机电一体化以新兴的微电子技术、计算机信息技术、自动控制技术、传感器检测技术、电力电子技术、接口技术、信号转换技术、软件编程技术和新材料技术等相关群体技术深度结合的基础上,产生的机电一体化系统技术。

机电一体化系统是一个综合的概念,它包含了技术和产品两方面内容。机电一体化技术主要是指包括技术基础、技术原理在内的,使机电一体化产品得以实现和发展的技术;机电一体化产品是指采用机电一体化技术,使产品的机械系统或部件与微电子等系统或部件,相互置换或有机结合而构成新的系统,且赋予其新功能和性能的新一代机电一体化产品。机械产品发展到机电一体化产品可以划分为4个阶段,见表1-1。

表1-1 机械产品发展到机电一体化产品4个阶段的划分

阶 段	第1阶段	第2阶段	第3阶段	第4阶段
系统构成	机械	机械+电器	机械+电子+软件	机械+电子+软件+相关新技术
驱动方式	传统机械驱动	以驱动器、电动机为主的驱动	变频电机驱动、液压伺服驱动	变频器和伺服器集成驱动
控制方式	机械开关控制	电器+机械开关联合控制	电气+电子+软件集成控制	计算机+软件智能控制

1.1.2　机电一体化系统的基本构成

一个较完善的机电一体化系统，应包含机械本体、动力与驱动、执行机构、传感与检测、信息处理及控制五个基本要素。这些组成部分内部及其相互之间，通过运动传递、物质流动、信息控制、接口耦合、能量转换等有机结合，集成一个完整的机电一体化系统，如图1-1a 所示。它与构成人体的头脑、感官（眼、耳、鼻、舌、皮肤）、手足、内脏及骨骼等五大部分相类似，如图1-1b 所示。机械本体相当于人的骨骼，动力源相当于人的内脏，执行机构相当于人的手足，传感器相当于人的感官，信息处理及控制相当于人的大脑。由此可见，机电一体化系统内部的五大功能与人体的功能几乎是一样的，因而，人体是机电一体化产品发展的最好蓝本，实现各功能的相应构成要素如图1-1c 所示。

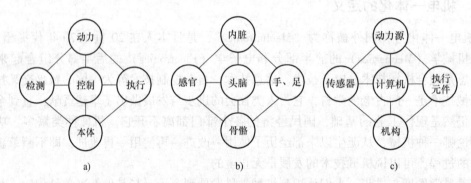

图 1-1　机电一体化系统与人体对应部分及相应功能的关系

1. 机械本体

机械本体是机电一体化系统的基本支持体，它通常包括机身、框架、连接等。由于机电一体化产品性能、水平和功能的不断提高，要求机械本体在机械结构、材料、加工工艺以及几何尺寸等方面能适应机电一体化产品多功能、高可靠性、轻量、美观和节能等要求。

2. 动力与驱动

机电一体化产品的显著特征之一，是用尽可能小的动力输入，获得尽可能大的功能输出。机电一体化产品不但要求驱动效率高、反应速度快，而且要求对环境适应性强和可靠性高。由于电力电子技术的发展，高性能伺服驱动等技术在机电一体化产品中的应用，使得动力与驱动更加简捷方便。

3. 传感与检测

传感与检测是机电一体化系统中的关键技术。传感器是将力、位移、速度、加速度、温度、距离、图像、pH 值等（物理量、化学量、生物量）转换成电量的装置，即引起电阻、电流、电压、电场及频率的变化。通过相应的信号检测与处理技术将其反馈给控制系统，因此，传感与检测是实现自动控制的关键环节。

4. 执行机构

通常执行机构是根据控制信息和指令，完成要求的动作的。执行机构一般采用机械、液压、气动、电磁以及机电相结合的方式。在设计机电一体化系统的执行机构时，可以通过采用标准化、系列化和模块化等方法来提高执行机构的性能。

5. 信息处理与控制

信息处理与控制是指，对来自各传感器的检测信息和外部输入命令进行集中、储存、分析、加工、信息处理等，使之符合控制要求。实现信息处理的主要工具是计算机。

在机电一体化产品中，信息处理与计算机指挥着整个系统的运行，其正确与否及运行将直接影响到系统的工作质量和效率，因此，信息处理与控制已成为机电一体化技术和产品发展最活跃的因素。信息处理一般由计算机、可编程序控制器（PLC）、数控装置以及逻辑电路、A-D 与 D-A 转换、I/O（输入/输出）接口及外部设备等组成。

从上述介绍可以看出，机电一体化系统的基本特征就是给"机械"增添了信息处理与控制头脑，信息处理只是把传感器检测到的信号转化成可以控制的信号，系统如何运动还需要通过控制来进行。也就是说，机电一体化系统的性能在很大程度上取决于控制系统。控制系统不仅与计算机及其输入、输出通道有关，还与所采用的控制技术有关。控制技术又分为线性控制、非线性控制、最优控制、学习控制等现代控制技术。控制必须从系统工程的角度出发，灵活有机地运用现有的机械技术、电子技术和信息技术等，对系统进行最优控制或智能控制。

机电一体化系统的五大要素及其相应的五大功能如图 1-2 所示。

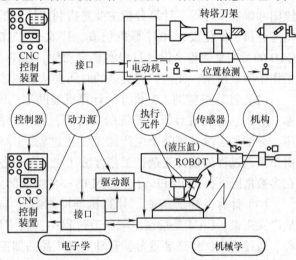

图 1-2 机电一体化系统的五大要素及其相应的五大功能

1.2 机电一体化系统的分类与应用

正像机电一体化系统定义的那样，机电一体化系统包括技术和产品，在具体应用时往往会涉及电气、电子、光学、仪器仪表、液压和气动等技术。国内外一些研究者先后提出过光机电一体化技术（如数码照相机）、机电仪一体化技术（如核磁共振扫描仪）、机电液一体化技术（如液压挖掘机）等概念及定义。但是，不管是光机电一体化技术、机电仪一体化技术还是机电液一体化技术，都表明了该技术或产品采用了机电相关新技术，所以认为，统称为"机电一体化系统"或简称为"机电一体化"较为简洁、合适。因此，可以说机电一体化系统有着极其广泛的含义，自动化的机电产品、自动化的生产工艺、设备故障监测与诊断技术、数控技术、CAD 技术、CAPP 技术、CAM 技术、集成化的 CAD/CAPP/CAM 技术、专家系统、计算机仿真、生产过程计算机管理、机器人等都属于机电一体化系统的范畴。

目前世界上普遍认为机电一体化可以分成：生产过程的机电一体化和机电产品的机电一体化两大类。

1. 生产过程的机电一体化

生产过程的机电一体化意味着工业生产体系的机电一体化，如机械制造过程的机电一体化、化工生产过程的机电一体化、冶金生产过程的机电一体化、纺织与印染生产过程的机电一体化、电子产品生产过程的机电一体化、排版与印刷过程机电一体化等。

生产过程的机电一体化又可根据生产过程的特点（如生产设备和生产工艺是否连续），划分为离散制造过程的机电一体化和连续生产过程的机电一体化。前者以机械制造业为代表，后者以化工生产流程为代表。

生产过程的机电一体化主要包括产品设计、加工、装配、检验的自动化和经营管理自动化等。其主要涉及以下几个方面。

（1）计算机辅助设计　计算机辅助设计（Computer Aided Design，简称CAD），是指计算机和相关软件应用于产品设计的全过程，其中包括资料检索、方案构思、计算分析、工程绘图和编制文件等。计算分析主要是指利用计算机的强大数据处理和存储能力对产品进行静动态分析、优化设计和计算机仿真，广义的CAD还包括计算机辅助分析（CAE）。采用CAD的目的是使整个设计过程实现自动化，CAD系统可以把设计人员从繁重的计算、绘图工作中解放出来，使他们有更多的时间去从事创造性活动。

（2）计算机辅助工艺设计　计算机辅助工艺设计（Computer Aided Process Planning，简称CAPP），是指在计算机系统的支持下，根据产品设计要求，选择加工方法、确定加工顺序、分配加工设备等整个生产加工工艺过程。CAPP的目的是实现生产准备工作的自动化，由于工艺过程的设计复杂，工艺方法往往又与企业设备、工人和技术人员水平等因素有关，在多数情况下，把CAPP看做CAM的一个组成部分。

（3）计算机辅助制造　计算机辅助制造（Computer Aided Manufacturing，简称CAM）。从广义来说，CAM是指在机械制造过程中，利用计算机通过各种设备，如机器人、加工中心、数控机床、传送装置等，自动完成产品的加工、装配、检测和包装等制造过程，同时也包括计算机辅助工艺设计CAPP和NC编程。采用计算机辅助制造零部件，可改善对产品多变的适应能力，提高加工效率和生产自动化水平，缩短加工准备时间，降低生产成本，提高产品质量。

（4）CAD/CAPP/CAM集成系统　随着技术进步和计算技术的发展，现代制造过程中，CAD、CAPP、CAM独立存在的情况已越来越少，基于计算机网络环境下的协同设计与制造技术是今后的发展方向。而CAD/CAPP/CAM集成系统是其关键技术，一些发达国家和著名公司都给予了极大的重视，投入了大量人力物力进行研究和开发。统计数据表明CAD/CAPP/CAM集成系统不但方便设计、查询和修改，而且可以大幅度地提高工效。

（5）柔性制造系统　柔性制造系统（Flexible Manufacturing System，简称FMS）又称为计算机化的制造系统。其主要由计算机、数控机床、机器人、自动化仓库、自动搬运小车等组成。它可以随机、实时地按照工艺要求进行生产，它特别适合于多品种、小批量和离散零件的生产。

FMS需要数据库的支持，FMS所用的数据库一般有两种：一种是零件数据库，用于存储零件加工相关信息，如工件尺寸、工夹具要求、成组代码、材料、加工计划、进给量和速度等数据。另一种是信息管理和控制数据库，主要用于存储、管理和控制设备信息状态等。

（6）计算机集成制造系统（CIMS）　计算机集成制造系统（Computer Integrated Manufacturing Systems，简称CIMS）。就是计算机辅助生产管理与CAD/CAM及车间自动化设备的集成。所谓车间自动化设备是指FMS、FMC、数控机床、数控加工中心、机器人等一系列自动化生产设备。换言之，CIMS是在柔性制造技术、信息技术和系统科学的基础上，将制造工厂经营活动所需的各种自动化系统有机地集成起来，使其能适应市场多品种、小批量、高效益、高柔性的智能生产系统要求。

2. 机电产品的机电一体化

当传统机电产品引入电子、计算机、自动控制等新技术，就可能形成新一代的机电一体化产品，也可以这样定义，带有微处理器的机电产品才可以称为机电一体化产品。

在机电一体化产品中又可分为机械产品电子化（取代设计）和产品机电一体化（融合设计）两种形式。

机械产品电子化就是原有的机械产品采用了电子等相关技术之后，其性能和功能都有了很大的提高，甚至在原理、结构上也发生了变化，部分原理、结构被电子相关技术所替代。

这类产品为数不少，它们又可细分成：

1）机械本身的主要功能被电子取代，如激光雕铣机采用激光连续加工的方法代替了传统方式的金属切削加工；数码照相机的电子曝光、对焦方式代替了机械式曝光和对焦等。

2）机械式信息处理机构被电子元件代替，如电子钟表、电子计算器、电子交换机等。

3）机械传动与控制机构被电子电路代替，如缝纫机的凸轮机构被伺服电动机等所代替，加热炉中的机械顺序控制方式被 PLC 或单片机程序所替代。

4）采用微电子技术可以增加系统和产品功能，如数控机床、汽车防滑制动装置、微机控制的电机调速装置、微机控制的播种机、微机控制的联合收割机、微机控制的孵化器等。

传统的机电产品加上微处理器、自动控制技术等，可使其转变为新一代的产品，而这种新机电产品较之旧机电产品往往功能强、性能好、精度高、体积小、重量轻、更可靠、更方便、经济效益显著。

机电一体化产品小到儿童玩具、家用电器、办公设备，大到数控机床、机器人、自动化生产线、航空航天器等。因此，可以说机电一体化技术和产品几乎涉及社会的各个方面，涉及的主要内容如图 1-3 所示。

- 机电一体化系统技术和产品
  - 生产用机电一体化技术和产品
    - 数控机床、机器人、自动设备
    - 柔性生产单元、自动组合生产单元
    - FMS、无人化工厂、CIMS
  - 运输、包装及工程用机电一体化技术和产品
    - 微机控制汽车、机车等交通工具
    - 数控包装机械及其系统
    - 数控运输机械及工程机械设备
  - 贮存、销售机电一体化技术和产品
    - 自动仓库
    - 自动空调与制冷系统及设备
    - 自动称量、分选、销售及现金处理系统
  - 社会服务性机电一体化技术和产品
    - 自动化办公设备
    - 动力、医疗、环保及公共服务自动化设施
    - 文教、体育、娱乐用机电一体化产品
  - 家用机电一体化技术和产品
    - 微机或数控型耐用消费品
    - 炊事自动化机械
    - 家庭用信息、服务设备
  - 科研及过程控制用机电一体化技术和产品
    - 测试设备
    - 控制设备
    - 信息处理系统
  - 农、林、牧、渔及其他民用机电一体化技术和产品
  - 航空、航天、国防用武器装备等机电一体化技术和产品

图 1-3 机电一体化技术与产品所涉及的主要内容

1.3　机电一体化产品设计方法

机电一体化产品种类繁多，涉及的技术领域及其复杂程度不同，产品设计的类型也不同。现代设计方法与传统设计方法不同之处在于，机电一体化产品设计是以计算机为辅助手段的现代设计方法。其设计步骤通常是：技术预测→市场需求→信息分析→科学类比→系统设计→创新性设计→因时制宜地选择适应的现代设计方法，如创新设计、优化设计、有限元法、可靠性设计、虚拟设计、绿色设计等，才能较好地完成机电一体化产品设计。

由于设计方法具有时序性和继承性，之所以冠以"现代"二字是为了强调其科学性和前瞻性以引起重视，其实有些方法也并非是最新的。由于当前传统设计与现代设计正处在共存性阶段，现代设计与传统设计方法相比，现代设计是一种以动态分析、精确计算、优化设计为特征的设计方法，图1-4所示为现代设计方法的基本工作流程。

上述现代设计方法的基本工作流程不是绝对的，只是一个大致的设计路线。现代设计方法对传统设计中的某些精华必须予以承认，在各个设计步骤中应考虑传统设计的一般原则，如技术经济分析、造型设计、市场需求、类比原则、冗余原则、经验原则以及三化原则（标准化、系列化、模块化）等。

正像前面对机电一体化定义的那样，机电一体化是机械技术、电子技术和信息技术等相关技术的有机结合。因此，在从事机电一体化产品设计时需考虑哪些功能由机械技术实现会更好一些，哪些功能由电子技术实现更合适等。同时还需要考虑哪些功能由硬件实现，哪些功能由软件实现以及机、电、液传动如何匹配整合优化等问题。这就要求在进行机电一体化产品设计时，采用现代设计方法，综合

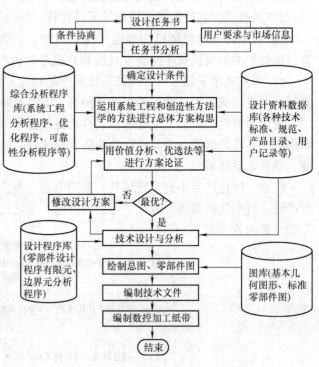

图1-4　现代设计方法的基本工作流程

运用机械技术和电子技术的特点，充分发挥其优越性。下面对常用的现代设计方法进行简介。

1.3.1　创新设计

创新是设计的本质，也是设计活动的最终目标，机电一体化产品竞争优势来源于创新设计。机电一体化产品设计通过对机械技术、电子技术、信息技术等相关新技术的有机结合，创造出满足社会需求，具有较强市场竞争能力的机电一体化产品。

一般把技术创新分为如下三类：

一种是不明显的创新。只是通过形式上的翻新，获得相应竞争能力。例如，按用户订单

生产不同颜色的自行车，按用户需求生产具有个性的家用小汽车等。这种创新可以简称为适应性创新。

第二种是较好的创新。是通过对技术、产品的改进优化，使之质量、性能等有了较大的提高。例如，采用数控技术对传统机床进行改造，改造后的机床性能、生产能力等都有了很大的提高；又如将喷墨打印技术与纺织印花技术结合起来，形成喷墨印花技术等。这种创新可以简称为集成式创新。

第三种是较显著的创新。由于研发了一种新技术，使得产品竞争力显著提高，形成新的竞争力和制高点。例如，研发的 LED 显示技术，改变了传统电视显示方式，使电视图像更清晰、体积更小、价格更低；又如，电动汽车用电池，如果谁能设计和制造出一种体积小、蓄电量高、长寿命、充电速度快的高性能电池，就会产生新的竞争力和制高点，像这种创新将不仅具有实际意义，而且也具有较好的历史意义。这种创新可以简称为创造式创新。

常用创新设计方法很多，如演绎推理创新法、列举分析创新法、检索提示创新法、智力激励创新法、组合创新法、逆向思维创新法等。

1.3.2 优化设计

在传统的设计中，很早就存在着"选优"的思想。设计人员可以根据需要同时提出几种不同的设计方案，通过分析评价，从中选出较好的方案。这种选优的方案，在很大程度上带有经验性，即具有一定的局限性。

在计算机应用之前，人们曾用经典的函数极小化概念，处理简单结构优化设计问题。当工程问题较复杂时，这种理论在实际应用上受到了很大的限制。自计算机问世后，设计才从传统的设计方法，走上了优化设计方法。概括地说，优化设计就是以数学规划理论为基础，以计算机为工具的一种参数设计方法。

目前优化设计方法不仅用于机械结构设计、化工系统设计、电气传动设计，也用于运输路线的确定、商品流通量的调配、产品配方的配比等方面。优化设计理论与方法最大的特点是把经验的、感性的、类比的传统设计方法转变为科学的、理性的、立足于计算分析的设计方法。特别是近年来，随着有限元、可靠性、计算机辅助设计等理论与技术的发展，使整个设计过程逐步向自动化、集成化、智能化方向发展。

1.3.3 有限元法

有限元法是以电子计算机为工具的一种现代数值计算方法。其基本思想是：假想将连续的结构分割成数目有限的小单元体，称为有限单元。各单元之间仅在有限个指定结合点处相连接，用组成单元集合体近似代替原来的结构。在结点上引入等效结点力以代替实际作用单元上的动载荷。对每个单元，选择一个简单函数式来近似地表达单元位移分量的分布规律，并按弹性力学中的变分原理建立单元结点力与结点位移（速度、加速度）的关系（质量、阻尼和刚度矩阵），最后把所有单元的这种关系集合起来，就可以得到以结点位移为基本未知量的动力学方程。给定初始条件和边界条件，就可求解动力学方程得到系统的动态特性。

1.3.4 可靠性设计

可靠性是产品在规定条件下和规定时间内，完成规定功能的能力。这其中的两个规定具有数值的概念。一个是"规定的时间"内，它具有一定寿命的数值概念，不能认为寿命越长越好，需要有一个经济有效的使用寿命；另一个是完成"规定功能的能力"，它具有一定使用功能范围的数值概念，只有在规定使用功能范围内使用，才能安全可靠地工作与运行。

可靠性设计是常规设计方法的深化和发展。它从可靠性概念角度出发，认为零部件上的载荷和材料性能等都是随机变量，具有离散性、模糊性和灰色性，在数学上通常用分布函数、模糊数学、灰色理论来描述。可靠性设计法认为所设计的任何产品都存在一定的失效可能性，并且可以定量地回答产品在工作中的可靠性程度，从而弥补了常规设计方法的不足。

1.3.5 虚拟设计与制造

虚拟设计可以理解为在实物原型出现之前的产品开发过程，虚拟设计的基本构思是：用计算机来虚拟完成整个产品的开发过程。设计者经过调查研究，在计算机上建立产品模型，并进行各种分析，改进产品设计方案。通过建立产品的数字模型，用数字化形式来代替传统的实物原型试验（如使用 SolidWorks 软件对产品进行三维建模），在数字状态下对产品进行静态和动态性能分析，研究分析新产品的可制造性、可装配性、可维护性、运行适应性以及销售性等。

新产品的数字原型经反复修改确认后，即可开始虚拟制造或 3D 打印。虚拟制造或称数字化制造，其基本构思是在计算机上验证产品的制造过程。设计者在计算机上建立制造过程和设备模型，与产品的数字原型结合，对制造过程进行全面的仿真分析，优化产品的制造过程、工艺参数、设备性能、车间布局。所谓 3D 打印，就是利用快速成形技术（热熔塑料丝堆积、激光粉末烧结、光敏树脂固化等），进行实物制造。通过虚拟制造或 3D 打印可以预测制造过程中可能出现的问题，提高产品的制造性和装配性，使产品制造过程更加合理和经济。

1.3.6 绿色设计

绿色设计是以环境资源保护为核心概念的设计过程，它要求在产品整个寿命周期内把产品的基本属性和环境属性紧密结合。在进行设计决策时，除了应满足产品的物理目标外，还应满足环境目标，以达到绿色设计要求。

绿色设计要求所设计的产品在制造、使用和回收过程中尽量少地消耗能源和资源，不对环境造成污染，并易于拆卸回收和翻新或能够安全废置并长期无虑。

绿色设计是这样一种方法，即在产品整个生命周期内，优先考虑产品环境属性（可拆卸性、可回收性、可维护性、可重复利用性等），并将其作为设计目标。在满足环境目标要求的同时，保证产品应有的基本性能、使用寿命、质量等。

1.4 机电一体化技术发展方向

1.4.1 机电一体化技术发展主要模式

机电一体化技术是机械、微电子、控制、计算机、信息处理等多学科的交叉融合，其发展与进步有赖于相关技术的进步和发展，其主要发展方向有数字化、模块化、智能化、网络化、人性化、微型化、集成化、资源化和绿色化。

（1）数字化 微处理器和微控制器的发展奠定了机电一体化产品数字化的基础。如不断发展的数控机床和机器人；计算机网络的迅速崛起，为数字化设计与制造铺平了道路，如虚拟设计、3D 打印、计算机集成制造等。数字化要求机电一体化产品具有高可靠性、易操作性和维护性、自诊断能力以及友好人机界面。数字化的实现将便于远程操作、诊断和修复。产品的虚拟设计、3D 打印、计算机集成制造技术的运用，会进一步提高设计、制造效率，节省开发费用等。

（2）模块化 由于机电一体化产品种类和生产厂家繁多，研发具有标准机械接口、动力接口、环境接口和信息接口的机电一体化产品单元模块是一项复杂但有前途的事情。如研制集减速、变频调速机电一体化的动力驱动单元；具有视觉、图像处理、识别等功能的机电一体化控制单元等。这样在产品开发设计时，可以利用这些标准化模块迅速开发出新的产品。

（3）智能化 要求机电产品有一定的智能。使它具有类似人的逻辑思考、判断推理、自主决策等能力。例如，在 CNC 数控机床上增加人机对话功能，设置智能 I/O 接口和智能工艺数据库，这样可给使用、操作和维护带来极大的方便。模糊控制、人工神经网络、灰色理论、小波理论、混沌与分岔等人工智能技术的进步，为机电一体化技术的发展开辟了广阔天地。

（4）网络化 由于网络的普及（互联网、物联网、云计算等），基于网络的各种远程控制和监视技术得到了发展，而远程控制的终端设备本身就是机电一体化产品。现场总线和局域网技术使家用电器网络化成为可能，利用家庭网络把各种家用电器连接成以计算机为中心的集成家用电器系统，使人们在家里充分享受各种高技术带来的好处，因此，机电一体化产品无疑应朝着网络化方向发展。

（5）人性化 机电一体化产品的最终使用对象是人，如何在机电一体化产品里赋予人的智能、情感和人性显得越来越重要。机电一体化产品除了小巧玲珑和具有完善的性能外，还要求在色彩、造型等方面都与环境相协调并柔和一体，对使用这些产品的人来说，不仅是对产品功能的享受，也是一种艺术享受，如家用机器人就是人机一体化的最高境界。

（6）微型化 微型化是精细加工技术发展的必然，也是提高效率的需要。微机电系统（Micro Electronic Mechanical Systems，简称 MEMS）是指可批量制作的集微型机构、微型传感器、微型执行器、信号处理、控制电路、接口、通信和电源等为一体的微型器件或系统。自 1986 年美国斯坦福大学研制出第一个医用微探针，1988 年美国加州大学 Berkeley 分校研制出第一个直径为 $200\mu m$ 的微电机以来，国内外在 MEMS 工艺、材料以及微观机理研究方面取得了很大进展，开发出各种 MEMS 器件和系统，如各种微型传感器（微压力传感器、微加速度计、微触觉传感器），各种微构件如微膜、微梁、微探针、微连杆、微齿轮、微轴承、微泵、微弹簧以及微机器人等。

（7）集成化 集成化既包含各种技术的相互渗透、相互融合和各种产品不同结构的优化与复合，又包含在生产过程中同时处理加工、装配、检测、管理等多种工序。为了实现多品种、小批量生产的自动化与高效率，应使系统具有更广泛的柔性。首先可将系统分解为若干层次，使系统功能分散，并使各部分协调而又安全地运转，然后再通过软、硬件将各个层次有机地联系起来，使其性能最优、功能最强。

（8）带源化 带源化是指机电一体化产品自身带有能源，如太阳能电池、燃料电池和大容量电池等。但是在许多场合，无法获得电能，而对于运动的机电一体化产品，自带动力源具有独特的好处，如手机、数码相机等，带源化是机电一体化产品的发展方向之一。

（9）绿色化 科学技术的发展给人们的生活带来了巨大变化，在物质变得丰富的同时也导致了资源减少、生态环境恶化的后果。所以，人们呼唤保护环境、回归自然、实现可持续发展，绿色产品概念在这种呼声中应运而生。绿色产品是指低能耗、低材耗、低污染、舒适、协调而可再生利用的产品。在其设计、制造、使用和销毁时应符合环保和人类健康的要求。机电一体化产品的绿色化不但指在其生产和使用过程中不对环境产生污染，而且要求在产品寿命结束时，产品残存部分还应该可以分解和再生利用。

1.4.2 从典型机电一体化产品看机电一体化技术发展趋势

随着社会进步和科学技术的发展，对制造工程中的机电一体化技术提出了许多新的和更高的要求，制造工程中出现了一系列新概念。毫无疑问，机械制造自动化中的数控技术、FMS、CIMS 及机器人等都会一致被认为是典型的机电一体化技术、产品及系统。

为了提高机电产品的性能质量，一些零件的制造精度要求越来越高，形状也越来越复杂，如高精度轴承的滚动体圆度要求小于 $0.05\mu m$；激光打印机的平面反射镜和录像机磁头的平面度要求为 $0.025\mu m$，表面粗糙度值为 $0.015\mu m$。

一些零件为了提高效率、减少阻力和降低噪声，往往被设计成复杂的空间曲面，如螺杆压缩机包络成形螺旋曲面、膨胀机的叶轮叶片、飞机螺旋桨、潜水艇推进器等都具有极其复杂的空间曲面；现代汽车发动机的一些活塞已不是圆柱形，被设计成椭圆鼓形；为提高强度和使用寿命，一些机械轴也不再是圆柱形而是由几段圆弧组成的复合圆柱体；卫星天线的馈源要求有方与圆光滑过渡实体；而各类特殊刀具与模具，其型面也极其复杂。所有这些，都要求 CNC 机床具有高性能、高精度和稳定加工复杂形状零件表面的能力。因此，机电一体化技术和产品正朝着高性能、智能化、系统化以及轻量化、微型化方向发展。

（1）机电一体化产品的高性能化 高性能化一般包含高速化、高精度、高效率和高可靠性。新一代 CNC 系统就是以此"四高"为满足生产急需而诞生的。它采用 128 位或者 256 位 CPU 结构，以多总线连接，高速数据传递。因而，在相当高的分辨率（$0.1\mu m$）情况下，系统仍有高速度（150m/min），可控及联动坐标达 24 轴，并且有丰富的图形功能和自动程序设计功能。如瑞士米克朗公司生产的一种新型五轴联动铣削加工中心，主轴转速最高可达到 100000r/min，重复定位精度不大于 $1\mu m$。

在高性能数控系统中，除了具有直线、圆弧、螺旋线插补等一般功能外，还配置有特殊函数插补运算，如样条函数插补等。微位置段命令用样条函数来逼近，保证了位置、速度、加速度都具有良好的性能，并设置专门函数发生器、坐标运算器进行并行插补运算。超高速通信技术、全数字伺服控制技术是高速化的两个重要方面。

高速加工机床、技术、刀具和系统可靠性方面发展也较快，如法国 IBAG 公司等的磁悬浮轴承的高速主轴最高转速可达 $15 \times 10^4 r/min$，加工中心换刀速度快达 1.5s。切削速度方面，目前硬质合金刀具和超硬材料涂层刀具车削和铣削低碳钢的速度达 500m/min 以上，而陶瓷刀具可达 800~1000m/min，比高速钢刀具 30~40m/min 的速度提高了数十倍。系统可靠性方面采用了冗余、故障诊断、自动检错、纠错、系统自动恢复、软硬件可靠性等技术予以保证，使得这种典型的机电一体化产品具有高性能，即高速、高效、高精度和高可靠性，它代表了机电一体化技术高性能化的发展趋势。

（2）机电一体化产品的智能化趋势　人工智能在机电一体化产品中得到快速推广应用，机器人与数控机床的智能化就是人工智能应用的具体体现。随着制造业自动化程度的提高，信息量与柔性也同样提高，出现智能制造系统（IMS）控制器来模拟人类专家的智能制造活动；对制造中的问题进行分析、判断、推理、构思和决策，其目的在于取代或延伸制造过程中人的部分脑力劳动，并对人类专家的制造智能进行收集、存储、完善、共享、继承和发展。

1）诊断过程的智能化。诊断功能的强弱是评价一个系统性能的重要智能指标之一。引入了人工智能的故障诊断系统，采用了各种推理机制，能准确判断故障所在，并具有自动检错、纠错与系统恢复功能，从而大大提高了系统的有效度。

2）人机接口的智能化。智能化的人机接口，可以大大简化操作过程，这里包含多媒体技术在人机接口智能化中的有效应用。

3）自动编程的智能化。操作者只需输入加工工件素材形状和需加工形状数据，加工程序就可全部自动生成，这里包含：素材形状和加工形状的图形显示，自动工序的确定，使用刀具、切削条件的自动确定，刀具使用顺序的变更，任意路径的编辑，加工过程干涉校验等。

4）加工过程的智能化。通过智能工艺数据库的建立，系统根据加工条件的变化，自动设定加工参数。同时，将机床制造时的各种误差预先存入系统中，利用反馈补偿技术对静态误差进行补偿。还能对加工过程中的各种动态数据进行采集，并通过专家系统分析进行实时补偿或在线控制。

1.4.3　机电一体化产品的轻量化及微型化发展趋势

一般机电一体化产品，除了机械主体部分外，其他部分均涉及电子等相关技术。随着微纳制造技术和表面组装技术（SMT）的发展，一些机电一体化产品正朝着小型化、轻量化、多功能、高可靠性方向发展，其中微纳制造技术是基础。

微纳制造技术就是结合机械微细加工技术和微电子加工技术，将机构及其驱动器、传感器、控制器及电源集成在一个很小的多晶硅上，从而获得了完备的微型机电一体化系统（MEMS），整个尺寸缩小到几百微米~几纳米范围内。微纳制造技术的发展历程如图1-5所示。

微纳技术主要涉及微/纳设计与器件原理、微纳米加工、微/纳复合加工、微/纳测试与表征、微/纳操作、装配与封装以及微/纳制造装备新原理等方面，其研究内容如下：

（1）微/纳设计与器件原理　微/纳设计是以微米、纳米结构为研究对象，设计出具有特定功能的结构、器件或系统；随着结构尺寸从微米尺度减小到纳米尺度，结构的尺度效应凸显出来，如纳米的尺度效应、表面/界面效应以及量子效应等，已成为影响器件性能的主要因素。主要研究内容包括：微/纳传动与制动，微/纳传感与控制，微/纳机械系统构成的新原理、新方法和微/纳结构力学，微纳制造过程、服役行为、失效预测和产品回收的全寿命周期的建模、计算和仿真，以及微/纳构件、器件或系统的性能影响相关性和变化规律。

（2）微加工　由于MEMS的多样性促使其加工技术由单一的硅微加工技术向金属、玻璃、陶瓷、聚合物、化合物半导体等非硅加工技术发展，集成化成为MEMS的重要特征

图 1-5　微纳制造技术的发展历程

和发展趋势。针对汽车、新能源和光电子等信息产业以及医疗与健康、环境与安全等领域对高性能 MEMS 器件与系统的需求，微加工的主要研究内容包括：基于多场原理的MEMS 微加工基础理论、MEMS 集成技术、MEMS 硅微加工和非硅材料微加工等新原理与新方法等。

（3）纳米加工　纳米加工是指加工出纳米尺度、具有特定功能的结构、装置和系统的制造过程。主要研究内容包括：特征尺寸在 1 ~ 100nm 的加工技术，包括"自上而下"和"自下而上"的加工方法。"自上而下"是降低物质结构维度，即采用物理和化学方法对宏观物质进行超细化；"自下而上"是利用自组装将原子或分子组装成为系统。

（4）微/纳复合加工　微/纳复合加工是把不同尺度的结构、器件和系统加工集成一体化加工技术。随着微纳加工技术的不断完善和发展，出现了纳米加工与微加工结合的"自上而下"的微纳复合加工和纳米材料与微加工结合的微/纳复合加工，它们成为实现高性能、多功能、高集成度新型微/纳器件和系统不可缺少的关键技术。

（5）微/纳操作、装配与封装　微/纳操作、封装与装配是指，通过施加外部能场实现对微/纳米尺度结构与器件的推/拉、拾取/释放、定位、定向等操纵，装配与封装等作业，研究微/纳结构与器件操作、装配与封装相关的理论和方法。主要应用在微/纳结构与器件的操作、封装与装配，细胞、基因、蛋白质等生物粒子的操纵等方面。主要研究内容包括：微/纳结构作用机理与多场调控机制等基础理论，微/纳系统高密度集成与三维封装，高速、高精度、并行装配和基于尺度效应的装配，以及无机/有机多层界面互连机理与跨尺度封装等新原理与新方法。

（6）微/纳测试与表征　微/纳测试与表征是在微/纳尺度及亚纳米精度下揭示尺度效应、表面/界面效应以及微/纳结构与器件功能的测量理论与方法。它是微/纳结构与器件制造的前提和基础，也是实现微/纳制造过程定性或定量评判、高精度操纵与调控以及微/纳器件质量水平控制的重要支撑手段。主要研究内容包括：微/纳机械构件材料特性、结构几何量、物理（电、力、磁、光、声学等）参量测量方法，以及微/纳器件与系统的多域耦合效应与参量测量表征的理论与方法等。

（7）微/纳制造装备新原理 微/纳制造装备是制造微/纳结构与系统的重要手段，实现对微/纳结构与器件的加工、操作、装配与封装以及测试等。主要研究内容包括：用于微/纳加工、微/纳操作、微/纳封装与装配、微/纳测试等微/纳制造过程的装备新原理。

综上所述可以看出：微/纳制造涉及领域广、多学科交叉融合，是 21 世纪战略必争的前沿高科技，对国民经济、社会发展与国家安全具有重要的意义。生物分子马达、纳米电动机、纳米机器人、基于机电耦合的分子晶体管、分子电子器件、分子光电器件、纳米电路、纳米存储器、纳米智能材料器件和系统、纳米传感器、纳米药物等不断地出现，展示了诱人前景。这些技术和产品正在向工业、农业、航天、军事、生物医学、航海及家庭服务等各个应用领域转化，它的发展将会使工业、农业、医疗卫生和国家安全等发生较大的技术变革。

习题与思考题

1.1 试简述机电一体化的定义及其系统的基本构成。

1.2 试简述机电一体化技术的分类，并举例说明其应用范围。

1.3 机电一体化的常用设计方法有哪些？

1.4 机电一体化技术发展的主要模式和趋势是什么？

1.5 微/纳制造研究主要涉及哪些内容，其作用与意义是什么？

第 2 章　系统总体方案设计

2.1　概述

机电一体化系统是一门涉及光、机、电、液、仪等综合技术的学科。机电一体化系统设计就是应用系统技术，从整体目标出发，通过对机电一体化产品的性能要求和系统各组成单元特性的分析，选择合理的单元组合方案，实现机电一体化产品整体优化设计。

随着社会进步和科学技术的发展，种类繁多、性能各异的新机构、集成电路、传感器、微处理器和新材料等机电一体化相关技术、产品不断地涌现，给机电一体化系统（产品）设计提供了众多的可选方案，使设计工作具有更大的灵活性和创新性。如何充分利用这些条件，开发出满足市场需求的机电一体化产品，是机电一体化系统设计的主要任务。

2.2　机电一体化系统设计基本原则

机电一体化系统设计最终目的是为市场提供优质、高效、价廉物美的产品，在商品市场竞争中取得优势、赢得用户，并取得良好的经济和社会效益。

产品质量以及经济、社会效益取决于设计、制造和管理的综合水平，其中产品设计是关键。没有高质量的设计，就不可能有高质量的产品；没有经济观点的设计人员，绝不可能设计出好的产品。据统计，产品的质量事故，约有 50% 是设计不当造成的；产品的成本，60%～70% 取决于设计。设计机电一体化产品时，应特别强调从系统的观点出发，合理地确定系统功能，提高其可靠性、经济性、安全性和环境友好性。

2.2.1　合理确定系统的功能

一项产品的推出总是以社会需求为前提的。如果没有市场需求，也就失去了产品设计的价值和依据。产品应不断地更新以适应市场的变化，否则将会滞销、积压，造成浪费，影响企业的经济效益。所以，产品设计人员必须树立市场观念，以技术进步、社会需求作为基本出发点，搞好产品开发设计。

所谓需求就是对产品功能的需求，用户购买产品实际上是就是购买产品的功能。产品功能 F 与成本 C 之比 V（即 $V = F/C$），称为产品的价值系数，它反映了产品价值的高低。

为了提高产品的价值，一般可采取下列五种措施：

1）增加功能，成本不变。

2）功能不变，降低成本。

3）增加一点成本以换取更多的功能。

4）降低一些功能以使成本更多地降低。

5）增加功能，降低成本。

显然，最后一种措施是最理想的，但也是最困难的。可以看出，要提高产品的价值系数在很大程度上取决于设计。因此，在产品设计的每个阶段都应进行价值分析，采取多种方案进行技术经济分析，以系统最佳方案，向用户提供成本低、功能好的产品。

2.2.2　提高系统可靠性

可靠性是衡量系统质量的一个重要指标。可靠性是指系统在规定条件下和规定时间内实现规定功能的能力。规定功能的丧失称为失效，对于可修复的系统失效称为故障。

提高系统可靠性的最有效方法是进行可靠性设计。进行可靠性设计时必须掌握影响可靠性的各种因素和统计数据，建立包括研究、设计、制造、试验、管理、使用和维修以及评审的一整套可靠性计划。

可靠性设计可以从以下几个方面着手：

（1）分析失效机理，查找失效原因　如果能在研究和设计阶段对可能发生的故障或失效进行预测和分析，分析失效机理，掌握失效原因，采取相应的预防措施，则系统的失效率将会降低，可靠性会随之提高。

（2）把可靠性设计方法应用到零部件、元器件中去　实践证明，机电一体化系统的可靠性很大程度上是由设计决定的。如果设计时考虑不当，未能使零部件、元器件达到必要的可靠性，无论制造得多么好，维护得多么精心，都无法弥补因设计造成的缺陷。机电一体化系统的可靠性是由其零部件、元器件可靠性保证的，只有零部件、元器件的可靠性高才能使系统的可靠性高。但是，这不意味着全部的零部件、元器件都要有高的可靠性。对系统可靠性有关键影响的零部件、元器件通常是系统的重要环节。因此，设计时应从整体的、系统的观点分析其主要影响因素，采取降低工作负荷、载荷分流、均载技术或冗余技术等来提高系统可靠性。

（3）简化结构，提高标准化程度　结构简单的零部件、元器件往往工艺性好，制造、测量和装配后的质量容易得到保证，故障的潜在因素也易于得到控制。

标准化是提高产品质量可靠性的一项重要措施。标准件的结构工艺性和可靠性一般都比较好，所以，应尽量采用标准件和通用件，以提高产品质量和可靠性。

（4）提高维护和维修性　维护和维修是保持产品功能或恢复功能的技术措施。维护和维修性是指在规定条件下和规定时间内，按规定程序和方法进行维修，以保持和恢复系统规定的功能。因此，维修性也可以看做是维护系统可靠性的方法。

机电一体化系统在正常运行期内，如能进行良好的维修，及时更换磨损、疲劳、老化的零部件、元器件，系统的可靠性就会提高，寿命则可以延长。因此，在设计阶段就应考虑系统的维护和维修，使系统具有良好的维修性。系统的薄弱环节（易损件，如皮带、轴承等）应尽量做成独立部件或采用标准件。

2.2.3　提高系统经济性

机电一体化系统的经济性主要表现在设计、制造和使用维修的全过程中。

1. 提高设计和制造的经济性

降低成本是提高经济效益的关键。在保证产品功能和可靠性要求的前提下，通过优化设计和制造来降低产品的成本，提高设计和制造的经济性，从设计角度来说可以从以下几个方面着手：

（1）合理地确定可靠性要求及安全系数值　可靠性应根据系统的重要程度、工作要求、制造维修的难易程度和经济性要求等因素来确定。虽然可靠性指标和安全系数都可作为描述系统可靠性程度的指标，但是它们的含义和概念却迥然不同。在可靠性技术设计时，应坚持经济性和可靠性统一的原则，以符合客观实际为设计依据。采用安全系数作判断依据时，对可靠性程度要求高者，取值应大些；反之可取值小些。当设计数据分布的离散程度较大时，安全系数值应取大些；反之可取小些。

（2）贯彻标准化、系列化和通用化"三化"思想　标准化是指将产品（特别是零部件、元器件）的质量、规格、性能、结构等方面的技术指标加以统一规定并作为标准来执行。常见的标准代号有 GB、JB、ISO 等，他们分别代表中华人民共和国国家标准、机械工业标准、国际标准化组织标准。

系列化是指对同一产品，在同一基本结构或基本条件下规定出若干不同的尺寸系列。如 CA-A 系列普通车床主要包括 CA6140A、CA6240A、CA6150A、CA6250A 等型号；CAI 系列变频调速器主要包括 CAI40C、CAI90C 等型号；CJX2 系列交流接触器主要包括 CJX2-0910、JX2-1810、CJX2-3201、CJX2-6511 等型。

所谓通用化，是指产品和装备中，用途相同、结构相近的零部件，经过统一后，可以形成彼此互换的标准化形式。显然，通用化要以互换性为前提，互换性有两层含义，即尺寸互换性和功能互换性。例如，所设计的柴油机，既可用于拖拉机，又可用于汽车、装运机、推土机和挖掘机等。通用性越强，产品的销路就越广，生产的机动性越大，对市场的适应性就越强。

使用通用零部件可以使设计、制造、装配的工作量都得到减小，还能简化管理、缩短设计试制周期。

贯彻"三化"的好处主要是：减轻了设计工作量；有利于提高设计质量并缩短生产周期；便于设计与制造，降低其成本；同时易于保证产品质量、节约材料、降低成本；提高互换性，便于维修；便于评价产品质量，解决经济纠纷等。

（3）采用新技术　随着科学技术的不断发展，各种新技术（包括新产品、新方法、新工艺、新材料等）不断问世，使得设计选择范围更大，在设计中采用新技术通常可使产品的性能和经济性变得更好，因而具有更强的竞争力。如采用激光切割新技术加工金属板材，不但生产率高，而且加工质量好。因此，设计人员要善于学习和掌握各种新技术，不断地充实自己和改进产品。

（4）改善零部件、元器件的结构工艺性　结构工艺性是指所设计产品的结构和零件，在保证产品功能和质量的前提下，用经济高效的工艺方法进行加工、测试和装配，使生产过程更简单、经济。良好的结构工艺性，也是实现设计目标、减少差错、减小废品率、提高产品质量的基本保证。

影响结构工艺性的因素很多，如生产规模、设备和工艺条件、原材料的供应等。当生产条件改变时，零部件、元器件结构工艺也会随之改变。因此，结构工艺既有原则性和规律性，又有一定的灵活性和相对性，设计时应根据不同的情况进行具体分析后确定。

2. 提高使用和维修的经济性

提高产品的经济性不仅要提高设计和制造的经济性，也要提高使用和维修的经济性。既要考虑制造者的利益，也要考虑使用者的利益，二者缺一不可。

提高使用和维修的经济性，主要可从下述几个方面来考虑：

（1）提高产品的效率　用户总是希望购买效率高、能源消耗低的产品。机电一体化产品效率主要取决于传动系统和执行系统的效率。设计人员在方案设计和结构设计时，应充分考虑提高效率的方法。如设计中选用机械传动系统轴承时，在可能情况下，尽可能采用滚动轴承替代滑动轴承，以提高机械效率。

（2）合理地确定产品的经济寿命　一般说来，人们都希望产品有长的使用寿命，但是单纯追求长寿命是不适当的。众所周知，产品使用寿命越长，系统的性能越差，相应的使用费用（包括维修保养、操作、材料及能源消耗费等）也会越多，使用经济性越低。如各国都规定了汽车使用年限，到了一定的使用年限，汽车油耗显著增加，零部件安全可靠性也降低，此时，最佳的选择是更新设备。系统正常运行寿命是可以延长的，但是必须以相应的维修为代价。因此，合理确定产品的经济寿命，适时更新产品，是促进技术进步、不断提高产品使用经济效益的重要措施之一。

（3）提高维修保养的经济性　目前，在机电一体化产品中应用比较多的是定期维修方式，即按照规定程序，每隔一定时间进行一次维修。通常维修周期主要根据使用经验、主观判断或统计资料确定。这种维修方式因无法准确估计影响故障的因素及故障发生的时间，因而难免出现设备失修或维修次数过多的现象。

近年来，随着故障诊断技术的不断进步，维修技术也得到了飞速的发展。按需维修的方式就是采用了故障诊断技术。它不断地对系统中主要零部件、元器件进行特性值的测定，当发现某种故障征兆时就进行维修或更换。这种维修方式既能提高系统有效的运行时间、充分发挥零部件的功能潜力，又能减少维修次数，减少盲目维修，因而其总的经济效益较高。

2.2.4　保证安全性和环境友好性

系统的安全性包括机电一体化系统执行预期功能的安全性和环境友好性。

1. 机电一体化系统执行预期功能的安全性

机电一体化系统执行预期功能的安全性是指运行时系统本身的安全性。例如，必须满足强度、刚度、耐磨性、电压、电流、频率稳定性等要求。为此，应根据工作载荷特性及系统本身的要求，按照有关规范和标准进行设计和计算。为了避免由于意外原因造成故障和失效，常需配置过载保护、安全互锁等装置。

2. 环境友好性

机电一体化产品是为人类服务的，同时它又在一定的环境中工作，人、机、环境三者构成了一个特定的系统。机电一体化产品工作时，不仅产品本身应有良好的安全性，而且对使用产品的人员及周围环境也应有良好的环境友好性。人-机-环境友好性是一门新兴学科，属于人机工程学研究范围。

环境友好性，研究人、机、环境之间的相互作用和协调，使机电一体化产品不但便于操作和使用，而且安全又舒适宜人，消除对人身构成伤害的各种危险因素，使人类的生存环境能得到良好的保护和改善。环境友好性主要包括劳动安全和环境保护两个方面的内容。

（1）劳动安全　改善劳动条件，防止环境污染，保护劳动者在劳动活动中的安全和健康，是工业技术发展的重要法规，也是产品设计的基本原则之一。

为了保障操作人员的安全，应特别注意机电一体化产品系统运行时可能对人体造成伤害的危险区，并进行切实有效的防护。例如，设置防护罩、防护盖、安全挡板或隔离板等，把危险区与人体隔离开。对人体易误入的危险区，必须设置可靠的保护装置或报警装置。

（2）环境保护　环境保护的内容非常广泛，如废气、废水、废渣（三废）的治理，除尘、防毒、防暑降温，采光、采暖与通风，放射保护，噪声和振动的控制等。具体的防治要求和措施，可参阅有关的标准、规范和资料。

降噪和减振是环境保护主要研究内容之一。噪声是指令人产生不愉快或不希望有的声音，它损害人们的听觉，妨碍会话和思考，使人感到烦躁和疲乏，分散注意力，降低工作效率，影响安全生产。因而，噪声是一种公害，很多机电产品已把噪声作为评价质量指标之一。

根据我国"工业企业卫生标准"的规定，生产车间和作业场地噪声不得超过85dB，机床噪声应小于75~85dB，小型电机为50~80dB，汽油发动机应小于80dB，家用电冰箱应控制噪声小于45dB，而洗衣机噪声则应小于65dB。

噪声主要有三类：流体动力噪声、结构噪声和电磁噪声。

当流体中有涡流或压力突变量时，流体产生扰动而发出噪声，振源会引起流体的振动。如鼓风机、空气压缩机及液压系统等的噪声皆属于此类噪声。

结构噪声是由固体振动而产生的，如各类机床、球磨机、粉碎机等。

电磁噪声是由空隙中的交变电磁力相互作用而引起电磁振动产生的，如发电机、电动机及变压器产生的主要噪声均属电磁噪声。

如果产品的噪声值超出了允许范围，就应该采取相应措施以降低噪声。控制噪声的根本途径是控制噪声源。从本质上看，噪声来自振动，控制振动就是控制噪声，凡是能减小振动的措施都有助于降低噪声。例如，减小振动体的激振力、改变系统的固有频率、减小运动副的间隙、改变阻尼、改善润滑条件以及采用减振或隔振措施等。对于流体可采用：消除湍流，降低流速，减小压力脉动等措施，都可获得降噪的效果。对于设备中的某些静止零件，如罩壳、盖板、箱体、管道等零件，可采用：合理设计薄壁件的结构，适当增加筋板，改变管道支撑位置，接合面处设置阻尼材料制成的隔振层或薄板表面涂以阻尼材料等。

利用吸声材料玻璃棉、矿渣棉、聚氨酯泡沫塑料、毛毡、微孔板等进行吸声。好的吸声材料能吸收入射声80%~90%，薄板状吸声结构在声波撞击板面时产生振动，吸收部分入射声，并把声能转化为热能。微穿孔板的复合吸声结构利用声波通过的空气在小孔中来回摩擦消耗声能，用腔的大小来控制吸声器的共振频率，吸声腔越大，共振频率越低。

利用隔声罩、隔声间、隔声门、隔声屏等结构，用声反射的原理隔声。简单的隔声屏能降低噪声5~10dB。用1mm钢板作隔声门时，隔声量约为30dB；而好的隔声间可降低噪声20~45dB。

将消声器、消声箱放在电机、空气动力设备及管道的进出口处，噪声可下降10~40dB，响度下降50%~93%，主观感觉有明显效果。

变被动控制为主动控制是今后噪声控制的主要发展方向之一。设计低噪声产品及零部件必须分析产品中各部件的原理和结构对噪声的影响，从根本上采取综合措施以降低噪声。

2.3　机电一体化系统设计的一般过程

由于机电一体化系统所对应的产品可能是生产、运输、包装、工程机械，社会服务性机械，检验测试仪器，家用电器，农、林、牧、渔机械，航空、航天、国防用武器装备等各行业的产品或设备，因此，机电一体化系统设计一般过程是通用化的过程。主要包括计划、设计调查、初步设计、技术设计等步骤。

2.3.1　计划

通常计划活动发生在实际产品开发过程启动之前。这一阶段始于企业策略，是建立在市场调查的基础上，包括对技术开发和市场目标的评估。计划阶段输出的是根据产品发展规划和市场需要提出设计任务书，或由上级主管部门下达计划任务书，任务书需明确设计目的和产品功能要求。

2.3.2　设计调查

机电一体化产品设计是涉及多学科、多专业的复杂系统工程。开发一种新型的机电一体化产品，要消耗大量的人力、物力、财力，要想开发出市场对路的产品，进行设计调查是非常关键的。

所谓市场调查就是运用科学的方法，系统地、全面地收集有关市场需求和营销方面的有关资料，在对市场调查的基础上，通过定性的经验分析或定量的科学计算，对市场未来的不确定因素和条件作出预测，为产品开发设计决策提供依据。

以往由于缺乏设计调查，设计人员及许多单位在进行新产品设计前，都用市场调查代替设计调查。市场调查的基本目的是为制定营销策略（产品策略、价格策略、分销策略、广告和促销策略等）提供参考，解决企业产品推广、客户服务、市场开发过程中遇到的问题。

设计调查是为了设计和制造产品而进行的调查。设计任何产品，除了需要进行市场调查外，还需要考虑满足用户需要和企业生产制造的可行性。

设计调查是为了策划设计新产品而进行的调查，要调查未来的产品，这些产品在市场上可能已存在，也可能还不存在。设计调查包含了近期、眼前的目的以及长远和全局考虑。设计调查主要包含以下三个目的。

第一，设计调查眼前的目的是将设计与制造具体化，分析新产品的可行性，建立设计标准，制定设计指南、产品检验标准和测试方法。

第二，设计调查长远的目的是为规划企业和人类长远生存发展对产品所需而进行的各种有关调查。

设计调查方法包含了市场调查的各种方法，还包含了心理学的实验方法，例如：观察用户操作、用户心理实验、用户回顾记录等方法，它的典型调查方法是使用情景分析方法和用户环境分析方法，有时还采用眼动仪等测试仪器对市场进行动态分析。

设计调查的对象是用户而不是仅仅为了消费，要了解他们的使用动机、使用过程、使用结果、学习过程、操作出错及如何纠正。用户人群可以分为专家用户、普通用户、新手用户或偶然用户等。

设计调查的基本内容包括文化与传统、价值观念与期待、生活方式、设计审美、使用过程、产品可用性及高档产品的设计特征等。这些主题可以细化为大量的具体调查课题。

设计调查的内容很广泛，一般包括消费者的潜在需要、用户对现有产品的反映、产品市场寿命周期要求、竞争对手的技术挑战、技术发展的推动及社会的需要。从产品与技术开发方面看，市场与用户的需求信息是形成一项设计任务的主要因素。

(1) 消费者的潜在需要　各种消费阶层，各种消费群体都会有潜在的需要，挖掘、发现这种需要，创造一种产品予以满足，是产品创新设计的出发点。20 世纪 50 年代，日本的安藤百福看到忙碌的人们在饭店前排长队焦急地等待吃热面条，而煮一次面条需要 20min 左右时间。于是他经过努力创造一种用开水一泡就可以吃的方便面条，这一发明不仅解决了煮面时间长的问题，而且引发了一个巨大的方便食品市场。随着社会进步与发展，人们迫切需要加强信息交流，今天手机、电脑、网络等通信技术及产品之所以能取得巨大的成功，其主要原因是有巨大的市场需求。

(2) 用户对现有产品的反映　现有产品的市场反映，特别是用户的批评和期望，是设计调查的重点。桑塔纳轿车问世后，用户对制动系统、后视镜、行李舱、座椅等提出了不少意见，于是推动了桑塔纳 2000、桑塔纳 3000 轿车的问世。波音 737 客机推入市场后，通过对几次空难事故的分析，才发现客机存在的问题，并作出相应的改进设计，推动了波音 747、波音 757 客机的问世。

(3) 产品市场寿命周期产生的阶段要求　当已有产品进入市场寿命周期的不同阶段后，产品必须不断地进行自我调整，以适应市场。例如，四川长虹生产彩电至今已有 40 多年历史，1998 年末，当人们普遍认为该彩电已步入退让期时，厂方宣布降价，以减少利润的方式延长产品的市场寿命，并及时开发设计"纯平彩电"；2002 年厂方宣布再次降价，又开发设计出"低价格大屏幕液晶电视"。如今，一种新产品在市场上的稳定期从过去的 5~8 年降到目前的 2~3 年，某些产品如数码相机、手机、笔记本电脑等，其市场稳定期更短，这就要求产品制造商不断地进行改进，推出新技术、新机型，以保持自己的市场占有率。

(4) 竞争对手的技术挑战　市场上竞争对手的产品状态和水平是企业情报工作的重心。美国福特汽车公司建有庞大的实验室，能同时解析 16 辆轿车。每当竞争对手的新车一上市，便马上购来，并在 10 天之内解析完毕，研究对方技术特点，特别是对领先于自己企业的技术作出详尽分析，使自己的产品始终保持技术领先地位。在 20 世纪 80 年代，日本照相机企业间的竞争给人以深刻印象，当时两家著名公司分别推出一种时间自动和一种光圈自动的照相机，由于各有优点，双方都很快吸取了对方照相机的特点，又都推出了同时具备两种自动功能的照相机以及数码照相机。今天数码照相机已成为人们熟悉的产品，竞争又在清晰度和价格方面展开，胶卷照相机已退出市场，数码照相机一统天下。

(5) 技术发展的推动　通常新技术、新材料、新工艺对市场上老产品具有很大的冲击力。例如，等离子电视、液晶电视、LED 电视、3D 电视等新技术已替代传统模拟电视；数控机床正在逐渐替代传统的普通机床等。

(6) 社会的需要　市场是社会的组成部分，很多政治、军事和社会学问题都通过市场对产品提出需求。日本开发的经济型轿车，初始并不引人注目，但是到了石油危机爆发时，这类轿车成为全世界用户的抢手货，使日本汽车工业产量一跃而成为世界第一位。电动汽车、新能源汽车将会成为今后汽车发展的方向。

目前，环境保护问题已成为全世界共同关注的问题，很多会给环境造成污染的产品发展受到限制。而像电动汽车、无氟冰箱、静音空调等绿色新产品正在不断地被设计开发出来。

为了掌握市场形势和动态，必须对市场进行调查和预测，除对现有产品征求用户反映外，还应通过调查和预测为新产品开发建立决策依据。

2.3.3　初步设计

初步设计的主要任务是建立产品的功能模型，提出总体方案、投资预算，拟定实施计划等。初步设计的主要工作内容包括如下：

1. 方案设计

在机电一体化产品设计程序中，方案设计是机电一体化产品设计的前期工作，它根据功能要求先构建满足功能要求的产品设计简图，其中包括结构类型和尺寸的示意图及其相对关系。产品方案设计关键的内容是确定产品运动方案，通常又称之为机构系统设计方案。

产品运动方案通常有下列步骤：

1）进行产品功能分析。

2）确定各功能元的工作原理。

3）进行工艺动作过程分析，确定一系列执行动作。

4）选择执行机构类型，组成产品运动和机构方案。

5）根据运动方案进行数学建模。

6）通过综合评价，确定最优运动和机构方案。

在方案设计中，设计功能结构，选择功能元的工作原理、执行机构类型、组合运动和机构方案等设计步骤都孕育着创新设计，同时产品创新又紧密融合在方案设计之中。

2. 创新设计

重视产品的创新设计是增强机电一体化产品竞争力的根本途径，产品的创新设计就是通过设计人员运用创新设计理论和方法设计出结构新颖、性能优良的新产品。照搬照抄是不可能进行创新设计的，设计本身就应该具有创新。当然，创新设计本身也存在着创新多少和水平高低之分。判断创新设计的关键是新颖性，即原理新、结构新、组合方式新。

产品创新设计的内容一般应包括三个方面：

（1）功能解的创新设计　属于方案设计范畴，其中包括新功能的构思、功能分析和功能结构设计、功能的原理解创新、功能元的结构解创新、结构解组成创新等。从机电一体化产品方案创新设计角度来看，其中最核心的部分还是运动和结构方案的创新和构思。所以，有不少设计人员把运动和结构方案创新设计看做机电一体化产品创新设计的主要内容。

（2）零部件的创新设计　产品方案确定以后，产品的构形设计阶段也有不少内容可以进行创新设计，如零部件的新构形设计以提高产品工作性能、减小尺寸与减轻重量；采用新材料以提高零部件的强度、刚度和使用寿命等。所有这些都是机电产品创新设计的内容。

（3）工业艺术造型的创新设计　为了增强机电产品的竞争力，还应该对机电产品的造型、色彩、面饰等进行创新设计。工业艺术造型设计得法，可令使用者心情舒畅、爱不释手，同时也可使产品功能得到充分的体现，因此，产品艺术造型是机电产品创新设计的重要内容。

3. 概念设计

人们对于概念设计的认识和理解还在不断地深入，不论哪一类设计，它的前期工作均可统称为概念设计。例如，很多汽车展览会展示出概念车，它就是用样车的形式体现设计者的设计理念和设计思想、展示汽车的设计方案。一座闻名于世的建筑，它的建筑效果图就体现出建筑师的设计理念和建筑功能表达，是属于概念设计范畴。

概念设计是设计的前期工作过程，概念设计的结果是产生设计方案。但是，概念设计不只局限于方案设计，还应包括设计人员对设计任务的理解，设计灵感的表达，设计理念的发挥，概念设计应充分体现设计人员的智慧和经验。概念设计后期工作较多的注意力集中在构思功能结构、选择功能工作原理和确定运动方案等，与传统的方案设计没有多大区别。

由上述介绍可见，概念设计比方案设计更加广泛、深入，因此，概念设计包容了方案设计内容，同时，应该看到概念设计的核心是创新设计，概念设计是广泛意义上的创新设计。

一个好的机电一体化产品设计方案，不仅能带来技术上的创新、功能上的突破，还能带来制造过程的简化、使用上方便以及经济上的效益。在初步设计过程，要对多种方案进行分析、比较、筛选。如机械技术和电子技术的运用对比，硬件和软件的分析、择优和综合，最后，在多个可行方案中找出一个最优方案。

2.3.4 技术设计

技术设计又称详细设计，主要是对系统总体方案进行具体实施步骤的设计，其依据的是总体方案框架。从技术上将其细节逐步全部展开，直至完成试制产品样机所需的全部技术工作（包括图样和文档）。

机电一体化产品的技术设计主要包括机械本体设计、机械传动系统设计、传感器与检测系统设计、接口设计和控制系统设计等。

1. 机械本体设计

在对机械本体进行设计时要尽量采用新的设计和制造方法，如结构优化设计、动态设计、虚拟设计、可靠性设计、绿色设计等，采用绿色制造、快速制造、激光加工等先进制造技术等，以提高关键零部件的可靠性和精度；研究开发新型复合材料，以便使机械结构减轻重量、缩小体积，以改善结构快速响应特性；通过零部件的标准化、系列化、模块化来提高其设计、制造和维修的水平；使新设计的机械本体不但强度高、刚度好，而且经济美观。

2. 机械传动系统设计

机械传动的主功能是完成机械运动，严格地说机械传动还应该包括液压传动、气动传动等其他形式的机械传动。一部机器必须完成相互协调的若干机械运动，每个机械运动可由单独的电动机驱动、液压驱动、气动驱动，也可以通过传动件和执行机构由它们相互协调驱动。在机电一体化产品设计中这些机械运动通常是由电气控制系统来协调与控制的。这就要求在机械传动设计时充分考虑到传动控制问题。

机电一体化系统中的机械传动装置，已不仅是变换转速和转矩的变换器，而且还要成为伺服系统的组成部分，根据伺服控制的要求来进行选择设计。虽然近年来，由控制电动机直接驱动负载的"直接驱动"技术得到很大的发展，但是对于低转速、大转矩传动目前还不能取消传动链。机电一体化系统中的传动链还需满足小型、轻量、高速、低冲击振动、低噪声和高可靠性等要求。传动的主要性能取决于传动类型、传动方式、传动精度、动态特性及可靠性等。

3. 传感器与检测系统设计

传感器在机电一体化系统中是不可缺少的组成部分，它是整个系统的感觉器官，监视监测着整个系统的工作过程，使其保持最佳工作状况。在闭环伺服系统中，传感器又用作位置环的检测反馈元件，其性能直接影响到系统的运动性能、控制精度和智能水平。因而要求传感器灵敏度高、动态特性好、稳定可靠、抗干扰性强等。

传感器的种类很多，在机电一体化系统中，传感器主要用于检测位移、速度、加速度、运动轨迹以及加工过程参数等。

按照传感器的作用，可分为检测机电一体化系统内部状态信息的传感器和外部信息的传感器。内部信息传感器包括检测位置、速度、力、力矩、温度以及异常变换的传感器。外部信息传感器包括视觉传感器、触觉传感器、力觉传感器、接近觉传感器、角度觉传感器等。

传感器的基本参数为：量程、灵敏度、静态精度和动态精度等。在传感器设计选型时，应根据实际需要，确定其主要性能参数。一般选用传感器时，主要考虑的因素是精度和成本，应根据实际要求合理确定传感器静态、动态精度和成本的关系。

4. 接口设计

机电一体化系统由许多要素或子系统构成，各要素和子系统之间必须能顺利进行物质、能量和信息的传递与交换，为此，各要素和各子系统相接处必须具备一定的联系条件，这些联系条件称为接口。

机电一体化系统是机械、电子和信息等功能各异技术融为一体的综合系统，其构成要素或子系统之间的接口极为重要，在某种意义上讲，机电一体化系统设计就是接口设计。

机械本体各部件之间、执行元件与执行机构之间、传感器检测元件与执行机构之间通常是机械接口；电子电路模块相互之间的是信号传送接口、控制器与传感器之间的是转换接口，控制器与执行元件之间的转换接口通常是电气接口。根据接口用途的不同，又有硬件接口和软件接口之分。

5. 控制系统设计

机电一体化传动控制，又称电气传动控制，它的基本目的是通过对其控制完成产品功能要求。现代机电一体化传动控制是由各种传感与检测元件、信息处理元件和控制元件组成的自动控制系统。

机电一体化控制包含继电接触器控制、顺序控制器控制、可编程序控制（PLC）、单片机控制、数字控制技术等。当今的机电一体化控制技术是微电子、电力电子、计算机、信息处理、通信、检测、过程控制、伺服传动、精密机械及自动控制等多种技术相互交叉、相互渗透、有机结合而成的一种机电一体化综合性技术。

控制系统设计包括硬件设计和软件设计，其一般设计步骤如下：

（1）制订控制系统总体方案　控制总体方案应包括选择控制方式、传感器、执行机构和计算机系统等，最后画出整个系统方案图。

（2）选择控制元件　选择的控制元件应是主流产品，市场有售，另外尽量选择那些自己比较熟悉的控制元件。

（3）硬件系统设计　画出电路原理图，目前有多种电子电路 CAD 软件可供选用，画好后可通过打字机或绘图机输出。

（4）微控制器软件设计 单片机控制系统软件一般可分为系统软件和应用软件两大类。系统软件不是必需的，根据系统复杂程度，可以没有系统软件，但应用软件则是必需的，要由设计人员自己编写。

（5）调试 控制系统制作完成后，即可进入调试阶段。调试工作的主要任务是排除样机故障，其中包括设计错误和工艺性故障。

2.4 总体方案设计

机电一体化系统总体方案设计主要包括：设计任务抽象化、确定工艺原理、确定功能结构、确定设计方案、总体设计、传动与执行系统方案设计、电气驱动与控制系统方案设计、方案评价与决策等。系统总体方案设计是机电一体化产品创新与质量保证的首要环节，也是最具创造性和综合性的设计环节。

2.4.1 设计任务抽象化

待设计的机电一体化产品，求解前如同仅知其输入量和输出量而不知其内部结构的一个"黑箱子"一样。用"黑箱"概念来表达技术过程的任务范围，是一种把设计任务抽象化的方法。它不需要涉及具体的解决方案就能知道所设计过程的主要矛盾，使设计者的视野更为宽广，思维不受某些框框的束缚。

图 2-1 所示为一般的黑箱示意图，方框内部为待设计的技术系统，方框即为系统的边界，通过输入量和输出量使系统和环境连接起来。输入和输出量一般包括物料量（毛坯、半成品、成品、颗粒、液体等各种物品）、能量（机械能、热能、电能、化学能、光能、核能等）和信息量（数据、测量值、指示值、控制信号、波形等）。

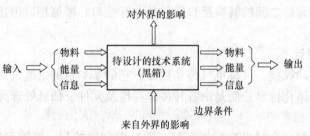

图 2-1 黑箱示意图

黑箱法有利于抓住问题本质，提出新颖的设计方案。图 2-2 所示为金属切削机床黑箱示意图。图中左右两边输入和输出都有能量、物料和信号 3 种形式，图下方为周围环境对机床工作性能的干扰，图上方为机床工作时，对周围环境的影响，如散发热量、产生振动和噪声。通过输入、输出的转换，得到机床的总功能是将毛坯加工成所需零件。

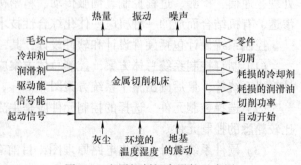

图 2-2 金属切削机床黑箱示意图

2.4.2　确定工艺原理

为了打开黑箱探求究竟，必须确定出黑箱要求能实现作业对象转化的工艺原理。作业对象的每一种转化一般都可以由多种不同的工艺原理来实现。例如，圆柱齿轮的切齿加工，可以通过采用滚、插、刨、铣等不同工艺原理来实现。

工艺原理实现后，工艺过程中各项作业的基本顺序往往也随之确定。不同的工艺原理将使机械系统获得不同的经济效益。因此，在设计时，应从各种可行的工艺方案中选择最佳的工艺原理。

工艺原理是以物理、化学、生物等自然现象为基础的，设计者应从不断的科学实践中去寻找工艺原理。

例如，图 2-3 所示自走式谷物联合收获机黑箱示意图所给出的转化，它可以通过下列的工艺原理实现：

1）用切刀将农作物茎秆切断。

2）将切下的农作物茎秆通过冲击、搓擦和挤压作用使谷粒与谷穗分离。

3）利用振动、重力、气流将谷粒、茎秆、颖壳和杂物等分离，清选出谷粒。

简单的机电一体化系统可能采用某一

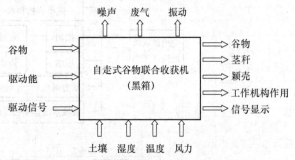

图 2-3　自走式谷物联合收获机黑箱示意图

种工艺原理就能实现作业对象的转化，但是对于复杂的系统往往需要多种工艺原理才能完成作业对象的转化。

2.4.3　确定功能结构

功能是系统的属性，它表明了系统的效能以及实现能量、物料、信息转换和传递的方式。对于一些复杂的系统，其总功能包含着很多分功能，为便于分析和研究，常需要进行功能分解。如对某个具体的技术系统，总功能需分解到何种程度，取决于在那个层次上能找到相应的物理、化学、生物技术效应及其对应的结构来实现其功能要求。

对于复杂的技术系统往往要将其总功能分解为若干级分功能，有的甚至要分解到最后不能再分的基本单位——功能元。同级分功能组合起来应能满足上一级分功能的要求，最后组合成的整体应能满足总功能的要求。这种功能的分解和组合称功能结构。

某洗衣机功能结构的确立如图 2-4 所示。洗衣机的总功能是洗涤衣物，包括容纳衣物和水、搅动衣物和水、控制和定时、脱水和排水、动力供应和转换、机械系统连接和支承等，这些是构建功能结构的雏形。然后，进一步考虑在实现各分功能时还需要满足哪些要求，如洗涤时间需要调节、洗涤方式需要调节、输入能量的大小需要调节、各测量值需要放大、超负荷安全保护等。洗衣机的黑箱示意图、功能及功能元的划分、功能结构图分别如图 2-4a、b、c 所示。

自动洗衣机由若干个子系统组成，如洗涤系统、甩干系统、传动系统、控制系统、支承系统等。如果将这些子系统的功能结构都详细地表示在一张图上，不仅绘图困难，而且也显得杂乱。因此，可将各子系统分别单独绘制其功能结构图。在绘制过程中，还应与功能相似的洗衣机的子系统进行比较，使复杂的问题得以简化。

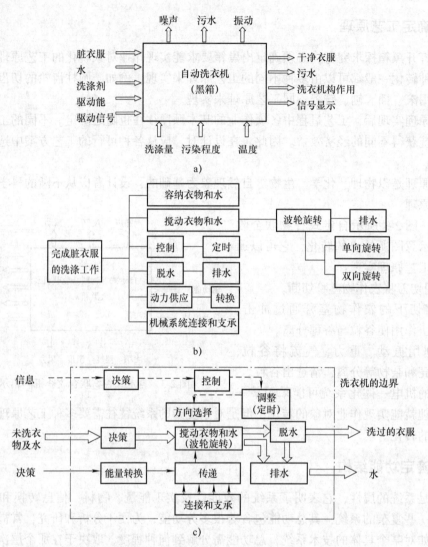

图 2-4 某洗衣机功能结构的确立

a）洗衣机黑箱示意图 b）功能及功能元划分 c）结构功能图

2.4.4 确定设计方案

1. 寻找实现分功能的技术效应和功能载体

物理学、化学、生物学等中的一些原理，都是一种抽象的普遍现象和规律，将这些原理通过一定的结构形式在工程上加以应用，就形成了所谓的技术效应。本节主要讨论技术物理效应。

例如，力平衡是物理学原理，而根据力平衡原理导出的杠杆系、滑轮组等就属于技术物理效应，实现技术物理效应的具体构件，如杠杆、滑轮、支承等，即为功能载体。如果对每个分功能都找出其相应的技术物理效应和确定出功能载体，就可以组成具体的设计方案。

一种技术物理效应可以实现多项功能，同理，一项功能也可由多种技术物理效应来实现。因此，在寻求技术物理效应时，应针对分功能的要求尽可能地多提出几种物理效应，开阔思路。这有助于评价决策，并获得令人满意的结果。部分实现分功能的技术物理效应和功能载体见表 2-1。

表 2-1　部分实现分功能的技术物理效应和功能载体

功能＼原理解		机　械				液　气	电　光　磁
		凸轮传动	联杆传动	齿轮传动	带传动		
转变							
缩小（放大）						F_2　F_1	
变向							
分离		u_1　u_2 $u_2\,u_1$ 摩擦分离				r_{k1} r_{k2}　r_{F1} $r_{k1} < r_{F1} < r_{k2}$ 浮力	磁性　非磁性 磁分离
力产生	静力	F 弹性能　　位能 h				液压能 h	静电　压电效应
	动力	F 离心力				液体压力效应	电流磁效应
	摩擦力	F　F_R 机械摩擦				毛细管	电阻

2. 功能载体的组合

若已找出了实现各分功能的技术物理效应和功能载体，再能把这些功能载体根据功能结构进行合理组合，就可得到实现总功能的总体方案。在进行方案构思时，利用形态学方法建立形态学矩阵，对开拓思路、探求科学合理的创新方案是很有效的。

在形态学矩阵中将系统的各个分功能作为目标标记，分功能的各种解法列为目标特征。表 2-2 所列为形态学组合原理，第 1 列 F_1、F_2、…、F_m 代表有 m 个分功能，对应于每个分功能的行代表该分功能解法，如 J_{11}、J_{12}、…、J_{1n_1} 代表分功能 F_1 有 n_1 个解，J_{21}、J_{22}、…、J_{2n_2} 代表分功能 F_2 有 n_2 个解，依此类推。从每个分功能解法中取出一个解，并按功能结构图中的次序进行组合，即可获得一个全部分功能的原理组合，例如 J_{11}—J_{23}—…—J_{m2}、J_{13}—J_{22}—…—J_{m1} 等，都是可能的原理组合。理论上按形态学矩阵可以获得的原理组合总数 N 为

$$N = n_1 n_2 n_3 \cdots n_m \tag{2-1}$$

表 2-2　形态学矩阵组合原理

分　功　能		分功能解法								
		1	2	3	…	n_1	…	n_2	…	n_m
1	F_1	J_{11}	J_{12}	J_{13}	…	J_{1mn1}				
2	F_2	J_{21}	J_{22}	J_{23}	…		…	J_{2n2}		
⋮	⋮	⋮	⋮	⋮	⋮	⋮	⋮	⋮	⋮	⋮
m	F_m	J_{m1}	J_{m2}	J_{m3}	…		…		…	J_{mnmn}

表 2-3 所列为挖掘机的形态学矩阵，理论上按式（2-1）可以获得 $6 \times 5 \times 4 \times 4 \times 3 = 1440$ 个原理组合。其中，$A1—B4—C3—D2—E1$ 为履带式挖掘机，$A5—B5—C2—D4—E2$ 为液压轮胎式挖掘机。

表 2-3　挖掘机的形态学矩阵

分　功　能		分功能解法					
		1	2	3	4	5	6
A	动力源	电动机	汽油机	柴油机	蒸汽透平机	液动机	气动马达
B	位移传动	齿轮传动	蜗杆传动	带传动	链传动	液力耦合器	
C	位移	轨道及车轮	轮胎	履带	气垫		
D	取物传动	拉杆	绳索传动	气缸传动	液压缸传动		
E	取物	挖斗	抓斗	钳式斗			

表 2-4 所列为取纸器的形态学矩阵，理论上按式（2-1）可以获得 $3 \times 7 \times 2 = 42$ 个原理组合。

表 2-4　取纸器的形态学矩阵

分　功　能		A	B		C
		储　纸	分　纸		供　纸
分功能解法	1	盒式	推刮		重力
	2	袋式	摩擦		弹性力
	3	筒式	离心力		
	4		重力		
	5		气吹		
	6		负压吸力		
	7		静电吸力		

在运用形态矩阵对功能复杂的系统进行求解时，如果所采用的形态矩阵系统过于庞大，这时可先将各分功能形态学矩阵建立起来，即局部方案先设计出来，然后再综合为整体方案。

通过形态学矩阵虽然可以得到许多方案，但不是所有的方案都具有实际意义，也不是所有的结构元件都能互相匹配和适应。所以在组合时从一开始就应舍弃掉一些明显不合理或意义不大的方案，把精力集中在那些合理的、可行的组合上。然后从物理原理上的相容性、技术经济效益、功率、速度、尺寸等功能参数方面对这些方案进行复核、检验、评审，从中选出少数几个好的候选方案。

3. 确定基本结构布局

通常虽然已经确定了功能载体的组合关系，但仍会停留在功能性关系中，这是因为结构元件在空间的相互位置是可以进行不同处理的，即用同一分功能载体也可以构成不同的结构布局，从而可得到不同的总体设计方案。

图 2-5 所示为功能元件结构数目变化而导出的四种内燃机设计方案，图 2-5a、b、c、d 所示依次为单缸、双缸、三缸、七缸内燃机。

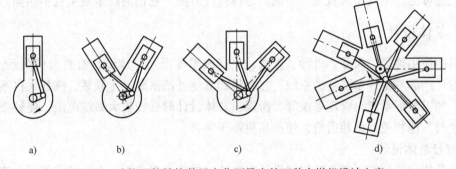

图 2-5 功能元件结构数目变化而导出的四种内燃机设计方案

图 2-6 所示为在无心磨床上实现从储存仓到工件放取器的运送工件功能，通过运动类型变化导出了三种不同的设计方案。其中图 2-6a 所示的运送功能件机械手采用接送，图 2-6b 所示的运送功能件顶块采用移动，图 2-6c 所示的运送功能件带槽转盘采用转动，图 2-6d 所示则利用四杆机构的连杆作刚体导引即采用平面运动方式。

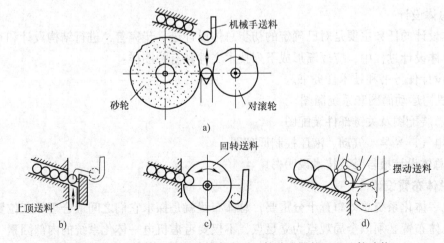

图 2-6 在无心磨床上实现从储存仓到工件放取器的运送工件功能

图 2-7 所示为用三种不同的材料制作的夹子。选用不同的工程材料，往往同时伴随着加工工艺的变化。由于三种材料性能相差很大，因此，其结构形状相差甚远。

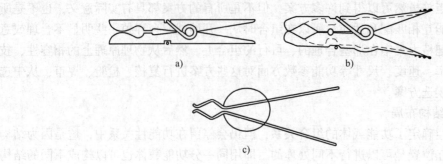

图 2-7　用三种不同的材料制作的夹子
a）木材　b）塑料　c）金属

由上述可见，不同布局就会有不同的总体设计方案，它们的技术效果也不相同。

2.4.5　总体设计

产品的使用性能、尺寸、外形、重量、生产成本等都与总体设计有着密切关系。同时，由于所设计产品不是一个孤立的系统，它必将和其他外部系统发生联系，例如人机系统、环境系统、加工装配系统、管理系统等。所以，总体设计时必须扩大系统范围，使整个机电一体化系统与其他相关系统相适应，使产品更臻于完善。

1. 初步总体设计

初步总体设计的主要任务是根据设计方案绘制总体布置草图。为了确定各子系统的基本结构和形式，进行构型设计、初步计算和运动分析，应在草图上仔细布置各部件和确定出它们的相对位置和尺寸，并对整机进行必要的工作能力计算和性能预测，以确保性能指标的实现。若不能满足要求则应随时调整，必要时应对方案中的关键技术系统进行实验研究。完成总体布置草图后，不仅确定了整机的布置形式和主要尺寸，而且也基本上确定了各部件的基本形式和特性参数。

2. 总体设计

总体设计的任务主要是对已确定的初步总体设计进一步完善，进行结构设计和有关的计算。在总体设计过程中，应逐渐形成下列技术文件和有关图样：

1）设计任务书和技术任务书。

2）机构运动简图和系统简图。

3）总装配图及关键部件装配图。

4）电气、光学、气动、液压控制原理图。

5）总体设计报告书及技术说明书。

3. 总体布置设计

机电一体化系统总体布置十分重要，总体布置就是探求它们之间最合理相互位置和相关尺寸。总体布置必须以全局观点为立足点，不仅要考虑机电一体化系统的内部因素，还应考虑人机关系、环境条件等外部因素。按照简单、合理、经济的原则，妥善地确定系统中各零部件、元器件之间的相对位置和运动关系。总体布置时一般总是先布置执行系统，然后再布置传动系统、操纵系统、控制系统及支承形式等。通常都是从粗到细、由简到繁，需反复多次修改后确定。

总体布置设计的基本要求

（1）保证工艺过程的连续和流畅　系统中的各零、部件即使设计和制造得都很好，如果布置得不合理，导致工作不协调，也不会获得良好的系统性能。

例如，一台糖果包装机要经过多道工序才能包装好糖果，其工作部件位置的配置将直接影响到操作流畅性和生产率。特别是对那些工作条件恶劣及复杂的机械，还应考虑零、部件的惯性力、弹性变形以及过载特性等。但是，无论在何种情况下，都应保证前、后作业工序的连续和流畅，能量流、物料流、信息流的流动途径合理，不产生阻塞和干涉。

例如，若汽车的货厢与驾驶室后壁之间的间隙过小，当汽车在行驶中紧急制动时就可能引起货厢与驾驶室互相撞击和摩擦；若汽车的货厢与驾驶室后壁之间的间隙过大，又会增加汽车的长度。

（2）降低质心高度、减小偏置，提高工作稳定性　机械系统应能平衡稳定地工作。如果设备的质心过高或偏置过大，则可能因干扰力矩的增大而造成倾倒或加剧振动。所以在总体布置设计时，在条件允许的情况下，应采用对称布置、减少偏置、降低质心高度，从而提高工作稳定性。如汽车、拖拉机、叉车等前后轴载荷的分配、纵横向的稳定性及附着性布置等。有些机械系统在完成不同作业或工况改变时，整机质心位置可能改变。所以在总体布置时应考虑到这种情况，要留有放置配重的位置。

（3）保证机械系统的精度指标　对于一些精密设备而言，系统精度指标通常是由零部件精度决定的，精度又分为几何精度、尺寸精度、位置精度、静态精度与动态精度等。在总体布置时要尽可能地简化；对传动系统而言，可以通过合理地安排传动机构的顺序及恰当地分配各级的传动比来保证机械系统精度。

机械的刚度不足及抗振性能不好，也会使机械系统不能正常工作或使其精度降低。为此，在总体布置时，应重视提高其刚度及抗振能力。例如，为提高机床的刚度，采用框架式（龙门刨床）结构的布置方案；为提高汽车车架的扭转刚度，采取在横梁上加装横梁的措施等。

（4）充分考虑产品标准化、系列化、通用化和今后发展的要求　应当指出，产品内部大量地采用标准化零件后，不会限制设计者的创造力，相反可减少设计工作量，使设计者腾出时间集中精力从事改进和设计新产品的工作。

设计产品时不仅要考虑到标准化问题，还应考虑系列化、通用化设计问题，以及今后产品改进设计、更新换代、组成生产线等可能性问题。

（5）结构紧凑、层次分明　紧凑的结构不仅可节省空间，往往还会带来良好的造型条件。例如，把电动机、传动部件、操作控制部件等安装在支承件的内部。为减小占地面积，可以用立式布置代替卧式布置等。

（6）操作、调整、维修简便　为改善劳动条件，应力求操作方便、舒适。在总体布置时应使操作位置、修理位置合理，尽量减少信息源的数目，使操作、检测、调整、维修方便和省力。操纵部件要适应人的生理要求，显示装置应根据人的视觉特征来布置。

（7）造型美观、装饰宜人　产品投入市场后给人们的第一个直感印象是其外观、造型和色彩。它是产品的功能、结构、工艺、材料和外观形象的综合表现，是科学和艺术的结合。产品的外形应具备：结构新颖、配置匀称、变化有致、布局协调、色彩和谐。这些都有利于操作者的心情舒畅、减轻烦躁情绪及产生不必要的误动作，对提高生产率及操作可靠性非常有利。

（8）总体布置示例　总体布置的任务是确定所设计产品各部件位置及控制各部分的尺寸和重量，使载荷分配合理。布置操纵机构及驾驶员座位，校核运动零部件的运动空间，排除干涉。

图2-8所示的装载机主要是装载散状物料，并将物料卸入自卸卡车或将物料直接运往卸料地点，装载机有时也承担轻度的铲掘、推土和修整场地等作业。为完成上述工作，现代装载机一般是将铲斗及工作装置安装在最前端。

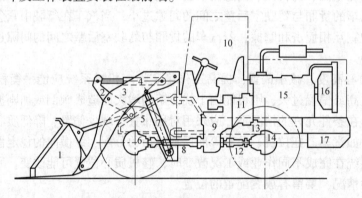

图2-8　轮式装载机总体布置

1—铲斗　2—摇臂　3—动臂　4—转斗液压缸　5—前车架　6—前桥　7—动臂液压缸　8—前传动轴总成
9—变速器　10—驾驶室　11—变扭器传动轴总成　12—后传动轴总成　13—后车架
14—后桥　15—发动机　16—水箱　17—配重

发动机布置在装载机的后部，起到配重作用，有利于提高稳定性。发动机的输出端接液力变矩器，再通过万向联轴器和传动轴与前后驱动桥相连。驾驶室布置在工作装置之后的中部。位置应尽量向前，使前方视野开阔，利于作业准确。

为了保证装载机作业的稳定性，使铲斗与料堆相对位置准确，现代装载机不安装弹性悬架，但为防止在凹凸地上行驶时出现车轮悬空现象，使一个驱动桥能上下摆动，即将驱动架铰接于车架上。绝大多数装载机采用四轮驱动，以提高牵引力和能在恶劣地面上行驶。工作装置多采用液压传动。

4. 主要技术参数的确定

总体参数能够反映出该机电一体化系统的概貌和特点，是总体设计和零、部件设计时的依据。总体技术参数主要是指作业对象的使用范围、生产能力、结构尺寸、重量参数、功率参数、总体结构参数等。不同的机电一体化系统其技术参数是不相同的。对于机床，主要是规格参数、运动参数、动力参数和结构参数；对于仪器，主要是测量范围、示值范围、放大倍数、焦距、灵敏度等。

总体参数的初步确定，可采用理论计算法、经验公式法、相似类比法和优化设计法。本章主要介绍理论计算法。

根据拟订的产品原理方案，在理论分析与试验基础上进行分析计算，确定总体参数。

（1）生产率 Q　机械设备的理论生产率是指设计生产能力。在单位时间内完成的产品数量，就是机械设备的生产率。设加工一个工件或装配一个组件所需的循环时间 T 为

$$T = t_g + t_f \tag{2-2}$$

式中　T——为在设备上加工一个工件的循环时间或称工作周期时间；

$\qquad t_g$——工作时间，指直接用在加工或装配一个工件的时间；

$\qquad t_f$——辅助工作时间，指在一个循环内除去工作消耗时间外，所剩下的时间，如上下料、夹紧和移位、间歇等所消耗的时间。

设备的生产率 Q 为

$$Q = \frac{1}{T} = \frac{1}{t_g + t_f} \tag{2-3}$$

设备的生产率 Q 的单位由工件计量和计时单位而定，常用的单位有：件/h、m/min、m^2/min、m^2/h、kg/min 等。

（2）结构尺寸　主要是指能影响机械性能的一些重要的结构尺寸，如总体极限尺寸（长、宽、高及可移动的极限位置和尺寸）、特性尺寸（加工范围、中心高度）、运动零部件的工作行程以及主要零部件之间位置关系与安装尺寸等。

尺寸参数根据设计任务书中的原始参数、方案设计时的总体布置草图、同类机械系统的类比或通过理论分析后确定。

图 2-9 所示颚式破碎机的钳角 α 是通过力的分析计算后确定的。当破碎机工作时，夹在颚腔内的物料将受到颚板给它的压力 F_{n1} 和 F_{n2} 的作用，方向与两颚板垂直。设物料与颚板之间的摩擦因数为 μ，物料与颚板接触处产生的摩擦力 $F_1 = \mu F_{n1}$ 及 $F_2 = \mu F_{n2}$，由于物料重力 $W \ll F_{n1}$、$W \ll F_{n2}$，故 W 可忽略不计。

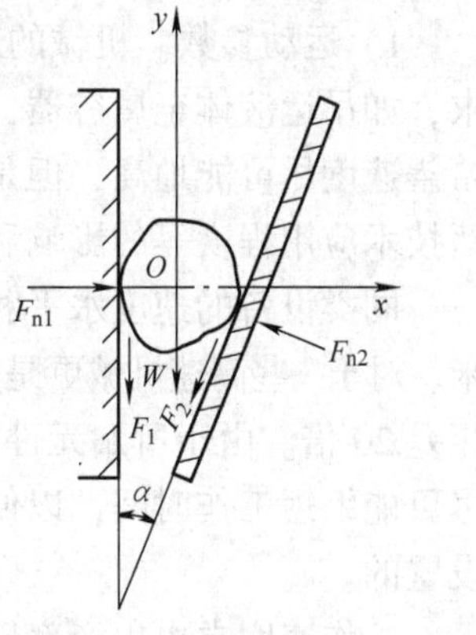

当物料被夹在颚腔内而不被推出腔外时，各力必达到平衡。列平衡方程式为

$$\left. \begin{array}{l} \sum x = 0, \quad F_{n1} - F_{n2}\cos\alpha - F_{n2}\sin\alpha = 0 \\ \sum y = 0, \quad -\mu F_{n1} - \mu F_{n1}\cos\alpha + F_{n2}\sin\alpha = 0 \end{array} \right\} \tag{2-4}$$

图 2-9　颚式破碎机的钳角 α 计算

解得

$$\tan\alpha = \frac{2\mu}{1 - \mu^2}$$

又 $\mu = \tan\varphi$，φ 为摩擦角，故可得到

$$\tan\alpha = \frac{2\tan\varphi}{1 - \tan^2\varphi} \tag{2-5}$$

为使破碎机工作可靠，应使 $\alpha \leqslant 2\varphi$。摩擦因数 $\mu = 0.2 \sim 0.3$，故钳角的最大值为 22°~33°。实际物料粒度可能差别较大，为防止楔塞，故在颚式破碎机设计中一般取钳角 α 为 33°。

（3）重量参数　重量参数包括整机重力、各主要部件重力、重心位置等。它反映了整机的品质，如自重与载重之比、生产能力与机重之比等。重心位置反映了机器的稳定性及车轮轮压分布等问题。

对于走行机械如履带式装载机的重力，主要根据作业时所需的牵引力来确定，同时必须满足地面附着条件和作业、行走稳定性要求，否则机器行走时将产生打滑或倾翻。

机器提供的最大牵引力必须克服工作阻力和总的行走阻力，其表达式为

$$F_{max} = K\left[F_n + G\left(\Omega \pm \beta + \frac{a}{g}\right)\right] \qquad (2\text{-}6)$$

式中　K——动载系数；

$\quad F_n$——工作阻力（N）；

$\quad G$——机器重力（N）；

$\quad \Omega$——履带运行阻力系数；

$\quad \beta$——爬坡度系数，β 前的 +、- 号，上坡取"+"，下坡取"-"；

$\quad a$——行走加速度（m/s^2）；

$\quad g$——重力加速度（m/s^2）；

$\quad F_{max}$——最大牵引力（N）。

同时满足

$$F_{max} \leqslant G\Psi$$

式中　Ψ——履带与工作面间的附着系数。

（4）运动参数、力能参数

1）运动参数。机械的运动参数有移动速度、加速度和调速范围等，主要取决于工艺要求，如吊运液体金属容器，要精确定位大型件的吊装设备，要求速度低而平稳。一般情况是希望速度尽可能地高，但是通常会受到惯性、振动、定位精度、结构、制造和装配水平以及新技术应用程度等的影响和限制。

同类设备的速度水平相差很大，如线材轧机的轧制线速度由每秒几米直到每秒一百多米。对于一些高速机械更是如此，如电子制造用的贴片机，目前贴片速度从 3000 ~ 60000 片/h，相差 20 倍。由于所贴元件不同，存在着一个最佳的速度问题。一般总是在满足工艺要求下尽可能缩短工作时间，以便提高生产率。速度变化范围是为了适应不同品种和工况的要求而设置的。

工作速度常由生产率确定，如带式连续输送机，带的运动速度 v 可由下式确定

$$v = \frac{Q}{3600S\rho C} \qquad (2\text{-}7)$$

式中　v——带的运动速度（m/s）；

$\quad Q$——带式输送机的理论生产率（t/h）；

$\quad S$——被运物料在输送带上的堆积面积（m^2）；

$\quad \rho$——散粒物料的堆积密度（t/m^3）；

$\quad C$——倾角系数，当水平时 C 为 1，倾角为 20℃时为 0.82。

2）力能参数。力能参数包括承载力（成形力、破碎力、运行阻力、挖掘力）和原动机功率。工作装置是载荷直接作用的构件，力参数是其设计计算的依据，也是力学性能的主要标志，如 30000kN 水压机。

① 承载力（机器的作用力）。大部分材料输送操作中，机器载荷由加速工件的惯性力载荷、移动工件的摩擦力载荷或材料提升的重力载荷组合而成。而对成形机械、加工机械主要

需求的力是用于材料成形或切削加工的。下面介绍切削力的计算。

车削外圆时的切削力如图 2-10 所示。主切削力 F_c 与切削速度 v_c 的方向一致，且垂直向下，这是计算车床主轴电动机切削功率的依据；背向切削力 F_p 与进给方向（即工件轴线方向）垂直，对加工精度的影响较大；进给切削力 F_f 与进给方向平行且指向相反。

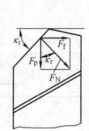
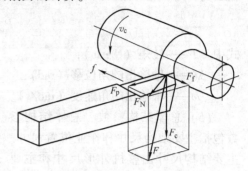

图 2-10　切削力的分析

在上述三个分力中，F_c 值最大，F_p 约为 $(0.15 \sim 0.7)$ F_c，F_f 约为 $(0.1\text{-}0.6)$ F_c。

单位切削面积上的切削力称为单位切削力，用 K_e（N/mm^2）表示

$$K_e = \frac{F_e}{A_D} = \frac{F_e}{a_p f} = \frac{F_e}{h_D b_D} \tag{2-8}$$

式中　F_e——主切削力（N）；

　　　A_D——切削层基本横截面积（mm^2）；

　　　a_p——背吃刀量（mm）；

　　　f——每转进给量（mm/r）；

　　　h_D——切削层基本厚度（mm）；

　　　b_D——切削层基本宽度（mm）。

若已知单位切削力 K_e，则可通过式（2-8）计算主切削力 F_e。

② 原动机功率。原动机功率反映了机械的动力级别，它与其他参数有函数关系，常是机械分级的标志，也是机械中各零、部件的尺寸（如轴和丝杠的直径、齿轮的模数等）设计计算的依据。

机器需要的输出功率等于机器工作的动力加上所损耗的动力。大部分机器载荷是力（转矩）以某速度作用一段距离（角度）。如果使用重量大、速度高的工作头，则在载荷中要考虑惯性分量的作用。

如图 2-11 所示，机器输出功率 P_{out}，是由一固定力 F 在 Δt 时间内作用一段线性距离 Δx，此种运动如同一个液压臂弯曲金属板。机器输出的功率可表示为

$$P_{out} = F \frac{\Delta x}{\Delta t} = Fv \tag{2-9}$$

式中　v——臂的速度（m/s）。

图 2-12 表示固定转矩 T 在瞬间 Δt 作用一个角度 $\Delta\theta$ 时机器之输出功率 P_{out}。此种功率出现在铣刀切削加工时，通常考虑机器在刀具轴的

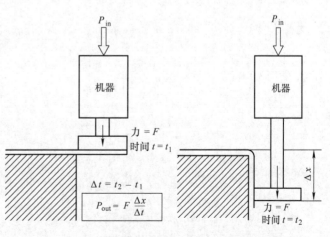

图 2-11　机器线性位移输出的动力所做的有用功

输出为转矩，它可用刀具的切削力与力臂来表示。此种机器的输出功率 P_{out} 为

$$P_{out} = T \frac{\Delta\theta}{\Delta t} = T\omega \tag{2-10}$$

式中　T——转矩（N·m）；

　　　$\Delta\theta$——轴输出的角位移（rad）；

　　　ω——轴输出的角速度（rad/s）。

（5）总体结构参数　　总体结构参数包括主要结构尺寸和作业位置尺寸。主要结构尺寸由整机外形尺寸和主要组成部分的外形尺寸综合而成。机械外形尺寸受安装、使用空间、包装和

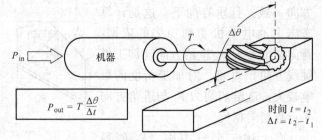

图 2-12　机器输出为转动时动力所做的有用功

运输要求限制，如机壳、特厚板轧机等都要考虑运输要求，必要时可采用现场组装。作业位置尺寸是机器在作业过程中为了适应工作条件要求所需的尺寸。如工作装置尺寸、最大工作行程等，是机械工作范围和主要性能的重要标志，它们可以是生产钢管的最大直径、工具的尺寸等，例如 500t 油压机。有些设计关键基础尺寸也可作尺寸参数，如钢丝绳直径、曲率半径、车轮直径、皮带宽度等。

总体参数的确定，除根据产品尺寸及工艺要求分析计算外，还要进行参数优化计算。

习题与思考题

2.1　机电一体化系统设计的基本原则是什么？

2.2　简述机电一体化系统设计的一般过程。

2.3　总体方案设计主要包括哪些内容？为什么要对设计任务抽象化？

2.4　主要技术参数的确定通常有哪几种方法？理论计算包括哪些内容？

2.5　功率参数的确定主要包括哪些内容？在计算过程中要注意哪些方面？

第3章 机械传动系统设计

机械传动系统设计是机电一体化系统设计的重要环节。机电一体化系统设计要求通过对机械传动方式、结构、强度、材料、精度等问题的研究，使设计的机械系统具有体积小、重量轻、刚度好、精度高、速度快、动作灵活、价格便宜、安全、可靠等特点。

机械传动系统包含的内容很多，本章重点介绍齿轮传动、带传动、螺旋传动、间隙传动、轴、轴承等内容。

3.1 机械传动和支承机构的功能及设计要求

机电一体化系统常用的机械传动和支承机构主要包括齿轮传动、带传动、螺旋传动、间隙传动、轴、轴承、导轨、机座等，其主要功能是传递转矩、转速和支承，实质上它们是转矩、转速变换装置。

机械传动和支承机构的类型、方式、刚性以及可靠性对机电一体化系统的精度、稳定性和快速响应性有着直接影响。因此，在机电一体化系统设计过程中应选择传动间隙小、精度高、体积小、重量轻、运动平稳、传递转矩大的机械传动和支承机构。

机电一体化系统中所用的传动和支承机构及其功能见表 3-1。从表中看出，一种传动和支承机构可同时满足一项或几项功能要求。如齿轮齿条传动既可以将直线运动转换为回转运动，又可以将回转运动转化为直线运动；带传动、蜗轮蜗杆传动及各类齿轮减速器不但可以变速，也可改变转矩。

表 3-1 机电一体化系统中所用的传动和支承机构及其功能

基本功能 / 传动和支承机构	运动的变换				动力的变换	
	形式	行程	方向	速度	大小	形式
丝杠螺母	○				○	○
齿轮			○	○	○	
齿轮齿条	○					○
链轮、链条						
带、带轮			○	○		
杠杆机构		○	○		○	○
连杆机构		○		○	○	
凸轮机构	○	○	○	○		
摩擦轮			○	○	○	
万向节			○			
软轴			○			
蜗轮蜗杆			○	○	○	

（续）

基本功能	运动的变换				动力的变换	
传动和支承机构	形式	行程	方向	速度	大小	形式
间隙机构	○					
轴			○	○	○	○
轴承			○	○	○	○
导轨						○
机座						○

注：○表示具备此项功能。

随着机电一体化技术的发展，要求传动和支承机构不断适应新技术要求。具体有三个方面：

1）精密化——对于某种特定的机电一体化产品来说，应根据其性能要求提出适当的精密度要求，虽然不是越精密越好，但要适应产品定位精度等性能的要求。

2）高速化——产品工作效率的高低，与机械传动部分的运动速度直接相关。因此，机械传动机构应能适应高速运动的要求。

3）小型化、轻量化——随着机电一体化系统（或产品）精密化、高速化的发展，必然要求其传动机构小型化、轻量化，以提高机构运动灵敏度（响应性）、减小冲击、降低能耗。

3.2　齿轮传动的设计与选择

3.2.1　齿轮传动分类与特点

齿轮传动是利用齿的廓形互相啮合来传递运动和动力的一种机械传动，在机电一体化产品中应用广泛。

1. 齿轮传动分类

齿轮分类可以按照传动轴的相对位置、工作条件、齿廓曲线三种方式进行分类。

（1）按传动轴相对位置分类　齿轮传动按传动轴相对位置分类如图 3-1 所示。

1）平面齿轮传动：传动时两轴相互平行，两齿轮各点的运动平面也相互平行；当角速度为常数时，齿轮必为圆柱形，故称圆柱形齿轮。圆柱齿轮上的齿排列在圆柱体表面上，依据齿相对于轴线的位置，又可分为直齿圆柱齿轮、斜齿圆柱齿轮。轮齿沿圆周排列在圆柱体外表面的齿轮称外啮合齿轮，齿轮沿圆周排列在圆筒内表面的齿轮称内啮合齿轮，齿轮沿直线排列在平面上的齿轮称齿条。

2）空间齿轮传动：其相对运动为空间运动，故称为空间齿轮传动。可分为两轴相交（多数为垂直相交）的，称锥齿轮传动；两轴不平行不相交的，称为螺旋齿轮传动；两轴在空间垂直不相交的，称为蜗杆蜗轮传动。

（2）按工作条件分类

1）开式传动：没有防尘罩或机罩，齿轮完全暴露在外面，灰尘、杂物易进入，且不能

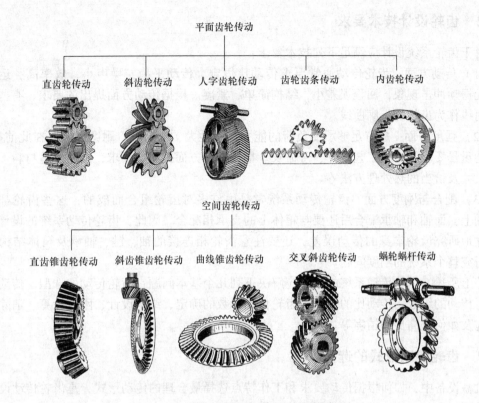

图 3-1　齿轮传动按传动轴相对位置分类

保证良好的润滑，所以轮齿极易磨损。该传动类型一般只用于低速传动及不重要的场合。

2）半开式传动：齿轮浸入油池中，上装护罩，不封闭，所以也不能完全防止杂物的侵入。大多用于农业机械、建筑机械及简单机械设备中，只有简单的防护罩。

3）闭式传动：润滑、密封良好，用于汽车、机床及航空发动机等的齿轮传动中，齿轮封闭在箱体内并能得到良好的润滑，应用极为广泛（如机床、汽车等）。

（3）按齿廓曲线分类

1）渐开线齿：常用。

2）摆线齿：常用于计时仪器。

3）圆弧齿：承载能力较强。

2. 齿轮传动的特点

1）传动比恒定，特别是瞬时传动比的恒定是其他机械传动无法比拟的。

2）外廓尺寸小，结构比较紧凑。

3）传动效率高，直齿圆柱齿轮的效率在 98% 左右。

4）工作可靠、寿命长。

5）传递功率和速度的范围比较广。

6）需要专门制造齿轮的机床和刀具，造价高。

7）齿轮制造精度低时，传动噪声和振动较大。

8）齿轮传动中的传动比及中心距不能过大。

3.2.2 齿轮设计技术要求

对于齿轮系统设计应满足下列技术要求：

（1）传动方面 齿轮传动通常要求传动比恒定，传动平稳，噪声小，效率高，运动精确，无振动冲击现象，回程误差小，结构简单、紧凑。根据传动方面提出的要求，有些采用特殊曲线作为齿轮的齿廓曲线。

（2）强度方面 应有足够承受负荷的能力，刚性大、变形小、耐磨性好。在此前提下，齿轮的重量要轻、结构工艺性好、寿命长。根据强度方面提出的要求，选用合适材料、合理结构尺寸及恰当的热处理方法等。

（3）配合与刚度方面 齿轮传动系统常是由许多对齿轮组合而成的，这些齿轮都装在传动轴上，而轴和轴承配合后还要与箱体上的支承相配合。因此，齿轮传动系统的设计决不能孤立地研究齿轮本身的传动误差，还要注意齿轮相连接的轴、键、轴承及箱体结构的设计，研究整个系统的刚度问题。

综上所述，齿轮传动系统的设计应解决下列几个基本问题：齿轮传动的选型、传动链的布置、传动的级数、传动比的分配、齿轮传动参数的确定、结构设计、刚度计算、消除侧隙的措施及如何提高传动精度等。

3.2.3 齿轮传动形式的选择

机械设备中，如何根据传动要求和工作特点选择最合理的传动形式，是齿轮传动设计中首先需要解决的问题。齿轮传动形式的选择主要依据以下几点：

1）齿轮传递的功率、速度及平稳性等技术指标，对齿轮传动形式及结构提出的特殊要求。

2）齿轮的回程误差、运动精度对齿轮的传动形式及结构提出的要求。

3）齿轮传动的效率、润滑条件对齿轮的传动形式及结构提出的要求。

4）齿轮传动的工艺性因素，诸如生产条件、设备、产量等对结构提出的要求。

5）环境条件对齿轮传动形式提出的特殊要求。

直齿圆柱齿轮啮合时，啮合线是一条直线且是同时接触、同时分离的。斜齿圆柱齿轮的啮合线是一条斜直线，故一对齿形的啮合分离时，后面的齿形仍在啮合。即斜齿轮传动是逐渐进入、逐渐分离的，且同时进入啮合的齿的对数较直齿多。因此，斜齿圆柱齿轮传动较平稳且承载的均匀性好。

直齿圆柱齿轮的应用较为广泛。这是由于其设计、制造、测量和装配都比较方便，易于达到较高的经济加工精度和传动效率。当速度高、承载大时，应考虑采用斜齿圆柱齿轮传动。但是，斜齿圆柱齿轮传动中会产生轴向力，制造、安装也较困难，效率也较直齿圆柱齿轮低些。

螺旋齿轮多用于传递空间交错轴的运动。由于是点接触传动，当两轴交错角增大时，啮合点处的相对滑动速度增大，易于磨损。故螺旋齿轮多用于低速、受力较小的情况下。

蜗杆蜗轮传动用于传递空间垂直轴的运动，它是空间线接触。由于其传动比大，传动平稳，所以在一般情况下都取代螺旋齿轮传动。但是，蜗杆蜗轮的发热量大，传动效率低。

锥齿轮传动可用于相交轴之间的传动，加工时需用特殊的设备——锥齿轮刨床，运动精度较低，因此在高精度传动中不宜采用。由于锥齿轮的加工精度低，高速时会产生较大的冲击和噪声，一般只用于低速场合。

3.2.4　齿轮传动比的选择

零件制成后不可避免地存在着误差。组成部件的零件数目越多，则积累的误差也越大。因此，选择齿轮传动比时，单级传动比多级传动积累误差小，但是，如果一对齿轮的传动比过大，则两个齿轮的尺寸相差也大，这样不但引起传动时的不平稳，还会引起箱体结构尺寸的增大。

图 3-2a、b 所示齿轮传动的传动比均为 10，图 3-2a 所示为单级传动，图 3-2b 所示为二级传动，显然前者的外形尺寸比后者大许多。尽管前者的单级传动较大，但是，其小齿轮的轮齿参加啮合的次数比大齿轮轮齿多得多，这样会引起小齿轮的磨损过快，整个设备寿命的降低。所以，单级齿轮的传动比不宜过大。

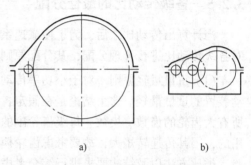

常用的齿轮减速装置有一级、二级、三级等传动形式，如图 3-3 所示。

图 3-2　传动比级数与箱体体积关系

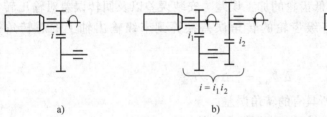
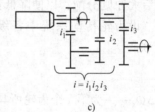

图 3-3　常用的齿轮减速装置传动形式

齿轮传动比 i 应满足驱动部件与负载之间的位移及转矩、转速的匹配要求。用于伺服系统的齿轮减速器是一个力矩变换器，其输入电动机为高转速、低转矩，而输出则为低转速、高转矩，借此来加强负载。因此，不但要求齿轮传动系统传递转矩时要有足够的刚度，还要求其转动惯量尽量小，以便在获得同一加速度时所需转矩最小。此外，齿轮的啮合间隙会造成传动死区（失动量），若该死区是在闭环系统中，则可能造成系统不稳定，为此要尽量采用齿侧间隙较小、精度较高的齿轮传动副。为了降低制造成本，可采用调整齿侧间隙的方法来消除或减小啮合间隙，以提高传动精度和系统的稳定性。由于负载特性和工作条件的不同，最佳传动比有各种各样的选择方法，在伺服电动机驱动负载的传动系统中常采用使负载加速度最大的方法。

如图 3-4 所示，电动机转角为 θ_m、负载转角为 θ_L、电动机额定转矩为 T_m、负载转矩为 T_{LF}、转子转动惯量为 J_m、负载转动惯量为 J_L、直流伺服电动机通过减速比为 i，其最佳传动比如下

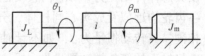

图 3-4　负载惯性模型

$$i = \theta_m / \theta_L = \dot{\theta}_m / \dot{\theta}_L = \ddot{\theta}_m / \ddot{\theta}_L > 1 \tag{3-1}$$

设其加速转矩为 T_a，则

$$T_a = T_m - T_{LF}/i = (J_m + J_L/i^2) i \ddot{\theta}_L$$

故

$$\ddot{\theta}_L = (T_m i - T_{LF})/(J_m i^2 + J_L) = T_a i/(J_m i^2 + J_L) \tag{3-2}$$

当 $d\ddot{\theta}_L/di \to 0$ 时，即可求得使负载加速度为最大的 i 值，即

$$i = T_{LF}/T_m + \left[(T_{LF}/T_m) + J_L/J_m \right]^{1/2} \tag{3-3}$$

3.2.5 各级传动比的最佳分配

当计算出传动比之后，为了使减速系统结构紧凑、满足动态性能和提高传动精度，需要对各级传动比进行合理分配，其分配原则如下。

(1) 重量最轻原则 对于小功率传动系统，使各级传动比 $i_1 = i_2 = i_3 = \cdots = \sqrt[n]{i}$，即可使传动装置的重量最轻。这个结论是在假定各主动小齿轮模数、齿数均相同的条件下导出的，故所有大齿轮的齿数、模数、每级齿轮副的中心距离也相同。结论对于大功率传动系统是不适用的，因其传递转矩大，故要考虑齿轮模数、齿宽等参数要逐级增加的情况，此时应根据经验、类比方法以及结构要求进行综合考虑，各级传动比一般应以"先大后小"原则处理。

(2) 输出轴转角误差最小原则 为了提高齿轮传动系统传递运动精度，各级传动比应按先小后大原则分配，以便降低齿轮的加工误差、安装误差以及回转误差对输出转角精度的影响。设齿轮传动系统中各级齿轮的转角误差换算到末级输出轴上的总转角误差为 $\Delta\Phi_{max}$，则

$$\Delta\Phi_{max} = \sum_{i}^{n} \Delta\Phi_k / i_{(kn)} \tag{3-4}$$

式中 $\Delta\Phi_k$——为第 k 个齿轮所具有的转角误差；

$i_{(kn)}$——为第 k 个齿轮的转轴至 n 级输出轴的传动比。

则四级齿轮传动系统各齿轮的转角误差 $(\Delta\Phi_1、\Delta\Phi_2、\cdots、\Delta\Phi_8)$ 换算到末级输出轴上的总转角误差为

$$\Delta\Phi_{max} = \frac{\Delta\Phi_1}{i} + \frac{\Delta\Phi_2 + \Delta\Phi_3}{i_2 i_3 i_4} + \frac{\Delta\Phi_4 + \Delta\Phi_5}{i_3 i_4} + \frac{\Delta\Phi_6 + \Delta\Phi_7}{i_4} + \Delta\Phi_8 \tag{3-5}$$

由此可知总转角误差主要取决于最末一级齿轮的转角误差和传动比的大小。在设计中最末两级的传动比应取大一些，并尽量提高最末一级齿轮副的加工精度。

(3) 等效转动惯量最小原则 利用该原则所设计的齿轮 传动系统，换算到电动机轴上的等效转动惯量为最小。

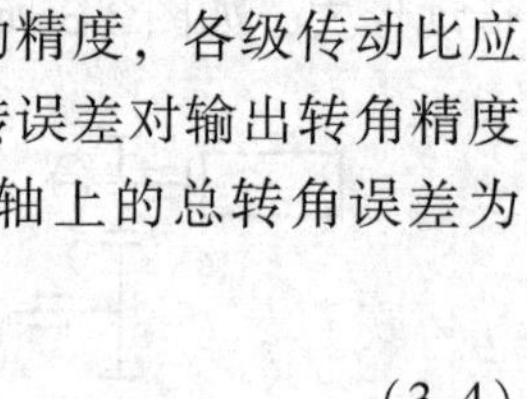

设有一小功率电动机驱动的二级齿轮减速系统，如图 3-5 所示。设其总体传动比为 $i = i_1 i_2$，假设各主动小齿轮具有相同的转动惯量，各齿轮均近似看成实心圆柱体，分度圆直径 d、齿宽 B、比重 γ 均相同，其转动惯量为 J，如不计轴和轴承的转动惯量，则等效到电动机轴上的等效转动惯量为

图 3-5 二级齿轮减速传动

$$J_{me} = J_1 + \frac{J_2 + J_3}{i_1^2} + \frac{J_4}{i_1^2 i_2^2} \tag{3-6}$$

因为

$$J_1 = \frac{\pi B \gamma}{32g} d_1^4 = J_3$$

所以

$$J_2 = J_1 i_1^4, \quad J_4 = J_1 i_2^4 = J_1 \left(\frac{i}{i_1} \right)^4$$

代入式 (3-6) 可得

$$J_{me} = J_1 + (J_1 i_1^4 + J_1) / i_1^2 + J_1 \left(\frac{i}{i_1} \right)^4 / \left[i_1^2 (i^2 / i_1^2) \right] = J_1 \left(1 + i_1^2 + \frac{1}{i_1^2} + \frac{i^2}{i_1^4} \right) \quad (3-7)$$

令 $\dfrac{\partial J_{me}}{\partial i_1} = 0$，则

$$i_1^6 - i_1^2 - 2i^2 = 0 \quad 或 \quad i_1^4 - 1 - 2i_2^2 = 0$$

由此可得 $i_2 = \sqrt{(i_1^4 - 1)/2}$，当 $i_1^4 \gg 1$ 时，则可简化为 $i_2 \approx i_1^2 / \sqrt{2}$ 或 $i_1 = (\sqrt{2} i_2)^{1/2}$，故

$$i_1 \approx (\sqrt{2} i)^{1/3} = (2i^2)^{1/6}$$

同理，可得 n 级齿轮传动系统各级传动比通式如下

$$i_1 = 2^{\frac{2^n - n - 1}{2(2^n - 1)}} i^{\frac{1}{2^n - 1}}, \quad i_k = \sqrt{2} \left(\frac{i}{2^{n/2}} \right)^{\frac{2^{(k-1)}}{2^n - 1}}, \quad (k = 2, 3, 4, \cdots, n) \quad (3-8)$$

在计算中不必精确到几位小数，因在系统机构设计时还要作适当调整。按此原则计算的各级传动比按 "先小后大" 次序分配，可使其结构紧凑。该分配原则中的假设对大功率齿轮传动系统不适用。虽然其计算公式不能通用，其分配次序应遵循 "由大到小" 的分配原则。

综上所述，在设计中应根据上述原则并结合实际情况的可行性和经济性对转动惯量、结构尺寸和传动精度提出适当要求。具体来讲有以下几点：

1) 对于要求体积小、重量轻的齿轮传动系统可用重量最轻原则。

2) 对于要求运动平稳、起停频繁和动态性能好的伺服系统的减速齿轮系统，可按最小等效转动惯量和总转角误差最小的原则来处理。对于变负载传动齿轮系统的各级传动比最好采用不可约的比数，避免同期啮合以降低噪声和振动。

3) 对于提高传动精度和减小回程误差为主的传动齿轮系，可按总转角误差最小原则。对于增速传动，由于增速时容易破坏传动齿轮系统工作的平稳性，应在开始几级就增速，并且要求每级增速比最好大于 1∶3，以有利于增加轮系刚度、减小传动误差。

4) 对较大传动比传动的齿轮系统，往往需要将定轴轮系和行星轮系巧妙结合为混合轮系。对于传动比要求很大、传动精度与效率要求高的齿轮传动，可选用谐波齿轮传动。

3.2.6 轮系传动

(1) 定轴轮系传动 如图 3-6 所示，滚齿机工作台传动机构中，工作台与蜗轮 9 固连。电动机带动主动轴转动，通过该轴上的齿轮 1 和 3 分两路传动，一路经锥齿轮 1 和 2 啮合带动单线滚刀 A 转动；另一路经齿轮 3-4-5-6-7-8-9 带动轮坯 B 转动，保证滚刀与轮坯之间具有确定的对滚关系，从而实现分路传动。适当地选配挂轮组 5-6-7 的齿数，便可切制出不同齿数的齿轮。

(2) 周转轮系传动 如图 3-7 所示，马铃薯挖掘机中的行星轮系，由完全相同的 4 套机

构组成。系杆 H 上铰接了两个行星轮 2 和 3，仅有一个中心轮且固定不动。系杆 H 的转速 n_H 和行星轮 3 的转速 n_3 的关系为 $n_3 = n_H(1 - z_1/z_3)$，式中 z_1、z_3 分别为齿轮 1 和 3 的齿数。当 $z_1 = z_3$ 时 $n_3 = 0$，行星轮 3 并无转动，与固定于其上的铁锹一起只作平动，以利于马铃薯的挖掘工作。

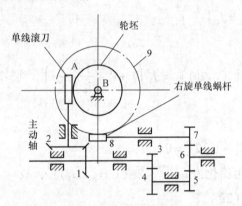

图 3-6　定轴轮系传动

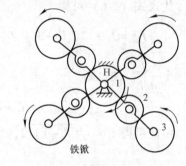

图 3-7　周转轮系传动

（3）行星轮系传动　如图 3-8 所示，万能刀具磨床工作台横向微动进给装置中，齿轮 4 的轴与丝杠相连并通过螺旋副传动至工作台，通过摇动系杆 H 上的手柄，经轮系、丝杠使工作台作微量进给。

此轮系中，中心轮 1 固定，双联齿轮 2-3 为行星轮，H 为运动输入构件，中心轮 4 为运动输出构件。

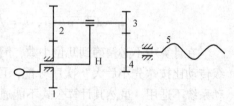

图 3-8　行星轮系传动

机构的自由度为 1，基本构件为两个中心轮 2K 和一个系杆 H，故称为 2K-H 型行星轮系。又因为该轮系中 $i_{14}^H > 0$，故称其为正号机构。该轮系的传动比 $i_{H4} = 1/[1 - (z_1 z_2/z_2 z_4)]$，当 H 为输入件时，可获得极大的传动比。

（4）差动轮系传动　如图 3-9 所示，轮系中，两个中心轮 1 和 3 均为活动构件，机构的自由度为 2，称为差动轮系，为了使其具有确定运动，需要 1 个原动件。该轮系的基本构件为两个中心轮和一个系杆，又称为 2K-H 型差动轮系。当系杆 H 为运动输出件时，$n_H = n_1 + [(z_3/z_1) n_3/1 + (z_3/z_1)]$，即行星轮架的转速是轮 1、3 转速的合成。

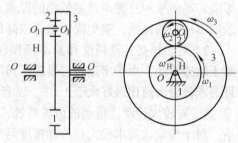

图 3-9　差动轮系传动

（5）复合轮系传动　如图 3-10 所示，国产某蜗轮螺旋桨发动机减速器的传动简图中，齿轮 1、2、3 和系杆 H 组成一个 2K-H 型差动轮系，齿轮 3′、4、5 组成一个定轴轮系。定轴轮系将差动轮系的内齿轮 3 和系杆 H 的运动联系起来，构成了一个自由度为 1 的封闭差动轮系。差动轮系部分采用了三个行星轮 2 均匀分布的结构，定轴轮系部分有五个中间惰轮 4（图中均只画了一个）。动力由中心轮 1 输入后，由系杆 H 和内齿轮 3 分成两路输往左部，最后在系杆 H 与内齿轮 5 的接合处汇合，输往螺旋桨。由于功率是分路传递，加上采用了多个行星轮均匀分布承担载荷，从而使整个装置在体积小、重量轻的情况下，实现大功率传递。

另一种复合轮系传动是在主动轴转速不变的条件下，从动轴可以得到若干种不同的转速，这种传动称为变速传动。在图 3-11 所示的变速器中，由 1、2、3、H 和 4、5、6、3（H）分别组成两套差动轮系。当通过制动器 A、B 分别固定不同的中心轮 3 或 6 时，可使从动轴 H 得到两种不同的转速。这种变速器虽较复杂，但操作方便。可在运动中变速，目前已广泛应用于各种车辆上。

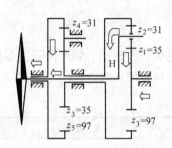

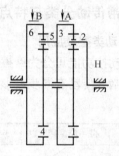

图 3-10　复合轮系传动　　　　　　　　图 3-11　另一种复合轮系传动

（6）摆线针轮传动　摆线针轮传动主要实现两平行轴之间运动与动力的传递。如图 3-12 所示，1 为针轮，z_1 个圆柱针销均匀地分布在以 O_1 为圆心的圆周上；2 为摆线行星轮，回转中心为 O_2，齿数为 z_2，其轮廓曲线为变态外摆线；H 为系杆（偏心轮），V 为输出轴，3 为输出机构。其传动比 $i_{HV} = i_{H2} = n_H/n_2 = -z_2/(z_1 - z_2)$，由于 $z_1 - z_2 = 1$，故 $i_{HV} = -z_2$。其特点是传动比较大，结构紧凑，效率及承载能力高。

（7）谐波齿轮传动　谐波齿轮传动主要实现两平行轴之间运动与动力的传递，如图 3-13 所示。

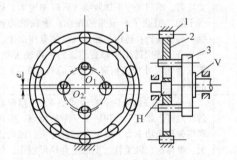

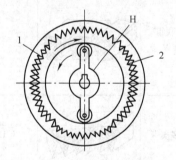

图 3-12　摆线针轮传动　　　　　　　　图 3-13　谐波齿轮传动
1—针轮　2—摆线行星轮　3—输出机构

由图可见，构件 1 为具有 z_1 个齿的内齿刚轮，构件 2 为具有 z_2 个齿的外齿柔轮，H 为谐波发生器。通常 H 为主动件，而刚轮和柔轮之一为从动件，另一个为固定件。当 H 装入柔轮后，迫使柔轮变形为椭圆，椭圆的长轴两端附近的齿与刚轮的齿完全啮合；短轴附近的齿与刚轮的齿完全脱开。至于其余各处，或处于啮入状态，或处于啮出状态。当 H 转动时，柔轮的变形部位也随之转动，柔轮与刚轮之间就产生了相对位移，从而传递运动。

当刚轮 1 固定、H 主动、2 从动时，传动比为 $i_{H2} = n_H/n_2 = -z_2/(z_1 - z_2)$，主、从动件转向相反；当 2 固定、H 主动、1 从动时，传动比为 $i_{H1} = n_H/n_1 = -z_1/(z_1 - z_2)$，主、从动件转向相同。

3.3 带传动的设计与选择

带传动是通过中间挠性曳引元件传递运动和动力的机械传动装置。带传动使用的挠性元件主要是各种有弹性的传动带。

3.3.1 带传动分类与特点

1. 传动类型及应用

带传动按功能可分为摩擦传动和啮合传动。摩擦传动包括平带传动、V带传动、多楔带传动等；啮合传动有同步齿形带传动。带传动的分类、特点与应用见表3-2。

表3-2 带传动的分类、特点与应用

类 型	带 简 图	最大传动比	带速范围/(m/s)	特点与应用
普通V带			5~35 最佳20	带两侧与轮槽附着较好、当量摩擦因数较大、允许包角小、传动比较大、中心距较小、预紧力较小、传动功率可达700kW
窄V带		10	5~50 最佳20~25	带顶呈弓形，两侧呈内凹形，与轮槽接触面积增大，柔性增加，强力层上移，受力后仍保持整齐排列，除具有普通V带的特点外，能承受较大预紧力，速度和可挠曲次数提高，寿命延长，传动功率增大；带轮宽度和直径可减小，费用比普通V带降低20%~40%。可以代替普通V带。
联组窄V带			20~30	是窄V带的延伸产品。各V带长度一致，受力均匀，轴向尺寸更加紧凑，横向刚度大，运转平稳，消除了单根带的振动；承载能力较强，寿命较长；适用于脉动载荷和有冲击振动的场合，特别适用于垂直地面的平行轴传动。要求带轮尺寸加工精度高。目前只有2~5根的联组
多楔带		12	20~40	在平带内表面纵向布有等间距40°三角楔形的环形带。兼有平带和联组V带的特点，但比联组带传递功率大、效率高、速度快、传动比大、带体薄、轻柔软，小带轮直径可较小，机床中应用多
普通平带		5	15~30	抗拉强度较大、耐湿性好、中心距大、成本低，但传动比小、效率较低，可呈交叉、半交叉及有导轮的角度传动，传动功率可达500kW
梯形齿同步带		10	1~40	靠齿啮合传动，类同齿轮齿条啮合。传动比准确、传动效率高、初张紧力小、轴承受压力小、瞬时速度均匀、单位质量传递的功率大；与链和齿轮传动相比，噪声小、不需润滑、传动比、线速度范围大，传递功率大；耐冲击振动较好，维修简便
圆弧齿同步带				同梯形齿同步带，且齿根应力集中小，寿命更长，传递功率比梯形齿高1.2~2倍

（1）平带传动　平带传动是最简单的带传动形式，平带传动具有结构简单、传递距离远、传动平稳等特点，广泛应用于压力机、轧机、机床、矿山机械、纺织机械、鼓风机、磁带录音机等传动中，但是平带传动需要预紧力。

（2）V 带传动　V 带传动也称三角带传动，通过楔形槽与 V 带之间的楔式作用来提高压紧力，因此在同样的预紧力条件下，V 带传动能产生更大的摩擦力，且传动比较大，结构较紧凑。主要用于一般机械来传递中等功率及速度的场合。

（3）多楔带传动　多楔带兼有平带和 V 带的优点：柔性好，摩擦力大，能传递的功率大，并解决多根 V 带因制造精度原因、带的长短不一而使各带受力不均的问题。多楔带可传递较大功率，多用于要求传递大功率且需要结构紧凑的场合，尤其是要求 V 带根数多的场合。

（4）同步齿形带传动　与传统的带传动、链传动、齿轮传动相比较，同步齿形带的工作面上有齿，带轮的轮缘表面也制有相应的齿槽，依靠带与带轮之间的啮合来传递运动和动力，无滑动，能保证恒定的传动比，预紧力小。

2. 带传动的形式及设计要求

常用的带传动形式有开口传动、交叉传动、半交叉传动、张紧轮传动及多从动轴传动等。带传动形式及主要性能见表 3-3。

表 3-3　带传动形式及主要性能

传动形式	简　图	最大带速 $v_{max}/(\text{m/s})$	最大传动比 i_{max}	最小中心距 a_{min}	相对传递功率（%）	安装条件	工作特点
开口传动		20 ~ 30	5	$1.5(d_1 + d_2)$	100	两带轮轮宽的对称面应重合，且尽可能使边在下面	两轴平行，转向相同，可双向传动。带只受单向弯曲作用，寿命高
交叉传动		15	6	$50b$（b 为带宽）	70 ~ 80	两带轮轮宽的对称面应重合	两轴平行，转向相反，可双向传动。带受附加扭转作用，且在交叉处磨损严重
半交叉传动		15	3	$5.5(d_2 + b)$	70 ~ 80	一带轮轮宽的对称面通过另一带轮带的绕出点	两轴交错，只能单向传动，带轮要有足够的宽度 $B = 1.4b + 10$（B 为轮宽,mm）
有导轮的角度传动		15	4		70 ~ 80	两带轮轮宽的对称面应与导轮圆柱面相切	两轴垂直交错，可双向传动，带受附加扭转作用

3. 带传动设计的内容

带传动设计的主要内容包括以下几方面。

已知条件：原动机种类、工作机名称及其特性、原动机额定功率和转速、带传动的传动比、高速轴转速、传动空间限制或轴间距要求等。

设计应满足的条件如下：

1）运动学条件：传动比。

2）几何条件：带轮直径、带长、中心距应满足的几何要求等。

3）传动能力条件：在保证工作时不打滑的条件下，带传动有足够的传动能力和寿命。

4）限制条件：带速、中心距、小带轮包角应在合理范围内。

5）考虑带轮的支承、带传动的工作条件及经济性要求。

设计结果：带的种类、带型、带宽、带的根数、带长、带轮直径、带轮材料、带轮结构和尺寸、预紧力、作用在轴上的载荷、张紧方法等。

3.3.2 带传动工作能力分析

1. 带传动的受力分析

如图 3-14 所示，带传动工作时，传动带以一定的初拉力张紧在带轮上，带在带轮两侧承受相等的初拉力 F_0（图 3-14a）；传动时，由于带与轮面间的摩擦力作用，带轮两边的拉力就不再相等（图 3-14b）。传动带绕入主动带轮的一边被拉紧，称为紧边，其拉力由 F_0 增大到 F_1；而带的另一边则相应被放松，称为松边，其拉力由 F_0 降至 F_2。两边的拉力差称为带传动的有效拉力，也就是带传动的圆周力 F_0。

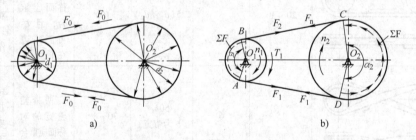

图 3-14 带传动的力分析

以 v 表示带速（m/s），P 表示名义传动功率（kW），则有效拉力

$$F = F_1 - F_2 = \frac{1000P}{v} \tag{3-9}$$

当带所传递的圆周力超过带与轮面间的极限摩擦力总和时，带与带轮之间会发生相对滑动，这种现象称为打滑。它使带磨损加剧，从动轮转速降低，甚至停止转动，传动失效。带打滑时，紧边和松边的拉力之比可用欧拉公式表示，即

$$F_1/F_2 = e^{\mu\alpha} \tag{3-10}$$

式中　e——自然对数的底，e = 2.718；

　　　μ——带与轮面间的摩擦因数；

　　　α——包角，即带与带轮接触弧所对应的中心角。

如假设带工作时总长度不变，则带紧边拉力的增量等于松边拉力的减量，即

$$\begin{cases} F_1 - F_0 = F_0 - F_2 \\ F_1 + F_2 = 2F_0 \end{cases} \tag{3-11}$$

由式（3-9）式（3-10）和式（3-11）可得

$$F = 2F_0 \frac{e^{\mu\alpha} - 1}{e^{\mu\alpha} + 1} \tag{3-12}$$

由上式可知，增大初拉力、增大摩擦因数和增大包角都可以提高带传动的工作能力。

2. 带传动的应力分析

带传动时，带中应力由拉应力 σ、离心应力 σ_c 和弯曲应力 σ_b 三部分组成，如图 3-15 所示。

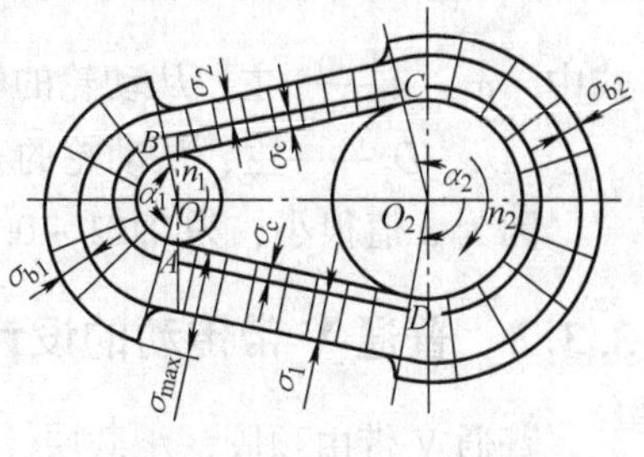

（1）拉应力 σ_1、σ_2（N/mm^2）

紧边拉应力

$$\sigma_1 = F_1/A$$

松边拉应力

$$\sigma_2 = F_2/A$$

图 3-15　带工作时应力情况

式中　A——带的截面积（mm^2）。

（2）离心应力 σ_c（N/mm^2）

由离心拉力 F_c 产生的离心应力 σ_c 为

$$\sigma_c = \frac{F_c}{A} = \frac{qv^2}{A} \tag{3-13}$$

式中　q——带每米长的质量（kg/m）；

　　　v——带速（m/s）。

（3）弯曲应力 σ_b（N/mm^2）

由带弯曲而产生的弯曲应力 σ_b 为

$$\sigma_b \approx E\frac{h}{d_d} \tag{3-14}$$

式中　E——带的弹性模量（N/mm^2）；

　　　h——带的高度（mm）；

　　　d_d——带轮基准直径（mm）。

两个带轮直径不同时，带在小带轮上的弯曲应力比大带轮上的大。由图 3-15 可知，带受变应力作用，会发生疲劳破坏，最大应力发生在紧边进入小带轮处，其值为

$$\sigma_{max} = \sigma_1 + \sigma_c + \sigma_{b1}$$

为了保证带具有足够的疲劳寿命，应满足

$$\sigma_{max} = \sigma_1 + \sigma_c + \sigma_{b1} \leqslant [\sigma] \tag{3-15}$$

3. 带传动的弹性滑动和传动比

由图 3-14 可知，带由 A 点运动到 B 点时，带中拉力由 F_1 降到 F_2，带的弹性伸长相对地减少，即带在轮上逐渐缩短，使带轮的速度小于主动轮的圆周速度。在从动轮上，带从 C 点运动到 D 点时，带中拉力由 F_2 增加到 F_1，带的弹性伸长也逐渐增大，所以从动轮的圆周速度又小于带速，即 $v_1 > v_{带} > v_2$。这种由于带的弹性变形而引起带与轮间的相对滑动称为弹性滑动。而打滑是由过载引起的，是可以避免的。

弹性滑动使从动轮圆周速度 v_2 低于主动轮圆周速度 v_1，其相对降低率可用滑动率 ε 表示，即

$$\varepsilon = \frac{v_1 - v_2}{v_1} = \frac{\pi D_1 n_1 - \pi D_2 n_2}{\pi D_1 n_1} = \frac{D_1 n_1 - D_2 n_2}{D_1 n_1}$$

由此得带传动的传动比为

$$i = \frac{n_1}{n_2} = \frac{D_2}{D_1 (1 - \varepsilon)} \approx \frac{D_2}{D_1} \tag{3-16}$$

式中　n_1、n_2——主、从动轮的转速（r/min）；

　　　D_1、D_2——主、从动轮的直径（mm）。

因为 ε 值很小，为 0.01～0.02，一般计算中可不予考虑。

3.3.3 普通 V 带传动的设计计算

普通 V 带由顶胶、承载层、底胶和包布组成。承载层是胶帘布或绳芯。绳芯结构的柔韧性好，适用于转速较高和带轮直径较小的场合。

按截面尺寸不同普通 V 带分为：Y、Z、A、B、C、D、E 七种型号。各型号的截面基本尺寸见表3-4。

表 3-4　普通 V 带的型号与截面基本尺寸　　　　（单位：mm）

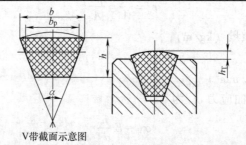

V带截面示意图

型　号		节宽 b_p	顶宽 b	高度 h	楔角 α	露出高度 h_T		适用槽形的基准宽度
						最　大	最　小	
普通 V 带	Y	5.3	6	4.0		+0.8	-0.8	5.3
	Z	8.5	10	6.0		+1.6	-1.6	8.5
	A	11	13	8.0		+1.6	-1.6	11
	B	14	17	11.0	40°	+1.6	-1.6	14
	C	19	22	14.0		+1.5	-2.0	19
	D	27	32	19.0		+1.6	-3.2	27
	E	32	38	23.0		+1.6	-3.2	32

普通 V 带传动设计计算内容与步骤如下：

1. 带传动的实效形式和计算准则

由前面对带传动的应力分析可知，带传动的主要失效形式为打滑和疲劳破坏。所以其设计准则是：在保证带在工作中不打滑的条件下，使传动带具有一定的疲劳强度和寿命。

2. 主要参数设计选择

（1）型号选择 带的型号可根据计算功率 P_c 和小带轮转速 n_1 选取，选取普通 V 带时可参考图 3-16。

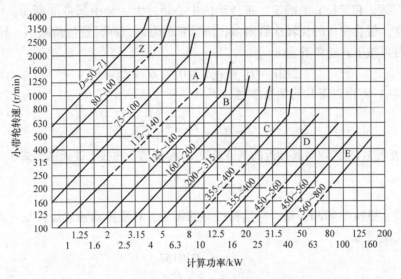

图 3-16 普通 V 带选型图

按下式进行功率计算

$$P_c = K_A P \tag{3-17}$$

式中 P——名义传动功率（kW）；

K_A——工况系数，见表 3-5。

表 3-5 工况系数 K_A

动力机载荷性质	动力机（一天工作时数/h）					
	I 类			II 类		
	≤10	10～16	>16	≤10	10～16	>16
工作平稳	1	1.1	1.2	1.1	1.2	1.3
载荷变动小	1.1	1.2	1.3	1.2	1.3	1.4
载荷变动较大	1.2	1.3	1.4	1.3	1.5	1.6
冲击载荷	1.3	1.4	1.5	1.4	1.6	1.8

注：I 类指直流电动机、Y 系列三相异步电动机、汽轮机、水轮机；II 类指交流同步电动机、交流异步滑环电动机、内燃机、蒸汽机。

（2）最小带轮直径 D_{min} 和带速 v 带轮直径小，则传动结构紧凑，但弯曲应力大，带的寿命低，为此，对带轮直径应有限制，V 带带轮的最小直径见表 3-6。

表 3-6 V 带带轮的最小直径

型 号	Y	Z	A	B	C	D	E
D_{min}/mm	20	50	75	125	200	355	500

带速太高则离心力增大，且单位时间内带绕过带轮的次数增多，带的磨损增加。带速过低，当传动功率一定时，传递的圆周力增大，使带的根数过多。一般应控制带速 v 在 $5 \sim 25$ m/s 范围内为合适。

(3) 中心距 a 和带长 L 的确定　带传动的中心距过大，会引起带的颤动，中心距过小，虽然结构紧凑，但会使带的绕转次数增多，降低带的寿命，同时使包角减小，导致传动能力降低。设计时可按下式初步确定 a_0

$$2(D_1 + D_2) \geqslant a_0 \geqslant 0.7(D_1 + D_2) \tag{3-18}$$

带长（mm）可由以下几何关系求得

$$L_0 = 2a_0 + \frac{\pi}{2}(D_1 + D_2) + \frac{(D_2 - D_1)^2}{4a_0} \tag{3-19}$$

再由 L_0 查表3-7，选取与其接近的基准长度 L_d 标准值，再按下述近似公式求实际中心距 a

$$a \approx a_0 + \frac{L_d + L_0}{2} \tag{3-20}$$

考虑安装、更换 V 带和调整、补偿初拉力的需要，V 带传动通常设计成中心距可调的，中心距的变化范围为

$$a_{\min} = a - 0.015L_d$$

$$a_{\max} = a + 0.03L_d$$

表 3-7　普通 V 带基准长度（摘自 GB/T 13575.1—2008）

型　号							型　号							型　号			
Y	Z	A	B	C	D	E	Y	Z	A	B	C	D	E	A	B	C	D
200	405	630	930	1565	2740	4660	450	1080	1430	1950	3080	6100	12230	2300	3600	7600	15200
224	475	700	1000	1760	3100	5040	500	1330	1550	2180	3520	6840	13750	2480	4060	9100	
250	530	790	1100	1950	3330	5420		1420	1640	2300	4060	7620	15280	2700	4430	10700	
280	625	890	1210	2195	3730	6100		1540	1750	2500	4600	9140	16800		4820		
315	700	990	1370	2420	4080	6850			1940	2700	5380	10700			5370		
355	780	1100	1560	2715	4620	7650			2050	2870	6100	12200			6070		
400	820	1250	1760	2880	5400	9150			2200	3200	6815	13700					

(4) 包角 α_1 和传动比 i　小带轮包角 α_1 是影响 V 带传动工作能力的重要因素。通常应保证

$$\alpha_1 \approx 180° - \frac{D_2 - D_1}{a} \times 57.3 \geqslant 120° \tag{3-21}$$

特殊情况允许 $\alpha_1 \geqslant 90°$。

从上式可知，两带轮直径 D_2 与 D_1 相差越大，即传动比 i 越大，包角 α_1 就越小。所以，为了保证在中心距不过大的条件下包角不至于过小，传动比不宜取太大。普通 V 带传动一般推荐 $i \leqslant 7$，必要时可取 $i \leqslant 10$。

(5) 确定 V 带根数 z　单根普通 V 带所能传递的额定功率以 P_0 表示，其值见表3-8。
V 带的根数可由下式计算

$$z = \frac{P_c}{(P_0 + \Delta P_0) K_\alpha K_L} \tag{3-22}$$

式中　ΔP_0——传动功率的增量（kW），当 $i \neq 1$ 时，带在大轮上的弯曲应力较小，因而在同样寿命下，带传动的功率可以增大些，其值见表 3-9；

　　　　K_α——包角系数，见表 3-10；

　　　　K_L——长度系数，见表 3-11。

表 3-8　单根普通 V 带所能传递的额定功率 P_0　　　　（单位：kW）

型号	小带轮计算直径/mm	小带轮转速/（r/min）												
		400	730	800	980	1200	1460	1600	2000	2400	2800	3200	3600	4000	5000
Y	20	—	—	—	0.02	0.02	0.02	0.03	0.03	0.04	0.04	0.05	0.06	0.06	0.08
	31.5	—	0.03	0.04	0.04	0.05	0.06	0.07	0.09	0.10	0.11	0.12	0.13	0.15
	40	—	0.04	0.05	0.06	0.07	0.08	0.09	0.11	0.12	0.14	0.15	0.16	0.18	0.20
	50	0.05	0.06	0.07	0.08	0.09	0.11	0.12	0.14	0.16	0.18	0.20	0.22	0.23	0.25
Z	50	0.06	0.09	0.10	0.12	0.14	0.16	0.17	0.20	0.22	0.26	0.28	0.30	0.32	0.34
	63	0.08	0.13	0.15	0.18	0.22	0.25	0.27	0.32	0.37	0.41	0.45	0.47	0.49	0.50
	71	0.09	0.17	0.20	0.23	0.27	0.31	0.33	0.39	0.46	0.50	0.54	0.58	0.61	0.62
	80	0.14	0.20	0.22	0.26	0.30	0.36	0.39	0.44	0.50	0.56	0.61	0.64	0.67	0.66
	90	0.14	0.22	0.24	0.28	0.33	0.37	0.40	0.48	0.54	0.60	0.64	0.68	0.72	0.73
A	75	0.27	0.42	0.45	0.52	0.60	0.68	0.73	0.84	0.92	1.00	1.04	1.08	1.09	1.02
	90	0.39	0.63	0.68	0.79	0.93	1.07	1.15	1.34	1.50	1.64	1.75	1.83	1.87	1.82
	100	0.47	0.77	0.83	0.97	1.14	1.32	1.42	1.66	1.87	2.05	2.19	2.28	2.34	2.25
	125	0.67	1.11	1.19	1.40	1.66	1.93	2.07	2.44	2.74	2.98	3.16	3.26	3.28	2.91
	160	0.94	1.56	1.69	2.00	2.36	2.74	2.94	3.42	3.80	4.06	4.19	4.17	3.98	2.67
B	125	0.84	1.34	1.44	1.67	1.93	2.20	2.33	2.50	2.64	2.76	2.85	2.96	2.94	2.51
	160	1.32	2.16	2.32	2.72	3.17	3.64	3.86	4.15	4.40	4.60	4.75	4.89	4.80	3.82
	200	1.85	3.06	3.30	3.86	4.50	5.15	5.46	6.13	6.47	6.43	5.95	4.98	4.37	—
	250	2.50	4.14	4.46	5.22	6.04	6.85	7.20	7.87	7.89	7.14	5.60	3.12	—	—
	280	2.89	4.77	5.13	5.93	6.90	7.78	8.13	8.60	8.22	6.80	4.26	—	—	—
C	200	1.39	1.92	2.41	2.87	3.30	3.80	4.07	4.66	5.29	5.86	6.07	6.28	6.34	6.26
	250	2.03	2.85	3.62	4.33	5.00	5.82	6.23	7.18	8.21	9.06	9.38	9.63	9.62	9.34
	315	2.86	4.04	5.14	6.17	7.14	8.34	8.92	10.23	11.53	12.48	12.72	12.67	12.14	11.08
	400	3.91	5.54	7.06	8.52	9.82	11.52	12.10	13.67	15.04	15.51	15.24	14.08	11.95	8.75
	450	4.51	6.40	8.20	9.81	11.29	12.98	13.80	15.39	16.59	16.41	15.57	13.29	9.64	4.44
D	355	5.31	7.35	9.24	10.90	12.39	14.04	14.83	16.30	17.25	16.70	15.63	12.97	—	—
	450	7.90	11.02	13.85	16.40	18.67	21.12	22.25	24.16	24.84	22.42	19.59	13.34	—	—
	560	10.76	15.07	18.95	22.38	25.32	28.28	29.55	31.00	29.67	22.08	15.13	—	—	—
	710	14.55	20.35	25.45	29.76	33.18	35.97	36.87	35.58	27.88	—	—	—	—	—
	800	16.76	23.39	29.08	33.72	37.13	39.26	39.55	35.26	21.32	—	—	—	—	—
E	500	10.86	14.96	18.55	21.65	24.21	26.62	27.57	28.52	25.53	16.25	—	—	—	—
	630	15.65	21.69	26.95	31.36	34.83	37.64	38.52	37.14	29.17	—	—	—	—	—
	800	21.70	30.05	37.05	42.53	46.26	47.79	47.38	39.08	16.46	—	—	—	—	—
	900	25.15	34.71	42.49	48.20	51.48	51.13	49.21	34.01	—	—	—	—	—	—
	1000	28.52	39.17	47.52	53.12	55.45	52.26	48.19	—	—	—	—	—	—	—

表 3-9　单根普通 V 带 $i \neq 1$ 时传动功率的增量 ΔP_0　　　　（单位：kW）

型号	传动比 i	小带轮转速/（r/min）													
		400	730	800	980	1200	1460	1600	2000	2400	2800	3200	3600	4000	5000
Y	1.35~1.51	0.00	0.00	0.00	0.01	0.01	0.01	0.01	0.01	0.01	0.02	0.02	0.02	0.02	0.02
	≥2	0.00	0.00	0.00	0.01	0.01	0.01	0.01	0.02	0.02	0.02	0.02	0.03	0.03	0.03
Z	1.35~1.51	0.01	0.01	0.01	0.02	0.02	0.02	0.03	0.03	0.03	0.04	0.04	0.04	0.05	0.05
	≥2	0.01	0.02	0.02	0.02	0.03	0.03	0.03	0.04	0.04	0.04	0.05	0.05	0.06	0.06
A	1.35~1.51	0.04	0.07	0.08	0.08	0.11	0.13	0.15	0.19	0.23	0.26	0.30	0.34	0.38	0.47
	≥2	0.05	0.09	1.00	0.11	0.15	0.17	0.19	0.24	0.29	0.34	0.39	0.44	0.48	0.60
B	1.35~1.51	0.10	0.17	0.20	0.23	0.30	0.36	0.39	0.49	0.59	0.69	0.79	0.89	0.99	1.24
	≥2	0.13	0.22	0.25	0.30	0.38	0.46	0.51	0.63	0.76	0.89	1.01	1.14	1.27	1.60

型号	传动比 i	小带轮转速/（r/min）													
		200	300	400	500	600	730	800	980	1 200	1 460	1 600	1 800	2 000	2 200
C	1.35~1.51	0.14	0.21	0.27	0.34	0.41	0.48	0.55	0.65	0.82	0.99	1.10	1.23	1.37	1.51
	≥2	0.18	0.26	0.35	0.44	0.53	0.62	0.71	0.83	1.06	1.27	1.41	1.59	1.76	1.94
D	1.35~1.51	0.49	0.73	0.97	1.22	1.46	1.70	1.95	2.31	2.92	3.52	3.89	4.98	—	—
	≥2	0.63	0.94	1.25	1.56	1.88	2.19	2.50	2.97	3.75	4.53	5.00	5.62	—	—
E	1.35~1.51	0.96	1.45	1.93	2.41	2.89	3.38	3.86	4.58	5.61	6.83	—	—	—	—
	≥2	1.24	1.86	2.48	3.10	3.72	4.34	4.96	5.89	7.21	8.78	—	—	—	—

表 3-10　包角系数 K_α

包角 α	180°	170°	160°	150°	140°	130°	120°	110°	100°	90°	80°	70°
V 带	1.00	0.98	0.95	0.92	0.89	0.86	0.82	0.78	0.74	0.69	0.64	0.58
平带	1.00	0.97	0.94	0.91	0.88	0.85	0.82	0.72	0.67	0.62	0.56	0.50

表 3-11　长度系数 K_L

基准长度/mm	普通 V 带							窄 V 带			
	Y	Z	A	B	C	D	E	SPZ	SPA	SPB	SPC
400	0.96	0.87									
450	1.00	0.89									
500	1.02	0.91									
560		0.94									
630		0.96	0.81					0.82			
710		0.99	0.83					0.84			
800		1.00	0.85					0.86	0.81		
900		1.03	0.87	0.82				0.88	0.83		
1000		1.06	0.89	0.84				0.90	0.85		
1120		1.08	0.91	0.86				0.93	0.87		

3. 确定传动带的初拉力

初拉力的大小是保证带传动正常工作的重要因素。初拉力过小，则传动带与带轮间的极限摩擦力小，在带传动还未达到额定载荷时就可能出现打滑；反之，初拉力过大，传动带中应力过大，会使传动带的寿命大大缩短，同时还加大了轴和轴承的受力。实际上，由于传动带不是完全弹性体，对非自动张紧的带传动，过大的初拉力将使带易于松弛。

对于非自动张紧的普通 V 带传动，既能保证传递所需的功率时不打滑，又能保证传动带具有一定寿命时，推荐单根普通 V 带张紧后的初拉力按下式计算

$$F_0 = \frac{500P_c}{zv}\left(\frac{2.5}{K_\alpha} - 1\right) + qv^2 \qquad (3\text{-}23)$$

式中 q——每米带长的质量（kg/m）。

带传动作用在轴上的载荷 F_Q 即为传动带松边拉力的向量和，一般按初拉力作近似计算，由图 3-17 可得

$$F_Q = 2zF_0\sin\frac{\alpha}{2} \qquad (3\text{-}24)$$

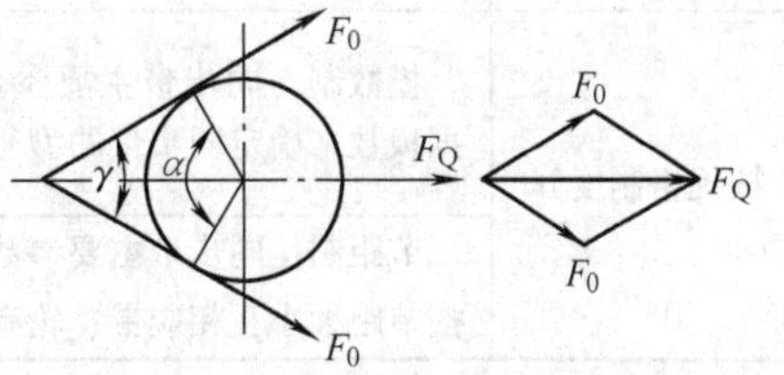

图 3-17 作用在带轮轴上载荷的计算简图

3.3.4 同步带传动的设计选择

1. 同步带传动的特点

同步带传动是综合了普通带传动和链轮、链条传动优点的一种传动方式。它在带的工作面及带轮外周上均制有啮合齿，通过带齿与轮齿作啮合传动。

与一般带传动相比，同步带传动具有如下特点：

1）传动比准确，传动效率高。

2）工作平稳，能吸收振动。

3）不需要润滑、耐油水、耐腐蚀，维护保养方便。

4）中心距要求严格，安装精度要求高。

5）制造工艺复杂，成本高。

2. 同步带的分类及应用

同步带的分类及应用见表 3-12。

表 3-12 同步带的分类及应用

分类方法	种　类	应　用	标　准
按用途分	一般工业用同步带传动（梯形齿同步带传动）	主要用于中、小功率的同步带传动，如各种仪器、计算机、轻工机械等	ISO 标准、各国国家标准
	大转矩同步带传动（圆弧齿同步带传动）	主要用于重型机械的传动中，如运输机械（飞机、汽车），石油机械和机床、发电机等	尚无 ISO 标准，只有部分国家标准和企业标准
	特种规格的同步带传动	根据某种机械特殊需要而采用的特殊规格同步带传动。如工业缝纫机用、汽车发动机用等	汽车同步带有 ISO 标准和各国标准。日本有缝纫机同步带标准

（续）

分类方法	种　类		应　用	标　准
按用途分	特殊用途的同步带	（1）耐油性同步带	用于经常粘油或浸在油中传动的同步带	尚无标准
		（2）耐热性同步带	用于环境温度在 90～120℃ 高温下	
		（3）高电阻同步带	用于要求胶带电阻大于 6MΩ 以上的场合	
		（4）低噪声同步带	用于大功率、高速但要求低噪声的地方	
按规格制度分	模数制：同步带主要参数是模数 m，根据模数来确定同步带的型号及结构参数		60 年代用于日、意、前苏联等国，后逐渐被节距制取代，目前仅俄罗斯及东欧各国使用	各国国家标准
	节距制：同步带主要参数是带齿节距 p_b，按节距大小，相应带、轮有不同尺寸		世界各国广泛采用的一种规格制度	ISO 标准、各国国家标准、GB 标准

3. 同步带的结构、主要参数和尺寸规格

（1）结构和材料　同步齿形带一般由带背、承载绳、带齿组成。在以氯丁橡胶为基体的同步带上，其齿面还覆盖了一层尼龙包布，梯形齿同步带结构如图 3-18 所示。

承载绳传递动力，同时保证带的节距不变，因此承载绳应有较高的强度和较小的伸长率。目前常用的材料有钢丝、玻璃纤维、芳香族聚酰胺纤维（简称芳纶）。

带齿是直接与钢制带轮啮合传递转矩。要求有高的抗剪强度、耐磨性、耐油性和耐热性。用于连接、包覆承载绳的带背，在运转过程中要承受弯曲应力。要求带背有良好的韧性和耐弯曲疲劳的能力与承载绳有良好的粘结性能。带齿一般采用聚氨酯橡胶和氯丁橡胶等材料。

（2）主要参数和规格　同步带主要参数是带齿的节距 p_b，如图 3-19 所示。由于承载绳在工作时长度不变，因此承载绳的中心线被规定为同步带的节线，并以节线长度 L_p 作为其公称长度。同步带上相邻两齿对应点沿节线度量的距离称为带的节距 p_b。

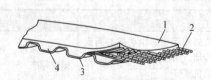

图 3-18　梯形齿同步带结构

1—带背　2—承载绳　3—带齿　4—橡胶基体

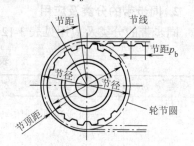

图 3-19　同步带主要参数

GB/T 11616—1989《同步带尺寸》对同步带型号、尺寸作了规定。同步带有单面齿（仅一面有齿）和双面齿（两面都有齿）两种形式。双面齿又按齿排列的不同，分为 DA 型（对称齿形）和 DB 型（交错齿形），分别如图 3-20 和图 3-21 所示。不同形式的同步带的型号和节距见表 3-13。

图 3-20　DA 型双面齿

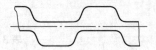

图 3-21　DB 型双面齿

表 3-13　同步带的型号和节距

型　号	MXL	XXL	XL	L	H	XH	XXH
节距 p_b/mm	2.032	3.175	5.080	9.525	12.700	22.225	31.75

（3）同步带的标记　带的标记包括长度代号、型号、宽度代号。双面齿同步带还应再加上符号 DA 或 DB。

例 1

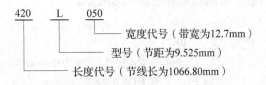

例 2

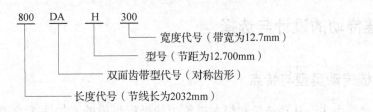

4. 同步带轮

同步带轮如图 3-22 所示。为防止工作时带脱落，一般在小带轮两侧装有挡圈。带轮材料一般采用铸铁或钢。高速、小功率时可采用塑料或铝合金。

带轮的主要参数及尺寸规格如下：

（1）齿形　同步带轮的齿形有直线齿形和渐开线齿形两种。直线齿形在啮合过程中，与带齿侧面有较大的接触面积，齿侧载荷分布较均匀，从而提高了带的承载能力和使用寿命。渐开线齿形，其齿槽形状随带轮齿数而变化，齿数多时，齿廓近似于直线。这种齿形的优点是有利于带齿的啮合，其缺点是齿形角变化较大，在齿数少时，易影响带齿的正常啮合。

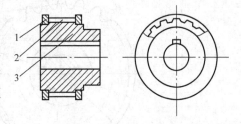

图 3-22　同步带轮

1—挡圈　2—齿圈　3—轮毂

（2）齿数 z　在传动比一定的情况下，带轮齿数越少传动结构越紧凑，但齿数过少使工作中同时啮合的齿数减少，易造成带齿承载过大而被剪断。此外还会因带轮直径减小，使啮合的带产生弯曲疲劳破坏。GB/T 11361—2008《同步带传动　梯形齿带轮》规定的小带轮许用最小齿数见表 3-14。

表 3-14　小带轮许用最小齿数

小带轮转速/(r/min)	带 型 号						
	MXL(2.032)	XXL(3.175)	XL(5.080)	L(9.525)	H(12.700)	XH(22.225)	XXH(31.750)
900 以下	10	10	10	12	14	22	22
900~1200 以下	12	12	10	12	16	24	24
1200~1800 以下	14	14	12	14	18	26	26
1800~3600 以下	16	16	12	16	20	30	—
3600~4800 以下	18	18	15	18	22	—	—

（3）带轮的标记　GB/T 11361—2008 与 GB11616—1989 相组配时对带轮的尺寸及规格等作了规定。与带一样，带轮的型号有：MXL、XXL、XL、L、H、XH、XXH 七种。

带轮的标记由带轮齿数、带的型号和轮宽代号表示。

例

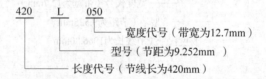

420　　L　　050

宽度代号（带宽为12.7mm）

型号（节距为9.252mm）

长度代号（节线长为420mm）

3.4　链传动的设计与选择

3.4.1　链传动类型与特点

链传动是由主、从动链轮和绕在链轮上的链所组成的，如图 3-23 所示。这种传动是用链作为中间挠性件，通过链与链轮轮齿的啮合来传递运动和动力的。

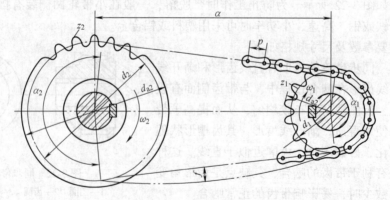

图 3-23　链传动简图

z_1—小链轮齿数　z_2—大链轮齿数　α_1—小链轮包角　α_2—大链轮包角　d_1—小链轮分度圆直径

d_2—大链轮分度圆直径　d_{a1}—小链轮外径　d_{a2}—大链轮外径　a—中心距

f—链条垂度　ω_1—小链轮角速度　ω_2—大链轮角速度　p—节距

链传动和带传动相比，链传动没有弹性滑动和打滑，能保持准确的平均传动比；传动尺寸比较紧凑；不需要很大的张紧力，作用在轴上的载荷也小；承载能力强；效率高（$\eta = 95\% \sim 98\%$）以及能在温度较高、湿度较大的环境使用等。

通常，链传动的传动功率小于 100kW，链速小于 15m/s，传动比不大于 8。先进的链传动传动功率可达 5000kW，链速达到 35m/s，最大传动比可达到 15。

链传动的缺点是：高速运转时不够平稳，传动时有冲击和噪声，不宜在载荷变化很大和急促反向的传动中使用，只能用于平行轴间的传动，安装精度和制造费用比带传动高。

3.4.2　链传动的设计计算

1. 链传动的主要失效形式

链传动的失效通常是由于链条的失效引起的。链的主要失效形式有以下几种：

（1）链的疲劳破坏　在闭式链传动中，链条零件受循环应力作用，经过一定的循环次数，链板发生疲劳断裂，滚子、套筒发生冲击疲劳破裂。在正常的润滑条件下，疲劳破坏是决定链传动能力的主要因素。

（2）链条铰链磨损　主要发生在销轴与套筒间。磨损使链条总长度伸长，链的松边垂度增大，导致啮合情况恶化，动载荷增大，引起振动、噪声，发生跳齿、脱链等。这是开式链传动常见的失效形式之一。

（3）胶合　润滑不良或转速过高时，销轴与套筒的摩擦表面易发生胶合。

（4）链条过载拉断　在低速重载链传动中，如突然出现大载荷，使链条所受拉力超过链条的极限拉伸载荷，导致链条断裂。

2. 链的极限功率曲线和额定功率曲线

链传动在不同的工作条件下其主要失效形式也不同。图 3-24 所示为链在一定使用寿命下和链轮在不同转速时，由各种失效形式所限定的极限功率曲线。由图可见，在润滑条件不好或工作环境恶劣的情况下，链的铰链磨损严重，所能传递的功率较良好润滑情况下低得多。曲线 5 是在润滑良好情况下的额定功率曲线，它在各极限功率曲线的范围之内，是链传动设计计算的依据。

图 3-25 所示为 A 系列常用滚子链的额定功率曲线图，该曲线是对实验得到的链条元件受到疲劳和胶合失效限制的极限功率曲线作了一些修整而得到的，其实验条件是：两链轮轴心在同一水平面上；两链轮应保持共面；$z_1 = 19$；$L_p = 100$ 节；单排链传动；载荷平稳，如保持好的润滑方式使用寿命可达 15000h；链条因磨损而产生的相对伸长量不超过 3%。

根据小链轮转速 n_1，可由图 3-25 查出图示各种型号滚子链所能传递的额定功率 P_0。如果已知链传动必须传递的功率和小链轮转速 n_1，便可由该图选择合适的链条型号。

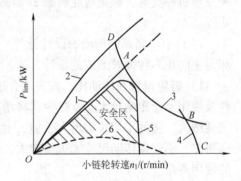

图 3-24　链极限功率曲线

1—链板疲劳强度限定的极限功率曲线
2—良好润滑时磨损限定的极限功率曲线
3—套筒、滚子冲击疲劳强度限定的极限功率曲线
4—销轴与套筒胶合疲劳限定的极限功率曲线
5—实用额定功率曲线
6—润滑恶劣时磨损限定的极限功率曲线

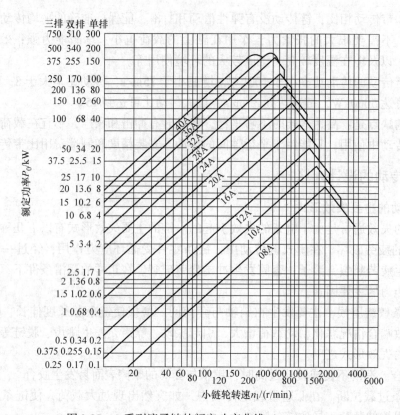

图 3-25 A 系列滚子链的额定功率曲线 ($v > 0.6\text{m/s}$)

3. 链传动设计计算及主要参数的选择

链传动设计计算通常是根据所传递的功率 P、传动用途、载荷性质、链轮转速 n_1 与 n_2 和原动机种类等，确定链轮齿数 z_1 与 z_2、链节距 p、排数 m、链节数 L_p、中心距 a 及润滑方式等。

（1）中、高速链传动的设计计算　对 $v > 0.6\text{m/s}$ 的中、高速链传动，采用以抗疲劳破坏为主防止多种失效形式的设计方法。

1）链轮齿数和传动比。首先应合理选择小链轮齿数 z_1。小链轮的齿数对链传动的平稳性及使用寿命影响较大。z_1 过少，将增加传动的不均匀性、动载荷及加剧链的磨损，使功率消耗增大，链的工作拉力增大。但 z_1 也不能过多，因 z_1 多，则在相同传动比条件下，z_2 就会更多，不仅使传动尺寸和重量增大，而且铰链磨损后容易发生跳齿和脱链现象，缩短了链的使用寿命。

小链轮齿数既不宜过少，大链轮齿数也不宜过多。一般链轮的最少齿数 $z_{\min} = 17$，最多齿数 $z_{\max} = 120$。当链速很低时，小链轮齿数 z_1 可少到 8，大链轮齿数 z_2 最多可到 150。一般可根据传动比参考表 3-15 选择小链轮齿数 z_1。

表 3-15　小链轮齿数 z_1 推荐值

传动比 i	1 ~ 2	2.5 ~ 4	4.6 ~ 6	≥7
小链轮齿数 z_1	27 ~ 31	21 ~ 25	18 ~ 22	17

z_1、z_2 应优先选用数列 17、19、21、23、25、38、57、76、95、114 中的数字。为了使链传动磨损均匀，两链轮齿数应尽量选取与链节数（偶数）互为质数的奇数。

若传动比 i 过大，则传动尺寸会增大，链在小链轮上的包角就会减小，小链轮上同时参加啮合的齿数也会减少，因而通常传动比 $i \leqslant 7$，推荐 $i = 2 \sim 3.5$。当 $v < 2\text{m/s}$、载荷平稳时，传动比 i 可达 10。传动比较大时，可采用二级或二级以上的链传动。

2）选定链型号，确定链节距 p。在一定条件下，节距 p 越大，链的承载能力越大，但传动的不平稳性、冲击、振动及噪声越严重。设计链传动时，在承载能力足够的前提下，应尽可能选用小节距链；高速重载时可采用小节距多排链；当载荷大、中心距小、传动比大时，选小节距多排链，以便小链轮有一定的啮合齿数。只有在低速、中心距大和传动比小时，从经济性考虑可选用大节距链。

实际工作情况大多与实验条件不同，因而应对其传递功率 P 进行修正，得设计功率 P_d

$$P_d = \frac{K_A P}{K_z K_m} \tag{3-25}$$

式中　K_A——工况系数，查表 3-16；

　　　K_m——多排链排数系数，查表 3-17；

　　　K_z——小链轮齿数系数，查表 3-18。

表 3-16　工况系数 K_A

载荷性质	工作机类型	输入动力的种类		
		内燃机-液力传动	电动机械汽轮机	内燃机-机械传动
载荷平稳	液体搅拌机、中小型离心式鼓风机、离心式压缩机、谷物机械、均匀负荷运输机、发电机、轻载天轴传动、均匀负荷不反转的一般机械	1.0	1.0	1.2
中等冲击	半液体搅拌机、三缸以上往复式压缩机、大型或不均匀负荷输送机、中型起重机和升降机、重载天轴传动、机床、食品机械、木工机械、印染纺织机械、大型风机、中等脉动载荷不反转的一般机械	1.2	1.3	1.4
严重冲击	船用螺旋桨、制砖机、单双缸往复式压缩机、挖掘机、往复式振动式输送机、破碎机、重型起重机械、石油钻井机械、锻压机械、线材拉拔机械、冲床、剪床、严重冲击有反转的一般机械	1.4	1.5	1.7

表 3-17　多排链排数系数 K_m

排数 m	1	2	3	4	5	6
排数系数 K_m	1	1.7	2.5	3.3	4.0	4.6

表 3-18　小链轮齿数系数 K_z 和链长系数 K_L

链传动工作在图 3-25 中的位置	位于功率曲线顶点左侧时（链板疲劳）	位于功率曲线顶点右侧时（滚子、套筒冲击疲劳）
小链轮齿数系数 K_z	$\left(\dfrac{z_1}{19}\right)^{1.08}$	$\left(\dfrac{z_1}{19}\right)^{1.5}$
链长系数 K_L	$\left(\dfrac{z_1}{19}\right)^{0.26}$	$\left(\dfrac{z_1}{19}\right)^{0.5}$

根据设计功率 P_d（取 $P_0 = P_d$）和小链轮转速 n_1，便可由图 3-25 选用合适的链型号和链节距。图 3-23 中接近最大额定功率时的转速为最佳转速，功率曲线右侧竖线为允许的极限转速。坐标点（n_1，P_d）落在功率曲线顶点左侧范围内比较理想。

若实际润滑条件不好，则应将图 3-25 中的 P_0 按以下推荐值降低：

当 $v \leqslant 1.5\text{m/s}$、润滑不良时，降至（$0.3 \sim 0.6$）$P_0$；无润滑时，降至 $0.15 P_0$，且不能达到预期工作寿命 15000h。

当 $1.5\text{m/s} < v \leqslant 7\text{m/s}$、润滑不良时，降至（$0.15 \sim 0.3$）$P_0$。

当 $v > 7\text{m/s}$、润滑不良时，则传动不可靠，故不宜选用。

3）验算链速。链速由式（3-8）计算，一般不超过 $12 \sim 15\text{m/s}$，链速与小链轮齿数之间的关系推荐如下

$$v = 0.6 \sim 3\text{m/s} \qquad z_1 \geqslant 17$$
$$3\text{m/s} \leqslant v \leqslant 8\text{m/s} \qquad z_1 \geqslant 21$$
$$v > 8 \text{ m/s} \qquad z_1 \geqslant 25$$

4）初选中心距 a_0。中心距小，则结构紧凑。但中心距小，链的总长缩短，单位时间内每一链节参与啮合的次数过多，链的寿命降低；而中心距过大，链条松边下垂量大，链条运动时上下颤动和拍击加剧。通常 $a_0 = （30 \sim 50）p$，最大中心距 $a_{0\max} = 80p$。

为保证链在小链轮上的包角大于 $120°$，且大、小链轮不会相碰，其最小中心距可以由下面公式确定

$$i < 4 \quad a_{0\min} = 0.2 z_1 (i + 1)\ p$$
$$i \geqslant 4 \quad a_{0\max} = 0.33 z_1 (i - 1)\ p$$

5）确定链节数 L_p。可以按下式确定计算链节数 L_p

$$L_p = \frac{2a_0}{p} + \frac{z_2 + z_1}{2} + \frac{p}{a_0}\left(\frac{z_2 - z_1}{2\pi}\right)^2 \tag{3-26}$$

L_p 应圆整成整数且最好取偶数，以避免使用过渡链节。

6）确定实际中心距 a。可按下式计算理论中心距

$$a = \frac{p}{4}\left[\left(L_p - \frac{z_1 + z_2}{2}\right) + \sqrt{\left(L_p - \frac{z_1 + z_2}{2}\right)^2 - 8\left(\frac{z_2 - z_1}{2\pi}\right)^2}\right] \tag{3-27}$$

实际链传动应保证松边有一个合适的安装垂度，实际中心距 a 应比按式（3-19）计算的中心距小 $2 \sim 5\text{mm}$。链传动的中心距应可以调节，以便于在链条变长后调整链条的张紧程度。

7）计算压轴力。链传动属于啮合传动，不需很大张紧力，因此压轴力可近似取为

$$F_Q = 1.2 F_e \tag{3-28}$$

式中　F_Q——链通过链轮作用在轴上的压轴力（N）；

　　　F_e——有效圆周力（N），$F_e = 1000P/v$。

（2）低速链传动的静强度计算　链速 $v < 0.6 \mathrm{m/s}$ 的链传动，即低速链传动。它的失效形式主要是过载拉断，应进行静强度计算。链的静强度计算式为

$$S = \frac{K_m F_{min}}{K_A F_e} \geqslant [S] \tag{3-29}$$

式中　S——静强度安全系数；

　　　F_{min}——单排链最小抗拉载荷，查有关表格；

　　　$[S]$——许用安全系数，一般取 $4 \sim 8$。

3.5　螺旋传动的设计与选择

3.5.1　螺旋传动分类与特点

螺旋传动是利用螺纹副来传递运动和动力的，其主要功能是将回转运动变为直线运动，同时传递动力。按螺纹副摩擦性质不同，螺旋可分为滑动螺旋、滚动螺旋和静压螺旋。

滑动螺旋结构简单、加工方便、易于自锁，但摩擦阻力大、传动效率低（一般为 30% ~ 40%），易磨损，低速或微调时可能出现爬行现象，定位精度和轴向刚度较差。常用作千斤顶、摩擦压力机的传力螺旋和机床进给、分度机构的传动螺旋。

滚动螺旋与静压螺旋均有摩擦阻力小、传动效率高的优点，前者效率在 90% 以上，后者效率可达 99%。且无低速爬行现象，不易磨损，寿命长，定位精度高。其主要缺点是结构复杂、加工困难。静压螺旋还需要一套压力稳定的供油系统。

按用途的不同，还可将螺旋分为传力螺旋、传动螺旋和调整螺旋。以传递力为主的传力螺旋，如图 3-26a 所示的千斤顶螺旋；以传递运动为主的传动螺旋，如图 3-26b 所示的车床进给螺旋；用以调整和固定零件的相对位置微调螺旋，如图 3-26c 所示的精密进给差动微调螺旋。

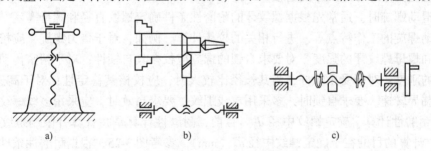

图 3-26　螺旋传动的类型

a）千斤顶螺旋　b）车床进给螺旋　c）精密进给差动微调螺旋

3.5.2　滑动螺旋传动的设计与选择

1. 滑动螺旋传动结构和失效形式

如图 3-27 所示，滑动螺旋由螺杆、螺母以及支承等结构组成。螺纹牙形常用三角形、锯齿形、梯形和矩形。螺母有整体式、剖分式和组合式三种。

滑动螺旋的失效形式主要有：

（1）螺纹磨损 滑动螺旋工作时，主要承受转矩及轴向拉力（或压力），同时螺杆与螺母的旋合螺纹间有较大的相对滑动，因此螺纹磨损是其主要失效形式。

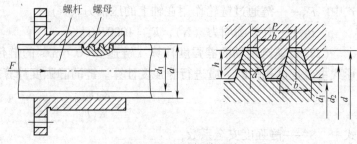

图 3-27 滑动螺旋结构

（2）螺杆及螺母的螺纹牙的塑性变形或断裂 对于受力较大的传力螺旋，螺杆受拉、压力作用，会引起螺杆和螺母的螺纹牙塑性变形或断裂。

（3）螺杆失稳 长径比很大的螺杆，受压后会引起侧弯而失稳。

（4）螺距变化 螺纹受剪力和弯矩过大时，螺距会发生变化从而引起传动精度的降低，因此传动螺杆直径应根据刚度条件确定。

滑动螺旋传动除以上的失效形式外，对于高速的长螺杆，应验算其临界转速，以防止产生横向振动；要求螺旋自锁时，应验算其自锁条件。

螺杆材料应具有高的强度和良好的加工性。不经热处理的螺杆，一般可选用 45、50、Y40Mn 等钢。重载、转速较高的螺杆，可选用 T12、65Mn、40Cr、40WMn 或 20GrMnTi 等钢，并进行热处理。精密传动的螺杆，可选用 9Mn2V、CrWMn、38CrMoAl 等材料。

螺母材料除应有一定的强度外，还应有较小的摩擦因数和较高的耐磨性。一般传动中可选用铸造青铜 ZCuSn10P1、ZCuSn5Pb5Zn5。重载低速时可选用高强度铸造青铜 ZCuAl10Fe3、ZCuAl10Fe3Mn2 或铸造黄铜 ZCuZn25Al6Fe3Mn3。低速轻载时也可选用耐磨铸铁。重载调整螺旋用螺母可选用 ZCuAl10Fe3 钢或球墨铸铁。

2. 滑动螺旋传动的设计计算

由于螺杆与螺母的旋合螺纹间存在着较大的相对滑动，因此，其主要失效形式是螺纹牙磨损，而且主要是螺母螺纹牙的磨损。

设计滑动螺旋时，通常先根据螺纹牙的耐磨性条件确定螺纹直径和螺母高度，然后根据要设计滑动螺旋的工作特点等，进行相关的校核计算。例如，对于传力螺旋，应校核螺杆危险截面处和螺母螺纹牙的强度；对要求自锁的螺旋应校核其自锁性；对于精密传动螺旋，应校核螺杆的刚度；对于受压螺杆，当其长径比较大时，应校核其稳定性；对于高速长螺杆，应校核其临界转速。要求自锁时，多采用单线螺纹；要求高效时，应采用多线螺纹。

（1）耐磨性计算、确定螺纹中径 d_2 目前，耐磨性计算是指计算并限制螺纹副接触面的压强 p，计算的目的在于确定螺纹中径 d_2（mm）。参考图 3-25，根据耐磨性条件，经推导可得

$$d_2 \geqslant \xi \sqrt{\frac{F}{4\psi[p]}} \tag{3-30}$$

式中 F——轴向载荷（N）；

$[p]$——许用压力（MPa），查表 3-19；

ξ——螺纹牙形系数，梯形和矩形螺纹取 $\xi = 0.8$，30°锯齿形螺纹取 $\xi = 0.65$；

ψ——螺母高径比，$\psi = H/d_2$，整体式螺母取 $\psi = 1.2 \sim 2.5$，剖分式螺母取 $\psi = 2.5 \sim 3.5$。

表 3-19　滑动螺旋副的许用压力

螺杆材料	钢							
螺母材料	钢	青铜	铸铁	青铜	铸铁	耐磨铸铁	青铜	青铜
滑动速度 v/(m/s)	低速		<3.4	<5	6~12	6~12	6~12	>15
许用压力$[p]$/MPa	7.5~13	18~25	13~18	11~18	4~7	6~8	7~10	1~2

计算出 d_2，便可从标准中选取相应的螺纹公称直径 d 和螺距 P，并可确定下列参数

1）螺母高度 H（mm）

$$H = \psi d_2 \qquad (3\text{-}31)$$

2）螺旋副旋合圈数 z

$$z = \frac{H}{P} \qquad (3\text{-}32)$$

通常要求 $z \leqslant 10$。

3）螺纹工作高度 h（mm）。对梯形和矩形螺纹，$h = 0.5P$；对 30° 锯齿形螺纹，$h = 0.75P$。

（2）螺母螺纹牙的强度校核　通常螺母材料的强度低于螺杆材料的强度，故螺纹牙的剪切和弯曲破坏多发生在螺母上。将展开后的一圈螺母螺纹牙看做一悬臂梁（图 3-28），可推得螺纹牙的剪切和弯曲强度条件为

$$\tau = \frac{F}{\pi dbz} \leqslant [\tau] \qquad (3\text{-}33)$$

$$\sigma_{\mathrm{b}} = \frac{3Fh}{\pi db^2 z} \leqslant [\sigma_{\mathrm{b}}] \qquad (3\text{-}34)$$

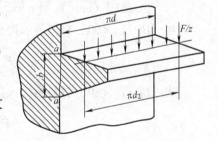

图 3-28　螺母的螺纹牙受力图

式中　b——螺母螺纹牙牙底宽度（mm），梯形螺纹 $b = 0.65p$，矩形螺纹 $b = 0.5p$，30° 锯齿形螺纹 $b = 0.74p$；

　　　$[\tau]$——螺母材料的许用切应力（MPa），查表 3-20；

　　　$[\sigma_{\mathrm{b}}]$——螺母材料的许用弯曲应力（MPa），查表 3-20；

　　　d——螺纹大径（mm）。

当螺杆与螺母材料相同时，只校核螺杆螺纹牙强度。此时，用螺杆螺纹小径代替 d 计算。

表 3-20　滑动螺旋副材料的许用应力

螺旋副材料		许用应力/MPa		
		$[\sigma]$	$[\sigma_{\mathrm{b}}]$	$[\tau]$
螺杆	铜	$[\sigma] = \dfrac{\sigma_{\mathrm{b}}}{3\sim5}$		
螺母	青铜		40~60	30~40
	铸铁		45~55	40
	钢		$(1.0\sim1.2)[\sigma]$	$0.6[\sigma]$

（3）螺杆强度校核　螺杆受轴向力（或拉力）F 和扭矩 T 作用，根据第四强度理论，其强度条件为

$$\sigma_{ca} = \sqrt{\left(\frac{4F}{\pi d_1^2}\right)^2 + 3\left(\frac{T}{0.2 d_1^3}\right)^2} \leqslant [\sigma] \tag{3-35}$$

式中　T——螺杆危险截面上的扭矩（N·mm）；

　　$[\sigma]$——螺杆材料的许用应力（MPa），见表 3-20。

（4）螺杆稳定性校核　螺杆的稳定性条件为

$$\frac{F_c}{F} \geqslant 2.5 \sim 4 \tag{3-36}$$

式中　F_c——螺杆的稳定临界载荷（N）。

当 $(\beta l/i) > 85 \sim 90$ 时，取

$$F_c = \frac{\pi^2 E I_a}{(\beta l)^2} \tag{3-37}$$

式中　l——螺杆的最大工作长度（mm）；

　　β——螺杆长度系数，与螺杆两端支承形式有关，取值范围为 $0.5 \sim 2.0$；

　　E——螺杆材料的弹性模量（MPa）；

　　I_a——螺杆危险截面的惯性矩（mm^4），$I_a = \pi d_1^4 / 64$；

　　i——螺杆危险截面的惯性半径（mm），$i = \sqrt{I_a/A} = d_1/4$，其中 A 为螺杆危险截面的面积（mm^2），$A = \pi d_1^2/4$。

当 $(\beta l/i) < 90$、材料为未淬火钢时，取

$$F_e = \frac{340 i^2}{i^2 + 0.00013 (\beta l)^2} \cdot \frac{\pi d_1^2}{4} \tag{3-38}$$

当 $(\beta l/i) < 80$、材料为淬火钢时，取

$$F_e = \frac{480 i^2}{i^2 + 0.0002 (\beta l)^2} \cdot \frac{\pi d_1^2}{4} \tag{3-39}$$

当 $(\beta l/i) < 40$ 时，不必进行稳定性计算。

经计算若不满足稳定性条件，应增大 d 再计算。

（5）螺纹副的自锁条件计算　螺纹副的自锁条件为螺纹升角 λ 小于等于当量磨成角 φ_v。

$$\lambda = \arctan\frac{s}{\pi d_2} \leqslant \varphi_v = \arctan f_v = \arctan\frac{f}{\cos\beta} \tag{3-40}$$

式中　β——螺纹牙形半角，单位为（度）；

　　f_v——螺纹副的当量摩擦因数；

　　f——螺纹副的摩擦因子，见表 3-21；

　　s——螺纹的导程（mm）。

表 3-21　滑动螺旋螺纹副的摩擦因数

螺杆材料	螺母材料	摩擦因数
钢	青铜	0.08 ~ 0.10
淬火钢	青铜	0.06 ~ 0.08

（续）

螺杆材料	螺母材料	摩擦因数
钢	耐磨铸铁	0.10 ~ 0.12
钢	灰铸铁	0.12 ~ 0.15

3.5.3　滚动螺旋传动的设计与选择

滚动螺旋传动又称滚动丝杠副或滚动丝杠传动，其螺杆与旋合螺母的螺纹滚道间置有适量滚动体（绝大多数滚动螺旋采用钢球，也有少数采用滚子），使螺纹间形成滚动摩擦。在变动螺旋的螺母上有滚动体返回通道，与螺纹滚道形成闭合回路，当螺杆（或螺母）转动时，使滚动体在螺纹滚道内循环，如图 3-29 所示。由于螺杆和螺母之间为滚动摩擦，故提高了螺旋副的效率和传动精度。

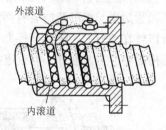

图 3-29　滚珠丝杠螺母副构成原理

1. 滚珠丝杠副的结构类型及选择

滚珠丝杠副中滚珠的循环方式有内循环和外循环两种。

内循环方式的滚珠在循环过程中始终与丝杠表面保持接触。如图 3-30 所示，在螺母 2 的侧面孔内装有接通相邻滚道反向器 4，利用反向器引导滚珠 3 越过丝杠 1 的螺纹顶部进入相邻滚道，形成一个循环回路。在同一螺母上装有 2 ~ 4 个滚珠用反向器，并沿螺母圆周均匀分布。

内循环方式的优点是滚珠循环的回路短、流畅性好、效率高、螺母的径向尺寸也较小。其不足是反向器加工困难、装配调整也不方便。

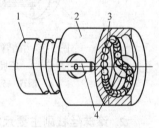

图 3-30　滚珠的内循环
1—丝杠　2—螺母　3—滚珠
4—相邻滚道反向器

浮动式反向器的内循环滚珠丝杠副如图 3-31 所示。其结构特点是反向器 1 上的安装孔有 0.01 ~ 0.015mm 的配合间隙，反向器弧面上加工有圆弧槽，槽内安装拱形片簧 4，外有弹簧套 2，借助拱形片簧的弹力，始终给反向器一个径向推力，使位于回珠圆弧槽内的滚珠与丝杠 3 表面保持一定的压力，从而使槽内滚珠代替了定位键而对反向器起到自定位作用。这种反向器的优点是：在高频浮动中达到回珠圆弧槽进、出口的自动对接，通道流畅、摩擦特性较好，更适用于高速、高灵敏度、高刚性的精密进给系统。

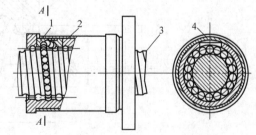

图 3-31　浮动式反向器的内循环滚珠丝杠副
1—反向器　2—弹簧套　3—丝杠　4—片簧

外循环方式中的滚珠在循环反向时，离开丝杠螺纹滚道，在螺母体内或体外作循环运动。从结构上看，外循环有以下三种形式：

1）螺旋槽式，如图 3-32 所示。在螺母 2 的外圆表面上铣出螺纹凹槽，槽的两端钻出二个与螺纹滚道相切的通孔，螺纹滚道内装入两个挡珠器 4 引导滚珠 3 通过这两个孔，应用套筒 1 盖住凹槽，构成滚珠的循环回路。这种结构的特点是工艺简单、径向尺寸小、易于制造，但是挡珠器刚性差、易磨损。

2）插管式，如图 3-33 所示。用一弯管 1 代替螺纹凹槽，弯管的两端插入与丝杠 5 相切的两个内孔，用弯管的端部引导滚珠 4 进入弯管，构成滚珠的循环回路，再用压板 2 和螺钉将弯管固定。插管式结构简单、容易制造。但是径向尺寸较大，弯管端部用作挡珠器比较容易磨损。

3）端盖式，如图 3-34 所示。在螺母 1 上钻出纵向孔作为滚子回程滚道，螺母两端装有两块扇形盖板或套筒 2，滚珠的回程道口就在盖板上。滚道半径为滚珠直径的 1.4~1.6 倍。这种方式

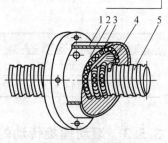

图 3-32　螺旋槽式外循环
1—套筒　2—螺母　3—滚珠
4—挡珠器　5—丝杠

结构简单、工艺性好，但滚道吻接和弯曲处圆角不易做准确而影响其性能，故应用较少。

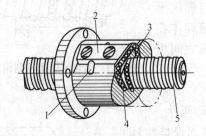

图 3-33　插管式外循环
1—弯管　2—压板　3—挡珠器
4—滚珠　5—丝杠

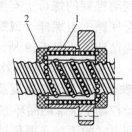

图 3-34　端盖式外循环
1—螺母　2—套筒

2. 滚珠丝杠副主要尺寸的计算

滚珠丝杠副主要尺寸的计算，见表 3-22。

表 3-22　滚珠丝杠副主要尺寸的计算

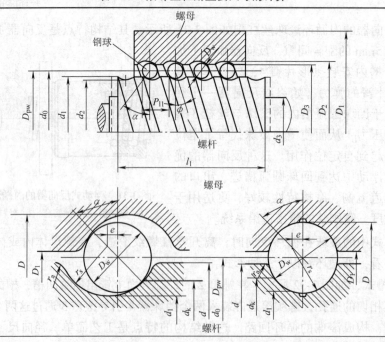

（续）

主要尺寸		符 号	计算公式
螺纹滚道	公称直径、节圆直径	d_0、D_{pw}	一般 $d_0 = D_{pw}$，标准系列见表 3-23
	导程	P_h	标准系列见表 3-23
	接触角	α	$\alpha = 45°$
	钢球直径	D_w	$D_w \approx 0.6 P_h$
	螺杆、螺母螺纹滚道半径	r_s、r_n	$r_s(r_n) = (0.51 \sim 0.56) D_w$
	偏心距	e	$e = \left(r_s - \dfrac{D_w}{2}\right)\sin\alpha$
	螺纹导程角	ϕ	$\phi = \arctan\dfrac{P_h}{\pi d_0} = \arctan\dfrac{P_h}{\pi D_{pw}}$
螺杆	螺杆大径	d	$d = d_0 - (0.2 \sim 0.25) D_w$
	螺杆小径	d_1	$d_1 = d_0 + 2e - 2r_s$
	螺杆接触点直径	d_k	$d_k = d_0 - D_w\cos\alpha$
	螺杆牙顶圆角半径(内循环用)	r_a	$r_a = (0.1 \sim 0.15) D_w$
	轴径直径	d_3	由结构和强度确定
螺母	螺母螺纹大径	D	$D = d_0 - 2e + 2r_n$
	螺母螺纹小径	D_1	外循环 $D_1 = d_0 + (0.2 \sim 0.25) D_w$
			内循环 $D_1 = d_0 + 0.5(d_0 - d)$

表 3-23 滚珠螺旋传动的公称直径 d_0 和基本导程 P_b

公称直径 d_0	基本导程 P_b														
	1	2	2.5	3	4	5	6	8	10	12	16	20	25	32	40
6			●												
8			●												
10	●		●			●									
12			●			●			●						
16			●			●			●						
20					○	●			●			●			
25						●			●			●			
32					○	●			●			●			
40						●	○		●			●			●
50						●	○	○	●	○		●			●
63						●		○	●	○		●			●
80						●			●			●			●
100						●			●			●			●
125						●			●			●			●
180									●			●			●
200									●			●			●

注：应优先采用●的组合，优先组合不够用时，推荐选用○的组合；只有优先组合和推荐组合不敷用时，才选用框内的普通组合。

（1）滚珠丝杠副结构的选择 主要是指选择螺纹滚道型面、滚珠循环方式和预紧调隙方法。

根据防尘保护条件、对预紧和调隙的要求以及加工的可能性等因素，参照以上所述原则，进行结构形式的选择。

例如：当容许有间隙存在时（垂直运动件的进给传动等），应采用单圆弧滚道型面，而且只用一个螺母；当必须有预紧和在使用过程中因磨损而需要周期性地进行调整时，应采用带齿圈的双螺母；当具备良好的防尘保护，只需在装配时调整间隙和预紧时，可采用结构较简单的垫片式调隙的双螺母。

目前国内基本上都采用双圆弧形，单个螺母装好后径向有间隙，成对螺母预紧后消除轴向间隙。采用单圆弧时，必须严格控制丝杠和螺母的径向尺寸，以保证接触角接近45°。

（2）按疲劳寿命选用 当滚珠丝杠副承受轴向载荷时，滚珠与滚道型面间便产生接触应力。对滚道型面上某一点而言，其应力状态是交变压力。在这种交变接触应力的作用下，经过一定的应力循环次数后，就要使滚珠或滚道型面产生疲劳点蚀。随着麻点的扩大，滚珠丝杠副就会出现振动和噪声，而使它失效，这是滚珠丝杠副的主要破坏形式。在设计滚珠丝杠副时，必须保证在一定的轴向载荷作用下，回转100万（10^6）转后，在它的滚道上由于受滚珠的压力而不致有点蚀现象，此时所能承受的轴向载荷，称为这种滚珠丝杠副的最大动载荷 C_a。

设计在较高速度下长时间工作的滚珠丝杠副时，因疲劳点蚀是其破坏形式，故应按疲劳寿命选用，并采用滚珠轴承的同样计算方法，首先从工作载荷 F 推算出最大动载荷 C_a。

由"机械零件"课程知

$$L = \left(\frac{C_a}{F}\right)^3 \tag{3-41}$$

$$C_a = \sqrt[3]{LF} \tag{3-42}$$

式中　C_a——最大动载荷（N）；

　　　F——工作载荷（N）；

　　　L——寿命（以100万转为1个单位，如1.5即为150万转）。

使用寿命 L 按下式计算

$$L = \frac{60nT}{10^6}$$

式中　n——滚珠丝杠副的转速（r/min）；

　　　T——使用寿命（h）。

机器的使用寿命，可参考表3-24。

表3-24　各类机器的使用寿命

机器类别	使用寿命 T/h	机器类别	使用寿命 T/h
通用机械	5000~10000	仪器装置	15000
普通机床	10000	航空机械	1000
自动控制机械	15000		

当工作载荷 F 和转速 n 有变化时，则需要算出平均载荷 F_m 和平均转速 n_m

$$F_m = \frac{F_1^3 n_1 t_1 + F_2^3 n_2 t_2 + \cdots\cdots}{n_1 t_1 + n_2 t_2 + \cdots\cdots} \tag{3-43}$$

$$n_{\mathrm{m}} = \frac{n_1 t_1 + n_2 t_2 + \cdots\cdots}{t_1 + t_2 + \cdots\cdots} \tag{3-44}$$

式中　F_1、F_2——工作载荷（N）；

　　　n_1、n_2——转速（r/min）；

　　　t_1、t_2——时间（h）。

当工作载荷是在 $F_{\min}$ 和 $F_{\max}$ 之间单调连续或周期单调连续变化时，其平均载荷 F_{m} 可按下面近似公式计算

$$F_{\mathrm{m}} = \frac{2F_{\max} + F_{\min}}{3} \tag{3-45}$$

式中　$F_{\max}$——最大工作载荷（N）；

　　　$F_{\min}$——最小工作载荷（N）。

如果考虑滚珠丝杠副在运转过程中有冲击振动和考虑滚珠丝杠的硬度对其寿命的影响，则最大动载荷 C_{a} 的计算公式可修正为

$$C_{\mathrm{a}} = \sqrt[3]{L} f_{\mathrm{W}} f_{\mathrm{H}} F \tag{3-46}$$

式中　f_{W}——运转系数，查表 3-25；

　　　f_{H}——硬度系数，查表 3-26。

表 3-25　运转系数

运 转 状 态	运转系数 f_{W}
无冲击的圆滑运转	1.0 ~ 1.2
一般运转	1.2 ~ 1.5
有冲击的运转	1.5 ~ 2.5

表 3-26　运转系数

硬度（HRC）	60	57.5	55	52.5	50	47.5	45	42.5	40	30	25
硬度系数 f_{H}	1.0	1.1	1.2	1.4	2.0	2.5	3.3	4.5	5.0	10	15

3. 滚珠丝杠副常用材料

滚珠丝杠副常用的材料及其特性与应用场合见表 3-27。

表 3-27　滚珠丝杠副常用材料及其特性与应用场合

材　料	主　要　特　性	应　用　场　合
GCr15	耐磨性、接触强度高；弹性极限高，淬透性好；淬火后组织均匀，硬度高	用于制造各类机床、通用机械、仪器仪表、电子设备等配套的滚珠丝杠副
GCr15SiMn	淬透性更好，同时具有 GCr15 的优良特性	尤其适用大型机械、重型机床、仪器仪表、电子设备等配套的滚珠丝杠副
9M2V	具有极高的回火稳定性，淬火后的硬度较高，耐磨性高。但退火状态硬度仍较高，加工性能差	适用于长径比较大，精度保持性高，在常温下工作的精密滚珠丝杠副
CrWMn	淬透性、耐磨性好，淬火变形小。但淬火后直接冰冷处理时容易产生裂纹，磨削性能差	用于 $d = 40 \sim 80\mathrm{mm}$，长度 $L \leqslant 2\mathrm{m}$ 的普通机械装置的滚珠丝杠

（续）

材　料	主　要　特　性	应　用　场　合
3Cr13 4Cr13	淬透性好，硬度高，耐磨，耐腐蚀	用于有高强度和高硬度要求，弱腐蚀场合下工作的滚珠丝杠副
38CrMoAlA	经氮化处理后，表面具有较高的硬度、耐磨性和抗疲劳强度，且具有一定的抗腐蚀能力。当采用离子氮化工艺时，零件变形更小，耐磨性更高	用于制造高精度、耐磨性和抗疲劳强度高的，以及较大长径比的滚珠丝杠副

3.6　间歇传动的设计与选择

在机电一体化设备中，常用的间歇运动机构有棘轮机构、槽轮机构、转位凸轮机构及非完整齿轮机构，它们的结构和工作原理虽然不同，但其共同特点都是将主动件的连续或周期运动，转化为有一定运动和静止时间比的从动件间歇运动。间歇传动也可称为步进传动。

选择和设计间歇运动机构时，应注意下述基本要求：

1）移位迅速。

2）移位过程平稳无冲击。

3）停位准确、定位可靠。

3.6.1　棘轮传动

棘轮机构主要由棘轮和棘爪组成，工作原理如图 3-35 所示。棘爪 1 装在摇杆 4 上，能围绕 O_1 点转动，摇杆空套在棘轮凸缘上作往复摆动。当摇杆（主动件）逆时针方向摆动时，棘爪与棘轮 2 的齿啮合，克服棘轮轴上的外加力矩 M，推动棘轮朝逆时方向转动，此时止动爪 3（或称止回爪、闸爪）在棘轮齿上打滑。当摇杆摆过一定角度 λ 且反向作顺时针方向摆动时，止动爪 3 把棘轮闸住，使其不致因外加力矩 M 的作用而随同摇杆一起作反向转动，此时棘爪 1 在棘轮齿上打滑而返回到起始位置。摇杆如此往复不停地摆动时，棘轮不断地按逆时针方向间歇地转动。扭簧 5 用于帮助棘爪与棘轮齿啮合。

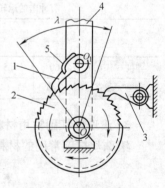

图 3-35　棘轮传动原理
1—棘爪　2—棘轮　3—止动爪
4—摇杆　5—扭簧

棘轮传动有噪声、磨损快，但由于结构简单、制造容易，故应用较广泛。棘爪每往复一次推过棘轮齿数与棘轮转角的关系如下

$$\lambda = 360°k/Z \tag{3-47}$$

式中　λ——棘轮回转角（根据工作要求而定）；

　　　k——棘爪每往复一次推过的棘轮齿数；

　　　Z——棘轮齿数。

3.6.2　槽轮传动机构

（1）槽轮传动基本原理　槽轮传动机构是广泛应用的步进运动机构，它具有结构简单、转动平稳及效率高等特点。槽轮机构工作原理如图 3-36 所示。当主动件拨杆转过 θ_h 角时，拨动槽轮转过一个分度角 τ_h，此后，在拨杆转过其余部分角度（$2\pi - \theta_h$）时，槽轮静止不动，直到拨销进入槽轮的下一个槽内时，再次重复上述循环过程。槽轮机构通常利用拨盘上锁紧弧 α 实现对槽轮定位，使它停止则不能作任何方向的转动。

　　图 3-36 所示的外啮合平面正槽轮机构简称槽轮机构。这种槽轮机构的主要特点是槽轮转动开始和结束的瞬时，其角速度均为零，无刚性冲击。为此槽轮机构必须保证拨销开始进入槽轮径向槽和从径向槽中退出时，拨销中心运动轨迹要与槽轮径向槽的平分线相切。

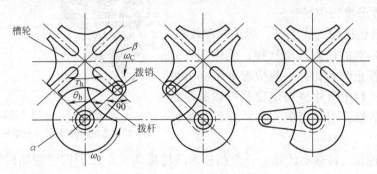

图 3-36　槽轮传动原理

　　（2）槽轮机构的基本参数　图 3-36 中，槽轮相邻两槽间夹角，定义为分度角，用 τ_h 表示

$$\tau_h = 2\pi/z \tag{3-48}$$

式中　z——为槽轮槽数。

　　对于无刚性冲击的正槽轮机构，有 $\tau_h + \theta_h = \pi$，故拨杆工作角 θ_h、空行程角 θ_0 和槽轮分度角 τ_h 之间的关系为

$$\theta_h = \pi - \tau_h = \pi(z-2)/z$$
$$\theta_0 = 2\pi - \theta_h = \pi(z+2)/z$$

　　设拨杆转动一周时间为 T（s），则槽轮机构的运动时间 t_h（s）和静止时间 t_0（s）为

$$\begin{cases} t_h = \dfrac{\theta_h}{2\pi}T = \dfrac{z-2}{z} \times \dfrac{30}{n_0} \\[2mm] t_0 = \dfrac{\theta_0}{2\pi}T = \dfrac{z+2}{z} \times \dfrac{30}{n_0} \end{cases} \tag{3-49}$$

式中　n_0——拨杆的转动速度（r/min）。

　　若 t_h 与 t_0 之比为槽轮机构的时间系数 K_t，则

$$K_t = \frac{t_h}{t_0} = \frac{z-2}{z+2} = 1 - \frac{4}{z+2} \tag{3-50}$$

　　显而易见，当拨杆等速旋转时，槽轮机构的工作时间系数仅与槽轮槽数有关，槽数越多，槽轮运动时间 t_h 越长，生产率越低。所以，当仅用槽轮机构转位时，槽轮槽数不宜太多，一般取 $z = 3 \sim 12$。槽轮的静止时间 t_0 通常按最长工序的工作时间确定，这样，当 t_0 和 z 确定后，就可按下式求得拨杆的转速 n_0

$$n_0 = \frac{30}{t_0} \frac{z+2}{z} \tag{3-51}$$

3.6.3 空间凸轮转位机构

（1）结构形式和特点 空间凸轮转位机构，是利用空间凸轮的轮廓曲面推动转位盘的滚子（或拨销），使从动转位盘实现有一定运动时间和静止时间之比的步进分度运动机构。空间凸轮转位机构有两种结构形式，图3-37a所示为圆柱凸轮转位机构，图3-37b所示为蜗杆凸轮转位机构，也称圆弧形凸轮转位机构。它常用于要求高速、高精度分度转位场合。

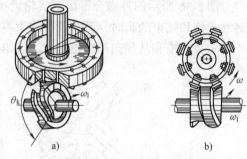

空间凸轮转位机构的优点是：运动速度较高，且可实现转盘要求的任意运动规律；能得到任意的转位时间与静止时间比；一般情况下不必另外附加定位装置，利用凸轮棱边定位就可以满足精度要求；运动平稳、刚度高等，是一种常用的转位机构。

图3-37 空间凸轮转位机

a）圆柱凸轮转位机构 b）蜗杆凸轮转位机构

（2）圆柱转位凸转基本计算 一个圆柱形凸轮推动一个滚子销盘带动回转台转动一个步距角。在同一时间里至少总是两个滚子进入啮合，如图3-38所示。分度与间歇之比由凸轮的形状来决定，与回转台每周的分度次数无关。间歇角由凸轮的工作角 φ_s 来确定，间歇角 $= 360° - \varphi_s$。如果驱动电动机在两次分度之间的时间内被切断电源，间歇的时间就可以延长。在集中控制的情况下也可以使用控制凸轮。凸轮的工作角范围一般在 $60° \sim 90°$，可以由下式给出

$$\varphi_s = 360° \frac{t_s}{t_r} \tag{3-52}$$

节拍时间 t_T 由分度时间 t_s 和间歇时间 t_r 组成

$$t_T = t_s + t_r \tag{3-53}$$

分度时间是损失时间，在这个时间内装配单元上不能进行任何操作。

销子的间距 h 可以由下式决定

$$h = 2r_1 \sin\left(\frac{180°}{n}\right) \tag{3-54}$$

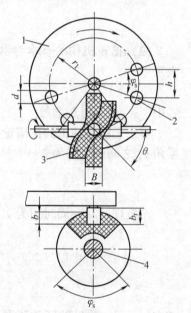

图3-38 圆柱形凸轮的分度驱动

1—分度盘 2—滚子环
3—圆柱凸轮 4—传动轴

式中 n——位数；

r_1——滚子销盘的分度圆直径。

分度凸轮的宽度 B

$$B = h - d \tag{3-55}$$

式中 d——滚子直径。

滚子的啮合深度 b

$$b = (0.7 - 0.8)b_r \tag{3-56}$$

滚子高度 b_r 一般取 $b_r = d$。

为了分度过程的平稳，角 θ 应该取不大于 40°，绝对不能取大于 45°。凸轮间歇传动的回转台不需要另外的附加定位机构，因为分度凸轮的直线部分可以起到锁定回转台位置的作用。

3.7　自动给料机构

自动给料机构的任务就是自动地把待加工工件定时、定量、定向地送到加工、装配、测试设备的相应位置，以便缩短辅助时间、提高劳动生产率、稳定产品质量和改善劳动条件。

图 3-39 所示为机床自动给料装置。由图可见，工件由工人装入料仓 1，机床进行加工时，给料器 3 向前推，隔料器 2 被给料器 3 的销钉带动逆时针方向旋转，其上部的工件便落入给料器 3 的接收槽中。当工件加工完毕后，弹簧夹头 4 松开，推料杆 6 将工件从弹簧夹头 4 中顶出，工件随即落入出料槽 7 中。送料时，给料器 3 向前移动将工件送到主轴前端并对准弹簧夹头 4，随后给料杆 5 将工件推入弹簧夹头 4 内。弹簧夹头 4 将工件夹紧后，给料器 3 和给料杆 5 向后退出，工件开始加工。当给料器 3 向前给料时，隔料器 2 在弹簧 8 作用下顺时针方向旋转到料仓下方，将工件托住以免落下。图中的料仓、隔料器和给料器属于自动供料机构，其他部件属于机床机构。

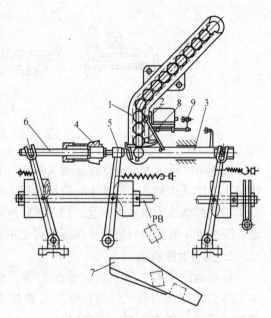

图 3-39　机床自动给料装置
1—料仓　2—隔料器　3—给料器　4—弹簧夹头
5—给料杆　6—推料杆　7—出料槽
8—弹簧　9—自动停车装置

3.7.1　自动给料机构分类及结构

自动给料机构按工件（材料）形状、尺寸等特征，可分为以下四类：

（1）粉、液料自动给料机构　主要是解决自动定量给料问题。

（2）管、棒料自动给料机构　主要是解决按工件所需长度周期地自动送料问题。

（3）卷料自动给料机构　主要是解决材料的校直、放料和制动、送料机构等问题。

（4）件料自动给料机构　因件料性质、工件尺寸及形状复杂程度不同，供料装置也截然不同。

1. 料仓

由于工件的重量和形状尺寸变化较大，因此料仓结构设计没有固定模式。一般把料仓分成自重式和外力作用式两种结构，如图 3-40 所示。

图 3-40a、b 所示为工件自重式料仓，它结构简单，应用广泛。图 3-40a 中，将料仓设计成螺旋式，可在不加大外形尺寸的条件下多容纳工件；图 3-40b 中，将料仓设计成料斗式，它设计简单，但料仓中的工件容易形成拱形面而阻塞出料口，一般应设计拱形消除机

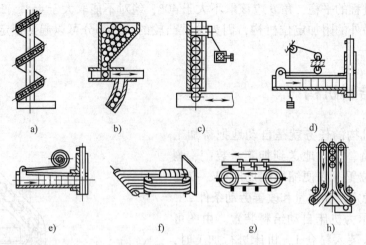

图 3-40　料仓的结构形式

构。图 3-40c 所示为重锤垂直压送式料仓，它适合易与仓壁粘附的小零件；图 3-40d 所示为重锤水平压送式料仓；图 3-40e 所示为扭力弹簧压送工件的料仓；图 3-40f 所示为利用工件与平带间的摩擦力供料的料仓；图 3-40g 所示为链条传送工件的料仓，链条可连续或间歇传动；图 3-40h 所示为利用同步齿形带传送的料仓。

2. 拱料消除机构

拱料消除机构一般采用仓壁振动器。仓壁振动器使仓壁产生局部、高频微振动，破坏工件间的摩擦力和工件与仓壁间的摩擦力，从而保证工件连续地由料仓中排出。振动器振动频率一般为 1000 ~ 3000 次/min。当料仓中物料搭拱处的仓壁振幅达到 0.3mm 时，即可达到破拱效果。在料仓中安装搅拌器也可消除拱料堵塞，消除拱料的常用方法如图 3-41 所示。

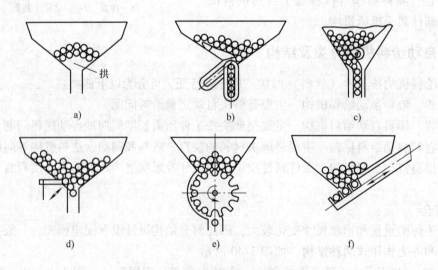

图 3-41　消除拱料的常用方法

a）拱　b）摆动杠杆或料槽消拱　c）回转凸轮消拱

d）菱形隔板消拱　e）回转槽消拱　f）往复槽消拱

3. 料仓隔料器

隔料器是调节件料从料仓进入供料器的数量的一种机构，件料由料仓进入供料器是连续流动的。在料仓的末端由隔料器将件料的运动切断，并把件料和总的件料流按一个或几个隔开而将它们送入送料器。隔料机构依其运动特征分为往复运动隔料器、摆动运动隔料器、回转运动隔料器和具有复杂运动的隔料器 4 类形式，如图 3-42 所示。

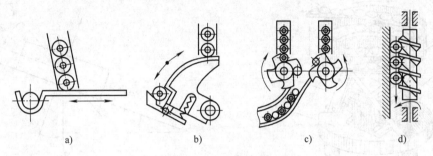

图 3-42　运动隔料器

a）往复运动隔料器　b）摆动运动隔料器　c）回转运动隔料器　d）具有复杂运动的隔料器

3.7.2　电磁振动给料

振动送料装置在自动化生产设备中占有重要的地位，它是一种高效的供料装置。振动送料装置的结构简单，能量消耗小，工作可靠平稳，工件间相互摩擦力小，不易损伤物料，供料速度容易调节；在供料过程中，可以利用挡板、缺口等结构对工件进行定向；也可在高温、低温或真空状态下进行工作。振动送料装置广泛应用于小型工件的定向及送料。

在振动输送物料（件料或散体物）的过程中，不用抓料机构就可以从料斗中选出物料，减小了物料之间的摩擦力，因此能促进物料在料斗中较自由地翻动和移动，能防止选料时损伤物料表面。在许多情况下，可对脆性零件和很薄壁的零件实现供料自动化。

振动料斗可避免物料在料仓或料斗中形成稳"拱"而产生阻塞，在料槽上的狭槽、台阶、沟槽或斜面上采用简单的结构就可解决毛坯的定向问题而不需要采用特殊的定向装置；使物料在料槽中的运动过程具有万能性和机动性，允许用同一个螺旋料槽输送不同尺寸和形状的零件（垫片、丝锥、钟表上的精细齿轮和轴、集成电路基片等）；能解决零件按尺寸来分选以及零件与切屑分离等一系列问题。

目前在自动化生产设备中广泛使用的有直线料槽式振动供料装置和圆料斗式振动供料装置，分别如图 3-43、图 3-44 所示。

（1）工件运动状态分析　如图 3-45 所示，设一个振动给料器的轨道沿着一个相对水平面成（$\theta + \varphi$）的倾斜角度的直线轨迹作间歇运动。

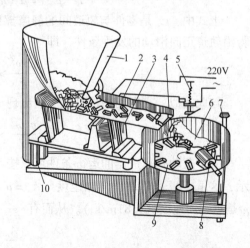

图 3-43　直线料槽式振动供料装置

1—料斗　2—直线料槽　3—振动器　4—定向器
5—联锁机构　6—探头　7—顶出器
8—回转刷　9—圆盘　10—缓冲器

轨道的倾斜角为 θ, φ 是轨道与摆动线间的夹角。振动频率 $f=60\text{Hz}$, 振动角频率 $\omega=2\pi f$。振幅 a_0 和瞬时速度、轨道加速度都可以在横向和轨道法线方向上分解。这些分量称为平行和法向运动,分别用下标 p 和 n 表示。在分析中,质量为 m_p 的零件的运动与它的形状无关,同时,空气阻力可以忽略不计。同样还假设零件没有在轨道上沿轨道向下滚动的趋势。

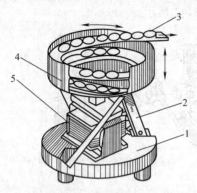

图 3-44　圆料斗式振动供料装置
1—底座　2—支撑板弹簧　3—工件
4—圆料斗　5—电磁激振器

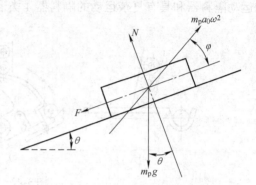

图 3-45　振动给料器中作用于零件上的力

零件放置在轨道上,振幅从零逐渐增加,分析零件在轨道上的动态特性是有用的。对于小振幅,零件将在轨道上保持不动,这是因为作用在零件上的平行惯性力太小,不能克服零件与轨道间的摩擦阻力 F。图 3-45 给出了当轨道处在它的运动上限时作用在零件上的最大惯性力。这个力分别有平行分量 $m_p a_0 \omega^2 \cos\varphi$ 和法线分量 $m_p a_0 \omega^2 \sin\varphi$,可以看到,当出现滑动时,有

$$m_p a_0 \omega^2 \cos\varphi > m_p g \sin\theta + F \tag{3-57}$$

其中

$$F = \mu_s N = \mu_s (m_p g \cos\theta - m_p a_0 \omega^2 \sin\varphi) \tag{3-58}$$

上式中,μ_s 是零件与轨道间的静摩擦因数。因此,联立式（3-57）和式（3-58）,可以得沿轨道正向滑动的发生条件,即

$$\frac{a_0 \omega^2}{g} > \frac{\mu_s \cos\theta + \sin\theta}{\cos\varphi + \mu_s \sin\varphi} \tag{3-59}$$

与此类似,在振动循环过程中,出现反向滑动的条件为

$$\frac{a_0 \omega^2}{g} > \frac{\mu_s \cos\theta - \sin\theta}{\cos\varphi - \mu_s \sin\varphi} \tag{3-60}$$

一个振动式输送器的运行条件可以按照无量纲（量纲为 1）轨道法向加速度 A_n/g_n 来表示,这里,A_n 是轨道法向加速度（$A_n = a_n \omega^2 = a_0 \omega^2 \sin\varphi$）,$g_n$ 是重力法向加速度（$g\cos\theta$）,g 是重力加速度（9.81m/s^2）。从而有

$$\frac{A_n}{g_n} = \frac{a_0 \omega^2 \sin\varphi}{g \cos\theta} \tag{3-61}$$

把式（3-59）代入式（3-61）中,可得到正向滑动时,有

$$\frac{A_n}{g_n} > \frac{\mu_s + \tan\theta}{\cos\varphi + \mu_s} \tag{3-62}$$

把式（3-60）代入式（3-61）中，可得到反向滑动时，有

$$\frac{A_n}{g_n} > \frac{\mu_s - \tan\theta}{\cos\varphi - \mu_s} \tag{3-63}$$

比较式（3-62）和式（3-63），给出正向输送的限定条件。从而对于正向输送，有

$$\tan\varphi > \frac{\tan\theta}{\mu_s^2}$$

或当 θ 很小时，有

$$\tan\varphi > \frac{\theta}{\mu_s^2} \tag{3-64}$$

对于大振幅，在每个循环过程中，零件将脱离轨道，"跳跃"向前。仅当零件和轨道间的法向反作用力 N 变为零时才会出现这种情况。从图 3-45 可得

$$N = m_p g\cos\theta - m_p a_0 \omega^2 \sin\varphi \tag{3-65}$$

所以，零件脱离轨道时，有

$$\frac{a_0 \omega^2}{g} > \frac{\cos\theta}{\sin\varphi}$$

或

$$\frac{A_n}{g_n} > 1 \tag{3-66}$$

从前面的分析可以明确，在每个循环过程中，在零件脱离轨道前，零件正向滑动。

（2）送料率 Q 的确定　振动料斗的送料率 Q（件/min）由下式确定

$$Q = \frac{60 v_{平均}}{L} \eta \tag{3-67}$$

式中　η——充满系数，即料槽全长上工件占据实际位置的百分数，形状简单而表面光滑的工件，$\eta = 0.7 \sim 0.9$，形状复杂而有毛刺的工件，$\eta = 0.4 \sim 0.5$；

　　L——沿移动方向上的工件长度（mm）；

　　$v_{平均}$——工件沿料槽移动的平均速度（mm/s）。

由实验知

$$v_{平均} = v_{max} K_v = A\omega K_v = 2\pi f A K_v \tag{3-68}$$

式中　K_v——速度损失系数，它与运动特性有关，取决于工件在料槽上的打滑程度，若工件沿料槽滑移前进，则 $K_v = 0.6 \sim 0.7$，若工件作跳跃前进，则 $K_v = 0.8 \sim 0.82$；

　　v_{max}——料槽的最大速度（mm/s）；

　　A——沿工件前进方向的料槽振幅（mm）；

　　ω——料槽的角频率（1/s），$\omega = 2\pi f$；

　　f——振动频率（Hz）。

将式（3-68）代入式（3-67），得送料率

$$Q = \frac{120\pi f A}{L} \eta K_v \tag{3-69}$$

由式（3-69）可见，送料率与振动频率 f、振幅 A、充满系数 η、速度损失系数 K_v 成正比，与工件长度 L 成反比。由于 L 是常数，f 不便变更，所以，提高送料率主要是通过增大振幅（如采用较大功率的电磁铁，使振动系统处于共振状态等）和提高速度损失系数 K_v。

K_v 决定于料槽往返振动时速度的差异，以及工件与料槽间的摩擦力，因此，与电流波形和强度、振动系统的刚度、料槽的倾角 α、振动升角 β 和摩擦因数 μ 等有关。由此可见，要使振动料斗具有高的送料率和良好的工作性能，必须合理地确定参数。

3.8　轴系部件的设计与选择

轴系是由轴、轴承和安装于轴上的传动体、密封件及定位件组成的。其主要功能是支承旋转零件、传递转矩和运动。轴系按其在传动链中所处的地位不同可分为传动轴轴系和主轴轴系，一般对传动轴的要求不高，而作为执行件的主轴对保证机械功能、完成机械主运动有着直接的影响，因此对主轴有较高的要求。

3.8.1　主轴轴系的基本要求

主轴轴系总的要求是保证在一定载荷与转速下，主轴组件精确而稳定地绕其轴心旋转并长期地保持这种性能。对其基本要求如下：

(1) 回转精度　瞬时回转中心线相对于理想回转中心线在空间的位置偏离，就是回转轴件的瞬时误差，这些瞬时误差的范围就是轴件回转精度。

(2) 静刚度　静刚度是指弹性体承受的静态外力或转矩的增量与其作用下弹性体受力处所产生的位移或转角的增量之比，即产生单位变形量所需静载荷的大小。

(3) 动态特性　主轴的动态特性，一般是指主轴抵抗冲击、振动、噪声的特性，通过几方面表现出来。

(4) 噪声　噪声来源于振动。主轴振动主要由轴承引起。

(5) 温升和热变形　轴系的典型区域温度与环境温度之差为温升。

(6) 精度保持性　轴系组件的精度保持性是指长期地保持其原始制造精度的能力。

3.8.2　轴的设计

轴是组成机械的重要零件之一。它用来安装各种传动零件，使之绕其轴线转动，传递转矩或回转运动，并通过轴承与机架或机座相连接。轴与其上的零件组成一个组合体——轴系部件，在轴的设计时，不能只考虑轴本身，必须和轴系零、部件的整个结构密切联系起来。

轴按受载情况分为转轴、心轴和传动轴三类。

(1) 转轴　既支承传动机件又传递转矩，即同时承受弯矩和扭矩的作用。

(2) 心轴　只支承旋转机件而不传递转矩，即只承受弯矩作用。心轴又可分为固定心轴（工作时轴不转动）和转动心轴（工作时轴转动）两种。

(3) 传动轴　主要传递转矩，即主要承受扭矩，不承受或承受较小的弯矩。

按轴的结构形状分为：光轴和阶梯轴，实心轴和空心轴。

按几何轴线分为：直轴、曲轴和钢丝软轴。

按截面分为：圆形截面和非圆形截面。

轴的设计应满足下列几方面的要求：在结构上要受力合理，尽量避免或减少应力集中，足够的强度（静强度和疲劳强度），必要的刚度，特殊情况下的耐蚀性和耐高温性，高速轴的振动稳定性及良好的加工工艺性，并应使零件在轴上定位可靠、装配适当和装拆方便等。

3.8.3　轴的常用材料

应用于轴的材料种类很多，主要根据轴的使用条件，对轴强度、刚度和其他机械性能等的要求，采用热处理方式等，同时考虑制造加工工艺，并力求经济合理，通过设计计算来选择轴的材料。

轴的材料一般是经过轧制或锻造并经切削加工的碳素钢或合金钢。对于直径较小的轴，可用圆钢制造；有条件的可直接用冷拔钢材；对于重要的，大直径或阶梯直径变化较大的轴，采用锻坯。为节约金属和提高工艺性，直径大的轴还可以制成空心的，并且带有焊接的或锻造的凸缘。

轴常用的材料是优质碳素结构钢，如 35、45 和 50 钢，其中以 45 钢最为常用。不太重要及受载较小的轴可用 Q235、Q275 等普通碳素结构钢；对于受力较大、轴的尺寸受限制以及某些有特殊要求的轴可用合金结构钢。

球墨铸铁和一些高强度铸铁，具有铸造性能好、容易铸成复杂形状、吸振性能较好、应力集中敏感性较低、支点位移的影响小等优点，常用于制造外形复杂的曲轴和凸轮轴等。

同样的材料，在热处理工艺不同时，所得到的强度、硬度和疲劳极限等也会不同，所以在选择材料时，应确定其热处理方法。

受载荷大的轴一般用调质钢，大多数是含碳量在 0.30% ~ 0.60% 范围内的碳素结构钢和合金结构，调质钢能进行调质处理。调质处理后得到的是索氏体组织，它比正火或退火所得到的铁素体混合组织，具有更好的综合力学性能，调质钢种类很多，常用的有 35、45、40Ct、45Mn2、40MnB、35CrMo、30CrMnSi 和 40CrNiMo 等。调质钢回火时的回火温度不同，得到的力学性能也不同。回火温度高，硬度和强度低，但冲击韧度提高。因此可以通过控制回火温度来控制力学性能，以满足设计要求。由于轴类零件在淬透情况相同时，调质后的硬度可以反映轴的屈服强度和抗拉强度，因此在技术条件中只需规定硬度值即可。

3.8.4　轴的力学计算

1. 轴的强度计算

在工程设计中，轴的强度计算主要有三种方法：转矩法、当量弯矩法和安全系数校核法。

作用在轴上的载荷，一般按集中载荷考虑。这些载荷主要是齿轮啮合力和带传动、链传动的拉力，其作用点通常取为零件轮缘宽度中点。当作用在轴上的各载荷不在同一平面内时，可将其分解到两个互相垂直的平面内，然后分别求出每个平面内的弯矩，再按矢量法求得合成弯矩，以此弯矩来确定轴径。当轴上的轴向力较大时，还应计算由此引起的正应力。

计算时，通常把轴当作置于铰链支座上的双支点梁。轴的铰链支点位置按图 3-46 确定，一般轴的支点间距较轴承宽大得多，支点可近似取为轴承宽度的中点；其中向心推力轴承 a 值可从机械设计相关手册中查到。

（1）转矩法　转矩法是按轴所受转矩大小进行轴的强度计算方法。它主要用于传动轴的强度校核或设计计算。受较小弯矩作用的轴，一般也使用此计算方法，但应适当降低材料的许用扭应力。

强度条件为

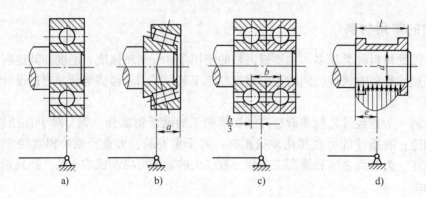

图 3-46　轴承支座支点位置的确定

a) 深沟球轴承　b) 圆锥滚子轴承　c) 二个深沟球轴承　d) 滑动轴承

$$\tau_T = \frac{T}{W_T} \leqslant [\tau_T] \tag{3-70}$$

式中　τ_T——轴的扭应力；

T——轴传递的转矩；

W_T——轴的抗扭截面系数，查机械设计手册可得。

对于实心圆轴，当已知其转速 n（r/min）和传递的功率 P（kW）时，上式可写为

$$\tau_T = \frac{9.55 \times 10^6 \dfrac{P}{n}}{0.2d^3} \leqslant [\tau_T] \tag{3-71}$$

式中　d——轴的直径（mm）。

由式（3-71）可得实心轴直径的设计式

$$d \geqslant \sqrt[3]{\frac{9.55 \times 10^6 P}{0.2d^3}} = C\sqrt[3]{\frac{P}{n}} \tag{3-72}$$

式中　C——计算常量，与轴材料及相应的许用扭应力 $[\tau_T]$ 有关，可按表3-28确定。当弯矩相对转矩很小或只受转矩时，$[\tau_T]$ 取较大值，C 取小值。对于采用 Q235 或 35SiMn 制造的轴，$[\tau_T]$ 取小值，C 取较大值。

表 3-28　轴常用材料的 $[\tau_T]$ 及 C 值

轴的材料	20、Q235	35、Q275	45	40Cr、35SiMn、2Cr13、38SiMnMo、42SiMn
$[\tau_T]$ /MPa	12 ~ 20	20 ~ 30	30 ~ 40	40 ~ 52
C	160 ~ 135	135 ~ 118	118 ~ 106	106 ~ 98

轴上有键槽时，会削弱轴的强度。因此，轴径应适当增大。对于直径 $d \leqslant 100$mm 的轴，单键时轴径增大 5% ~ 7%，双键时增大 10% ~ 15%；直径 $d > 100$mm 的轴，单键时轴径增大 3%，双键增大 7%。该方法求出的直径应作为轴上受转矩作用轴段的最小直径。

（2）当量弯矩法　当量弯矩法是按弯扭合成强度条件对轴的危险截面进行强度校核的方法。对于一般的转轴，该方法的安全性足够可靠。

依据试验，当量弯矩法的强度条件为

$$\sigma_e = \sqrt{\sigma^2 + 4(\alpha\tau)^2} \leqslant [\sigma_{-1b}] \tag{3-73}$$

式中 σ_e——当量应力。

由弯矩产生的轴的弯曲应力 σ 通常为对称循环应力，故取 $[\sigma_{-1b}]$ 为材料的许用应力。而由转矩产生的切应力 τ 通常不是对称循环应力，故引入了应力校正因子 α 对 τ 进行修正。

α 可以根据转矩特性确定：通常对于不变的转矩，$\alpha = \dfrac{[\sigma_{-1b}]}{[\sigma_{+1b}]} \approx 0.3$；对于脉动循环的转矩，取 $\alpha = \dfrac{[\sigma_{-1b}]}{[\sigma_{0b}]} \approx 0.6$；对于对称循环的转矩，则取 $\alpha = 1$。$[\sigma_{+1b}]$、$[\sigma_{0b}]$ 和 $[\sigma_{-1b}]$ 分别为材料在静应力、脉动循环和对称循环应力状态下的许用弯曲应力，其值可由表 3-29 选取。通常情况下，考虑到机器运转的不均匀性和轴扭转振动的存在，从安全角度计，对于不变的转矩也常按脉动循环转矩计算。

表3-29 轴的许用弯曲应力 （单位：MPa）

材 料	$[\sigma_b]$	$[\sigma_{+1b}]$	$[\sigma_{0b}]$	$[\sigma_{-1b}]$
碳素钢	400	130	70	40
	500	170	75	45
	600	200	95	55
	700	230	110	65
合金钢	800	270	130	75
	1000	330	150	90
铸钢	400	100	50	30
	500	120	70	40

式 （3-73） 可写为

$$\sigma_e = \sqrt{\left(\frac{M}{W}\right)^2 + 4\left(\frac{\alpha T}{W_T}\right)^2} \le [\sigma_{-1b}] \tag{3-74}$$

式中 M——轴截面所承受的弯矩；

T——轴截面所承受的转矩；

W——轴的抗弯截面系数，查机械设计手册可得。

对于实心圆轴，$W_T = 2W$，$W \approx 0.1d^3$，故有

$$\sigma_e = \frac{1}{W}\sqrt{M^2 + (\alpha T)^2} = \frac{M_e}{W} \le [\sigma_{-1b}] \tag{3-75}$$

式中 M_e——当量弯矩；

$$M_e = \sqrt{M^2 + (\alpha T)^2}$$

由式 （3-75） 可得到与 M_e 对应的实心轴段的直径

$$d \ge \sqrt[3]{\frac{M_e}{0.1[\sigma_{-1b}]}} \tag{3-76}$$

当轴的计算截面上开有键槽时，轴的直径应适当增大，其增大值可参考转矩法。

心轴只承受弯矩而不承受转矩，在应用式 （3-74） 或式 （3-75） 时，应取 $T = 0$。转动心轴的弯曲应力为对称循环应力，取 $[\sigma_{-1b}]$ 为其许用应力；固定心轴应用在较频繁的起动、停车状态时，其弯曲应力可视为脉动循环应力，取 $[\sigma_{0b}]$ 为其许用应力；载荷平稳的固定心轴，其弯曲应力可视为静应力，取 $[\sigma_{+1b}]$ 为其许用应力。

按当量弯矩法计算，是在弯矩、转矩都已知的条件下进行的。其一般步骤如下：

1）作出轴的空间受力简图。一般将作用力分解为垂直平面受力和水平平面受力。

2）分别作出垂直平面和水平平面的受力，并求出垂直平面和水平平面上支点作用反力。

3）作出垂直平面上的弯矩 M_V 图和水平平面的弯矩 M_H 图。

4）求出合成弯矩 M，并作出合成弯矩图。

5）作出转矩 T 图。

6）作出当量弯矩 M_e 图，确定危险截面及其当量弯矩数值。

7）按式（3-75）或式（3-76）校核轴危险截面的强度。

（3）安全因数校核法 当需要精确评定轴的安全性时（如大批量生产或重要的轴），应考虑应力集中、尺寸效应和表面状态等因素的影响，常按安全因数校核法对轴的危险截面进行强度校核计算。安全因数校核法包括疲劳强度校核和静强度校核两项内容。

轴的疲劳强度校核是根据轴上作用的循环应力计算轴危险截面处的疲劳强度安全因数。其步骤为：

① 作出轴的弯矩 M 图和转矩 T 图。

② 确定应校核的危险截面。

③ 求出危险截面上的弯曲应力和切应力，将这两项循环应力分解成平均应力 σ_m、T_m 和应力幅 σ_a 和 T_a。

④ 按式（3-77）～式（3-79）分别计算弯矩作用下的安全因数 S_σ、转矩作用下的安全因数 S_τ 以及它们的综合安全因数 S

$$S_\sigma = \frac{k_N \sigma_{-1}}{\dfrac{k_\sigma}{\beta \varepsilon_\sigma} \sigma_a + \psi_\sigma \sigma_m} \tag{3-77}$$

$$S_\tau = \frac{k_N \tau_{-1}}{\dfrac{k_\tau}{\beta \varepsilon_\tau} \tau_a + \psi_\tau \sigma_m} \tag{3-78}$$

$$S = \frac{S_\sigma S_\tau}{\sqrt{S_\sigma^2 + S_\tau^2}} \geqslant [S] \tag{3-79}$$

式中　σ_{-1}——对称循环下的弯曲疲劳极限，查机械设计手册；

τ_{-1}——对称循环下的扭转疲劳极限，查机械设计手册；

k_N——寿命因子，查机械设计手册；

k_σ——弯矩作用下的疲劳缺口因子，查机械设计手册；

k_τ——转矩作用下的疲劳缺口因子，查机械设计手册；

ε_σ——弯曲时的尺寸因子，查机械设计手册；

ε_τ——扭转时的尺寸因子，查机械设计手册；

β——表面状态因子，查机械设计手册；

ψ_σ——弯曲等效因子，碳钢取 $\psi_\sigma = 0.1 \sim 0.2$，合金钢取 $\psi_\sigma = 0.2 \sim 0.3$；

ψ_τ——扭转等效因子，碳钢取 $\psi_\tau = 0.05 \sim 0.1$，合金钢取 $\psi_\tau = 0.1 \sim 0.15$；

$[S]$——疲劳强度的许用安全因子，材质均匀、载荷与应力计算较精确时，取 $[S] \geqslant 1.3 \sim 1.5$，材质不够均匀、计算精度较低时，取 $[S] \geqslant 1.5 \sim 1.8$，材质均匀性和计算精度都很低，或轴径 $d > 200\mathrm{mm}$ 时，取 $[S] \geqslant 1.8 \sim 2.5$。

2. 轴的刚度计算

轴受到载荷作用时，会产生弯曲或扭转弹性变形，其变形的大小与轴的刚度有关，如果刚度不足，弹性变形过大，则往往影响零件的正常工作。例如，机床主轴的弯曲变形会影响机床的加工精度；安装齿轮的轴若产生过大的偏转角或扭角，将使齿轮沿齿宽方向接触不良，齿面载荷分布不均，影响齿轮传动性能；采用滑动轴承的轴，若产生过大的偏转角，轴颈和滑动轴承就会形成边缘接触，造成不均匀磨损和过度发热；电动机轴产生过大的挠度，就会改变转子和定子间的间隙，使电动机的性能下降。

轴的刚度分为弯曲刚度和扭转刚度，弯曲刚度用挠度 y 和偏转角 θ 度量，扭转刚度用单位长度扭角 φ 度量。轴的刚度计算，通常是计算轴受载荷时的弹性变形量，并将它控制在允许的范围内。

（1）扭转刚度校核计算　轴受转矩作用时，对于光轴，其扭转刚度条件是

$$\varphi = 5.73 \times 10^4 \frac{T}{GI_{\mathrm{P}}} \leqslant [\varphi] \tag{3-80}$$

对于阶梯轴

$$\varphi = 5.73 \times 10^4 \frac{1}{Gl} \sum \frac{T_i l_i}{I_{\mathrm{P}i}} \leqslant [\varphi] \tag{3-81}$$

式中　φ——轴单位长度的扭角（°/mm）；

$\quad\quad T$——轴所受的转矩（N·mm）；

$\quad\quad G$——轴材料的切变弹性模量（MPa），对于钢材，$G = 8.1 \times 10^4$ MPa；

$\quad\quad I_{\mathrm{P}}$——轴截面的极惯性矩（mm^4），对于实心圆轴 $I_{\mathrm{P}} = \pi d^4/32$；

$\quad\quad l$——阶梯轴受转矩作用的总长度（mm）；

$\quad\quad i$——代表阶梯轴轴段的序号；

$\quad [\varphi]$——许用扭角（°/mm），与轴的使用场合有关，见表 3-22。

（2）弯曲刚度校核计算　轴受弯矩作用时，其受力变化如图 3-47 所示。弯曲刚度条件是轴的挠度和偏转角都在许用的使用范围内，即

$$y \leqslant [y] \tag{3-82}$$

$$\theta \leqslant [\theta] \tag{3-83}$$

式中　$[y]$——轴的许用挠度（mm），见表 3-30；

$\quad\quad [\theta]$——轴的许用偏转角（rad），见表 3-30。

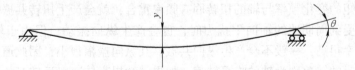

图 3-47　轴的挠度 y 和偏转角 θ

表 3-30　轴的许用挠度 $[y]$、许用偏转角 $[\theta]$ 和许用扭角 $[\varphi]$

应用场合	$[y]$ /mm	应用场合	$[\theta]$ /rad	应用场合	$[\varphi]$ / (°/mm)
一般用途的轴	$(0.0003 \sim 0.0005)\, l$	滑动轴承	0.001	一般传动	$0.5 \sim 1$
机床主轴	$0.0002l$	深沟球轴承	0.005	较精密传动	$0.25 \sim 0.5$

（续）

应用场合	$[y]$ /mm	应用场合	$[\theta]$ /rad	应用场合	$[\varphi]$ / (°/mm)
感应电动机	0.1Δ	调心球轴承	0.05	重要传动	< 0.25
安装齿轮的轴	$(0.01 \sim 0.03)\ m_n$	圆柱滚子轴承	0.0025		
安装蜗轮的轴	$(0.02 \sim 0.05)\ m_t$	圆锥滚子轴承	0.0016		
蜗杆	$0.0025 d_1$	安装齿轮处	$0.001 \sim 0.002$		

注：l 为轴支承间跨距，Δ 为电动机定子与转子的间隙，m_n 为齿轮法向模数，m_t 为蜗轮端面模数，d_1 为蜗杆分度圆直径。

常见的轴大多可视为简支梁，对于光轴，可按材料力学中的公式去计算其挠度或偏转角。对于阶梯轴，可按材料力学中的能量法进行计算。如果各轴段直径相差不大，则可用当量直径法作简化计算，即把阶梯轴看成是当量直径为 d_v 的光轴来进行计算。当量直径 d_v （mm）为

$$d_v = \sqrt[4]{\dfrac{L}{\displaystyle\sum_{i=1}^{z} \dfrac{l_i}{d_i^4}}} \tag{3-84}$$

式中　L——阶梯轴的计算长度，当载荷位于两支承之间时，$L = l$（l 为支承跨距），当载荷作用于悬臂端时，$L = l + c$（c 为轴的悬臂长度）；

　　　l_i——阶梯轴第 i 段的长度；

　　　d_i——阶梯轴第 i 段的直径，对于有过盈配合的实心轴段，可将轮毂作为轴的一部分来考虑，即取轮毂的外径作为轴段的直径；

　　　z——阶梯轴计算长度内的轴段数。

3. 轴的振动与临界转速

轴在旋转过程中，其实体会产生反复的弹性变形，这种现象称为轴的振动。轴的振动有弯曲振动（又称横向振动）、扭转振动和纵向振动三类。

由于轴及轴上零件材质分布不均，以及制造和安装误差等因素的影响，导致轴系零件的质心偏离其回转中心，使轴系转动时受到以惯性离心力为主要特征的周期性强迫力的作用，从而引起轴的弯曲振动。如果轴的转速致使强迫力的角频率与轴的弯曲固有频率重合，就会出现弯曲共振现象。

当轴因外载因素产生转矩变化或因齿轮啮合冲击等因素产生转矩波动时，轴就会产生扭转振动。如果转矩的变化频率与轴的扭转固有频率重合，就会产生扭转共振现象。

另外，当轴受到周期性的轴向干扰力时，也会产生纵向振动，但由于轴的纵向刚度很大、纵向固有频率很高，一般不会产生纵向共振，其纵向振幅很小，因此通常予以忽略。

轴发生共振时的转速称为轴的临界转速。如果继续提高转速，运转又趋平稳，但当转速达到另一较高值时，共振可能再次发生。其中最低的临界转速称为一阶临界转速 n_{c1}，其余为二阶 n_{c2}、三阶 n_{c3}……

轴的振动计算就是计算其临界转速，使轴的工作转速避开其各阶临界转速以防止轴发生共振。

工作转速 n 低于一阶临界转速的轴称为刚性轴，刚性轴转速的设计原则是 $n < 0.75 n_{c1}$；工作转速高于一阶临界转速的轴称为挠性轴，挠性轴转速的设计原则是 $1.4 n_{c1} < n < 0.7 n_{c2}$。

（1）单圆盘轴的一阶临界转速　在图 3-48 中，设圆盘的质量 m 很大，相对而言轴的质量很小，忽略不计。假定圆盘材料不均匀或制造有误差而存在不平衡，其质心 c 与轴线间的偏心距为 e。

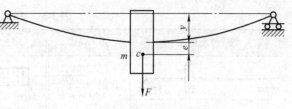

图 3-48　单圆盘轴振动计算简图

当圆盘以角速度 ω 旋转时，圆盘的质量偏心将产生惯性离心力 F，其大小为

$$F = m\omega^2(y+e) \tag{3-85}$$

式中　y——在离心力 F 作用下轴的挠度。

设轴的弯曲刚度为 k，轴弯曲变形时产生的弹性力 ky 应与离心力 F 平衡，则有

$$F = ky \tag{3-86}$$

联立式（3-85）和式（3-86），得

$$y = \frac{e}{\dfrac{k}{m\omega^2} - 1} \tag{3-87}$$

由式（3-79）可知，轴的转速一定时，挠度与偏心距成正比。为减小振动，应进行轴的动平衡试验，尽可能减小质量偏心误差。当轴的角速度逐渐增大时，挠度 y 也随之增大。在无阻尼的情况下，当 $k/(m\omega^2)$ 接近 1 时，理论上挠度 y 接近于无限大。这意味着轴会产生很大的变形而可能导致破坏。此时对应轴的角速度为一阶临界角速度 ω_{c1}，其值为

$$\omega_{c1} = \sqrt{\frac{k}{m}} \tag{3-88}$$

代入轴的刚度计算式 $k = mg/y_0$，得轴的一阶临界角速度为

$$\omega_{c1} = \sqrt{\frac{g}{y_0}}$$

式中　g——重力加速度；

　　　y_0——轴的静挠度。

如以 $g = 9810\text{mm/s}^2$，$\omega = \pi n30\text{rad/s}$ 代入上式，可换算成以每分钟转数表示的一阶临界转速 n_{c1}（r/min）

$$n_{c1} = \frac{30}{\pi}\sqrt{\frac{g}{y_0}} \approx 946\sqrt{\frac{1}{y_0}} \tag{3-89}$$

轴的静挠度取决于轴系回转件的质量和轴的刚度。由此可知，轴的临界转速决定于轴系回转件的质量和轴的刚度，而与偏心距无关，回转件质量越大、轴的刚度越低，则 n_{c1} 越小。

（2）多圆盘轴的一阶临界转速

1）邓柯莱（Dunkerley）公式。建立在轴振动实验基础上的邓柯莱经验公式为

$$\frac{1}{\omega_{c1}^2} = \frac{1}{\omega_0^2} + \sum_{i=1}^{n}\frac{1}{\omega_{0i}^2} \tag{3-90}$$

式中　ω_0——轴不装圆盘时的一阶临界角速度；

　　　ω_{0i}——轴上只装一个圆盘 m_i 而不计轴自身质量时的一阶临界角速度。它们的计算公式见表 3-31。

表 3-31　轴的临界转速

转子支承特点	公　式	转子支承特点	公　式
	$\omega_{0i}=\sqrt{\dfrac{3EIL}{m_i a^2 b^2}}$		$\omega_0=\sqrt{\dfrac{98EI}{mL^3}}$
	$\omega_{0i}=\sqrt{\dfrac{3EIL^3}{m_i a^3 b^3}}$		$\omega_0=\sqrt{\dfrac{502EI}{mL^3}}$
	$\omega_{0i}=\sqrt{\dfrac{3EI}{m_i a^2 L}}$		$\omega_0=\sqrt{\dfrac{12.4EI}{mL^3}}$
	$\omega_{0i}=\sqrt{\dfrac{3EI}{m_i L^3}}$	E——轴材料的弹性模量 I——轴截面的惯性矩 m——轴的质量 m_i——第 i 个圆盘的质量	

2）瑞利公式为

$$\omega_{c1}=\sqrt{\frac{g\sum\limits_{i=1}^{n}m_i y_{0i}}{\sum\limits_{i=1}^{n}m_i y_{0i}^2}} \tag{3-91}$$

式中　m_i——第 i 个圆盘的质量；

　　　y_{0i}——轴上所有圆盘存在时，轴在圆盘 m_i 处的静挠度；

　　　g——重力加速度。

多圆盘轴 ω_{c1} 的瑞利公式简图如图 3-49 所示。

式（3-90）和式（3-91）适用于等直径轴；阶梯轴临界转速的计算，需要用式（3-84）先将轴转化为当量等径光轴，再进行计算。

值得注意的是，式（3-88）～式（3-91）忽略了轴质量的影响，并假定

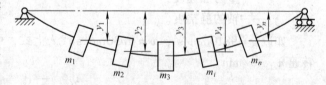

图 3-49　多圆盘轴 ω_{c1} 的瑞利公式简图

所有的质量都是集中的，公式推导也没有考虑支承柔性的影响。轴的一阶临界角速度一般略低于计算值。

3.8.5　轴系用滚动轴承的类型与选择

主轴的旋转精度在很大程度上由其轴承决定，轴承的变形量约占主轴组件总变形量的 30% ~50%，其发热量所占比重也较大，故主轴轴承应具有：旋转精度高、刚度大、承载能力强、抗振性好、速度性能好、摩擦功耗小、噪声低和寿命长等特点。

主轴轴承可分为滚动轴承和滑动轴承两大类，在使用中，应根据主轴组件工作性能要求、制造条件和经济效益综合考虑合理地选用。

1. 主轴常用滚动轴承的类型

常用的滚动轴承已经标准化和系列化，有向心轴承、向心推力轴承和推力轴承之分，共十多种类型，结构与分类如图 3-50 所示。

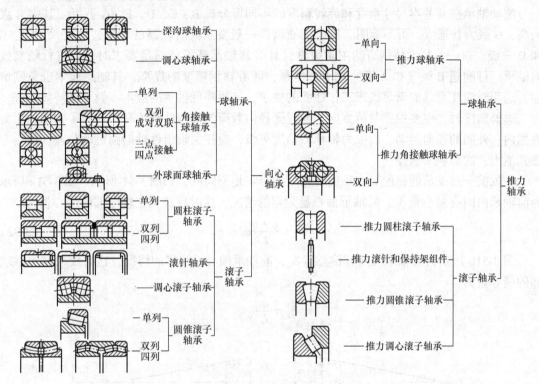

图 3-50　滚动轴承结构与分类

2. 滚动轴承的选用

滚动轴承的选用，主要看转速、载荷、结构尺寸要求等工作条件。一般来说，线接触轴承（滚柱、滚锥、滚针）承载能力强，同时摩擦大、相应极限转速较低。点接触球轴承则反之。推力球轴承对中性较差，极限转速较低。单个双列圆锥滚子轴承可同时承受径向载荷和单、双轴向载荷，且结构简单、尺寸小，但滚动体受力不在最优方向，使极限转速降低。轴系的径向载荷与轴向载荷分别由不同轴承承受，受力状态较好，但结构复杂，尺寸大。若径向尺寸受限制，则在轴颈尺寸相同条件下，成组采用轻、特轻或超轻系列轴承，虽然滚动体尺寸小，但数量增加，刚度相差一般不超过 10%。若轴承外径受限制，则成组采用轻、特轻轴承。用滚针轴承来减小径向尺寸只能在低速、低精度条件下使用。

一般轴系要同时承受径向载荷与双轴向载荷，可按下列条件考虑选用滚动轴承：

（1）中高速重载　双列圆柱滚子轴承配双向推力角接触球轴承。成对圆锥滚子轴承结构简单，但极限转速较低。空心圆锥滚子轴承的极限转速提高，但成本较高。

（2）高速轻载　成组角接触球轴承，根据轴向载荷的大小分别选用 25° 或 15° 接触角。

（3）轴向载荷为主　精度不高时选用推力轴承配深沟球轴承，精度较高选用向心推力轴承。

3. 滚动轴承的精度与配合

（1）精度　机电一体化产品滚动轴系的精度，一般根据该产品的功能要求和检验标准有所规定，如加工精密级轴系的端部，应根据径向圆跳动和轴向圆跳动来选择主轴轴承的精度。

滚动轴承按其基本尺寸精度和旋转精度的不同可分成 B、C、D、E、G 五级。其中 B 级最高，G 级为普通级，可不标明。机床主轴组件一般要求具有较高的精度，主要采用 B、C 和 D 三级。对一些精度特别高的主轴组件，且 B 级轴承还不能满足要求时，可自行精制或向轴承厂订购超 B 级（如 A 级）轴承，但是，随着轴承精度的提高，其制造成本也急剧增加，选用时应注意既能满足机床工作性能的要求，又要降低轴承的成本，做到经济效益好。

选择精度时，主要根据载荷方向。如仅受径向载荷的深沟球轴承和圆柱滚子轴承，主要根据内、外圈的径向运动，而推力轴承的精度等级，应按主轴组件轴向圆跳动公差，然后考虑其他因素的影响来选择。

主轴前、后支承的精度对主轴旋转精度的影响是不同的，如图 3-51 所示。图 3-51a 所示为前轴承内圈有偏心量 δ_0，后轴承偏心量为零的情况，这时反映到主轴端部的偏心量为

$$\delta_1 = \frac{L+a}{L}\delta_0 \tag{3-92}$$

图 3-51b 所示为后轴承内圈有偏心量 δ_0，前轴承偏心量为零的情况，这时反映到主轴端部的偏心量为

$$\delta_2 = \frac{a}{L}\delta_0$$

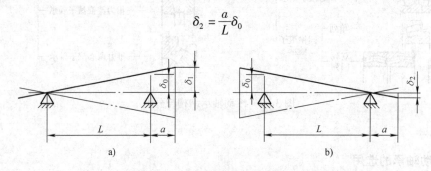

图 3-51　主轴前、后支承的精度对主轴旋转精度的影响

由此可见，前轴承内圈的偏心量对主轴端部精度的影响较大，对后轴承的影响较小。因此，前轴承的精度应当选得高些，通常要比后轴承的精度高一级。

（2）配合　滚动轴承内、外圈往往是薄壁件，受相配的轴颈、箱体孔的精度和配合性质的影响很大。要求配合性质和配合面的精度合适，不致影响轴承精度；反之则旋转精度下降，引起振动和噪声。配合性质和配合面的精度还影响轴承的承载能力、刚度和预紧状态。滚动轴承外圈与箱体孔的配合采用基轴制。内圈孔与轴颈的配合采用基孔制，但作为基准的轴承孔的公差带位于以公称直径为零线的下方。这样，在采用相同配合的情况下，轴承孔与轴颈的配合更紧些。滚动轴承的配合可参照表 3-32。

表 3-32　滚动轴承的配合

配合部位	配合		
主轴轴颈与轴承内圈	m5	K5	J5 或 js5
座孔与轴承外圈	K6	J6 或 js6	或规定一定的过盈量

轴承配合性质的选择，要考虑下列工作条件：

1）负荷类型。承受始终在轴承套圈滚道的某一局部作用的局部负荷的套圈，配合应相对松些。承受依次在轴承套圈的整个滚道上作用的循环负荷的套圈，配合应相对紧些。负荷越大，配合的过盈量应大些。承受冲击、振动负荷，比承受平稳负荷的配合应更紧些。

2）转速。一般转速越高，发热越大，轴承与运动件的配合应紧些，与静止件的配合可松些。

3）轴承的游隙和预紧。轴承具有基本游隙，配合的过盈量应适中。轴承预紧、配合的过盈量应减小。

4）结构刚度。若配合零件是空心轴或薄壁箱体，或配合零件材料是铝合金等弹性模量较小的材料，配合应选得紧些；对结构刚度要求较高的轴承，也应把配合选得紧些。

4. 滚动轴承的寿命

选定滚动轴承型号之后，必要时还需要校核轴承的寿命。有关轴承寿命的计算可参阅机械设计手册。

5. 滚动轴承的刚度

（1）刚度的定义与测量　轴承刚度的定义用下式表示

$$k = \frac{\Delta F}{\Delta l} \tag{3-93}$$

式中　k——轴承刚度；

ΔF——外载荷的改变量，载荷为力或力矩；

Δl——内、外圈间位移的改变量，位移为线位移或角位移。

通过对轴承变形与轴承载荷关系的分析，得知相接触物体间相对位移 Δl 与载荷增量 ΔF 呈非线性关系，即轴承刚度不是常数。轴承刚度分为径向刚度、轴向刚度和角刚度三类。

（2）交叉柔度　实测表明，轴承在径向力 F_r 作用下，同时产生径向相对位移 Δx_r、轴向相对位移 Δz_r 和相对角位移 $\Delta \alpha_r$，这种现象对角接触轴承尤为明显。

径向力 F_r 引起的相对角位移 $\Delta \alpha_r$、轴向相对位移 Δz_r 与 F_r 之比，称为径向交叉柔度 f_{ra} 和 f_{rz}。

目前，对轴承的交叉柔度还处于理论研究阶段，在实际应用中，常忽略交叉柔度对轴承的影响。

6. 主轴配置形式和工作性能

几种常见机床主轴配置形式和工作性能见表 3-33。

表 3-33　几种常见机床主轴配置形式和工作性能

序号	轴承配置形式	前支承		后支承		前支承承载能力		刚度		振摆		温升		极限转速	热变形前端位移
		径向	轴向	径向	轴向	径向	轴向	径向	轴向	径向	轴	总的	前支承		
1	NN3000	NN3000	230000	NN3000		1.0	1.0	1.0	1.0	1.0	1.0	1.0	1.0	1.0	1.0
2	NN3000	NN3000	5100（二个）	NN3000		1.0	1.0	0.9	3.0	1.0	1.0	1.15	1.2	0.65	1.0
3	NN3000	NN3000		30000（二个）		0.6		0.7		1.0	0.6	0.5	1.0	1.0	3.0

（续）

序号	轴承配置形式	前支承		后支承		前支承承载能力		刚 度		振 摆		温 升		极限转速	热变形前端位移
		径向	轴向	径向	轴向	径向	轴向	径向	轴向	径向	轴	总的	前支承		
4		3000		3000		0.8	1.0	0.7	1.0	1.0	1.0	0.8	0.75	0.6	0.8
5		35000		3000		1.5	1.0	1.13	1.0	1.0	1.4	1.4	0.6	0.8	0.8
6		30000（二个）		30000（二个）		0.7	0.7	0.45	1.0	1.0	1.0	0.7	0.5	1.2	0.8
7		30000（二个）		30000（二个）		0.7	1.0	0.35	2.0	1.0	1.0	0.7	0.5	1.2	0.8
8		30000（二个）	5100	30000	8000	0.7	1.0	0.35	1.5	1.0	1.0	0.85	0.7	0.75	0.8
9		84000	5100	84000	8000	0.6	1.0	1.0	1.5	1.0	1.0	1.1	1.0	0.5	0.9

3.8.6　轴系用滑动轴承的类型与选择

滑动轴承在运转中阻尼性能好，故有良好的抗振性和运动平稳性。按照流体介质不同，主轴滑动轴承可分为液体滑动轴承和气体滑动轴承；液体滑动轴承根据油膜压力形成的方法不同，有动压轴承和静压轴承之分；动压轴承又可分为单油楔和多油楔等。

1. 液体动压轴承

液体动压轴承的工作原理与斜楔的承载机理相同，动压轴承依靠主轴以一定转速旋转时带着润滑油从间隙大处向间隙小处流动，形成压力油楔而将主轴浮起，产生压力油膜以承受载荷。轴承中只产生一个压力油膜的称单油楔动压轴承，它在载荷、转速等工作条件变化时，油膜厚度和位置也随着变化，使轴心线浮动而降低了旋转精度和运动平稳性。

主轴轴系中常用的是多油楔动压轴承。当主轴以一定的转速旋转时，在轴颈周围能形成几个压力油膜，把轴颈推向中央，因而主轴的向心性较好，当主轴受到外载荷时，轴颈偏载造成压力油膜变薄，压力升高，相对方向的压力油膜变厚而压力降低，形成新的平衡。此时承载方向的油膜压力将比普通单油楔轴承的压力高，油膜压力越高和油膜越薄，则其刚度越大，故多油楔轴承较能满足主轴组件的工作性能要求。

2. 液体动压轴承的形式

（1）球头浮动式　图3-52所示短三瓦滑动轴承，它由三块扇形轴瓦组成，这种滑动轴承借助三个支承可以精确调整轴承间隙，一般情况下轴瓦和轴颈之间的间隙可调整到5～6μm，而主轴的轴心飘移量可控制在1μm左右，因而具有较高的旋转精度。三个压力油楔能自动地适应外加载荷，使主轴保持在接近于轴承中心的位置。而且，这种轴承还具有径向和轴向的自动定位作用，可以消除轴承边侧压力集中的有害现象。此外，这种轴承由于全部浸在油池中，可保证获得充分的润滑。由于轴承背面的凹球位置是不对称的，故主轴只宜朝一个方向旋转，不许反转。

它的油膜压力需在一定的轴颈圆周速度（$v > 4$ m/s）时形成。因为它的结构简单，制造维修方便，比滚动轴承抗振性好，运动平稳，故在各类磨床的主轴组件中得到广泛的应用。

（2）薄壁弹性变形式　如图 3-53 所示，箱壁 5 内的轴颈 4 位于薄壁套 3 内，有一定间隙。薄壁套 3 由一对滚子 6 和一个活动块 2 支承。在静止状态下，预紧弹簧 1 使薄壁套 3 变形，形成三个月牙形间隙。主轴空转产生液体动压力使薄壁套 3 回弹后与轴颈的间隙相当于油楔的出口端，月牙形间隙的深度相当于油楔的入口端。若薄壁套 3 设计合理，则主轴受力后仍能保持最佳间隙比，且可正反双向旋转。

图 3-54 所示为另一种薄壁弹性变形式油楔。五块轴瓦相互以五片厚度为 $0.50 \sim 0.75$mm 的钢片连接而成。轴瓦背面的圆弧形长筋的曲率半径小于箱体衬套内孔的半径，具有 1:20 的锥度，与箱体锥孔是五条线接触。轴瓦用螺纹结构调整后产生轴向位移，使钢片弹性变形而形成油楔。

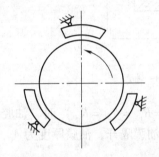
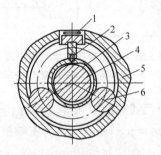
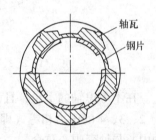

图 3-52　短三瓦滑动轴承　　图 3-53　薄壁弹性变形式油楔(一)　图 3-54　薄壁弹性变形式油楔(二)

1—预紧弹簧　2—活动块　3—薄壁套
4—轴颈　5—箱壁　6—滚子

3. 液体静压轴承

（1）液体静压轴承及其特点

1）具有良好的速度与方向适应性。既能在极低的转速下，又能在极高的转速下工作，在主轴正反向旋转及换向瞬间均能保持液体摩擦状态。因此广泛用于磨床、车床及其他需要经常换向的主运动主轴上。

2）可获得较强的承载能力。只要增大油泵压力和承载面积，就可增大轴承的承载能力，故可用于重型机械中。如用于重量达 $500 \sim 2000$t 的天文光学望远镜旋转部件的支承。

3）摩擦力小、轴承寿命长。由于是完全液体摩擦，摩擦因数非常小，如用 N46 全损耗系统用油时摩擦因数约为 0.0005，摩擦力很小。轴颈和轴承之间没有直接磨损，轴承能长期地保持精度。

4）旋转精度高，抗振性好。在主轴轴颈与轴承之间有一层高压油膜，具有良好的吸振性能，主轴运动平稳，它的油膜刚度高达 800N/μm，而动压轴承只有 200N/μm。

5）对供油系统的过滤和安全保护要求严格。要求配备一套专用供油系统，轴承制造工艺复杂。随着液压技术的进一步发展，静压轴承必将得到更广泛应用。

（2）静压轴承工作原理　静压轴承是利用外部供油（气）装置将具有一定压力的液（气）体通过油（气）孔进入轴套油（气）腔，将轴浮起而形成压力油（气）膜，以承受载荷。其承载能力与滑动表面的线速度无关，故广泛应用于低、中速，大载荷，高精度的机器。它具有刚度大、精度高、抗振性好、摩擦阻力小等优点。

图 3-55 所示为液体静压轴承工作原理图，油腔 1 为轴套 8 内面上的凹入部分；包围油腔的四周称为封油面；封油面与运动表面构成的间隙称为油膜厚度。为了承载，需要流量补偿。补偿流量的机构称为补偿元件，也称节流器（图 3-55 右半部分）。压力油经节流器第一次节流后流入油腔，又经过封油面第二次节流后从轴向（端面）和周向（回油槽 7）流入油箱。

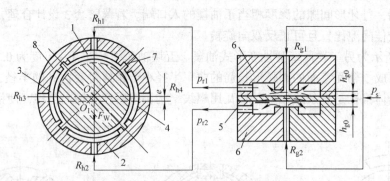

图 3-55　液体静压轴承工作原理
1、2、3、4—油腔　5—金属薄膜　6—圆盒　7—回油槽　8—轴套

在不考虑轴的重量，且四个节流器的液阻相等（即 $R_{g1} = R_{g2} = R_{g3} = R_{g4} = R_{g0}$）时，油腔 1、2、3、4 的压力相等（即 $p_{r1} = p_{r2} = p_{r3} = p_{r4} = p_{r0}$），主轴被一层油膜隔开，油膜厚度为 A_0，轴中心与轴套中心重合。

考虑轴的径向载荷 F_W（轴的重量）作用时，轴心 O 移至 O_1，位移为 e，各个油腔压力就发生变化，油腔 1 的间隙增大，其液阻 R_{h1} 减小，油腔压力 p_{r1} 降低；油腔 2 却相反，油腔 3、4 压力相等。若油腔 1、2 的油压变化而产生的压差能满足 $p_{r2} = p_{r1} = F_W/A$（A 为每个油腔的有效承载面积，设四个油腔面积相等），主轴便处于新的平衡位置，即轴向下位移很小的距离，但远小于油膜厚度 A_0，轴仍然处在液体支承状态下旋转。

因为流经每个油腔的流量 q_{h0} 等于流经节流器的流量 q_{g0}，即 $q_h = q_g = q_0$ 为节流器进口前的系统油压，及 R_h（R_{h1}、R_{h2}、R_{h3}、R_{h4}）为各油腔的液阻，则

$q = p_r/R_h = (p_s - p_r)/R_g$，求得油腔压力为

$$p_r = \frac{p_s}{1 + R_g/R_h}$$

对于油腔 1 和 2

$$p_{r1} = \frac{p_s}{1 + R_{g1}/R_{h1}}, \quad p_{r2} = \frac{p_s}{1 + R_{g2}/R_{h2}}$$

如果四个节流器的液阻是常量且相等，则

$$p_{r1} = \frac{p_s}{1 + R_{g0}/R_h}, \quad p_{r2} = \frac{p_s}{1 + R_{g0}/R_{h2}}$$

又因为油腔间隙液阻 $R_{h2} > R_{h1}$，故油腔压力 $p_{r2} > p_{r1}$。当节流器液阻同时发生变化，即 $R_{g2} < R_{g1}$ 时，$p_{r2} \gg p_{r1}$，向上的推力很大，轴的位移可以很小，甚至为零，即刚度趋向无穷大。

节流器的作用是调节支承中各油腔的压力，以适应各自的不同载荷；使油膜具有一定的刚度，以适应载荷的变化。由此可知，没有节流器，轴受载后便不能浮起来。

节流器的种类很多，常用的有小孔（孔径远大于孔长）节流器；毛细管（孔长远大于孔径）节流器、薄膜反馈节流器。小孔节流器的优点是尺寸小且结构简单，油腔刚度比毛细管节流器大，缺点是温度变化会引起流体黏度变化，影响油腔工作性能。毛细管节流器虽轴向长度长、占用空间大，但温升变化小、工作性能稳定。小孔节流器和毛细管节流器的液阻不随外载荷的变化而变化，称为固定节流器。薄膜反馈节流器的液阻则随载荷而变，称为可变节流器，其原理如图 3-55 右半部分所示。它由两个中间有凸台的圆盒 6 以及两圆盒间隔金属薄膜 5 组成。油液从薄膜两边间隙 h_{g0} 流入轴承上、下油腔（左、右油腔各有一个节流器）。当主轴不受载时，薄膜处于平直状态，两边的节流间隙相等，油腔压力 $p_{r1} = p_{r2}$，轴与轴套同心。当轴受载后，上、下油腔间隙发生变化使 p_{r2} 增大、p_{r1} 减小，薄膜向压力小的一侧弯曲（即向上凸起），引起该侧阻力（R_{g1}）增大、流量减少；另一侧阻力 R_{g2} 减小，流量增加。使上、下油腔的压差进一步增大，以平衡外载荷，产生反馈作用。

4. 空气动压轴承

（1）工作原理　空气动压轴承的工作原理与液体动压轴承基本相似，是在轴颈和轴瓦间形成气楔。由于空气的黏度变化较小，用于超高速、超高低温、放射性、防污染等场合有独特的优越性。空气动压轴承已用于惯性导航陀螺仪、真空吸尘器的小型高速风机（18000r/min）、纺织机心轴（转速大于 100000r/min）、波音 747 座舱内的三轮型空调制冷涡轮机（40000r/min）、太阳能水冷凝器、飞机燃气涡轮（35000r/min）等机器中。空气动压轴承不需气源、密封和冷却系统，耗能低，效率达 99%，结构简单，工作可靠，寿命长，适用于超高速轻载的小型机械。

（2）空气动压轴承的形式　常见的空气动压轴承形式有悬臂式、波箔式等。悬臂式如图 3-56 所示，壳体 2 的内孔中均匀固定 6 ~ 12 片金属薄片 1，如屋瓦那样叠搭在一起。金属薄壳 1 类似悬臂曲梁，曲率半径大于轴颈 3，叠搭后形成比轴颈小的变径孔。轴颈插装进去使变径孔胀大，薄片组夹紧并支承着轴。当轴上的驱动转矩大于轴颈和薄片组的摩擦转矩时，轴开始旋转，轴的转速提高到某一定值时，轴颈与薄片间形成的气楔产生动压将轴颈托起，没有机械摩擦，转速可以升高，气膜刚度相应增大。当轴颈受到脉冲载荷时，所产生的多余能量转换成薄片组的变形能，使气膜仍保持必要的厚度。薄片还吸收高速转轴的涡动能量，阻碍自激振动的形成。图 3-57 所示为波箔式，金属平薄带 3（平箔）和金属波形薄带 4（波箔）一端紧固在壳体 2 上，另一端处于自由状态，可沿圆周方向伸缩。平箔支承在波箔上有一定弹性。轴颈 1 旋转时与平箔间形成气楔，将轴托起，无机械摩擦，能达到高速。波箔起着吸收能量、防止自激振动、保证主轴转速稳定的作用。

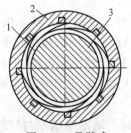

图 3-56　悬臂式

1—金属薄壳　2—壳体　3—轴颈

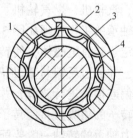

图 3-57　波箔式

1—轴颈　2—壳体　3—金属平薄带

4—金属波形薄带

5. 空气静压轴承

空气静压轴承的工作原理与液体静压轴承基本相似，是在轴颈和轴套间形成气膜。由于空气的黏度很小，流量较大，增加了气压装置的成本。为此应选用较小的间隙（约为液体静压轴承的 1/3～1/2），且增大封气面宽度。气体密度随压力而变，要考虑质量流量而不是体积流量。气体静压轴承要用抗腐蚀的材料，防止气体中的水分等的腐蚀。气体静压轴承的形式主要有连接双半球式和球面式。

6. 动静压轴承

（1）工作原理　动静压轴承综合了动压轴承和静压轴承的优点，工作性能良好。如动静压轴承用于磨床，磨削外圆时表面粗糙度 Ra 值达 0.012mm，磨削平面时表面粗糙度 Ra 值达 0.025mm。按工作特性可分为静压起动、动压工作及动静压混合工作两类。

（2）动静压轴承形式

1）油楔加工式。图 3-58 所示动静压轴承的油楔是加工所得的。在轴承工作面上设置了静压油腔和动压油楔，使之在不影响静压承载能力的前提下能产生较大的动压力。当轴颈的偏心量较大时，工作面产生的动压力为供油压力的几十倍，大大增加了轴承的承载能力，也有效地降低了油泵的能量消耗。

2）油楔镶块式。图 3-59 所示动静压轴承的油楔是镶块式的，节流器装在轴承外。

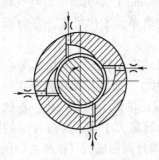 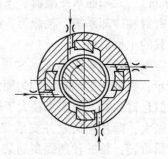

图 3-58　油楔加工式动静压轴承　　　　　图 3-59　油楔镶块式动静压轴承

7. 磁悬浮轴承

磁悬浮轴承是利用磁力将轴无机械摩擦、无润滑地悬浮在空间的一种新型轴承。目前用于空间工业（如人造卫星的惯性轮和陀螺仪飞轮及低温涡轮泵）、机床工业（大直径磨床、高精度车床）、轻工业（涡轮分子真空泵、离心机、小型低温压缩机）、重工业（压缩机、鼓风机、泵、汽轮机、燃气轮机、电动机和发电机）等。

磁悬浮轴承的工作原理如图 3-60 所示。由图 3-60a 可知，径向磁力轴承由转子 1 和定子 2 组成。定子装有电磁体，使转子悬浮在磁场中。转子转动时，由位移传感器 4 随时检测转子的偏心，并通过反馈与基准信号（转子的理想位置）进行对比。由图 3-60b 可知，控制系统根据偏差信号进行调节，并把调节信号送到功率放大器，以改变定子电磁铁的电流，从而改变对转子的磁吸力，使转子向理想位置复位。

径向磁力轴承的转轴一般要配备辅助轴承。转轴工作时，辅助轴承不与转轴直接接触。当意外断电或磁悬浮失控时，辅助轴承能托住高速旋转的转轴，起安全保护作用。辅助轴承与转轴间的间隙一般为转子与电磁体气隙的一半。

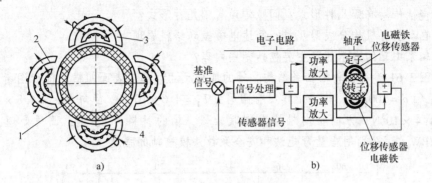

图 3-60 磁悬浮轴承
1—转子 2—定子 3—电磁铁 4—位移传感器

8. 提高轴系性能的措施

（1）提高轴系的旋转精度 轴承（如主轴）的旋转精度中的径向圆跳动主要是由以下因素引起的：①被测表面的几何形状误差；②被测表面对旋转轴线的偏心；③旋转轴线在旋转过程中的径向漂移等。

轴系轴端的轴向圆跳动主要是由以下误差引起的：①被测端面的几何形状误差；②被测端面对轴心线的垂直度；③旋转轴线的轴向圆跳动等。

提高其旋转精度的主要措施有：①提高轴颈与架体（或箱体）支承的加工精度；②用选配法提高轴承装配与预紧精度；③轴系组件装配后对输出端轴的外径、端面及内孔通过互为基准进行精加工。

（2）提高轴系组件的抗振性 轴系组件有强迫振动和自激振动，前者是由轴系组件的不平衡、齿轮及带轮质量分布不均匀以及负载变化引起的，后者是由传动系统本身的失稳引起的。

提高其抗振性的主要措施有：

1）提高轴系组件的固有振动频率、刚度和阻尼，通过计算或试验来预测其固有振动频率，当阻尼很小时，应使其固有振动频率远离强迫振动频率。一般讲，刚度越高、阻尼越大，则激起的振幅越小。

2）消除或减小强迫振动振源的干扰作用。构成轴系的主要零部件均应进行静态和动态平衡，选用传动平稳的传动件、对轴承进行合理预紧等。

3）采用吸振、隔振和消振装置。

另外，还应采取温度控制，以减小轴系组件热变形的影响。如合理选用轴承类型和精度，并提高相关制造和装配的质量，采取适当的润滑方式可降低轴承的温升；采用热隔离、热源冷却和热平衡方法以降低温度的升高，防止轴系组件的热变形。

习题与思考题

3.1 要想使所设计的机械系统具有体积小、重量轻、刚度好、精度高、速度快、动作灵活、价格便宜、安全、可靠等特点，在设计时通常要注意哪几点？

3.2 齿轮传动比的最佳匹配选择原则，各级传动比的最佳分配原则都是哪些？

3.3 丝杠螺母传动系统的基本传动有哪几种形式？常见滚珠丝杠有哪几种结构形式？

3.4 挠性传动有哪几种形式？间隙传动有哪几种形式？

3.5 自动上料机构分成哪几类？简述电磁振动给料原理。

3.6 轴系中轴的力学计算主要包括哪些内容？

3.7 图 3-61 为斜齿轮轴轴系结构。轴的部分尺寸和部分表面粗糙度值如图所示。斜齿轮分度圆直径 $d=200\text{mm}$，轮齿上作用有圆周力 $F_1=4.6\times10^3\text{N}$，径向力 $F_r=1.8\times10^3\text{N}$，轴向力 $F_x=1.4\times10^3\text{N}$，方向指向轴的左端联轴器，轴的材料为 45 钢，调质处理，硬度为 217～255HBW。试分别用当量弯矩法和安全系数法校核轴的强度。

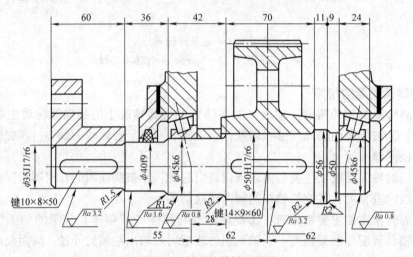

图 3-61 斜齿轮轴轴系结构

3.8 一直径为 50mm 的钢轴上装有两个圆盘，布置如图 3-62 所示。不计轴本身重量，试计算此轴的第一阶临界转速。若工作转速 $n=960\text{r/min}$，分析该轴属于刚性轴还是挠性轴。轴工作时的稳定性如何？

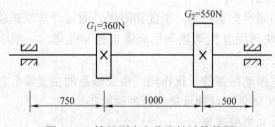

图 3-62 轴的刚度和稳定性计算简图

3.9 常见导轨结构形式有哪几种？简述静压导轨、静压轴承的工作原理。

第4章 电气、液压驱动系统设计

在机电一体化系统设计的技术条件拟订以后，就可着手确定机电一体化驱动系统设计。驱动系统设计主要涉及电气驱动方式、电动机类型选择、三相步进电动机、交流伺服电动机、直线电动机、压电驱动器、电液伺服驱动与控制等。

4.1 电气驱动方式

电气驱动方式主要涉及传动方式，调速性能，负载特性，起动、制动与反向要求四个方面内容。

（1）传动方式 传动方式，即电动机拖动的方式，分单独拖动和分立拖动。所谓单独拖动就是一台设备只用一台电动机，通过机械传动链将动力传送到每个工作机构。分立拖动就是一台设备由多台电动机分别驱动各工作机构，分立拖动能缩短机械传动链，提高传动效率，便于自动化，简化总体结构，是电气传动形式的发展趋势。

（2）调速性能 机械设备的调速性能要求是由其使用功能决定的。一般可参考下述意见选用调速方案：

1）重型或大型设备的主运动和进给运动应尽可能采用无级调速，以利于简化机械结构，降低制造成本，提高设备利用率。

2）精密机械设备，如坐标镗床、精密磨床、数控机床、加工中心和精密机械手，也应采用无级调速，以保证加工精度和动作的准确性，便于自动控制。

3）对要求具有快速平稳的动态性能和精确定位的设备，如高速贴片机，激光冲裁设备等应采用步进电动机或伺服电动机等。

4）对一般中小型设备，如没有特殊要求的普通机床，应选用简单经济可靠的三相笼型异步电动机，配以适当级数的齿轮变速箱。

（3）负载特性 工作机械的负载转矩和转速之间的函数关系，称为负载的转矩特性。对于不同机械设备的各个工作机构，负载的性质不同，转矩特性也不相同。如机床的主运动为恒功率负载，而进给运动为恒转矩负载。

电动机的调速性质，主要是指它在整个调速范围内转矩、功率和转速的关系，是容许恒功率输出还是恒转矩输出。电动机的调速性质必须与工作机械的负载特性相适应。

（4）起动、制动与反向要求 不同机械设备的各个工作机构，对其起动、制动与反向的要求各不相同，因而需要不同的适用形式。一般的选用形式如下：

1）由电动机完成起动、制动与反向，一般要比机械方法简单。因此，起动、停止、正反转运动和调整操作等，只要条件允许，最好由电动机完成。

2）起动方式。凡起动转矩较小的场合，如一般机床主运动系统，原则上可采用任何一种起动方式。起动时要克服较大静转矩的场合，如机床辅助运动，在必要时也可选用高起动转矩的电动机或采用提高起动转矩的措施。对于电网容量不大而起动电流较大的电动机，要采取限制起动电流的措施，如串入电阻降压起动等，以免电网电压波动过大造成事故。

3）制动方式。传动电动机是否需要制动，视机械设备工作循环的长短而定。某些高效高速设备，为便于测量、装卸工件或更换工具，宜用电动机制动；若要求迅速制动，可采用反接制动；若要求制动平稳、准确，则宜采用能耗制动等。

4）反向方式。龙门刨床、电梯等设备常要求起动、制动和反向快速而平稳，而有些机械手、数控机床、坐标镗床除要求起动、制动和反向快速而平稳外，还要求准确定位。这类要求高动态性能的设备，需采用反馈控制系统、步进控制系统及其他控制方式。

4.2 电动机的选择

机械设备的运动通常是由电动机驱动的，因此，电动机的正确选择十分重要。选择电动机的出发点是满足机械设备的使用条件，即由具体的驱动对象和工作要求来决定。本节主要介绍机电一体化系统中常用的控制用电动机的选择。

4.2.1 电动机结构形式的选择

根据环境条件选择电动机结构形式：

1）在正常环境条件下，一般采用防护式电动机。只有在人员和设备安全有保障的条件下，才能采用开启式电动机。

2）空气中粉尘较多的场所，宜用封闭式电动机。

3）在湿热带地区或比较潮湿的场所，尽量采用湿热带型电动机。若用普通型电动机，应采取相应的防潮措施。

4）在露天场所，宜用户外型电动机。若有防护措施，也可采用封闭式电动机。

5）在高温场所，应根据周围环境温度，选用相应绝缘等级的电动机，并加强通风以改善电动机的工作条件，加大电动机的工作容量使其具备温升裕量。

6）在有爆炸危险的场所，应选用防爆型电动机。

7）在有腐蚀性气体的场所，应选用防腐式电动机。

4.2.2 电动机类型的选择

电动机的类型是指电动机的电压级别、电流类型、转速特性和工作原理。如上节所述，电动机类型选择依据是机械设备的负载特性，在经济的前提下满足机械设备在工作速度、机械特性、速度调节、起制动特性等方面提出的要求。一般要求归纳如下：

1）不需要调速的机械应优先选用笼型异步电动机。

2）对于负载周期性波动的长期工作机械，为了削平尖峰负载，一般都采用带飞轮的电动机。

3）需补偿电网功率因数及获得稳定的工作速度时，优先选用同步电动机。

4）只需要几种速度，但不要求调节速度时，可选用多速异步电动机。

5）需要大的起动转矩和恒功率调速的机械，如电车、牵引车等，宜用直流串励电动机。

6）起制动和调速要求较高的机械，可选用直流电动机或带调速装置的交流电动机。

7）电动机结构形式应当适应机械结构的要求，如采用凸缘或内联式电动机。

4.2.3　电动机转速的选择

电动机的转速越低则体积越大，价格越高，功率因数和效率也越低。电动机转速的选择应适合机械的要求。电动机转速是有档次的，由于磁极对数不同，异步电动机的同步转速有 3000r/min、1500r/min、1000r/min、750r/min、600r/min 等几种。由于存在转差率，其实际转速比同步转速约低 2% ~5% 。基于上述理由，选择电动机转速的方法是：

1）对于不需要调速的高、中转速的机械，一般选用相应转速的电动机，以便与机械转轴直接相连接。

2）对于不需要调速的低转速的机械，一般选用稍高转速的电动机，通过减速机构来传动，但电动机转速不宜过高，以免增加减速的难度和造价。

3）对于需要调速的机械，电动机的最高转速应与机械的最高转速相适应，连接方式可以直接传动或者通过减速机构传动。

4.2.4　电动机容量的选择

电动机容量说明它的负载能力，如果容量选得过大，虽然能保证电动机的正常工作，但电动机长期不能满载，用电效率和功率因数均低，不但提高了设备成本还增加了运行费用；如果容量选得过小，生产率又不能充分发挥，长期过载将导致电动机过早损坏，甚至发生烧毁故障。

电动机容量的选择有两种方法：一种是调查统计类比法，另一种是分析计算法。

（1）调查统计类比法　目前我国一些通用设备，如机床、冶金机械、轻工机械、纺织机械、流体机械等的设计，常采用调查统计类比法来选择电动机的容量。也可以对机械设备拖动电动机进行实测、分析，来选择电动机的容量。

（2）分析计算法　分析计算法是根据机械设备中对机械传动功率的要求，确定拖动电动机功率。也就是说，知道机械传动的功率，就可计算出电动机功率

$$P = \frac{P_1}{\eta_1 \eta_2} = \frac{P_1}{\eta_{总}} \tag{4-1}$$

式中　P——电动机功率（kW）；

$\quad P_1$——机械传动轴上的功率；

$\quad \eta_1$——生产机械效率；

$\quad \eta_2$——电动机与生产机械之间的传动效率；

$\quad \eta_{总}$——机械设备总效率。

计算出电动机的功率，仅仅是初步确定的数据，还要根据实际情况进行分析，对电动机进行校验，最后确定其容量。

4.3　三相异步电动机

4.3.1　三相异步电动机的基本结构

三相异步电动机主要由两个基本部分组成：固定不动的定子和可以转动的转子。图 4-1 所示为三相异步电动机的结构图。

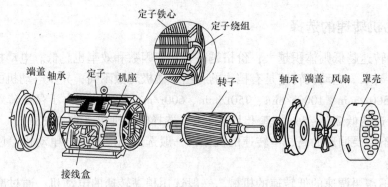

图 4-1　三相异步电动机的结构图

1. 定子

三相异步电动机的定子由机座、定子铁心、定子绕组和端盖等组成。机座是用铸铁或铸钢制成的。定子铁心由彼此绝缘的硅钢片叠成圆筒形，装在机座内，如图 4-1 所示。铁心内壁有许多均匀分布的槽，槽内嵌放在定子铁心中的定子绕组是定子的电路部分。它用带有绝缘层的导线（漆包线或纱包线）绕制而成，按一定的规律嵌入定子的下线槽内，并将其分成三组，使之对称地分布于铁心中构成三相绕组，通以三相交流电后能产生合成旋转磁场。根据供电电压，三相绕组可以接成星形（丫）或三角形（△）。当电网线电压为380 V、定子绕组的各相电压为220 V 时，定子绕组必须接成星形，如图 4-2a 所示；当定子各相绕组的额定电压为 380 V 时，定子绕组必须接成三角形，如图 4-2b 所示。

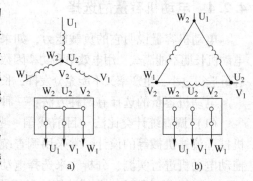

图 4-2　三相异步电动机定子绕组接线
a）星形接法　b）三角形接法

2. 转子

转子是异步电动机的旋转部分，主要由转子铁心、转子绕组、转轴和风扇等组成。转子铁心由彼此绝缘的硅钢片叠成圆筒形，固定在转轴上，铁心外表面有许多均匀分布的槽，槽内嵌放着转子绕组，如图 4-1 所示。按转子绕组构造的不同，三相异步电动机又分为笼型（曾称为鼠笼式）和绕线式两种。

笼型转子绕组是由安放在转子槽内的裸导体和短路环连接而成的。如果把转子铁心去掉，裸导体的形状好像一个"鼠笼"，故称为笼型转子。额定功率在 100 kW 以上的笼型异步电动机，转子铁心槽内嵌放的是铜条，铜条的两端各用一个铜环焊接起来，形成闭合回路，如图 4-3 所示。100 kW 以下的笼型异步电动机，转子绕组及作为冷却用的风扇常用铝一起铸成，如图 4-4 所示。

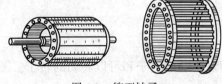

图 4-3　笼型转子

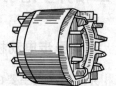

图 4-4　铸铝笼型转子

绕线式电动机的转子绕组和定子绕组相似，在转子铁心线槽内嵌放对称的三相绕组，按星形连接，三相绕组的首端从转子轴中引出，固定在轴上三个相互绝缘的滑环上，然后经过电刷的滑动接触与外加变阻器相接。改变变阻器手柄的位置，可使绕线式三相绕组串联连入变阻器或使之短路，改善电动机的起动和调速性能，其结构如图4-5所示。绕线式异步电动机的转子结构较复杂，价格较贵，一般用于对起动和调速性能有较高要求的场所。

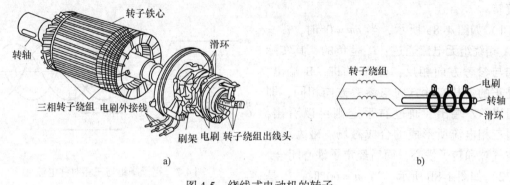

图 4-5　绕线式电动机的转子
a）结构外形　b）原理示意图

4.3.2　三相异步电动机的工作原理

1. 异步电动机的模型

在分析异步电动机原理之前，先来看图4-6a所示的异步电动机模型。该模型是由一个装有摇柄可以旋转的马蹄形磁铁和一个放在其中可以自由转动的闭合导体（即转子）组成的。磁铁与转子之间没有电气和机械的直接联系。当转动磁铁摇柄，即磁场 N、S 极受外力作用旋转时，处在这个旋转磁场中的闭合导体因切割磁力线而产生感应电动势，这个电动势的方向可以根据右手定则确定。由于转子各导体两端已用金属环短路成闭合通路，在导体中有电动势就会有电流通

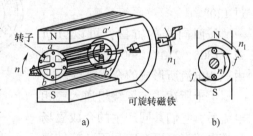

图 4-6　异步电动机转动原理示意图

过，如不考虑导体中电动势与电流之间的相位差，则可认为电流方向与电动势方向相同。此感应电流在磁场中又受到安培力作用，受力方向用左手定则来确定。该模型的剖面如图4-6b所示。由分析可知，转子将随磁场的旋转而转动，且转子旋转方向与磁场旋转方向一致。若要改变转子旋转方向，只需改变旋转磁场的转动方向即可。

通过上述模型可知，转子之所以能转动，是因为处于旋转磁场中的闭合导体产生感应电动势和电流，载流导体在磁场中受到电磁力作用使得异步电动机的转子转动。

2. 定子旋转磁场

（1）定子旋转磁场的产生及转动方向　当定子的三相绕组通入三相对称电流时，就可形成一个旋转磁场。通过这个磁场，定子把由电源获得的能量传递到转子，并使转子转动，带动生产机械，完成由电能到机械能的转换，这里定子是不动的。通入三相电流就会产生旋转磁场的基本原理如下：

设定子绕组接成星形，接在三相电源上，绕组中便通入三相对称电流，即

$$i_A = I_m \sin\omega t$$
$$i_B = I_m \sin(\omega t - 120°)$$
$$i_C = I_m \sin(\omega t + 120°)$$

其电路与电流的波形如图 4-7a、b 所示。分析以下几个时刻产生的磁场，观察一下是否在旋转。

1）如图 4-8a 所示，当 $\omega t = 0°$ 时，$i_A = 0$，A 相绕组无电流通过；i_B 是负的，其实际方向与参考方向相反，即 Y 端进、B 端出；i_C 是正的，其实际方向与参考方向相同，即 C 端进、Z 端出。通过右手定则可以看出，这时三相电流所形成的合成磁场、磁力线穿过空气隙和转子铁心，而后经定子铁心闭合。

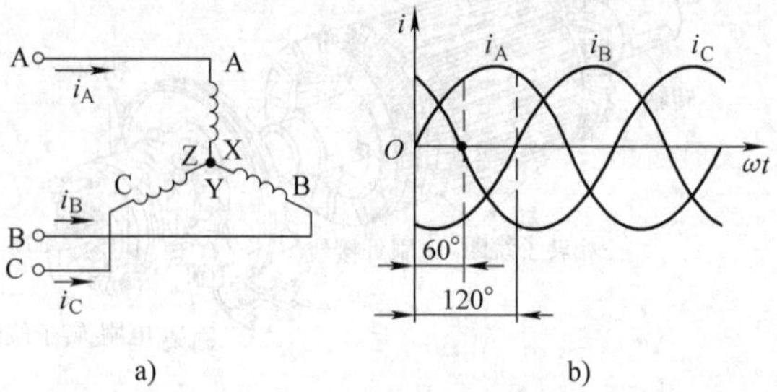

2）如图 4-8b 所示，当 $\omega t = 60°$ 时，i_A 是正的，其实际方向与参考方向相同，即 A 端进，X 端出；i_B 是负的，其实际方向与参考方向相反，即 Y 端进、B 端出；$i_C = 0$，C 相绕组无电流通过。可看出这时三相电流所形成的合成磁场与图 4-7a 相比，合成磁场在空间已转过 60°。

图 4-7　定子绕组与三相对称电流

3）如图 4-8c 所示，当 $\omega t = 120°$ 时，同理可知，这时三相电流所形成的合成磁场在空间已转过 120°。

按照同样的方法，可以分析 $\omega t = 180°$、270°、360° 等其他时刻由三相电流所形成的合成磁场。

综上所述，定子绕组通入三相电流后，它们共同产生的合成磁场是随电流交变而在空间不断旋转着

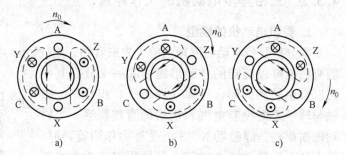

图 4-8　三相电流产生的旋转磁场（$p = 1$）
a）$\omega t = 0°$　b）$\omega t = 60°$　c）$\omega t = 120°$

的，这便是旋转磁场（旋转磁场的转速用 n_0 表示）。这个旋转磁场与永久磁铁的 N-S 磁极在空间旋转是一样的。在这个旋转磁场的切割作用下，转子绕组（铜条或铝条）中感应出电动势和电流（转子电流），又同旋转磁场相互作用而产生电磁力，使转子转动起来（转子的转速用 n 表示）。转子的转动方向和旋转磁场的方向是相同的。

如果要电动机反转（即转子反转），显然，只需改变旋转磁场的方向即可。为此，可将与三相电源连接三根导线中任意两根的一端对调，例如，对调 B 与 C 两相，则电动机三相绕组的 B 相与 C 相对调位置（此时，电源的三相端子的相序未变），旋转磁场因此反转，电动机改变转动方向。有一种称为倒顺开关的装置就是起这种作用的，能使电动机正转和反转。

（2）旋转磁场的转速　由以上两极（磁极对数 $p = 1$）旋转磁场的分析可知，当电流变化一周时，旋转磁场在空间正好转过一周。对于 50 Hz 的工频交流电来说，旋转磁场每秒将在空间旋转 50 周，其转速 $n_1 = 60f_1 = 60 \times 50\text{r/min} = 3000\ \text{r/min}$；若旋转磁场有两

对磁极，则电流变化一周，旋转磁场转过半周，比一对磁极情况下的转速慢了一半，即 $n_1 = 60f_1/2 = 1500$ r/min。以此类推，当旋转磁场具有 p 对磁极时，旋转磁场转速（r/min）为

$$n_1 = \frac{60f_1}{p} \tag{4-2}$$

旋转磁场的转速 n_1 又称为同步转速。在我国，工频交流电 $f_1 = 50$Hz，所以，不同磁极对数的旋转磁场转速见表 4-1。

表 4-1　n_1 与 p 的对照表

磁极对数 p	1	2	3	4	5	6
磁场转速 n_1/(r/min)	3000	1500	1000	750	600	500

（3）工作原理　设某瞬间定子电流产生的磁场如图 4-9 所示，它以同步转速 n_1 按顺时针方向旋转，与静止的转子之间有着相对运动，这相当于磁场静止而转子导体朝逆时针方向切割磁力线，于是在转子导体中产生感应电动势，其方向根据右手螺旋法则来确定。由于转子电路通过短接端环自行闭合，所以在感应电动势作用下将产生转子电流 I_2，忽略转子感抗，则两者同相。这样，上半部转子导体电流是流出来的，下半部则是流进去的。

正如所知，通电（载流）导体在磁场中要受到电磁力作用，故载有感应电流 I_2 的转子导体与旋转磁场相互作用便产生电磁力 F，其方向可用左手定则判断。此力对轴形成一个与旋转磁场同向的电磁转矩，使得转子沿着旋转磁场的方向以 n 的速度旋转起来。

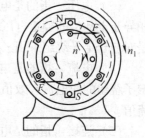

图 4-9　异步电动机工作原理

（4）转差率　异步电动机的转速 n 总是小于旋转磁场的转速 n_1。只有这样，定子和转子之间才有相对的运动，才能在转子回路中产生感应电动势和感应电流，从而形成电磁转矩。$n \ne n_1$，正是异步电动机称谓的由来。因此，又将 n_1 称为同步转速。

因为转子电动势和电流是通过电磁感应产生的，所以异步电动机又称为感应电动机。旋转磁场和转子转速存在着转速差（$n_1 - n$）是异步电动机工作的一个特点。通常，将转速差与同步转速 n_1 之比称为转差率，用 s 表示。即

$$s = \frac{n_1 - n}{n_1} \times 100\% \tag{4-3}$$

它是反映电动机运行情况的一个重要物理量。在异步电动机接通电源起动瞬间，$n = 0$，所以 $s = 1$。处于运行状态的电动机，其转差率的变化范围为 $0 \leqslant s < 1$。电动机的转速为

$$n = （1 - s）n_1 \tag{4-4}$$

中、小型电动机在额定运行时转差率一般为 $s_N = 1\% \sim 9\%$。

4.3.3　三相异步电动机的选型

每台电动机的外壳上都附有一块铭牌，上面打印着这台电动机的一些基本数据，见表 4-2。

表 4-2　异步电动机的铭牌

型号	Y160M-4	功率	15 kW	频率	50 Hz
电压	380 V	电流	30.3 A	连接	△
转速	1460 r/min	温升	75℃	绝缘等级	B 级
防护等级	IP44	重量	120 kg	工作方式	S_1
		××电机厂　　年　月			

铭牌数据的含义如下：

（1）型号　例如，Y160M-4，其中 Y 表示笼型异步电动机；160 表示机座中心高（单位为 mm）；M 表示机座长度代号（L—长机座、M—中机座、S—短机座）；4 表示磁极数（$p = 2$）。

（2）功率　指的是在额定电压、额定频率下满载运行时电动机轴上输出的机械功率，即额定功率，又称为额定容量。

（3）电压　指的是电动机绕组应加的线电压有效值，即电动机的额定电压，Y 系列三相异步电动机的额定电压统一为 380 V。有的电动机铭牌上标有两种电压值，如 380/220 V，是对应于定子绕组采用丫/△两种连接时应加的线电压有效值。

（4）电流　指的是电动机在额定运行（即在额定电压、频率下的输出额定功率）时，定子绕组的线电流有效值，即为额定电流。铭牌上标有两种电压的电动机相应标有两种电流值。

（5）连接　指的是电动机在额定电压下，三相定子绕组应采用的连接方法。Y 系列三相异步电动机规定额定功率在 3 kW 及以下的为星形联结，4 kW 及以上的为三角形联结。铭牌上标有两种电压、两种电流的电动机，应同时标明丫/△两种连接。

（6）转速　指的是额定转速，即在额定电压、频率和输出功率（或额定负载）下的转速。

（7）温升　电动机运行过程中，各种有功损耗转化成热量，致使绕组温度升高，即为温升。"75℃"是指绕组温度高出环境温度（规定为 40℃）的允许值，即该电动机的运行温度允许达到 115℃。

（8）绝缘等级和防护等级　绝缘等级是按电动机绕组所用的绝缘材料在使用时容许的极限温度来分级的。不同等级绝缘材料的极限温度见表 4-3。

表 4-3　不同等级绝缘材料的极限温度

绝缘等级	Y	A	E	B	F	H	C
极限温度/℃	90	105	120	130	155	180	>180

防护等级是电动机外壳防护形式的分级。对于铭牌中的"IP44"，其中"IP"是指国际防护标准，第 1 个"4"表示防止直径大于 1 mm 的固体异物进入，第 2 个"4"表示防止水滴溅入。相当于旧型号的封闭式。

（9）工作方式　连续工作制（代号为"S_1"）是指电动机在额定运行条件下长时间运转，温度不会超过允许值。

短时工作制（代号为"S_2"）是指只允许在规定时间内按额定运行情况使用，我国规定的标准持续时间有 10 min、30 min、60 min、90 min 四种。

间歇工作制（代号为"S_3"）是指电动机间歇运行，包括一个运行时间 t_1 和一个停歇时间 t_2，标准周期时间 T 为 10 min。规定 t_1/T 的值称为负载持续率，有 15%、25%、40% 和 60% 四种。

4.3.4　三相异步电动机的起动

电动机的起动过程就是把电动机的定子绕组与电源接通，使电动机的转子由静止加速到稳定运行的过程。一般来说，中小型异步电动机起动过程时间很短，通常是几秒至几十秒。

1. 起动性能

电力拖动系统对电动机的起动要求：足够大的起动转矩和比较小的起动电流。这样可以减小起动时供电线路的电压降，缩短起动时间，提高生产率。然而，电动机实际的起动电流性能却正好相反。它起动电流很大，一般为额定电流的 4~7 倍，这样大的起动电流虽然起动时间较短，不至于引起电动机因过热而损坏，但将造成供电线路的端电压显著下降，可能影响同一电网上其他用电设备的正常工作。例如，三相四线制的动力与照明混合供电的线路，此时白炽灯会突然暗下来。而它的起动转矩不大，只有额定转矩的 1~2 倍。所以，通常要改善其起动性能，即减小起动电流和增大起动转矩，根据实际情况可采用不同的起动方法。

2. 起动方法

（1）直接起动　直接起动也称为全压起动，它是利用开关将电动机定子绕组直接接到具有额定电压的电源上。图 4-10 所示的是用刀开关 QS 直接起动的电路。

直接起动的优点是设备简单、操作方便、起动过程短。只要电网容量允许，应尽量采用直接起动。例如，容量在 4 kW 以下的三相异步电动机一般都采用直接起动。

一台电动机是否允许直接起动，可参考经验公式（4-5）确定。若能满足式（4-5），则能直接起动，否则应采用减压起动方法来起动。

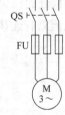

图 4-10　用刀开关直接起动

$$\frac{\text{直接起动的起动电流（A）}}{\text{电动机的额定电流（A）}} \leqslant \frac{3}{4} + \frac{\text{电源变压器容量（kV·A）}}{4 \times \text{电动机的额定功率（kW）}} \quad (4\text{-}5)$$

（2）减压起动　如果直接起动时会引起较大的线路电压降，则必须采用减压起动的方式。减压起动就是在起动时降低加在定子绕组上的电压，以减小起动电流。笼型三相异步电动机的减压起动常采用以下几种方法：

1）星形–三角形（Y–△）换接减压起动。Y–△换接减压起动方法只适用于电动机的定子绕组在正常工作时接成三角形的情况。起动时，把定子三相绕组先接成星形，待起动后转速接近额定转速时，再将定子绕组换接成三角形。Y–△换接减压起动线路如图 4-11 所示。

设定子每相绕组的等效阻抗为 $|Z|$，电源线电压为 U_1，当绕组接成星形起动时（图 4-12a），其起动电流为

$$I_{\text{STY}} = \frac{U_{\text{PY}}}{|Z|} = \frac{U_1\sqrt{3}}{|Z|} \quad (4\text{-}6)$$

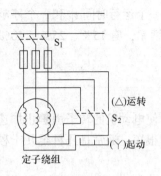

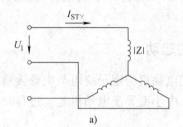

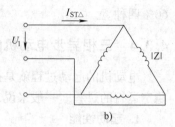

图 4-11　Y－△换接减压起动　　　　图 4-12　Y－△换接减压起动的起动电流

当绕组接成三角形起动时（图 4－12b），其起动电流为

$$I_{ST\triangle} = \sqrt{3}I_{P\triangle} = \sqrt{3}\frac{U_1}{|Z|} \tag{4-7}$$

两种接法起动电流之比为

$$\frac{I_{STY}}{I_{ST\triangle}} = \frac{U_1/\sqrt{3}\,|Z|}{\sqrt{3}U_1/\,|Z|} = \frac{1}{3} \tag{4-8}$$

即起动时，因定子绕组连接成星形，每相绕组的电压降低到正常工作电压的 $1/\sqrt{3}$，则起动电流只有连接成三角形直接起动时的 1/3。因此，采用这种方法，有

$$\begin{cases} I_{STY} = \dfrac{1}{3}I_{ST\triangle} \\[2mm] T_{STY} = \dfrac{1}{3}T_{ST\triangle} \end{cases} \tag{4-9}$$

电动机采用Y－△换接减压起动时，应当空载或轻载起动，然后加上负载，电动机进入正常工作状态。Y－△换接减压起动，具有设备简单、维护方便、动作可靠等优点，应用较广泛，目前 Y 系列 4～100 kW 的笼型三相异步电动机都已为 380 V、△形连接，以便使用Y－△起动器减压起动。

2）自耦变压器减压起动。自耦变压器减压起动如图 4-13 所示。起动前，把开关 S_1 合到电源上。起动时，把开关 S_2 扳到"起动"位置，电动机定子绕组便接到自耦变压器的副边，于是电动机就在低于电源电压的条件下起动。当其转速接近额定转速时，再把开关 S_2 拉到"运转"位置上，使电动机的定子绕组在额定电压下运行。

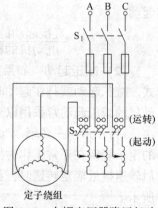

图 4-13　自耦变压器降压起动

自耦变压器通常备有几个抽头，以便得到不同的电压，根据对起动转矩的要求选用。自耦减压起动适用于容量较大的或者正常运行时定子绕组连成星形不能采用Y－△换接起动的笼型三相异步电动机。采用自耦减压起动，也能同时使起动电流和起动转矩减小。

4.3.5　三相异步电动机的反转与制动

1. 三相异步电动机的反转

三相异步电动机的旋转方向与旋转磁场的转向一致，而旋转磁场的方向又与电源的相序方向一致，因此要使电动机反转，只要改变电源的相序即可。如原相序为 U→V→W，现改为 U→W→V。图 4-14 所示为用刀开关实现正反转控制的电路，它将接到电源的三根导线中任意两根的一端对调位置。

2. 三相异步电动机的制动

当电动机的定子绕组断电后，转子及拖动系统因惯性作用，总要经过一段时间才能停转。为了提高生产率和安全度，往往要求电动机能迅速停车，为此需要对电动机进行制动。生产中有许多实用的机械制动方法，如杠杆式电磁抱闸，利用闸轮与闸瓦部的摩擦力制动和靴式的液压制动机构等。三相异步电动机常用的电气制动方法有以下几种，它们的工作原理虽然不同，但都是使转子获得一个与原来旋转方向相反的制动转矩，从而使电动机减速和停转。

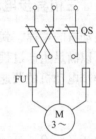

图 4-14　用刀开关实现电动机
正反转控制的电路

（1）能耗制动　切断电动机电源后，把转子旋转的动能转换为电能并以热能的形式迅速消耗在回路可调电阻器 R 上的方法，称为能耗制动。其实施方法是在切断交流电源的同时，将定子绕组的两个端钮与直流电源接通，使直流电流通入定子绕组，使定子与转子之间形成固定的磁场，如图 4-15 所示。设转子因机械惯性按顺时针方向旋转，根据右手定则和左手定则，不难确定这时的转子电流与固定磁场相互作用产生的电磁转矩为逆时针方向，所以是制动力矩。能耗制动的优点是制动平稳，消耗电能少，但需要直流电源。目前在一些金属切削机床中被采用。

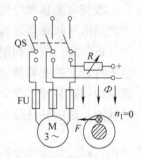

图 4-15　能耗制动原理图

（2）反接制动　改变电动机三相电流的相序，使电动机旋转磁场反转的制动方法称为反接制动。其实施方法是把电动机与电源连接的三根导线任意对调两根，当转速接近于零时，再把电源切断，其制动原理如图 4-16a、b 所示。相序改变后，旋转磁场反向旋转，转差 $(n_1 + n)$ 很大，转差率 $s (n_1 + n) / n_1 > 1$，转子绕组中感应电动势和电流很大（定子电流也很大，应限制）且反向，所以产生的电磁力矩是制动的。反接制动不需要另备直流电源，比较简单，且制动力矩较大，停车迅速，但机械冲击和能耗也较大，会影响加工精度。所以，使用范围受到一定的限制，通常用于起动不频繁、功率小于 10 kW 的中小型机床及辅助性的电力拖动中。

（3）发电馈送制动　在起重机下放重物时，在重力的作用下，可能使转速 $n > n_1$，转差率 $s < 0$，这会改变转子电流和转矩的方向，即会使转矩变成制动转矩，电动机转为发电机运行。重物的位能将转换为电能并反馈到电网中去，所以称为发电馈送制动，如图 4-17 所示。利用发电馈送制动可以稳定地下放重物。

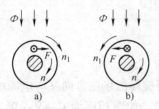

图 4-16 反接制动原理图

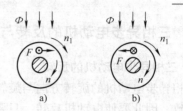

图 4-17 发电馈送制动原理图

4.3.6 三相异步电动机的调速

电动机的调速，就是用人为的方法改变电动机的机械特性，使在同一负载下获得不同的转速，以满足生产过程的需要。例如，起重机在提放重物时，为了安全需要，应随时调整转速。异步电动机的调速方法可从下式出发，即

$$n = (1-s)n_1 = (1-s)\frac{60f_1}{p} \tag{4-10}$$

由式（4-10）可见，改变电动机的转速有三种方案：改变电动机的极对数 p、改变电动机的电源频率 f_1 和改变转差率 s。其中，改变转差率 s 的调速方法只适用绕线式异步电动机。

1. 改变电源频率调速

改变电源频率可使异步电动机得到平滑无级调速。电源频率变化大时，调速范围大。由于我国电网频率固定为 50 Hz，变频调速需要一组频率可变的电源。

近年来，因为利用晶闸管等电力电子器件实现交流变频技术取得了进展，用晶闸管变频装置进行交流变频兼调压的调速方法得到了推广，故在起重机械、水泵、风机等设备中都有成套的调速装置；变频调速是交流电动机的发展方向，其调速性能已经可以达到直流电动机的性能，是一种高效、节能的调速方式。三相异步电动机变频调速的定子电压方程

$$U_1 \approx E_1 = 4.44 f_1 W_1 K_1 \phi_m \tag{4-11}$$

式中　U_1——定子相电压；

　　　E_1——定子相电动势；

　　　W_1——定子绕组匝数；

　　　K_1——定子绕组基波组系数；

　　　ϕ_m——定子与转子间气隙磁通最大值。

在此方程中，$W_1 K_1$ 为电机结构常数。改变频率调速的基本问题是必须考虑充分利用电动机铁心的磁性能，尽可能使电动机在最大磁通条件下工作，同时又必须充分利用电动机绕组的发热容限，尽可能使其工作在额定电流下，从而获得额定转矩或最大转矩。在减小 f 调速时，由于铁心有饱和，不能同时增大 ϕ_m，增大 ϕ_m 会导致励磁电流迅速增大，使产生转矩的有功电流相对减小严重时会损坏绕组。因此，降低 f 调速，只能保持 ϕ_m 恒定，要保持 ϕ_m 不变，只能降低电压 U_1 且保持 $\dfrac{U_1}{f_1}$ = 常数，这种压（电压）频（频率）比的控制方式，称为恒磁通方式控制，又称为压频比的比例控制。

如果用频率升高来进行调速（$f_{工作} > f_{额定}$），由于电动机的工作电压 U_1 不能大于额定工作电压 U_0，只能保持电压恒定。

$$U_1 \propto \phi_m \propto f_1 \quad 即 \quad \phi_m \propto 1/f_1$$

此种控制方式称为弱磁变频调速。

进一步分析得出如下结论：低于电动机额定频率（基频）的调速是恒转矩变频调速，U_1/f_1 = 常数；高于电动机额定频率的调速，U_1 = 常数，为恒功率调速。

目前国内主要采用晶闸管和功率晶体管组成的静止变频器。将工频交流电压整流成直流电压，经过逆变器变换成可变频率的交流电压，这种变频器称为间接变频器或称交—直—交变频器。异步电动机变频调速性质如图 4-18 所示。

交—直—交变频器根据中间滤波环节的主要储能元件不同，又分成电压型（电容电压输出）和电流型（电感电流输出）两类。图 4-19 所示为交—直—交电压型变频器原理框图。

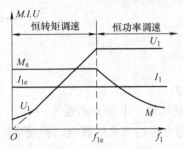

图 4-18　异步电动机变频调速性质

图 4-19　交—直—交电压型变频器原理框图

2. 改变磁极对数调速

改变异步电动机的定子绕组的连接方式，可以改变磁极对数，从而得到不同的转速。当三相定子绕组中每相由两个线圈串联而形成时，其合成磁场为两对磁极；当每相由两个绕组并联而形成时，其合成磁场为一对磁极。

这种调速方法仅限于笼型异步电动机使用，能得到双倍速或三倍速等，不能实现无级调速。由于它比较简单、经济，在金属切削机床上常被用来扩大齿轮箱的调速范围。

3. 改变转差率调速

通常，这只适用于绕线转子异步电动机，是通过转子电路中串接调速电阻（和起动电阻一起接入）来实现的。此时，转子电流减小，定子电流、转矩、转速也随之减小，转差率 s 升高，所以称为变转差率调速。改变调速电阻的大小可以得到平滑调速，如图 4-20a 所示。从图 4-20b 可以看出，在负载转矩 T_L 不变的情况下，加大调速电阻，可使机械特性越来越软，从而改变工作点并得到越来越低的转速。由于电阻耗能和不能使机械特性过软，调速电阻不能过大，故这种调速的范围比较小。由于这种调速方法简便易行，在大型起重设备中仍在使用。

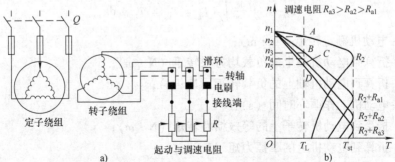

图 4-20　绕线转子电动机的起动与调速电路及曲线图

4.3.7 交流伺服电动机的选型计算

1. 交流伺服电动机的初步选择

(1) 交流伺服电动机的初选 初选交流伺服电动机时，首先要考虑电动机能够提供负载所需要的转矩和转速。从安全的意义上讲，就是能够提供克服峰值负载所需要的功率。其次，当电动机的工作周期可以与其发热时间常数相比较时，必须考虑电动机的热额定问题，通常用负载的均方根功率作为确定电动机发热功率的基础。

如果要求电动机在峰值负载转矩下以峰值转速不断的驱动负载，则电动机功率

$$P_m = (1.5 \sim 2.5) \frac{T_{LP} n_{LP}}{159 \eta} \tag{4-12}$$

式中 T_{LP}——负载峰值力矩（N·m）；

n_{LP}——电动机负载峰值转速（r/s）；

η——传动装置的效率，初步估算时取 $\eta = 0.7 \sim 0.9$；

$1.5 \sim 2.5$——安全系数，考虑负载力矩估算准确性以及电动机转子上功率消耗等。

当电动机长期连续地在变负载之下工作时，可按负载均方根功率来估算电动机功率

$$P_m = (1.5 \sim 2.5) \frac{T_{Lr} n_{Lr}}{159 \eta} \tag{4-13}$$

式中 T_{Lr}——负载均方根力矩（N·m）；

n_{Lr}——负载均方根转速（r/s）。

估算出 P_m 后就可选取电动机，使其额定功率 P_N 满足

$$P_N \geqslant P_m \tag{4-14}$$

初选电动机后，一系列技术数据，诸如额定转矩、额定转速、额定电压、额定电流和转子转动惯量等，均可由产品目录直接查得或经过计算求得。

(2) 发热校核 对于连续工作负载不变场合的电动机，要求在整个转速范围内，负载转矩在额定转矩范围内。对于长期连续的、周期性的工作在变负载条件下的电动机，根据电动机发热条件的等效原则，可以计算在一个负载工作周期内，所需电动机转矩的均方根值，即等效转矩，并使此值小于连续额定转矩，就可确定电动机的型号和规格。因为在一定转速下电动机的转矩与电流成正比或接近成正比，所以负载的均方根转矩是与电动机处于连续工作时的热额定相一致的。因此，选择电动机时应满足

$$T_N \geqslant T_{Lr} \tag{4-15}$$

$$T_{Lr} = \sqrt{\frac{1}{t} \int_0^t (T_L + T_{La} + T_{LF})^2 \, dt} \tag{4-16}$$

式中 T_N——电动机额定转矩（N·m）；

T_{Lr}——折算到电动机轴上的负载均方根转矩（N·m）；

T_L——折算到电动机轴上的负载转矩（N·m）；

t——电动机工作循环时间（s）；

T_{La}——折算到电动机转子上的等效惯性转矩（N·m）；

T_{LF}——折算到电动机上的摩擦力矩（N·m）。

式 (4-16) 就是发热校核公式。

常见的变转矩-加减速控制计算模型如图 4-21 所示。图 4-21a 所示为一般伺服系统的计算模型。根据电动机发热条件的等效原则，这种三角形转矩波在加减速时的均方根转矩 T_{Lr} 由下式近似计算

$$T_{Lr} = \sqrt{\frac{1}{L}\int_0^{t_p} T^2 \mathrm{d}t} \approx \sqrt{\frac{T_1^2 t_1 + 3T_2^2 t_2 + T_3^2 t_3}{3t_p}} \tag{4-17}$$

式中 t_p——一个负载工作周期的时间（s），即 $t_p = t_1 + t_2 + t_3 + t_4$。

图 4-21b 所示为常用的矩形波负载转矩、加减速计算模型，其 T_{Lr} 由下式计算

$$T_{Lr} = \sqrt{\frac{T_1^2 t_1 + 3T_2^2 t_2 + T_3^2 t_3}{t_1 + t_2 + t_3 + t_4}} \tag{4-18}$$

以上两式只有在 t_p 比温度上升热时间常数 t_{th} 小得多（$t_p \leqslant t_{th}/4$）、且 $t_{th} = t_g$ 时才能成立，其中 t_g 为冷却时的热时间常数，通常均能满足这些条件，所以选择伺服电动机的额定转矩 T_N 时，应使

$$T_N \geqslant K_1 K_2 T_{Lr} \tag{4-19}$$

式中 K_1——安全系数，一般取 $K_1 = 1.2$；

K_2——转矩波形系数，矩形转矩波取 $K_2 = 1.05$，三角转矩波取 $K_2 = 1.67$。

若计算的 K_1、K_2 值比上述推荐值略小时，则应检查电动机的温升是否超过温度限值，不超过时仍可采用。

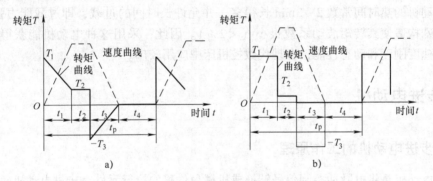

图 4-21 变转矩-加减速控制计算模型

（3）转矩过载校核 转矩过载校核的公式为

$$(T_L)_{max} \leqslant (T_m)_{max} \tag{4-20}$$

而

$$(T_m)_{max} = \lambda T_N \tag{4-21}$$

式中 $(T_L)_{max}$——折算到电动机轴上的负载力矩的最大值（N·m）；

$(T_m)_{max}$——电动机输出转矩的最大值（过载转矩）（N·m）；

(T_N)——电动机的额定力矩（N·m）；

λ——电动机的转矩过载系数，具体数值可向电动机的设计、制造单位了解，对直流伺服电动机，一般取 $\lambda \leqslant 2.0 \sim 2.5$，对交流伺服电动机，一般取 $\lambda \leqslant 1.5 \sim 3$。

在转矩过载校核时需要已知总传动速比，再将负载力矩向电动机轴折算，这里可暂取最佳传动速比进行计算。需要指出，电动机的选择不仅取决于功率，还取决于系统的动态性能要求、稳态精度、低速平稳性、电源是直流还是交流等因素。同时，还应保证最大负载力矩 $(L_L)_{max}$、持续作用时间 Δt，不超过电动机允许过载系数 λ 的持续时间范围。

2. 伺服系统惯量匹配原则

实践与理论分析表明，J_e/J_m 比值的大小对伺服系统性能有很大的影响，且与交流伺服电动机种类及其应用场合有关，通常分为两种情况：

1）对于采用惯量较小的交流伺服电动机的伺服系统，其比值通常推荐为

$$1 < J_e/J_m < 3 \tag{4-22}$$

当 $J_e/J_m > 3$ 时，对电动机的灵敏度与响应时间有很大的影响，甚至会使伺服放大器不能在正常调节范围内工作。

小惯量交流伺服电动机的惯量低达 $J_m \approx 5 \times 10^{-5}\,\mathrm{kg \cdot m^2}$，其特点是转矩/惯量比大，时间常数小，加减速能力强，所以其动态性能好，响应快。但是，使用小惯量电动机时容易发生对电源频率的响应共振，当存在间隙、死区时容易造成振荡或蠕动时，这才提出了"惯量匹配原则"，并有了在数控机床伺服进给系统采用大惯量电动机的必要性。

2）对于采用大惯量交流伺服电动机的伺服系统，其比值通常推荐为

$$0.25 \leqslant J_e/J_m \leqslant 1 \tag{4-23}$$

所谓大惯量是相对小惯量而言的，其数值 $J_m = 0.1 \sim 0.6\,\mathrm{kg \cdot m^2}$。大惯量宽调速伺服电动机的特点是惯量大、转矩大，且能在低速下提供额定转矩，常常不需要传动装置而与滚珠丝杠直接相连，而且受惯性负载的影响小，调速范围大、热时间常数有的长达 100min，比小惯量电动机的热时间常数 2～3min 长得多，并允许长时间的过载，即过载能力强。其次，由于其特殊构造使其转矩波动系数很小（<2%）。因此，采用这种电动机能获得优良的低速范围的速度刚度和动态性能，在现代数控机床中应用较广。

4.4　步进电动机

4.4.1　步进电动机的工作原理

步进电动机是将电脉冲控制信号转换成机械角位移的执行元件。步进电动机每接受一个电脉冲，在驱动电源的作用下，转子就转过一个相应的步距角。转子角位移的大小及转速分别与输入的控制电脉冲数及其频率成正比，并在时间上与输入脉冲同步，只要控制输入电脉冲的数量、频率以及电动机绕组通电相序即可获得所需的转角、转速及转向，所以用微机很容易实现步进电动机的开环数字控制。

三相反应式步进电动机的结构原理如图 4-22 所示。定子和转子都用硅钢片叠成。定子有六个极，其上装有线圈，相对两个极上的线圈串联起来组成三个独立的绕组，称为三相绕组，独立绕组数称为步进电动机的相数。当然，步进电动机还可以做成四、五、六等相数。图中转子有四个极或称四个齿，其上无绕组，本身也无磁性。工作时，驱动电源将脉冲信号电压按一定的顺序轮流加到定子三相绕组上。

按照给电顺序不同，三相反应式步进电动机有以下三种运行方式。

（1）三相单三拍运行方式　"三相"指三相步进电动机，

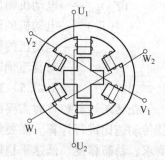

图 4-22　步进电动机结构原理图

"单"是指每次只给一相绕组通电，"三拍"指通电三次完成一个通电循环。如图 4-23 所示，其运行方式是按 $U_1 \rightarrow V_1 \rightarrow W_1 \rightarrow U_1$ 或相反顺序通电。

1）当 U 相绕组单独通电时，由于磁力线总是力图从磁阻最小的路径通过，即要建立以 U_1、U_2 为轴线的磁场，因此，在磁力的作用下，如图 4-23a 所示，转子总是将从前一步位置转到齿 1、3 与 U_1、U_2 极对齐的位置。

2）当 V 相绕组通电时，U、W 两相不通电，转子又顺时针方向转过去 30°，它的齿 2、4 和 V_1、V_2 极对齐，如图 4-23b 所示。

3）随后 W 相通电 U、V 两相不通电，转子又顺时针方向转过 30°，它的齿 3、1 与 W_1、W_2 极对齐，如图 4-23c 所示。

不难理解，当脉冲信号一个一个发来，如果按 $U \rightarrow V \rightarrow W \rightarrow U \cdots \cdots$ 的顺序轮流通电，则电动机转子便顺时针方向一步一步地转动。每一步的转角为 30°（称为步距角）。如果这样轮流换接三次，磁场旋转一周，转子前进了一个齿距角（转子四个齿时，齿距角为 90°）。如果按 $U \rightarrow W \rightarrow V \rightarrow U \cdots \cdots$ 的顺序通电，电动机则按逆时针方向转动。

显然，齿距角 θ_z 和齿数 z 之间的关系为

$$\theta_z = \frac{360°}{z} \tag{4-24}$$

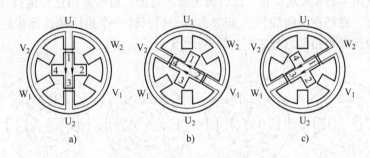

图 4-23　三相单三拍运行方式

在单三拍运行时，步距角 θ_b（或称为每输入一个脉冲时转子转过的角度）却只有齿距角的三分之一，即

$$\theta_b = \frac{1}{3}\theta_z = \frac{90°}{3} = 30° \tag{4-25}$$

单相轮流通电方式的"单"是指每次切换前后只有一组绕组通电，在这种通电方式下，电动机的稳定性较差，容易失步。

（2）三相双三拍运行　如图 4-24 所示，该运行方式是按 $UV \rightarrow VW \rightarrow WU \rightarrow UV$ 或相反的顺序通电的，即每次同时给两相绕组通电。由于两相绕组通电，力矩就大些，定位精度高而不易失步。

1）当 U、V 两相绕组同时通电时，由于 U、V 两相的磁极对转子齿部都有吸引力，故转子将转到如图 4-24a 所示位置。

2）当 U 相绕组断电，V、W 两相绕组同时通电时，同理，转子将转到图 4-24b 所示位置。

3）当 V 相绕组断电，W、U 两相绕组同时通电时，转子将转到图 4-24c 所示位置。

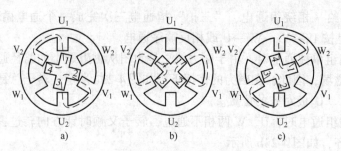

图 4-24　三相双三拍运行

可见，当三相绕组按 UV→VW→WU→UV 顺序通电时，转子顺时针方向转动。改变通电顺序，使之按 UV→WU→VW→UV……顺序通电时，即可改变转子的转向。通电一个循环，磁场在空间旋转了 360°，而转子只转了一个齿距角。双三拍运行时，步距角仍等于齿距角的三分之一，即 $\theta_b = 30°$。

（3）三相单、双六拍运行方式　如图 4-25 所示，其运行方式是按 U→UV→V→VW→W→WU→U 或相反的顺序通电的，即需要六拍才完成一个循环。

当 U 相绕组单独通电时，转子将转到图 4-25a 所示位置，当 U 相和 V 相绕组同时通电时，转子将转到图 4-25b 所示位置，以后情况依次类推。所以采用这种运行方式时，六拍即完成了一个循环，磁场在空间旋转了 360°，转子仍只转一个齿距角，但步距角却因拍数增加了一倍而减少到齿距角的六分之一，即等于 15°。

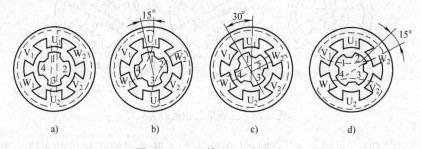

图 4-25　三相单、双六拍运行

反应式步进电动机在脉冲信号停止输入时，转子不再受到定子磁场的作用力，转子将因惯性而可能继续转过某一角度，因此必须解决停车时的转子定位问题。反应式步进电动机一般是在最后一个脉冲停止时，在该绕组中继续通以直流电，即采用带电定位的办法。永磁式步进电动机因转子本身有磁性，可以实现自动定位。

由以上的讨论可以看到，无论采用何种运行方式，步距角 θ_b 与转子齿效 z 和拍数 N 之间都存在着如下关系

$$\theta_b = \frac{360°}{zN} \qquad (4-26)$$

既然转子每经过一个步距角相当于转了 $1/(zN)$ 转，若脉冲频率为 f，则转子每秒钟就转了 $f/(zN)$ 转，故转子每分钟的转速为

$$n = \frac{60f}{zN} \qquad (4-27)$$

前面图 4-22~图 4-26 所介绍的步进电动机，由于步距角都太大，不能满足电动机平滑运行的要求。由式（4-26）可知，要想减小步距角，一是增加相数（即增加拍数 N），二是增加转子的齿数 z。由于相数越多，驱动电源就越复杂，所以较好的解决方法还是增加转子的齿数，步进电动机典型结构如图 4-26 所示。从图中可以看出，转子的齿数增加了很多（图中为 40 个齿），定子每个极上也相应地开了几个齿（图中为 5 个齿）。当 U 相绕组通电时，U 相绕组下的定、转子齿应像图 4-22 一样依次错开 $1/m$

图 4-26　步进电动机典型结构

个齿距角（m 为相数）。这样，在 U 相断电而别的相通电时，转子才能继续转动。对于图 4-26 所示的步进电动机来说，由于 $z=40$，故采用单三拍和双三拍运行方式时，步距角为

$$\theta_{\mathrm{b}} = \frac{360°}{zN} = \frac{360°}{40 \times 3} = 3°$$

采用六拍方式运行时，步距角为

$$\theta_{\mathrm{b}} = \frac{360°}{zN} = \frac{360°}{40 \times 6} = 1.5°$$

4.4.2　步进电动机的驱动控制

步进电动机的运行特性与配套使用的驱动电源有密切关系。驱动电源由环形脉冲分配器、功率放大器组成，如图 4-27 所示。驱动电源是将变频信号源（微机或数控装置等）送来的脉冲信号及方向信号按照要求的配电方式自动地循环供给电动机各相绕组，以驱动电动机转子正反向旋转。从计算机输出口或从环形分配器输出的信号脉冲电流一般只有几毫安，不能直接驱动步进电动机，必须采用功率放大器将脉冲电流进行放大，使其增加到几至十几安培。因此，只要控制输入电脉冲的数量和频率就可精确控制步进电动机的转角和速度。

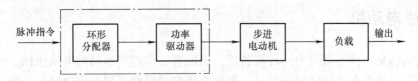

图 4-27　步进电动机的驱动控制原理

4.4.3　步进电动机的选用

选用步进电动机时，首先根据计算机械传动装置及负载折算到电动机轴上的等效转动惯量，然后分别计算各种工况下所需的等效力矩，再根据步进电动机最大静转矩和起动、运行矩频特性选择合适的步进电动机。

（1）转矩和惯量匹配条件　为了使步进电动机具有良好的起动能力及较快的响应速度，通常推荐

$$T_{\mathrm{L}}/T_{\mathrm{max}} \leqslant 0.5 \ 及 \ J_{\mathrm{L}}/J_{\mathrm{m}} \leqslant 4 \tag{4-28}$$

式中　T_{max}——步进电动机的最大静转矩（N·m）；

T_{L}——换算到电动机轴上的负载转矩（N·m）；

J_m——步进电动机转子的最大转动惯量（$kg \cdot m^2$）;

J_L——折算到步进电动机转子上的等效转动惯量（$kg \cdot m^2$）。

根据上述条件，初步选择步进电动机的型号。然后，根据动力学公式检查其起动能力和运动参数。

由于步进电动机的起动矩频特性曲线是在空载下作出的，检查其起动能力时应考虑惯性负载对起动转矩的影响，即从起动惯频特性曲线上找出带惯性负载的起动频率，然后再查其起动转矩和计算起动时间。当在起动惯矩特性曲线上查不到带惯性负载时的最大起动频率时，可用下式近似计算

$$f_L = \frac{f_m}{\sqrt{1 + J_L/J_m}} \tag{4-29}$$

式中 f_L——带惯性负载的最大起动频率（Hz 或 p/s）;

f_m——电动机本身的最大空载起动频率（Hz 或 p/s）;

J_m——电动机转子的转动惯量（$kg \cdot m^2$）;

J_L——换算到电动机轴上的转动惯量（$kg \cdot m^2$）。

当 $J_L/J_m = 3$ 时，$f_L = 0.5f_m$。不同 J_L/J_m 下的矩、频特性不同。由此可见，J_L/J_m 值增大，自起动最大频率越小，其加减速时间将会延长，这就失去了快速性，甚至难以起动。

（2）步距角的选择和精度 步距角的选择是由脉冲当量等因素来决定的。步进电动机的步距角精度将会影响开环系统的精度。电动机的转角 $\theta = N\beta \pm \Delta\beta$，其中 $\Delta\beta$ 为步距角精度，它是在空载条件下，在 $360°$ 范围内转子从任意位置步进运行时，每隔指定的步数，测定的其实际角位移与理论角位移之差，称为静止角度误差，并用正负峰值之间的 $1/2$ 来表示。其误差越小，步进电动机精度越高。$\Delta\beta$ 一般为 β 的 ±（3% ~5%），它不受 N 值大小的影响，也不会产生累积误差。

4.5 直线电动机

直线电动机是一种不需要中间转换装置，而能直接作直线运动的电动机械。目前直线电动机主要应用的机型有直线感应电动机、直线直流电动机和直线步进电动机三种。

与旋转电动机传动相比，直线电动机传动主要具有下列优点：

1）直线电动机由于不需要中间传动机械，因而使整个机械得到简化，提高了精度，减小了振动和噪声。

2）快速响应。用直线电动机驱动时，由于不存在中间传动机构惯量和阻力矩的影响，因而加速和减速时间短，可实现快速起动和正反向运行。

3）仪表用的直线电动机，可以省去电刷和换向器等易损零件，提高可靠性，延长寿命。

4）直线电动机由于散热面积大，容易冷却，所以允许较高的电磁负荷，可提高电动机的容量定额。

5）装配灵活性大，往往可将电动机和其他机件合成一体。

直线电动机的分类见表4-4。现在使用较为普遍的是直线感应电动机（LIM）、直线直流电动机（LSM）和直线步进电动机（LDM）三种。

表 4-4　直线电动机的分类

名　称	缩　写	英 文 名	名　称	缩　写	英 文 名
直线感应电动机	LIM	Linear Induction Motor	直线振荡驱动器	LOM	Linear Oscillation Actuator
直线步进电动机	LSM	Linear Synchronous Motor	直线电泵	LIP	Linear Electric Pump
直线直流电动机	LDM	Linear DC Motor	直线电磁螺旋管	LES	Linear Electric Solenoid
直线脉冲电动机	LPM	Linear Pulse Motor	直线混合电动机	LHM	Linear Hybrid Motor

4.5.1　直线感应电动机

直线感应电动机最初以用于超高速列车为目的，LIM 的研究近来得到发展。LIM 具有高速、直接驱动、免维护等优点，现多用于 FA（工厂自动化）装置，主要用于自动搬运装置。

LIM 的动作原理与旋转式感应电动机相同，在结构上可以理解为把旋转式感应电动机展开为直线状。

如图 4-28 所示，直线感应电动机可以看做是由普通的旋转感应电动机直接演变而来的。图 4-28a 所示为一台旋转的感应电动机，设想将它沿径向剖开，并将定、转子沿圆周方向展成直线（图 4-28b），这就得到了最简单的平板型直线感应电动机。由定子演变而来的一侧称为初级，由转子演变而来的一侧称为次级。直线电动机的运动方式可以是固定初级，让次级运动，此称为动次级；相反，也可以固定次级而让初级运动，则称为动初级。

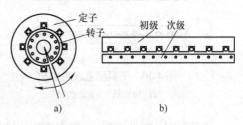

图 4-28　直线电动机的形成

直线电动机的工作原理如图 4-29 所示。当初级的多相绕组中通入多相电流后，会产生一个气隙基波磁场，但是这个磁场的磁通密度波 B_ξ 是直线移动的，故称为行波磁场。显然，行波的移动速度与旋转磁场在定子内圆表面上的线速度是一样的，即为 v_s，称为同步速度，且

$$v_s = 2f\tau \tag{4-30}$$

式中　τ——极距（mm）;

　　　f——电源频率（Hz）。

在行波磁场切割下，次级导条将产生感应电动势和电流，所有导条的电流和气隙磁场相互作用，便产生切向电磁力。如果初级是固定不动的，那么次级就顺着行波磁场运动的方向作直线运动。若次级移动的速度用 v 表示，则转差率

$$s = \frac{v_s - v}{v_s} \tag{4-31}$$

次级移动速度　　　　　　　$$v = (1-s)v = 2f\tau(1-s) \tag{4-32}$$

上式表明直线感应电动机的速度与电动机极距及电源频率成正比，因此改变极距或电源频率都可改变电动机的速度。

与旋转电动机一样，改变直线电动机初级绕组的通电相序，可改变电动机运动的方向，

因而可使直线电动机作往复直线运动。

图 4-29 中直线电动机的初级和次级长度是不相等的。因为初、次级要作相对运动，假定在开始时初次级正好对齐，那么在运动过程中，初次级之间的电磁耦合部分将逐渐减少，影响正常运行。因此，在实际应用中必须把初次级做得长短不等。根据初、次级间相对长度，可把平板型直线电动机分成短初级和短次级两类，如图 4-30 所示。由于短初级结构比较简单，制造和运行成本较低，故一般常用短初级，只有在特殊情况下才采用短次级。

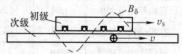

图 4-29　直线电动机的工作原理

图 4-30 所示的平板型直线电动机仅在次级的一侧具有初级，这种结构形式称单边型。单边型除了产生切向力外，还会在初、次级间产生较大的法向力，这在某些应用中是不希望的。为了更充分地利用次级和消除法向力，可以在次级的两侧都装上初级，这种结构形式称为双边型，如图 4-31 所示。

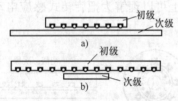

图 4-30　平板型直线电动机
a）短初级　b）短次级

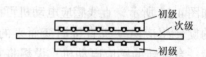

图 4-31　双边型直线电动机

除了上述的平板型直线感应电动机外，还有图 4-32 所示的管型直线感应电动机。如果将图 4-32a 所示的平板型直线电动机的初级和次级顺箭头方向卷曲，就成为管型直线感应电动机，如图 4-32b 所示。

此外，还可把次级做成一片铝圆盘或铜圆盘，并将初级放在次级圆盘靠近外径的平面上，如图 4-33 所示。次级圆盘在初级移动磁场的作用下，形成感应电流，并与磁场相互作用产生电磁力，使次级圆盘能绕其轴线作旋转运动。这就是圆盘型直线感应电动机工作原理。

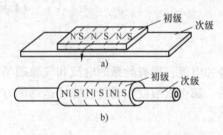

图 4-32　管型直线感应电动机的形成

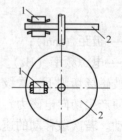

图 4-33　圆盘型直线感应电动机
1—初级　2—次级

4.5.2　直线直流电动机

直线直流电动机（LDM）主要有两种类型：永磁式和电磁式。永磁式推力小，但运行平稳，多用在音频线圈和功率较小的自动记录仪表中，如记录仪中笔的纵横走向的驱动、摄影机中快门和光圈的操作机构、电表试验中探测头及电梯门控制器的驱动等；电磁式驱动功率较大，但运动平稳性不好，一般用于驱动功率较大的场合。

作为 LDM，以永磁式、长行程的直线直流无刷电动机（LDBLM）为代表。因为这种电动机没有整流子，具有无噪声、无干扰、易维护、寿命长等优点。永磁式直线电动机结构如图 4-34 所示。在线圈的行程范围内，永久磁铁产生的磁场强度分布很均匀。当可动线圈中通入电流后，载有电流的导体在磁场中就会受到电磁力的作用。这个电磁力可由左手定则来确定。只要线圈受到的电磁力大于线圈支架上存在的静摩擦力，就可使线圈产生直线运动。改变电流的大小和方向，即可控制线圈运动的推力和方向。

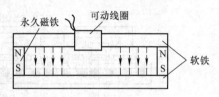

图 4-34　永磁式直线电动机

当功率较大时，上述直线电动机中的永久磁铁所产生的磁通可改为由绕组通入直流电励磁所产生，这就成为电磁式直线直流电动机，如图 4-34 所示。图 4-35a 所示为单极电动机，图 4-35b 所示为两极电动机。此外，还可做成多极电动机。

由图 4-35 可见，当环形励磁绕组通上电流时，便产生了磁通，它经过电枢铁心、气隙、极靴端板和外壳形成闭合回路，如图中点画线所示。电枢绕组是在管形电枢铁心的外表面用漆包线绕制而成的。对于两极电动机，电枢绕组应绕成两半，两半绕组绕向相反，串联后接到低压电源上。当电枢绕组通入电流后，载流导体与气隙磁通的径向分量相互作用，在每极上便产生轴向推力。若电枢被固定不动，磁极就沿着轴线方向作往复直线运动（图示的情况）。当把这种电动机应用于短行程和低速移动的场合时，可省掉滑动的电刷；但若行程很长，为了提高效率，应与永磁式直线电动机一样，在磁极端面上装上电刷，使电流只在电枢绕组的工作段流过。这种电动机可以称为管形直流直线电动机。

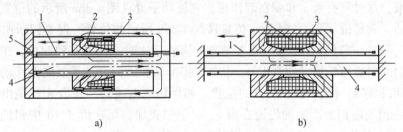

图 4-35　电磁式直线直流电动机

a）单级　b）两级

1—电阻绕组　2—极靴　3—励磁绕组　4—电枢铁心　5—非磁性端板

4.5.3　直线步进电动机

直线步进电动机在不需要闭环控制的条件下，能够提供一定精度、可靠的位置和速度控制。这是直流电动机和感应电动机不能做到的。因此，直线步进电动机具有直接驱动、容易控制、定位精确等优点。直线步进电动机主要可分为反应式和永磁式两种。

图 4-36 所示为永磁直线步进电动机的工作原理。其中定子用铁磁材料制成如图所示那样的"定尺"，其上开有矩形齿槽，槽中填满非磁材料（如环氧树脂）使整个定子表面非常光滑。动子上装有两块永久磁钢 A 和 B，每一磁极端部装有用铁磁材料制成的 Π 形极片。

121

每块极片有两个齿（如 a 和 c），齿距为 1.5t，这样当齿 a 与定子齿对齐时，齿 c 便对准槽。同一磁钢的两个极片间隔的距离刚好使齿 a 和 a'能同时对准定子的齿，即它们的间隔是加 kt，k 代表任一整数，k = 1、2、3、4……

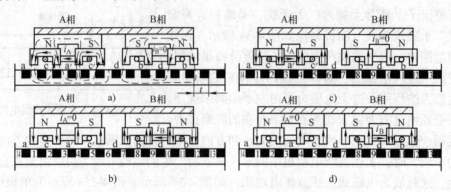

图 4-36　永磁直线步进电动机工作原理

磁钢 B 与 A 相同，但极性相反，它们之间的距离应等于 $(k \pm 1/4)\ t$。这样，当其中一个磁钢的齿完全与定子齿和槽对齐时，另一磁钢的齿应处在定子的齿和槽的中间。在磁钢 A 的两个 Π 形极片上装有 A 相控制绕组，磁钢 B 上装有 B 相控制绕组。如果某一瞬间，A 相绕组中通入直流电流 i_A，并假定箭头指向左边的电流为正方向（图 4-36a），这时，A 相绕组所产生的磁通在齿 a、a'中与永久磁钢的磁通相叠加，而在齿 c、c'中却相抵消，使齿 c、c'全部去磁，不起任何作用。在这过程中，B 相绕组不通电流，即 $i_B = 0$，磁钢 B 的磁通量在齿 d、d'、b 和 b'中大致相等，沿着动子移动方向各齿产生的作用力互相平衡。

概括说来，这时只有齿 a 和 a'在起作用，它使动子处在图 4-36a 所示的位置上。为了使动子向右移动，就是说从图 4-36a 所示位置移到 4-36b 所示的位置，就要切断加在 A 相绕组的电源，使 $i_A = 0$，同时给 B 相绕组通入正向电流 i_B。这时，在齿 b 和 b'中，B 相绕组产生的磁通与磁钢的磁通相叠加，而在齿 d、d'中却相抵消。因而，动子便向右移动半个齿宽即 t/4，使齿 b 和 b'移到与定子齿相对齐的位置。如果切断电流 i_B，并给 A 相绕组通上反向电流，则 A 相绕组及磁钢上产生的磁通在齿 c、c'中相叠加，而在齿 d、d'中相抵消。动子便向右又移动 t/4，使齿 c、c'，与定子齿相对齐，如图 4-36c 所示。

同理，如切断电流 i_A，给 B 相绕组通上反向电流，动子又向右移动 t/4，使齿 d 和 d'与定子齿相对齐，如图 4-36d 所示。这样，经过图 4-36a、b、c、d 所示的 4 个阶段后，动子便向右移动了一个齿距 t。如果还要继续移动，只需要重复前面次序通电。

相反，如果想使动子向左移动，只要把 4 个阶段倒过来，即图 4-36d、c、b、a。为了减小步距，削弱振动和噪声，这种电动机可采用细分电路驱动，使电动机实现微步距移动（10μm 以下）。还可用两相交流电控制，这时需在 A 相和 B 相绕组中同时加入交流电。如果 A 相绕组中加正弦电流，则在 B 相绕组中加余弦电流。当绕组中电流变化一个周期时，动子就移动一个齿距；如果要改变移动方向，可通过改变绕组中的电流极性来实现。采用正、余弦交流电控制的直线步进电动机，因为磁拉力是逐渐变化的（这相当于采用细分无限多的电路驱动），可使电动机的自由振荡减弱。

上面介绍的是直线步进电动机的工作原理。如果要求动子作平面运动，这时应将定子改为一块平板。其上开有 x、y 轴方向的齿槽，定子齿排成方格形，槽中注入环氧树脂，而动子是由两台上述那样的直线步进电动机组合起来制成的，如图 4-37 所示。其中一台保证动子沿着 x 轴方向移动，与它正交的另一台保证动子沿着 y 轴方向移动。这样，只要设计适当的程序控制语言，借以产生一定的脉冲信号，就可以使动子在 xy 平面上作任意几何轨迹的运动，并定位在平面上任何一点，这就成为平面步进电动机了。

反应式直线步进电动机的工作原理与旋转式步进电动机相同。图 4-38 所示为一台四相反应式直线步进电动机，它的定子和动子都由硅钢片叠成，定子上、下两表面都开有均匀分布的齿槽；动子是一对具有 4 个极的铁心，极上套有四相控制绕组，每个极的表面也开有齿槽，齿距与定子上的齿距相同。当某相动子齿与定子齿对齐时，相邻的动子齿轴线与定子齿轴线错开 1/4 齿距。上、下两个动子铁心用支架刚性连接起来，可以一起沿定子表面滑动。为了减小运动时的摩擦，在导轨上装有滚珠轴承，槽中用非磁性塑料填平，使定子和动子表面平滑。显然，当控制绕组按 A—B—C—D—A 的顺序轮流通电时（图中表示 A 相通电时动子所处的稳定平衡位置），根据步进电动机一般原理，动子将以 1/4 齿距的步距向左移动，当通电顺序改为 A—D—C—B—A 的顺序通电时，动子则向右移动。与旋转式步进电动机相似，通电方式可以是单拍制，也可以是双拍制，双拍制时步距减少一半。

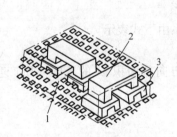

图 4-37　平面步进电动机
1—平台　2—磁钢　3—磁极

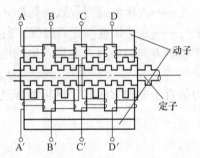

图 4-38　四相反应式直线步进电动机

4.6　压电驱动器

近年来，机电一体化装备的高速化、低价格化、微细化要求越来越强烈，例如，汽车的燃料喷射阀，采用电磁螺线管驱动就不能满足高速喷射要求；气压阀、电气-油压比例阀等都是靠电流通断来控制喷嘴的开闭的，电流通断时会产生电磁干扰。

另一方面，IC 和超导元件制造装置、多面镜加工机、生物医学工程中的装置等都要求具有亚微米级精度。因此，需要开发研究新型驱动器，压电驱动器就是其中的一种。压电驱动器基本上可分为双压电型驱动器和积层压电驱动器两大类。

4.6.1　压电材料的特性

压电材料是一种受力即产生应变，在其表面上出现与外力成比例的电荷的材料，又称为压电陶瓷。反过来，把一电场加到压电材料上，则压电材料产生应变，利用这一特性可以制成压电驱动器（元件）。表 4-5 所列为长方形压电陶瓷在两个相对面上镀上电极并极化后应变方向和压电常数的关系。

表 4-5　应变方向和压电常数的关系

图　　形	发生应变的方向	压电应变常数
纵效应	厚度扩张（简称 TE）	d_{33} g_{33}
横效应	长度扩张（简称 LE）	d_{31} g_{31}
剪切效应	厚度切变（简称 TS）	d_{15} g_{15}

压电陶瓷的应力 F_j 与电极每单位面积的电量 Q 可用下式表示

$$\frac{Q}{F_j} = d_{ij} \tag{4-33}$$

式中　　　d_{ij}——为压电应变常数（简称 d 常数）；

下标 i、j——表示压电陶瓷的应变方向与电轴的关系。

平行于电轴方向的外力 F 与所产生的电量 Q_{TR} 的关系由下式表示

$$Q_{TR} = d_{33}F \tag{4-34}$$

当外力垂直于电轴方向时，电极面积为 lw 和沿力方向截面积 wt 的压电体所产生的电荷为

$$Q_{LE} = d_{31}\frac{l}{t}F \tag{4-35}$$

当外力偏离与电轴平行的面时，所产生的电荷为

$$Q_{TS} = d_{15}F \tag{4-36}$$

平行于电轴方向的介电常数为 ε_{33}，电极间的静电容为

$$C = \varepsilon_{33}\frac{lw}{t} \tag{4-37}$$

根据电荷和电极间的电压之间的关系（$Q = CU$）和压电应变常数 d 和压电电压常数 g 的关系（$d_{ij} = g_{mj}\varepsilon_{im}^{T}$），可求得各电极间的电压为

$$\frac{Q_{TE}}{C} = U_{TE} = g_{33}\frac{t}{lw}F \tag{4-38}$$

$$\frac{Q_{LE}}{C} = U_{LE} = g_{31}\frac{t}{w}F \tag{4-39}$$

$$\frac{Q_{Ts}}{C} = U_{Ts} = g_{15}\frac{t}{lw}F \tag{4-40}$$

4.6.2　双压电型驱动元件

（1）基本结构和原理　双压电型驱动元件的基本结构如图 4-39 所示，以金属弹性板为中心电极，两边贴合两层压电材料，并分为串联型和并联型两种。

当驱动元件加上电源时，则一层压电材料伸长，另一层发生收缩，发生与施加的电源波形相应的弯曲变位。日本富士陶瓷株式会社开发的各种双压电型驱动元件外观如图 4-40 所示。

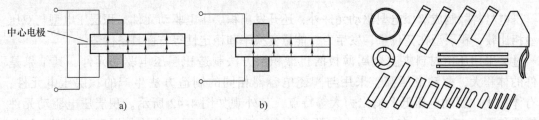

图 4-39 双压电型驱动元件的基本结构

a）并联型 b）串联型

图 4-40 日本富士陶瓷株式会社开发的
双压电型驱动元件外观图

（2）双压电型驱动元件的设计 双压电型驱动元件的设计，要考虑到单端固定使用时的空载变位 δ_0、最大发生力 F_b、柔量 s_n、共振频率 f_m，它们分别为

$$\delta_0 = 6d_{31}\left(\frac{l}{t}\right)^2\left(1 + \frac{t_s}{t}\right)U \tag{4-41}$$

$$F_b = \frac{\delta_0}{s_n} \tag{4-42}$$

$$s_n = \frac{1}{C_{11}^D}\frac{4l^3}{wt^3} \tag{4-43}$$

$$f_m = \frac{1.875}{4}\frac{t}{\sqrt{3\pi}\,l^2}\sqrt{\frac{C_{11}^D}{\rho}} \tag{4-44}$$

式中　d_{31}——等价压电常数；

U——施加电压；

C_{11}^D——压电材料的约束强度；

t_s——中心电极厚度；

ρ——压电材料的密度。

4.6.3　双压电型驱动元件的应用

双压电型驱动元件可以用于驱动阀门或制作加速度传感器，把它作为超声波振动源，可以做成超声波清洗机、超声波探伤仪、超声波医疗设备、细管道微型机器人等。

细管道微型机器人的基本结构如图 4-41a 所示。由双压电型驱动元件和 4 块弹簧片组成，如图 4-41b 所示。当频率为双压电驱动元件的共振频率的电源加到驱动元件上时，双压电驱动元件发生共振，由于弹性翼片与管道内壁的动摩擦作用，则会发生驱动元件的滑动。在图 4-41b 中，左边的动摩擦力小于右边的动摩擦力，所以双压电元件向左运动。

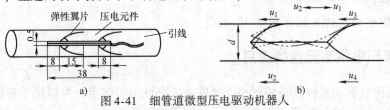

图 4-41 细管道微型压电驱动机器人

a）基本结构 b）工作原理

4.6.4 积层压电驱动元件

压电材料除制成双压电型驱动元件外，还开发出积层压电驱动元件。积层压电型与双压电型相比较，积层型在变位量、发生力、能量变换率和稳定性等方面具备优势。

过去采用压电材料夹上金属薄板的机械积层方法制造积层压电驱动元件，其结果是元件的体积大，驱动电压高。采用与陶瓷电容器相同的制造方法生产的积层压电元件，具有体积小、驱动电压低及输出力大等特点。其外观如图 4-42 所示。积层压电驱动元件的构造如图 4-43 所示。在长度方向（驱动方向）上有均匀层、非均匀层和保护层。均匀层由 110μm 厚的压电材料层、银-石墨合金内部电极层交替重叠而成，非均匀层由 220μm 厚的压电材料层、内部电极层交替重叠而成，保护层是 0.5mm 以上厚度的非活性压电材料层。

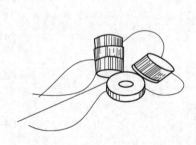

图 4-42　积层压电驱动元件外观图

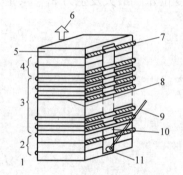

图 4-43　积层压电驱动元件的构造
1、5—保护层　2—非保护层　3—均匀层
4—非均匀层　6—驱动方向　7—玻璃绝缘层
8—内部电极层　9—引线　10—外部电极　11—焊锡

积层压电驱动元件的侧面露出全部内部电极。进行内部电极的电气连接时，让每隔一层的内部电极形成玻璃绝缘膜，之后再装上外部电极。用焊蜡把引线接到设置在保护层上的外部电极。此外，积层压电元件的上下端除外，其他都覆盖上一层树脂。积层压电元件的特点：

1）能量变换率高（约 50%）。

2）驱动电压低（最大变位量为 4μm 时为 75V，最大变位量为 16μm 时为 150 V）。

3）发生力大（3400N/cm²）。

4）响应快（几十微秒）。

5）稳定性好。

6）超精度驱动（1μm 以下可达 10nm）。

4.6.5　积层压电驱动元件的应用

由于积层压电驱动元件具备体积小、精度高、刚性大等特点，可以用于各种装置。积层压电驱动元件的用途综合在表 4-6 中。下面举例子加以说明。

表 4-6 积层压电驱动元件的用途

装置的名称	用　途
VTR	磁头的跟踪调节
CD、VDR	光头的聚焦机构、跟踪调节
计算机硬盘	磁头的跟踪调节、读出机构
打印机	打印机的线驱动元件
继电器、开关	接点的驱动元件
机器人、精密加工机构	精密进给机构、高精度直线驱动器
照相机、摄像机	测长、调焦距
压力传感器	CTR 的选择板

NC 机床精密进给直线驱动器的结构如图 4-44 所示。这种驱动器采用带压电元件、圆弧缺口支点的一体化机构，并且与驱动刀架直接连在一起。因此，它具有体积小、驱动力大、精密度高等优点。

精密进给直线驱动器的动作原理如图 4-45 所示。压电元件 2 受电流控制伸长或收缩，通过带圆弧缺口的杠杆 5 把这一伸长或收缩进行一级放大，再通过带圆弧缺口的平行四边形机构 4 进行二级放大，直接驱动刀架作水平运动，从而实现刀具的精密进给控制。

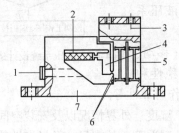 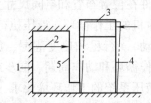

图 4-44　NC 机床精密进给直线驱动器的结构　　图 4-45　NC 机床精密进给直线 驱动器的动作原理
1—接线　2—压电元件　3—刀架　4—杠杆　　　　1—驱动器座　2—压电元件　3—刀架
5—平行四边形机构　6—应变电阻　7—驱动器座　　　4—平行四边形机构　5—杠杆

4.7　液压传动系统的设计

液压传动系统的设计是整机设计的一部分，它除了应符合主机动作循环和静、动态性能等方面的要求外，还应当满足结构简单、工作安全可靠、效率高、寿命长、经济性好、使用维护方便等条件。

液压传动系统的设计没有固定的统一步骤，根据系统的繁简、借鉴的多寡和设计人员经验的不同，在做法上有所差异。各部分的设计有时还要交替进行，甚至要经过多次反复才能完成。

4.7.1　液压传动系统设计基本方法及步骤

设计液压传动系统前必须对整个机器的工作过程和工作特性充分了解，其中包括有哪些运动，这些运动的自动化程度以及各运动对动力、速度、互锁等方面的要求等，然后，把液压传动同机械、电气传动相比较，选择确定最合适的传动方式。

在确定选用液压传动方式后，便可进行设计工作。它的任务是根据整机的用途、特点和要求，明确整机对液压系统设计的要求；进行工况分析以确定液压系统主要参数；拟订出合理的液压系统原理图；计算和选择液压元件的规格；验算液压系统的性能；绘制工作图，编制技术文件。

1. 液压传动系统设计的步骤

液压传动系统设计的步骤，随设计的实际情况、设计者的经验而各有差异，但其基本内容是一致的，其设计流程如图4-46所示。

以上设计步骤的过程，有时需要穿插进行，交叉展开。对某些比较复杂的液压系统，需经过多次反复比较，才能最后确定。对于绘制工作图、编制技术文件这一条，属于结构设计，进行时须先查明液压元件的结构和配置形式，仔细查阅有关产品样本、设计手册和资料，本章不作详细介绍。

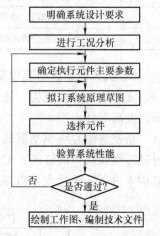

图4-46 液压系统设计的一般流程

2. 液压传动系统的设计要求

在开始设计液压传动系统时，首先要对机械设备主机的工作情况进行详细的分析，明确主机对液压传动系统提出的要求，具体包括：

1）主机的用途、主要结构、总体布局；主机对液压系统执行元件在位置布置和空间尺寸上的限制。

2）主机的工作循环、液压执行元件的运动方式（移动、转动或摆动）、行程和速度范围、负载条件、运动平稳性和精度、工作循环和动作周期、同步或互锁要求以及工作可靠性等。

3）液压系统的工作环境要求，例如：环境温度、湿度、外界情况以及安装空间等。

4）其他方面的要求。例如：液压装置的重量、外观造型、外观尺寸及经济性等。

4.7.2 液压传动系统的工况分析

液压传动系统的工况分析是指对液压执行元件工作情况进行分析，即进行运动分析和负载分析。分析的目的是查明每个执行元件在各自工作过程中的流量、压力和功率的变化规律，并将此规律用曲线表示出来，作为拟订液压系统方案、确定系统主要参数（压力和流量）的依据。

1. 运动分析

运动分析，就是研究工作机构根据工艺要求应以什么样的运动规律完成工作循环、运动速度的大小、加速度是恒定的还是变化的、行程大小及循环时间长短等。为此必须确定执行元件的类型，并绘制位移-时间循环图或速度-时间循环图。

2. 负载分析

负载分析，就是通过计算确定各液压执行元件的负载大小和方向，并分析各执行元件运动过程中的振动、冲击及过载能力等情况。

作用在执行元件上的负载有约束性负载和动力性负载两类。

约束性负载的特征是其方向与执行元件运动方向永远相反，对执行元件起阻止作用，而不会起驱动作用。例如库仑物体摩擦阻力、黏性摩擦阻力是约束性负载。

动力性负载的特征是其方向与执行元件的运动方向无关，其数值由外界规律所决定。

执行元件承受动力性负载时可能会出现两种情况：一种情况是动力性负载方向与执行元件运动方向相反，起着阻止执行元件运动的作用，称为阻力负载（正负载）；另一种情况是动力性负载方向与执行元件运动方向一致，称为超越负载（负负载）。执行元件要维持匀速运动，其中的流体要产生阻力功，形成足够的阻力来平衡超越负载产生的驱动力，这就要求系统应具有平衡和制动功能。重力是一种动力性负载，重力与执行元件运动方向相反时是阻力负载；与执行元件运动方向一致时是超越负载。

对于负载变化规律复杂的系统必须画出负载循环图。不同工作目的的系统，负载分析的着重点不同。例如，对于工程机械的作业机构，着重点为重力在各个位置上的情况，负载图以位置为变量；机床工作台着重点为负载与各工序的时间关系。

(1) 液压缸的负载计算　一般说来，液压缸承受的动力性负载有工作负载 F_w、惯性负载 F_m、重力负载 F_g，约束性负载有摩擦阻力 F_f、背压负载 F_b、液压缸自身的密封阻力 F_{sf}。即作用在液压缸上的外负载为

$$F = \pm F_w \pm F_m + F_f + F_g \pm F_b + F_{sf} \tag{4-45}$$

1) 工作负载 F_w。工作负载与主机的工作性质有关，它可能是定值，也可能是变值。一般工作负载是时间的函数，即 $F_w = f(t)$，需根据具体情况分析决定。

2) 惯性负载 F_m。工作部件在起动加速和制动过程中产生惯性力，按牛顿第二定律求出

$$F_m = ma = m \frac{\Delta v}{\Delta t} \tag{4-46}$$

式中　m——运动部件总质量。

　　　a——加（减）速度。

　　　Δv——Δt 时间内速度的变化量。

　　　Δt——起动或制动时间，起动加速时，取正值；减速制动时，取负值。一般机械系统，Δt 取 $0.1 \sim 0.5s$；行走机械系统，Δt 取 $0.5 \sim 1.5s$；机床运动系统，Δt 取 $0.25 \sim 0.5s$；机床进给系统，Δt 取 $0.05 \sim 0.2s$。工作部件较轻或运动速度较低时取小值。

3) 摩擦阻力 F_f。摩擦阻力是指液压缸驱动工作机构所需克服的机械摩擦力。对机床来说，该摩擦阻力与导轨形状/安放位置和工作部件的运动状态有关。

对于平形导轨

$$F_f = f(mg + F_N) \tag{4-47}$$

对于 V 形导轨

$$F_f = \frac{f(mg + F_N)}{\sin(\alpha/2)} \tag{4-48}$$

式中　F_N——作用在导轨上的垂直载荷；

　　　α——V 形导轨夹角（°），通常取 $\alpha = 90°$；

　　　f——导轨摩擦因数，其值可参阅相关设计手册。

4) 重力负载 F_g。当工作部件垂直或倾斜放置时，自重也是一种负载，当工作部件水平放置时，$F_g = 0$。

5）背压负载 F_b。液压缸运动时还必须克服回油路压力形成的背压阻力 F_b，其值为

$$F_b = p_b A_2 \tag{4-49}$$

式中　A_2——液压缸回油腔有效工作面积。

　　　p_b——液压缸背压。在液压缸结构式参数尚未确定之前，一般按经验数据估计一个数值。系统背压的一般经验数据为：中低压系统或轻载节流调速系统取 0.2～0.5MPa，回油路有调速阀或背压阀的系统取 0.5～1.5MPa，采用补油泵补油的闭式系统取 1.0～1.5MPa，采用多路阀的复杂的中高压工程机械系统取 1.2～3.0MPa。

6）液压缸自身的密封阻力 F_{sf}。液压缸工作时还必须克服其内部密封装置产生的摩擦阻力 F_{sf}，其值与密封装置的类型、油液工作压力，特别是液压缸的制造质量有关，计算比较繁琐，一般将它计入液压缸的机械效率 η_m 中考虑，通常取 $\eta_m = 0.90～0.95$。

（2）液压缸运动循环各阶段的负载　液压缸的运动分为起动、加速、恒速、减速制动等阶段，不同阶段的负载计算公式不同。

起动时　　　　　　　　　$F = (F_f \pm F_g + F_{sf}) / \eta_m$

加速时　　　　　　　　　$F = (F_m + F_f \pm F_g + F_b + F_{sf}) / \eta_m$

恒速运动时　　　　　　　$F = (\pm F_w + F_f \pm F_g + F_b + F_{sf}) / \eta_m$

减速制动时　　　　　　　$F = (\pm F_w - F_m + F_f \pm F_g + F_b + F_{sf}) / \eta_m$

3. 工作负载图

对复杂的液压系统，如有若干个执行元件同时或分别完成不同的工作循环，则有必要按上述各阶段计算总负载力，并根据上述各阶段的总负载力和它所经历的工作时间 t（或位移 s），按相同的坐标绘制液压缸的负载-时间（$F - t$）或负载-位移（$F - s$）图。图 4-47 所示为某机床主液压缸的速度图和负载图。

最大负载值是初步确定执行元件工作压力和结构尺寸的依据。

液压马达的负载力矩分析与液压缸的负载分析相同，只需将上述负载力的计算变换为负载力矩即可。

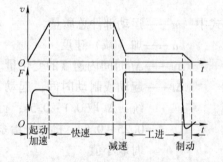

图 4-47　某机床主液压缸的速度图和负载图

4.7.3　液压传动系统方案设计

1. 确定回路方式

在拟订系统原理图时，应根据各类主机的工作特点和性能要求，首先确定对主机主要性能起决定性影响的主要回路。例如对于机床液压系统，调速和速度换接回路是主要回路，对于压力机液压系统，调压回路是主要回路。然后再考虑其他辅助回路，有垂直运动部件的系统要考虑平衡回路，有多个执行元件的系统要考虑顺序动作、同步或互不干扰回路，有空载运行要求的系统要考虑卸荷回路等。具体有：

（1）制订调速控制方案　根据执行元件工况图上压力、流量和功率的大小以及系统对温升、工作平稳性等方面的要求选择调速回路：

对于负载功率小、运动速度低的系统，采用节流调速回路。工作平稳性要求不高的执行元件，宜采用节流阀调速回路；负载变化较大、速度稳定性要求较高的场合，宜采用调速阀调速回路。

对于负载功率大的执行元件，一般都采用容积调速回路，即由变量泵供油，以避免过多的溢流损失，提高系统的效率；如果对速度稳定性要求较高，也可采用容积 – 节流调速回路。

调速方式决定之后，回路的循环形式也随之而定。节流调速、容积 – 节流调速一般采用开式回路，容积调速大多采用闭式同路。按负载选择工作压力时可参考表 4-7。

表 4-7　按负载选择工作压力

负载力/kN	<5	5 ~ 10	10 ~ 20	20 ~ 30	30 ~ 50	>50
工作压力/MPa	0.8 ~ 1	1.5 ~ 2	2.5 ~ 3	3 ~ 4	4 ~ 5	5 ~ 7

（2）制订压力控制方案　选择各种压力控制回路时，应仔细推敲各种回路在选用时所需注意的问题、特点和适用场合。例如卸荷回路，选择时要考虑卸荷所造成的功率损失、温升、流量和压力瞬时变化等。

恒压系统如进口节流和出口节流调速回路等，一般采用溢流阀起稳压溢流作用，同时也限定了系统的最高压力。另外也可采用恒压变量泵加安全阀的方式。

对非恒压系统，如旁路节流调速、容积调速和非定压容积节流调速，其系统的最高压力由安全阀限定。对系统中某一个支路要求比油源压力低的稳压输出，可采用减压阀实现。

液压系统的压力与液压设备工作环境、精度要求等有关。常用液压系统压力见表 4-8。

表 4-8　常用液压系统的工作压力

设 备 类 型	磨 床	车、铣、镗	组 合 机 床	龙门刨床、拉床	汽车、矿山机械、农业机械	大中型工程机械
工作压力/MPa	0.8 ~ 1	2 ~ 4	3 ~ 5	≤10	10 ~ 16	20 ~ 30

（3）制订顺序动作控制方案　主机各执行机构的顺序动作，根据设备类型的不同，有的按固定程序进行，有的则是随机的或人为的。对于工程机械，操纵机构多为手动，一般用手动多路换向阀控制；对于加工机械，各液压执行元件的顺序动作多数采用行程控制，行程控制普遍采用行程开关，因其信号传输方便，而行程阀由于涉及油路的连接，只适用于管路安装较紧凑的场合。

另外还有时间控制、压力控制和可编程序控制等。

2. 选用液压油液

普通液压系统选用矿油型液压油为工作介质，其中室内设备多选用汽轮机油和普通液压油，室外设备则选用抗磨液压油或低凝液压油，航空液压系统多选用航空液压油。对某些高温设备或井下液压系统，应选用难燃介质，如磷酸酯液、水-乙二醇、乳化液。液压油液选定后，设计和选择液压元件时应考虑其相容性。

3. 选择执行元件

1）若要求实现连续回转运动，应选用液压马达。如果转速高于 500r/min，可直接选用高速液压马达，如齿轮马达、双作用叶片马达或轴向柱塞马达；若转速低于 $500r/min$，可选用低速液压马达或高速液压马达加机械减速装置，低速液压马达有单作用连杆型径向柱塞马达和多作用内曲线径向柱塞马达。

2）若要求往复摆动，可选用摆动液压缸或齿条活塞液压缸。

3）若要求实现直线运动，应选用活塞液压缸或柱塞液压缸。如果是双向工作进给，应选用双活塞杆液压缸；如果只要求一个方向工作、反向退回，应选用单活塞杆液压缸；如果负载力不与活塞杆轴线重合或缸径较大、行程较长，应选用柱塞缸，反向退回则采用其他方式。

4. 确定液压泵类型

1）系统压力 $p < 21MPa$，选用齿轮泵或双作用叶片泵；$p > 21MPa$，选用柱塞泵。

2）若系统采用节流调速，则选用定量泵；若系统要求高效节能，则应选用变量泵。

3）若液压系统有多个执行元件，且各工作循环所需流量相差很大，则应选用多台泵供油，实现分级调速。

5. 选择调速方式

1）中小型液压设备，特别是机床，一般选用定量泵节流调速。若设备对速度稳定性要求较高，则选用调速阀的节流调速回路。

2）如果设备原动机是内燃机，可采用定量泵变转速调速，同时用多路换向阀阀口实现微调。

3）采用变量泵调速时，可以是手动变量调速，也可以是压力适应变量调速。

6. 确定调压方式

1）溢流阀旁接在液压泵出口，在进油和回油节流调速系统中为定压阀，保持系统工作压力恒定，其他场合为安全阀，限制系统最高工作压力。当液压系统在工作循环不同阶段的工作压力相差很大时，为节省能量消耗，应采用多级调压。

2）中低压系统为获得低于系统压力的二次压力可选用减压阀，大型高压系统宜选用单独的控制油源。

3）为了使执行元件不工作时液压泵在很小输出功率下工作，应采用卸载回路。

4）对垂直性负载应采用平衡回路，对垂直变负载则应采用限速锁，以保证重物平稳下落。

7. 选择换向回路

1）若液压设备自动化程度较高，应选用电动换向。此时各执行元件的顺序、互锁、联动等要求可由电气控制系统实现。

2）对行走机械，为工作可靠，一般选用手动换向。若执行元件较多，可选用多路换向阀。

8. 绘制液压系统原理图

液压基本回路确定以后，用一些辅助元件将其组合起来构成完整的液压系统。在组合回路时，尽可能多地去掉相同的多余元件，力求系统简单，元件数量、品种规格少。综合后的系统要能实现主机要求的各项功能，并且操作方便，工作安全可靠，动作平稳，调整维修方便。对于系统中的压力阀，应设置测压点，以便将压力阀调节到要求的数值，并可由测压点处压力表观察系统是否正常工作。

4.7.4　液压系统的参数计算

1. 确定液压泵的最大工作压力和流量

液压泵的最大工作压力 p_p 按下式计算

$$p_p = p_{1max} + \sum \Delta p \tag{4-50}$$

式中　p_{1max}——液压执行元件最大工作压力，由压力图（p-t 图）选取最大值。

　　　$\sum \Delta p$——液压泵出口到执行元件入口之间所有沿程压力损失和局部压力损失之和。初算时按经验数据选取：管路简单，管中流速不大时，取 $\sum \Delta p = 0.2 \sim 0.5 MPa$；管路复杂，管中流速较大或有调速元件时，取 $\sum \Delta p = 0.5 \sim 1.5 MPa$。

液压泵的最大工作流量 q_p 按下式计算

$$q_p = K (\sum q)_{max} \tag{4-51}$$

式中　K——考虑系统泄漏和溢流阀保持最小溢流量的系数，一般取 $K = 1.1 \sim 1.3$，大流量取小值，小流量取大值；

　　$(\sum q)_{max}$——同时工作的执行元件的最大总流量，由流量图（q-t 图）选取最大值。

选择液压泵时，可以参考液压元件手册，根据液压泵最大工作压力 p_p 选择液压泵的类型，根据液压泵的最大工作流量 q_p 选择液压泵的规格。选择液压泵的额定压力时应考虑到动态过程和制造质量等因素，要使液压泵有一定的压力储备。一般泵的额定工作压力应比上述最大工作压力高 20% ~ 60%。

2. 确定原动机的功率

液压泵在额定压力和额定流量下工作时，其驱动电动机的功率可从元件手册中查到。此外也可根据具体工况计算。在工作循环中，当液压泵的压力和功率变化较小时，液压泵所需的驱动功率为

$$P_p = p_p q_p / \eta_p \tag{4-52}$$

式中　η_p——液压泵的总效率，齿轮泵 $\eta_p = 0.6 \sim 0.8$，叶片泵 $\eta_p = 0.7 \sim 0.8$，柱塞泵 $\eta_p = 0.8 \sim 0.85$。

在工作循环过程中，当液压泵的压力和功率变化较大时，液压泵所需的驱动功率应按下式计算

$$P_p = \sqrt{\sum_{i=1}^{n} P_i^2 t_i / \sum_{i=1}^{n} t_i} \tag{4-53}$$

式中　P_i、t_i——在整个工作循环中，第 i 个工作阶段所需的功率及所需的时间。

3. 液压缸的主要尺寸确定

根据初定的系统压力 p_s，液压缸的最高工作压力 $p_{max} \approx 0.9 p_s$。视可得液压缸回油背压为零，可得液压缸活塞作用面积

$$A = F_L / p_{max}$$

对双活塞杆液压缸，$A = \dfrac{\pi (D^2 - d^2)}{4}$，一般取 $d = 0.5D$；对单活塞杆液压缸，$A = \dfrac{\pi D^2}{4}$，

按往返速比要求一般取 $d = (0.5 \sim 0.7) D$；对柱塞缸，$A = \dfrac{\pi d^2}{4}$。

如在计算液压缸尺寸时需考虑背压，则可初定一参考数值，回路确定之后再修正。液压

缸参考背压值见表4-9。

表4-9 液压缸参考背压值

系 统 类 型	背压 $p_2/$ ($\times 10^5$ Pa)
回油路上有节流阀的调速系统	2～5
回油路上有调速阀的调速系统	5～8
回油路上装有背压阀	5～15
带补油泵的闭式回路	8～15

若液压缸有低速要求时，已算出的有效作用面积 A 还应满足最低稳定速度的要求。即 A 应满足

$$A \geqslant \frac{q_{\min}}{v_{\min}}$$

式中　$q_{\min}$——流量控制阀或变量泵的最小稳定流量，由产品样本查出；

$v_{\min}$——原动机构的最小工作速度。

计算出的活塞直径 D、活塞杆直径 d 或柱塞直径 d_1 需按国家标准 GB/T 2348—1993 《液压气动系统及元件　缸内径及活塞杆外径》圆整。在 D、d 确定后可求得液压缸所需流量 $q_1 = v_{\max}A$。

4. 液压马达的主要尺寸确定

为保证液压马达运转平稳，一般应设回油背压 $p_b = 0.5～1MPa$。因此可由最大负载转矩 T_{Lmax}、最高转速 n_{Mmax} 及液压马达工作压力 p 计算液压马达的排量 V_M 及输入液压马达的最大流量 q_M

$$V_M = \frac{2\pi T_{Lmax}}{(p - p_b)\ \eta_{Mm}}$$

$$q_M = \frac{n_{Mmax}V_M}{\eta_{MV}}$$

式中　η_{MV}、η_{Mm}——液压马达的容积效率和机械效率，计算时可查手册或产品样本。

5. 阀类元件选择

液压泵的规格型号确定之后，参照液压系统原理图可以估算出各控制阀承受的最大工作压力和实际最大流量，查产品样本确定阀的型号规格。

（1）控制阀的选择　一般要求选定的阀类元件的公称压力和流量大于系统最高工作压力和通过该阀的实际最大流量。对于换向阀，有时也允许短时间通过的实际流量略大于该阀的公称流量，但不超过20%。流量阀按系统中流量调节范围来选取，其最小稳定流量应能满足执行元件最低稳定速度的要求。

（2）辅助元件的选择　过滤器、蓄能器、管道和管接头等辅助元件可按照相关标准选用。选择油管和管接头的方法，是使它们的规格与它所连接的液压元件油口的尺寸一致。

油箱的有效容积的确定一般根据泵的额定流量 q_{pn} 进行，对低压系统（0～2.5MPa），$V = (2～4min)q_{pn}$；中压系统（2.5～6.3MPa），$V = (5～7min)q_{pn}$；高压系统（>6.3MPa），$V = (6～12min)q_{pn}$。

（3）液压阀配置形式的选择　对于固定式液压设备，常将液压系统的动力、控制与调

节装置集中安装成独立的液压站，可使装配与维修方便，隔开动力源的振动，并减小油温的变化对主机工作精度的影响。液压元件在液压站上的配置有多种形式可供选择。配置形式不同，则液压系统的压力损失和元件类型不同。液压元件的配置形式目前采用集成化配置，具体有下面三种：

1）集成油路板式。集成油路板是一块较厚的液压元件安装板，板式连接的液压元件由螺钉安装在板的正面，管接头安装在板的反面，元件之间的油路全部由板内加工的孔道形成。

2）集成块式。集成块是一个通用化的六面体，四周除一面安装通向执行元件的管接头外，其余三面都可安装板式液压阀。元件之间的连接油路由集成块内部孔道形成。一个液压系统往往由多块集成块组成，进油口和回油口在底板上，通过集成块的公共孔直通顶盖。

3）叠加阀式。叠加阀是自成系列的元件，每个叠加阀既起控制阀作用，又起通道体的作用，因此它不需要另外的连接块，只需用长螺栓直接将各叠加阀叠装在底板上，即可组成所需要的液压系统。这种配置形式的优点是：结构紧凑、油管少、体积小、重量小，不需设计专用的油路连接块。

6. 液压辅助元件的选择

（1）蓄能器的选择　在液压系统中，蓄能器的作用是储存压力能，也可减小液压冲击和吸收压力脉动。在选择时可根据蓄能器在液压系统中所起作用，相应地确定其容量，具体可参阅相关手册。

（2）过滤器的选择　过滤器是保持工作介质清洁、使系统正常工作所不可缺少的辅助元件。过滤器应根据其在系统中所处部位及被保护元件对工作介质的过滤精度要求、工作压力、过流能力及其他性能要求而定，通常应注意以下几点：

1）其过滤精度要满足被保护元件或系统对工作介质清洁度的要求。

2）过流能力应大于或等于实际通过的流量的2倍。

3）过滤器的耐压应大于其安装部位的系统压力。

4）适用的场合一般按产品样本上的说明。

（3）油箱的设计　液压系统中油箱的作用是：储油，保证供给系统充分的油液；散热，液压系统中由于能量损失所转换的热量大部分由油箱表面散逸；沉淀油中的杂质；分离油中的气泡，净化油液。在油箱的设计中具体可参阅本教材内容和相关手册。

（4）冷却器的选择　液压系统如果依靠自然冷却不能保证油温维持在限定的最高温度之下，就需装设冷却器进行强制冷却。

冷却器有水冷和风冷两种。对冷却器的选择主要是根据其热交换量来确定其散热面积及其所需的冷却介质量。

（5）加热器的选择　环境温度过低，使油温低于正常工作温度的下限，则需安装加热器。具体加热方法有蒸汽加热、电加热、管道加热。通常采用电加热器。

使用电加热器时，单个加热器的容量不能选得太大；如功率不够，可多装几个加热器，且加热管部分应全部浸入油中。

根据油的温升和加热时间及有关参数，可计算出加热器的发热功率，然后求出带电加热器的功率。

（6）管件的选择　管件包括油管和管接头。管件选择是否得当，直接关系到系统能否正常工作和能量损失的大小，一般从强度和允许流速两个方面考虑。

液压传动系统中所用的油管，主要有钢管、纯铜管、钢丝编织或缠绕橡胶软管、尼龙管和塑料管等。油管的规格尺寸大多由所连接的液压元件接口处尺寸决定，只有对一些重要的管道才验算其内径和壁厚。具体可参阅相关手册。

在选择管接头时，除考虑其有合适的通流能力和较小的压力损失外，还要考虑到装卸维修方便、连接牢固、密封可靠及支承元件的管道要有相应的强度。另外还要考虑使其结构紧凑、体积小、重量轻。

4.7.5　系统性能验算

当回路的形式、元件及连接管路等完全确定后，可针对实际情况对所设计的系统进行各项性能分析和主要性能验算，以便评判其设计质量，并改进和完善系统。对一般的系统，主要是进一步确切地计算系统的压力损失、容积损失、效率、压力冲击及发热温升等；根据分析计算发现问题，对某些不合理的设计进行调整，或采取其他的必要措施。下面说明系统压力损失及发热温升的验算方法。

1. 系统压力损失的验算

绘出管路装配草图后，即可计算管路的沿程压力损失 Δp 和局部压力损失 Δp_L。应按系统工作循环的不同阶段，对进油路和回油路分别计算压力损失。但是，在系统的具体管道布置情况没有明确之前，管路的沿程压力损失和局部压力损失仍无法计算。为了尽早地评估系统的主要性能，避免后面的设计工作出现大的反复，在系统方案初步确定之后，通常用液流通过阀类元件的局部压力损失来对管路的压力损失进行概略的估算，因为这部分损失在系统的整个压力损失中占很大的比重。

在对进、回油路分别算出沿程压力损失和局部压力损失后，将此验算值与前述设计过程中初步选取的进、回油路压力损失经验值相比较，若验算值较大，一般应对原设计进行必要的修改，重新调整有关阀类元件的规格和管道尺寸等，以降低系统的压力损失。

需要指出，实践证明，对于较简单的液压系统，压力损失验算可以省略。

2. 系统发热温升的验算

系统在工作时，有压力损失、容积损失和机械损失，这些损失所消耗的能量多数转化为热能。特别是液压系统，系统发热使油温升高，导致油液的黏度下降、油液变质，影响正常工作。为此，必须控制温升在许可范围内。

4.7.6　绘制正式工作图和编制技术文件

所设计的液压系统经过验算后，即可对初步拟订的系统进行修改，并绘制正式工作图和编制技术文件。

1. 绘制正式工作图

正式工作图包括按国家标准绘制正规的系统原理图，系统装配图，阀块等非标准元件、辅件的装配图及零件图。

系统原理图中应附有元件明细表，表中标明各元件的规格、型号和压力、流量调整值。一般还应绘出各执行元件的工作循环图和电磁铁动作顺序表。

系统装配图是系统布置全貌的总布置图和管路施工图（管路布置图）。对液压系统应包括油箱装配图、液压泵站装配图、集成油路块装配图和管路安装图等。在管路安装图中应画出各管路的走向、固定装置结构、各种管接头的形式和规格等。

标准元件、辅件和连接件的清单，通常以表格形式给出；同时给出工作介质的品牌、数量及系统对其他配置（如厂房、电源、电线布置、基础施工条件等）的要求。

2. 编制技术文件

必须明确设计任务书，据此检查、考核液压系统是否达到设计要求。

技术文件一般包括系统设计计算说明书，系统使用及维护技术说明书，零部件明细表，标准件、通用件及外购件明细表，系统有关的其他注意事项。

上面所列的液压系统的设计步骤只是一般设计过程和内容。在实际的设计工作中，这些步骤并不是固定不变的，而往往需要进行多次修改，才能初步完成一台机器液压系统的设计。

4.8　液压传动系统设计计算举例

本节以一台钻镗两用组合机床液压系统的设计计算为例，对液压传动系统的设计计算进行说明，所要设计的液压系统，要完成 8 个 ϕ12mm 孔的加工进给传动。其设计过程如下。

4.8.1　明确系统设计要求

根据加工需要，该系统的工作循环是：快速前进→工作进给→快速退回→原位停止。

调查研究及计算结果表明，快进、快退速度约为 4.5mm／min，工进速度应能在 20～120mm/min 范围内无级调速，最大行程为 400 mm（其中工进行程为 180 mm），在进给方向最大切削力 18 kN，运动部件自重为 25 kN，起动换向时间 $\Delta t = 0.05$s，采用水平放置的平导轨，静摩擦因数 $f_s = 0.2$，动摩擦因数 $f_k = 0.1$，液压缸机械效率 $\eta_{cm} = 0.9$。

4.8.2　液压传动系统的工况分析

液压缸在工作过程各阶段的负载为：

起动加速阶段

$$F = (F_s + F_i)\frac{1}{\eta_{cm}} = \left(f_s G + \frac{G}{g}\frac{\Delta v}{\Delta t}\right)\frac{1}{\eta_{cm}} = \left(0.2 \times 25000 + \frac{25000}{9.8} \times \frac{0.075}{0.05}\right)\frac{1}{0.9}\text{N} = 9807\text{N}$$

快进或快退阶段　　　　$F = \dfrac{F_f}{\eta_{cm}} = \dfrac{F_k}{\eta_{cm}} = \dfrac{0.1 \times 25000}{0.9}\text{N} = 2778\text{N}$

工进阶段　　　　$F = \dfrac{F_w + F_f}{\eta_{cm}} = \dfrac{F_w + f_k G}{\eta_{cm}} = 22778\text{N}$

将液压缸在各阶段的速度和负载值列于表 4-10 中。

表 4-10　液压缸在各阶段的速度和负载值

工　作　阶　段	速度 v/(m/s)	负载 F／N
起动加速		9807
快进	0.075	2778
工进	0.0003～0.002	22778
快退	0.075	7778

4.8.3 确定执行元件的工作压力

1. 初选液压缸的工作压力

参考同类型组合机床，取液压缸工作压力为 3 MPa。

2. 确定液压缸的主要结构参数

由表 4-10 看出，最大负载为工进阶段的负载 $F = 22778$ N，则有

$$D = \sqrt{\frac{4F}{\pi p}} = \sqrt{\frac{4 \times 22778}{3.14 \times 3 \times 10^6}} \text{m} = 9.83 \times 10^{-2} \text{m}$$

查设计手册，按液压缸内径系列将以上计算值圆整为标准直径，取 $D = 100$ mm。

为了实现快进速度与快退速度相等，采用差动连接，则 $d = 0.707D$，所以 $d = 0.707 \times 100$ mm $= 70.7$ mm。

同样圆整成标准系列活塞直径，取 $d = 70$ mm。由 $D = 100$ mm、$d = 70$ mm 算出液压缸无杆腔有效作用面积 $A_1 = 78.5$ cm^2，有杆腔有效作用面积 $A_2 = 40.1$ cm^2。

工进若采用调速阀调速，查产品样本，调速阀最小稳定流量 $q_{min} = 0.05$ L/min，因最小工进速度 $v_{min} = 20$ mm/min，则

$$\frac{q_{min}}{v_{min}} = \frac{0.05 \times 10^3}{20 \times 10^{-1}} \text{cm}^2 = 25 \text{cm}^2 < A_2 < A_1$$

因此能满足低速稳定性要求。

3. 计算液压缸的工作压力、流量和功率

（1）计算工作压力 查阅设计手册知，本系统的背压估计值可在 $0.5 \sim 0.8$ MPa 范围内选取，故暂定工进时 $p_b = 0.8$ MPa，快速运动时 $p_b = 0.5$ MPa。液压缸在工作循环各阶段的工作压力为：

差动快进阶段

$$p_1 = \frac{F}{A_1 - A_2} + \frac{A_2}{A_1 - A_2} p_b = \left[\frac{2778}{(78.5 - 40.1) \times 10^{-4}} + \frac{40.1 \times 10^{-4} \times 0.5 \times 10^6}{(78.5 - 40.1) \times 10^{-4}} \right] \text{Pa}$$
$$= 1.24 \times 10^6 \text{Pa} = 1.24 \text{MPa}$$

工作进给阶段

$$p_1 = \frac{F}{A_1} + \frac{A_2}{A_1} p_b = \left(\frac{22778}{78.5 \times 10^{-4}} + \frac{40.1 \times 10^{-4}}{78.5 \times 10^{-4}} \times 0.8 \times 10^6 \right) \text{Pa}$$
$$= 3.31 \times 10^6 \text{Pa} = 3.31 \text{MPa}$$

快速退回阶段

$$p_1 = \frac{F}{A_2} + \frac{A_1}{A_2} p_b = \left(\frac{2778}{40.1 \times 10^{-4}} + \frac{78.5 \times 10^{-4}}{40.1 \times 10^{-4}} \times 0.5 \times 10^6 \right) \text{Pa}$$
$$= 1.67 \times 10^6 \text{Pa} = 1.67 \text{MPa}$$

（2）计算液压缸的输入流量 快进快退速度 $v = 0.075$ m/s，最大工进速度 $v_2 = 0.02$ m/s，则液压缸各阶段的输入流量为：

快进阶段

$$q_1 = (A_1 - A_2) v_1 = (78.5 - 40.1) \times 10^{-4} \times 0.075 \text{m}^3/\text{s}$$

$$= 0.29 \times 10^{-3} \, \text{m}^3/\text{s} = 17.4 \, \text{L/min}$$

工进阶段

$$q_1 = A_1 v_2 = 78.5 \times 10^{-4} \times 0.002 \, \text{m}^3/\text{s} = 0.061 \times 10^{-3} \, \text{m}^3/\text{s}$$
$$= 0.96 \, \text{L/s}$$

快退阶段

$$q_1 = A_2 v_1 = 40.1 \times 10^{-4} \times 0.075 \, \text{m}^3/\text{s} = 0.3 \times 10^{-3} \, \text{m}^3/\text{s}$$
$$= 18 \, \text{L/s}$$

（3）计算液压缸的输入功率　各阶段的输入功率为

快进阶段

$$P = p_1 q_1 = 1.24 \times 10^6 \times 0.29 \times 10^{-3} \, \text{W} = 360 \, \text{W}$$
$$= 0.36 \, \text{kW}$$

工进阶段

$$P = p_1 q_1 = 3.31 \times 10^6 \times 0.016 \times 10^{-3} \, \text{W} = 50 \, \text{W} = 0.05 \, \text{kW}$$

快退阶段

$$P = p_1 q_1 = 1.67 \times 10^6 \times 0.3 \times 10^{-3} \, \text{W} = 500 \, \text{W} = 0.5 \, \text{kW}$$

将以上计算的压力、流量和功率值列于表 4-11 中。

表 4-11　液压缸在各工作阶段的压力、流量和功率

工 作 阶 段	工作压力 p_1/MPa	输入流量 q_1/(L/min)	输入功率 P/kW
快速进给	1.24	17.4	0.36
工作进给	3.31	0.96	0.05
快速退回	1.67	18	0.5

4.8.4　拟订系统原理图

根据钻镗两用组合机床的设计任务和工况分析，该机床对调整范围、低速稳定性有一定要求，因此速度控制是该机床要解决的主要问题。速度的换接、稳定性和调节是该机床液压系统设计的核心。

1. 速度控制回路的选择

该机床的进给运动要求有较好的低速稳定性和速度-负载特性，故采用调速阀调速。有三种方案可供选择，即进口油路节流调速、出口油路节流调速、限压式变量泵加调速阀的调速。本系统为小功率系统，效率和发热问题并不突出；钻镗属于连续切削加工，切削力变化不大，而且是正负载，在其他条件相同的情况下，进口油路节流调速比出口油路节流调速能获得更低的稳定速度，故本机床液压系统采用调速阀式进口油路节流调速回路，为防止孔钻通时发生前冲，在回油路上应加背压阀。

由表 4-11 可知，液压系统的供油主要为低压大流量和高压小流量两个阶段，若采用单个定量泵，显然系统的功率损失大、效率低。为了提高系统效率和节约能源，采用双泵供油回路，且油路采用开式循环回路。

2. 换向和速度换接回路的选择

本系统对换向平稳性的要求不是很高，所以选用价格较低的电磁换向阀控制换向回路。

为便于差动连接，选用三位五通电磁换向阀。为了调整方便和便于增设液压夹紧支路，选用 Y 型中位机能。由计算可知，当滑台从快进转为工进时，进入液压缸的流量由 17.4 L/min 降为 0.96 L/min，可选二位二通行程换向阀来进行速度换接，以减小液压冲击。由工进转为快退时，在回路上并联了一个单向阀以实现速度换接。为了控制轴向加工尺寸，提高换向位置精度，采用死挡块加压力继电器的行程终点转换控制。

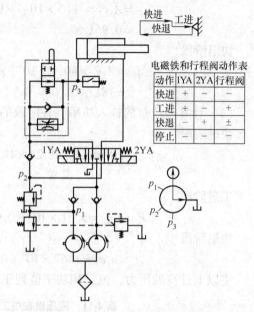

电磁铁和行程阀动作表

动作	1YA	2YA	行程阀
快进	+	-	-
工进	+	-	+
快退	-	+	±
停止	-	-	-

3. 压力控制回路的选择

由于采用双泵供油回路，故用液控顺序阀实现低压大流量泵卸荷，用溢流阀调整高压小流量泵的供油压力。为了便于观察和调整压力，在液压泵的出口处、背压阀和液压缸无杆腔进口处设测压点。

将上述所选定的液压基本回路组合成液压系统，并根据需要作必要的修改调整。最后画出液压系统原理图及电磁铁和行程阀动作表，如图 4-48 所示。

图 4-48　液压系统原理图及电磁铁和行程阀动作表

4.8.5　选择元件

1. 选择液压泵

由表 4-11 可知，工作进给阶段液压缸工作压力最大，如果取进口油路总的压力损失 $\sum \Delta p_1 = 0.5\text{MPa}$，则液压泵最大工作压力

$$p_p \geq p_1 + \sum \Delta p_1 = (3.31 + 0.5)\text{MPa} = 3.81\text{MPa}$$

因此，液压泵的额定压力可以取为（ $3.81 + 3.81 \times 25\%$ ）MPa = 4.76 MPa。

将表 4-11 中的流量值按单杆液压缸差动快进计算，可求出快速及工进阶段的供油流量。快进、快退时泵的流量为

$$q_p \geq k_1 q_1 = 1.1 \times 18\text{L/min} = 19.8\text{L/min}$$

工进时泵的流量为

$$q_p \geq k_1 q_1 = 1.1 \times 0.96\text{L/min} = 1.06\text{L/min}$$

考虑到节流调速系统中溢流阀的性能特点，尚需加上溢流阀稳定工作的最小溢流量，一般取为 3 L/min，所以小流量泵的流量为

$$q_p = (1.06 + 3)\text{L/min} = 4.06\text{L/min}$$

查产品样本，选用小泵排量 $V_1 = 6\text{mL/r}$，大泵排量 $V_2 = 16\text{ mL/r}$ 的 YB₁ 型双联叶片泵，其额定转速 $n = 960\text{ r/min}$，容积效率 $\eta_{pV} = 0.95$，则小流量泵的流量为

$$q_{p1} = V_1 n \eta_{pV} = 6 \times 10^{-3} \times 960 \times 0.95\text{L/min} = 5.47\text{L/min}$$

大流量泵的流量为

$$q_{p2} = (19.8 - 5.47)\text{ L/min} = 14.33\text{L/min}$$

则大流量泵的额定流量为

$$q_{pn2} = V_2 n \eta_{pV} = 16 \times 10^{-3} \times 960 \times 0.95 \text{L/min} = 14.59 \text{L/min}$$

由于

$$q_{p1} + q_{p2} = 20.06 \text{L/min} > 19.8 \text{L/min}$$

可以满足要求，故本系统选用一台 $YB_1 - 16/6$ 型双联叶片泵。

由表 4-11 可见，快退阶段的功率最大，故按快退阶段估算电动机的功率。若取快退时进油路的压力损失 $\sum \Delta p_1 = 0.2 \text{MPa}$，液压泵的总效率 $\eta_p = 0.7$，则电动机的功率为

$$P_p = \frac{p_p q_p}{\eta_p} = \frac{(p_1 + \sum \Delta p_1) q_p}{\eta_p} = \frac{(1.67 + 0.2) \times 10^6 \times (5.45 + 14.59) \times 10^{-3}}{60 \times 0.7} \text{W} = 893 \text{W}$$

查电动机产品样本，选用 Y90L-6 型异步电动机，$P = 1.1 \text{kW}$，$n = 960 \text{r/min}$。

2. 选择液压阀

根据所拟订的液压系统原理图，计算分析通过各液压阀油液的最高压力和最大流量，选择各液压阀的型号规格，列于表 4-12 中。

表 4-12　液压元件的型号规格

序　号	元 件 名 称	通过流量 $q/(\text{L/min})$	型 号 规 格
1	双联叶片泵	20.06	YB_1-16／6
2	溢流阀	5.47	Y_1-10B
3	单向阀	14.59	I -25B
4	单向阀	5.47	I -10B
5	三位五通电磁换向阀	40.12	35E-40B
6	压力继电器		DP_1-63B
7	单向行程调速阀	40.12、20.06、1.06	CQ I -40B
8	单向阀	10.03	I -10B
9	背压阀	0.48	B-10B
10	外控顺序阀	15.07	XY-25B
11	压力表		Y-100T
12	压力表开关		KF_3-E3B
13	过滤器	20.06	WU-63X180

3. 选择辅助元件

油管内径一般可参照所选元件油口尺寸确定，也可按管路允许流速进行计算，本系统油管选用 $\phi 18 \times 1.6$ 无缝钢管。

油箱容量按前面所述确定，即

$$V = (5 \sim 7 \text{min}) q_{pn} = (5 \sim 7 \text{min}) \times 20 \text{L/min} = 100 \sim 140 \text{L}$$

其他辅助元件型号规格按相关产品样本选取，也列于表 4-12 中。

4.8.6　系统性能验算

由于本液压系统比较简单，压力损失验算可以忽略。又由于系统采用双泵供油方式，在液压缸工进阶段，大流量泵卸荷，功率使用合理；同时油箱容量可以取较大值，系统发热温升不大，故不必进行系统温升的验算。

4.9　液压伺服控制系统

电液伺服驱动系统是电气技术和液压传动及控制相结合的产物，它兼备了电气和液压的双重优势，形成了具有竞争力的传动控制系统。现代电液控制技术的发展只需追溯到二次大战时期，出于当时军事的需要，武器和飞行器自动控制系统的研究已取得了很大进展，特别是喷气技术取得了突破性的进展，由于喷气式飞行器速度很高，因此对控制系统的快速性、动态精度和功率—重量比都提出了更高的要求。

1940 年年底在飞机上首先出现了电液伺服系统，它的滑阀由伺服电动机拖动，伺服电动机的惯量很大，成了限制系统动态特性的关键因素。20 世纪 50 年代初出现了高速响应的永磁式力矩马达，后期又出现了以喷嘴挡板阀作为先导级的电液伺服阀，使电液伺服系统成为当时响应最快、控制精度最高的伺服系统。

1958 年美国勃莱克布恩等公布了他们在麻省理工学院的研究工作，为现代电液伺服系统的理论和实践奠定了基础。随后各种结构的电液伺服阀相继问世，特别是以摩格（Moog）为代表的，采用干式力矩马达和极间力反馈的电液伺服阀的出现和各类电反馈技术的应用，进一步提高了电液伺服阀的性能，使电液伺服技术日益成熟。今天，电液伺服系统已逐渐成为武器和航空、航天自动控制以及一部分民用工业设备自动控制的重要组成部分。

4.9.1　液压伺服控制原理及其特点

1. 液压伺服系统原理

液压伺服系统（液压控制系统或液压随动系统）是一种自动控制系统，在这种控制系统中，液压执行元件的运动，也就是系统的输出量（机构位移、速度、加速度或力），能自动、快速而准确地复现输入量的变化规律。与此同时，还起到信号的功率放大作用，因此液压伺服机构也是功率放大装置。凡是采用液压伺服元件和液压执行元件，根据液压传动原理建立起来的伺服系统，都称为液压伺服控制系统。

图 4-49 所示为一简单液压传动系统，由一个滑阀控制的液压缸，推动负载运动。当给阀芯输入量 x_i（例如向右），则滑阀移动某一开口量 x_v，此时，压力油进入液压缸右腔，液压缸左腔回油，推动缸体向右运动，即有一输出位移 x_p，这一输出位移 x_p 和输入位移 x_i 大小无直接关系，而与液压缸结构尺寸有关。

若将上述滑阀和液压缸组合成一个整体，构成反馈通路，上述系统就变成一简单液压伺服系统，如图 4-50 所示。

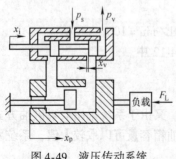

图 4-49　液压传动系统

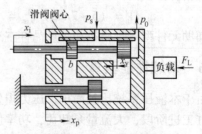

图 4-50　液压伺服系统

如果控制滑阀处于中间位置（零位），即没有信号输入，$x_i = 0$。这时阀芯凸肩恰好堵住液压缸两个油口，缸体不动，系统的输出量 $x_p = 0$，负载停止不动，系统处于静止平衡状态。

若给控制滑阀输入一个正位移 $x_p > 0$（例如向右为正）的输入信号，阀芯偏离其中间位置，液压缸进出油路同时打开，凸肩和油口形成截流窗口，阀相应开口量 $x_v = x_i$，高压油通过一个截流窗口进入液压缸右腔，而液压缸左腔的油通过另一个截流窗口回油，液压缸产生位移 x_p，此时，系统处于不平衡状态。

由于控制滑阀阀体和液压缸缸体固连在一起，成为一个整体，随着输出量 x_p 的增加，而滑阀开口量 x_v 逐渐减少。当 x_p 增加到 $x_p = x_i$ 时，则开口量 $x_v = 0$，油路关闭，液压缸不动，负载停止在一个新的位置上，达到一个新的平衡状态。如果继续给控制滑阀向右的输入信号 x_i，液压缸就会跟随这个信号继续向右运动。反之，若给控制滑阀输入一个负位移 $x_i < 0$（向左为负）的输入信号，则液压缸就会跟随这个信号向左运动。

由此看出，在此系统中，滑阀不动，液压缸也不动；滑阀移动多少距离，液压缸也移动多少距离；滑阀移动速度快，液压缸移动速度也快；滑阀向哪个方向移动，液压缸也向哪个方向移动。只要给控制滑阀以某一规律的输入信号，则执行元件（系统输出）就自动地、准确地跟随控制滑阀按照这个规律运动，这就是液压伺服系统的工作原理。

2. 液压伺服系统的基本特点

通过上述分析，可以看出液压伺服系统具有下列基本特点：

1）输出量能够自动地跟随输入量变化规律而变化，所以，液压伺服系统也可称为随动系统。

2）液压缸位移 x_p 和阀芯位移 x_i 之间不存在偏差时，即当控制滑阀处于零位时，系统的控制对象处于静止状态。由此可见，欲使系统有输出信号，首先必须保证控制滑阀具有一个开口量，即 $x_v = x_i - x_p \neq 0$。系统的输出信号和输入信号之间存在偏差是液压伺服系统工作的必要条件，也可以说液压伺服系统是靠偏差信号进行工作的。所以，液压伺服系统是一个有差系统。

3）输出信号之所以能精确地复现输入信号的变化，是因为控制阀体和液压缸固连在一起，构成了一个反馈控制通路。液压缸输出位移 x_p 通过这个反馈通路回输给控制阀体，与输入位移 x_i 相比较，从而逐渐减小和消除输出信号和输入信号之间的偏差，即滑阀的开口量，直至输出位移和输入位移相同为止。所以，液压伺服系统是一个反馈系统，这里的反馈是负反馈。

4）移动滑阀所需信号功率是很小的，而系统的输出功率（液压缸输出的速度和力）却可以很大，所以，液压伺服系统是一个功率（或力）放大系统。

综上所述，液压伺服控制的基本原理就是液压流体的反馈控制，即利用反馈连接得到偏差信号，再利用偏差信号去控制液压能源输入到系统的能量，使系统向减小偏差的方向变化，从而使系统输出信号复现输入信号的变化规律。

4.9.2　液压伺服控制系统的组成和分类

1. 液压伺服控制系统的组成

图 4-51 所示为应用电液伺服阀的电液位置伺服系统，由指令电位器 1、反馈电位器 2、放大器 3、电液伺服阀 4、液压缸 5 和工作台 6 组成。

指令电位器将滑臂的位置指令 x_g 转换成电压 u_g，被控制的工作台位置 x_f 由反馈电位器检测，并转换成电压 u_f，两个相同的线性电位器接成桥式电路，该电桥输出电压 $\Delta u = u_g - u_f$。当工作台位置 x_f 与指令位置 x_g 一致时，电桥输出偏差电压 $\Delta u = 0$，此时放大器输出电压为零；电液伺服阀处于零位，没有流量输出，工作台不移动，系统处在一个平衡状态。当指令电位器滑臂位置发生变化，如向右移动某一位移 x_g，而工作台位置还没有发生变化时，即 $x_f = 0$、$u_f = 0$，则电桥输出的偏差电压

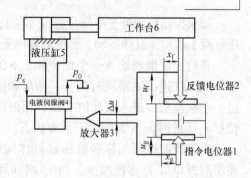

图 4-51　应用电液伺服阀的电液位置伺服系统

$\Delta u = u_g - u_f = u_g$，经放大器放大后变为电流信号去控制电液伺服阀，电液伺服阀输出压力油，推动工作台右移。工作台位移 x_f 由反馈电位器检测，转换为电压 u_f，使电桥输出的偏差电压逐渐减小，当工作台位移 x_f 等于指令电器滑臂位移 x_g 时，电桥输出偏差电压 $\Delta u = 0$，工作台停止运动，系统处在一个新的平衡状态。如果指令电位器滑臂反向运动，则工作台也作反向运动。在这种系统中，工作台位置能准确地跟随指令电位器滑臂的变化规律，实现电液位置伺服控制。

任何液压伺服系统，无论多复杂，都是由一些基本元件组成的，并可用图 4-52 表示。

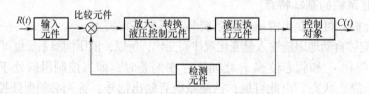

图 4-52　液压伺服控制系统的基本元件

（1）指令（输入）元件　给出与反馈信号具有同样形式和量纲的控制信号，如前例中的指令电位器以及其他电器或计算机。

（2）反馈检测元件　检测被控制量，给出系统的反馈信号，如前例中的反馈电位器、测速机以及其他类型传感器。

（3）放大、转换、控制元件　把偏差信号加以放大，作能量形式转换（电-液、机-液、气-液等），变成液压信号（流量、压力）并控制执行元件运动，如前例中的放大器、伺服阀等。

（4）比较元件　把控制信号和反馈信号加以比较，给出偏差信号。比较元件有时不单独存在，而是与输入元件、反馈检测元件及放大器在一起，由一个结构元件来完成。

（5）执行元件　直接对控制对象起控制作用的元件，如液压缸和液压马达等。

（6）控制对象　它是系统中所控制的对象，如工作台及其他负载装置。

此外，还可能有各种校正装置以及不包含在控制回路内的能源装置和其他辅助装置等。

2. 液压伺服控制系统

液压伺服控制系统，可按下列不同原则进行分类：

（1）按误差信号产生和传递方式不同分　机械-液压伺服系统、电气-液压伺服系统及气动-液压伺服系统。

（2）按液压控制元件不同分　阀控系统，由伺服阀利用截流原理，控制输入执行元件

的流量或压力的系统；泵控系统，利用伺服变量泵改变排量的办法，控制输入执行元件的流量或压力的系统。

（3）按被控制物理量不同分　位置伺服系统、速度伺服系统、力（或压力）伺服系统及其他伺服系统。

4.9.3　液压伺服阀

液压伺服元件分为液压伺服变量泵和液压伺服阀两大基本类型。液压伺服阀（液压控制阀或液压随动阀）是液压伺服控制系统中最主要的一种控制元件。

液压伺服阀以输入的机械运动控制输出流体的压力和流量，在液压伺服系统中，它是机械-液压转换装置（机-液接口元件）。通过液压伺服阀，可把输入的小功率机械信号转换为大功率的液压信号输出，所以它也是一种功率放大装置，常被称为液压放大元件。

在截流式液压伺服控制系统中，液压伺服阀直接控制液压执行元件的动作，在容积式液压伺服系统中，它控制液压泵的变量机构，改变其输出流量，从而间接地对液压执行元件进行控制，所以，液压伺服阀的性能直接影响系统的工作性能。

液压伺服控制系统中，常用的典型液压伺服阀有圆柱滑阀、喷嘴挡板阀和射流管阀。

（1）圆柱滑阀　这种阀因具有良好的控制性能，在液压伺服控制系统中应用最广。由于使用场合不同，工程上应用的圆柱滑阀具有各种结构形式。

1）根据滑阀控制边（工作截流棱边）的数目，圆柱滑阀可分为单边、双边和四边滑阀，分别如图 4-53a、b、c 所示。从加工工艺来看，单边滑阀最简单，四边滑阀最复杂；从控制性能来看单边滑阀最差，四边滑阀最好。在要求较高的液压伺服控制系统中，四边滑阀应用最多；在要求不高的机床仿形刀架上，常用单边或双边滑阀。

2）根据滑阀的通道数，圆柱滑阀可分为二通阀、三通阀和四通阀等。二通阀和三通阀只有一个负载通道，只能控制差动液压缸，如图 4-53d、e 所示。

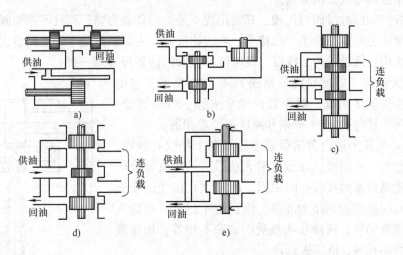

图 4-53　各种圆柱滑阀结构示意图

3）根据滑阀在零位时的开口形式，圆柱滑阀可分为正开口（负重叠 $t < h$）阀，零开口（零重叠 $t = h$）阀和负开口（正重叠 $t > h$）阀，分别如图 4-54a、b、c 所示。

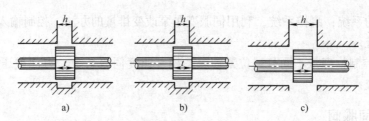

图 4-54　滑阀的不同开口形式

a) 正开口　b) 零开口　c) 负开口

（2）喷嘴挡板阀　喷嘴挡板阀有单喷嘴挡板阀和双喷嘴挡板阀两种结构形式，分别如图 4-55a、b 所示。主要由喷嘴 2、固定截流孔 1 和挡板 3 组成。挡板和喷嘴之间形成一个可变截流口，挡板一般由扭轴或弹簧支撑，挡板的位置由输入信号控制。

对于双喷嘴挡板阀（图 4-55b），当压力油 p_s 进入阀后，分别通过两个液阻相等的固定截流口 1，一部分油液经喷嘴 2 和挡板 3 间的可变截流口 a、b 喷出，流回油箱，在喷嘴腔 c、d 内分别形成压力 p_1、p_2，分别加在执行液压缸的左、右腔。

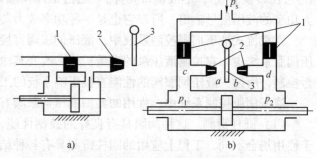

图 4-55　喷嘴挡板阀

当挡板上没有输入信号时，挡板处于中间位置，喷嘴和挡板间的可变截流口液阻相等，作用在液压缸左右腔压力 p_1 和 p_2 相等，故液压缸不动。当输入信号作用于挡板上时，例如使挡板向左偏转，可变截流口 a 减小，液阻增大，压力 p_1 增高；相反，可变截流口 b 增大，液阻减小，压力 p_2 降低，作用在液压缸左右腔压力 $p_1 > p_2$，液压缸向右运动。当输入信号反向时，液压缸向相反方向运动。

喷嘴挡板阀和圆柱滑阀相比较，其突出优点是抗污染能力强，而且不像滑阀那样要求严格的制造精度，另外，惯性小、位移小，响应速度高。主要缺点是零件泄漏量大、因此常用于小功率系统中，通常作为二级或三级电液伺服阀的前置级（第一级）。

（3）射流管阀　射流管阀原理图如图 4-56 所示，它由射流管 1、接收器 2 组成。射流管由轴承支撑，可以摆动。接收器上的两个接收孔 a、b 分别和液压缸两腔相通。

压力为 p_2 的压力油由射流管射出，被两个接收孔接收，并加在液压缸左、右两腔。在没有输入信号时，射流管处于中间位置，喷嘴对准两接收孔的中间，两接收孔接受的油液相等，加在液压缸两腔的压力相等，液压缸不运动。有输入信号时，射流管偏转，两接收孔接受的油液不相等，加在液压缸两腔压力不相等，液压缸运动。

射流管阀的优点是结构简单、加工精度低、抗污染能力强；缺点是惯性大、响应速度低、工作性能较差、零位功率损耗大。因此，这种阀只适用于低压、小功率的场合，可作

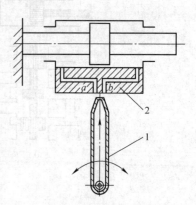

图 4-56　射流管阀原理图

1—射流管　2—接收器

为电液伺服阀的前置级。

4.9.4 机液伺服控制系统

在液压伺服控制系统中，不用电气元件，而用机械零件和液压元件完成信号转换的系统称为机液伺服控制系统。大部分机液伺服系统都是以滑阀为控制元件，以液压缸或液压马达作执行元件，再加上机械反馈将输出量与输入量比较以组成闭环回路，如图 4-57 所示。它主要用来进行位置控制，液压仿形刀架的液压控制系统多为机液伺服系统。此外，大型机床的操纵机构为了省力也采用机液伺服系统。

图 4-57 所示为内反馈的机液伺服系统，而图 4-58 所示为外反馈机液伺服系统。控制元件是定压能源的四边滑阀。它与液压缸一起组成阀控液压缸动力元件。阀芯与活塞杆间用杠杆相连构成反馈装置。系统的输入信号为位移量 x_i，输出量为活塞杆的位移 x_p。工作过程

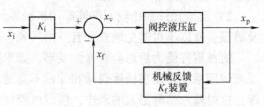

图 4-57 机液伺服控制系统原理图

如下：当输入信号使伺服阀的阀芯移动，并将伺服阀口打开时，油液进入液压缸，推动活塞并拖动负载以一定速度运动，活塞的运动速度正比于阀芯的位移量。当活塞运动之后，其位置又通过反馈杠杆反馈回来与输入信号比较，消除开口量从而使液压缸跟随阀芯运动。

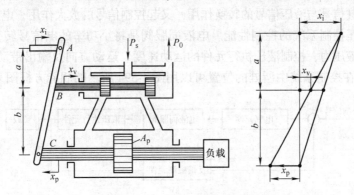

图 4-58 外反馈机液伺服系统

系统的误差信号为 x_v，可以通过连杆运动的几何关系求出。当连杆运动较小时，阀芯的位移可由下式求得

$$x_v = \frac{b}{a+b}x_i - \frac{a}{a+b}x_p = K_i x_i - K_f x_p \tag{4-54}$$

式中　K_i——输入放大系数，$K_i = b/(a+b)$；

　　K_f——反馈系数，$K_f = a/(a+b)$。

图 4-57 所示系统中的内反馈装置，反馈是直接的，故阀芯开口量 x_v 由下式求得

$$x_v = x_i - x_p \tag{4-55}$$

机液伺服系统的反馈装置是多种多样的，通常可以由凸轮、连杆、轴、齿轮等构成。其输入、输出与阀芯的关系都可用下式表示

$$x_v = K_i x_i - K_f x_p \tag{4-56}$$

如果反馈通道是非线性的（如使用凸轮反馈机构时），则式（4-56）应看成是线性化后的表达式。机械反馈机构的动态特性与液压元件相比影响很小，因而一般可以忽略不计。在动态分析中，可看成简单的比例环节。

机液伺服系统与电液伺服系统相比，机液伺服系统的主要优点是结构简单、工作可靠、使用及维修方便。主要缺点是：

1）系统增益全由机械部件的结构参数（如流量增益、活塞面积等）决定，而这些参数又都是不可调的，所以系统增益不可调。但是由于系统增益和系统的稳定性及系统工作精度关系很大，因此总希望增益可调，以满足系统的要求。

2）反馈元件和比较元件等都用机械零件，而机械零件的配合在传动过程中会产生间隙及磨损，所以不可避免地总会有空回现象，从而产生死区或不稳定现象。

机械零件受力后总会有弹性变形，如果零件刚度不够，也将影响系统的动态特性。因此机液伺服系统多用在精度较低和频带不宽的场合，如操纵飞机舵机及车辆转向机构的助力器等，这时输入信号是人的动作，所以机液伺服系统的频率不需要高过人的反应能力很多。

4.9.5 电液伺服控制系统

构成电液控制系统通常需要有指令元件、比较元件、放大元件、反馈检测元件、电液伺服阀、液压缸（或液压马达）等，而其中电液伺服阀是液压控制系统的核心元件，它在液压控制系统中既起电气信号与液压信号的转换作用，又起控制信号的放大作用，电液伺服阀的性能直接影响整个液压控制系统的控制性能。电液伺服阀是将小功率的电信号转变为伺服阀的运动，输出流量与液压力，控制液压执行元件的运动速度、运动方向及输出带动负载的动力。

电液伺服阀在控制系统中所处的位置可以用图 4-59a 所示的职能方框图来说明。

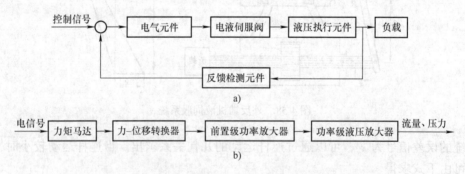

图 4-59 电液控制系统职能方框图及电液伺服阀基本结构图

a）电液控制系统职能方框图 b）电液伺服阀基本结构图

电液伺服阀主要由力矩马达、力矩位移转换装置、中间级液压放大器、功率级放大器等组成，其中力矩马达将电流转换为力或力矩，力矩位移转换装置将力或力矩转换为机械位移。中间级液压放大器推动滑阀阀芯运动，功率级放大器输出流量和压力带动负载运动。它们之间的连接及信号流向如图 4-59b 所示。

电液伺服阀可分为单级电液伺服阀、两级电液伺服阀和三级电液伺服阀三种类型。其中两级阀电液伺服阀中有一个中间级液压放大器，三级电液伺服阀中有两个中间级液压放大器，三级电液伺服阀可以输出更大的功率，带动更大的负载。

（1）单级电液伺服阀的工作原理　如图 4-60 所示，单级电液伺服阀是由力矩马达、四通滑阀直接连接而成的，直接驱动执行机构。它的工作原理如下：在输入电流的作用下，力矩马达轴产生偏转，推动阀芯运动打开节流口，输出流量、压力，直接控制负载运动。单级电液伺服阀结构简单，价格低廉，但它存在两个主要缺点：一是单级电液伺服阀输出流量有限，这是由于作用在阀芯上的稳态液动力阻碍力矩马达轴的运动，限制了力矩马达的行程；另一个是单级电液伺服阀的稳定性问题，单级电液伺服阀的稳定性通常取决于负载的动态特性，因此可以通过负载的合理选择提高其稳定性。

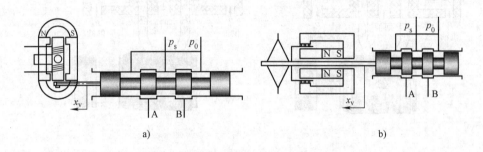

图 4-60　单级电液伺服阀的工作原理

a）动铁式　b）动圈式

（2）两级电液伺服阀的工作原理　如前所述，两级电液伺服阀克服了单级伺服阀流量受到限制和不稳定的缺点，其结构如图 4-61 所示。其中图 4-61a 所示为具有直接反馈的两级电液伺服阀工作原理图，图 4-61b 所示为具有力反馈的两级电液伺服阀。两级电液伺服阀主要由力矩马达和滑阀构成，喷嘴挡板阀是它的前置级。下面分别介绍其工作原理。

1）直接反馈两级电液伺服阀工作原理。如图 4-61a 所示，当输入电流差为正时（$i_1 > i_2$），喷嘴挡板阀挡板向左偏转 x_1。右控制腔控制压力 p_{1p} 增高，左控制腔控制压力 p_{2p} 减小，在压差的作用下，阀芯向左运动 x_v，当阀芯运动到使挡板处于两个喷嘴的中间位置时，阀芯两端的控制腔的压力相等，即 $p_{1p} = p_{2p}$，阀芯停止运动，打开与输入电流差相对应的开口，伺服阀输出流量，控制液压马达运转。当输入电流差回到零时，$x_f = 0$，挡板恢复为初始位置，使挡板与右边喷嘴的距离小于与左边的距离，左控制腔的压力 p_{2p}，高于右腔的压力 p_{1p}，阀芯向右运动 x_v，直至阀芯回到原始位置。由于挡板阀的喷嘴设置在主滑阀阀芯上，因此，主滑阀跟随挡板阀运动。这就是带有直接反馈的两级电液伺服阀的工作原理。

2）力反馈两级电液伺服阀工作原理。图 4-61b 所示为具有力反馈的两级电液伺服阀工作原理图，当输入电流差为正时（$i_1 > i_2$），挡板阀挡板向左偏转。控制压力 p_{1p} 增高，p_{2p} 减小，在压差的作用下，阀芯向右运动，直到反馈弹簧作用在挡板上的力矩与输入电流产生的力矩相平衡为止，挡板同时被带到两个喷嘴的中间位置上，阀芯两端的控制腔的压力相等，即 $p_{1p} = p_{2p}$，阀芯停止运动，伺服阀打开与输入电流差相应的开口，输出流量，控制马达运转。当电流差为零时，$x_f = 0$，由于反馈弹簧的弹性作用，使挡板与右边喷嘴的距离小于与左边的距离，使右控制腔的压力 p_{2p} 高于左腔的压力 p_{1p}，阀芯向左运动 x_v，回到原始位置。由于反馈弹簧与主滑阀固定连接，因此，主滑阀受挡板阀的控制。

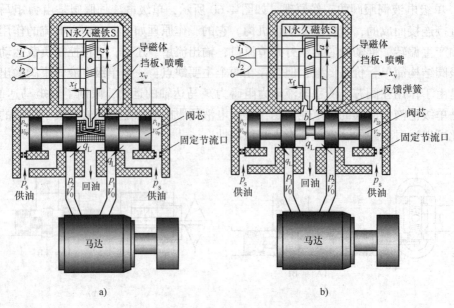

图 4-61　位置反馈两级电液伺服阀工作原理

a）直接反馈　b）力反馈

习题与思考题

4.1　选用电气传动形式时主要确定哪四个方面的内容？

4.2　选择电动机的依据是什么？举例说明在什么场合应选择防爆电动机、除尘电动机。

4.3　步进电动机有哪几种运行方式？各有什么特点？

4.4　直流伺服电动机有哪些特点？主要用在哪些场合？

4.5　交流伺服电动机的控制常用哪些方法？简述脉宽调制（PWM）原理。

4.6　直线电动机传动主要有哪几种类型？简述直线电动机的工作原理。

4.7　压电驱动器主要有哪几种类型？简述其工作原理及应用范围。

4.8　什么是机液伺服驱动？什么是电液伺服驱动？简述单级电液伺服阀的工作原理。

第5章　传感器与检测系统

5.1　概述

在机电一体化系统中有各种不同的物理量（如位移、压力、速度等）需要检测与控制，如果没有传感器对原始各种参数进行精确而可靠的检测，那么对机电一体化系统的各种控制都是无法实现的。因此，传感器与检测系统便成为机电一体化系统中不可缺少的组成部分。本章重点介绍机电一体化系统中常用传感器与检测系统的基本工作原理、结构和性能等。

5.1.1　传感器及其组成

1. 传感器的定义

传感器是一种以一定的精确度将被测量（如物理量、化学量和生物量），转换为与之有确定对应关系的、易于精确处理和测量的某种物理量（如电量）的测量部件或装置。本章主要介绍常用物理量的检测与控制。

2. 传感器的构成

如图5-1所示，传感器一般由敏感元件、转换元件和基本转换电路三部分组成。

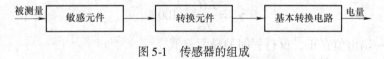

图5-1　传感器的组成

（1）敏感元件　直接感受被测量，并以确定关系输出物理量，如弹性敏感元件将力转换为位移或应变输出。

（2）转换元件　将敏感元件输出的非电物理量（如位移、应变、光强等）转换成电路参数的量（如电阻、电感、电容等）。

（3）基本转换电路　将电路参数的量转换成便于测量的电量，如电压、电流、频率等。实际传感器有的很简单，有的则较复杂。有些传感器（如热电偶）只有敏感元件，感受被测量时直接输出电量（电动势）；有些传感器由敏感元件和转换元件组成，无须基本转换电路，如压电式加速度传感器；还有些传感器由敏感元件和基本转换电路组成，如电容式位移传感器；有些传感器，转换元件不止一个，要经过若干次转换才能输出电量。

5.1.2　传感器的静态特性

传感器变换被测量的数值处在稳定状态时，其输出—输入关系称为传感器的静态特性。描述传感器静态特性的主要技术指标有线性度、灵敏度、迟滞、重复性、分辨力和零漂等。

1. 线性度

传感器的静态特性是指在静态标准条件下，利用一定等级的标准设备，对传感器进行往复循环测试，得到的输出—输入特性（列表或曲线）。通常希望这个特性（曲线）为线性，这样会对标定和数据处理带来方便。但是实际的输出与输入特性只能接近线性，对比理论直线往往有一定的偏差。实际曲线与理论直线之间的偏差称为传感器非线性误差，取其中最大值与输出刻度值之比作为评价线性度（或非线性误差）的指标，即

$$\gamma_L = \pm \frac{\Delta_{max}}{y_{FS}} \times 100\% \tag{5-1}$$

式中　γ_L——线性度（非线性误差）；

　　Δ_{max}——最大非线性绝对误差；

　　y_{FS}——输出刻度值。

2. 灵敏度

传感器在静态标准条件下，输出、输入变化的比值称之为灵敏度，用 S_0 表示，即

$$S_0 = \frac{\Delta y}{\Delta x} \tag{5-2}$$

式中　Δy——输出量的变化量；

　　Δx——输入量的变化量。

　　S_0——对于线性传感器来说，S_0 是常数。

3. 迟滞

传感器在输入量增加的过程（正行程）中和减少的过程（反行程）中，同一输入量时其输出的差别，也可以说特性曲线的不重合程度，称为迟滞。（γ_H）迟滞误差一般以满量程输出 y_{FS} 的百分数表示，迟滞特性一般由实验方法确定。

$$\gamma_H = \frac{\Delta H_m}{y_{FS}} \times 100\% \tag{5-3}$$

式中　ΔH_m——输出值在正、反行程间的最大差值。

4. 重复性

传感器在同一条件下，被测输入量按同一方向作全量程连续多次重复测量时，所得输出—输入曲线的不一致程度，称为重复性。重复特性也用实验方法确定，常用绝对误差表示。重复性误差用满量程输出的百分数表示，即近似计算为

$$\gamma_R = \pm \frac{\Delta R_m}{y_{FS}} \tag{5-4}$$

精确计算为　　　　$$\gamma_R = \pm \frac{2 \sim 3}{y_{FS}} \sqrt{\sum_{i=1}^{m} (y_i - \bar{y}) / (n-1)} \tag{5-5}$$

式中　ΔR_m——输出最大重复性误差；

　　y_i——第 i 次的测量值；

　　$\bar{y}$——测量值的算术平均值；

　　n——测量次数。

5. 分辨力

传感器能检测到的最小输入增量称为分辨力，在输入零点附近的分辨力称为阈值。

6. 零漂

传感器在零输入状态下，输出值的变化称为零漂，零漂可用相对误差或绝对误差表示。

7. 精确度

表示测量结果与被测"真值"的接近程度，精确度一般用极限误差来表示，或用极限误差与满量程之比按百分数给出。

5.1.3　传感器的动态特性

传感器测量静态信号时，由于被测量不随时间变化，测量和记录过程不受时间限制，而实际中大量的被测量是随时间变化的动态信号，传感器输出不仅需要精确地显示被测量的大小，还要显示被测量随时间变化的规律，即被测量的波形。传感器能测量动态信号的能力用动态特性表示。动态特性是指传感器测量动态信号时，输出对输入的响应特性。

5.1.4　传感器的性能指标

传感器的主要性能指标见表 5-1。对于不同的传感器，应根据实际需要，确定其主要性能参数。有些指标可以要求低些或者不考虑，但对关键指标一定严格要求，这样不但使传感器成本低，又能达到较高的精度。

表 5-1　传感器的主要性能指标

项　　目	相 应 指 标
测量范围	在允许误差极限范围内被测量值的范围
量　　程	传感器允许测量的上、下极限值代数差
过载能力	传感器在不引起规定性能指标永久改变的条件下允许超过测量范围的能力
灵敏度	灵敏度、分辨率、阈值、满量程输出
静态精度	精确度、线性度、重复性、迟滞、灵敏度误差
频率特性	幅相频特性、频率响应范围、临界频率
阶跃特性	超调量、临界速度、调整时间（固有频率、时间常数、阻尼比、动态误差）
温　　度	工作温度范围、温度误差、温度漂移、温度系数、热滞后
振动冲击	允许各向抗冲击振动的频率、振幅及加速度、冲击振动所允许的误差
可靠性	工作寿命、平均无故障时间、保险期、疲劳特性、绝缘电阻、耐压
其　　他	抗潮湿、抗腐蚀、抗电磁干扰能力等
使用条件	电源、安装方式、使用与维修情况
价　　格	性价比

5.2　温度传感器

在工农业生产和科学研究中温度测量的范围极宽，从零下二百多摄氏度到零上几千摄氏度，而各种材料做成的温度传感器只能在一定的温度范围内使用。常用测温方法、类型及特点见表 5-2。

温度传感器可以分为接触式和非接触式两大类。接触式传感器是通过接触方式把被测物体的热能量传送给温度传感器，这种传递方式测到的温度通常低于物体实际温度，特别是被测物较小，热能量较弱时，不能正确地测得物体的真实温度。非接触式温度传感器是测量被测物体辐射热的一种方式，它可以测量远距离物体的温度，其传递精度取决于温度传感器结构形式和传热换算关系等。

表 5-2　常用测温方法、类型及特点

测温方法	温度计或传感器类型			测量范围/℃	精度（%）	特　点
接触式	热膨胀式	水银		−50 ~ 650	0.1 ~ 1	简单方便，易损坏（水银污染）
		双金属		0 ~ 300	0.1 ~ 1	结构紧凑，牢固可靠
		压力	液体	−30 ~ 600	1	耐振，坚固，价格低廉
			气体	−20 ~ 350		
	热电偶	铂铑-铂		0 ~ 1 600	0.2 ~ 0.5	种类多，适应性强，结构简单，经济方便，应用广泛。需注意寄生热电势及动圈式仪表电阻对测量结果的影响
		其他		−200 ~ 1 100	0.4 ~ 1.0	
	热电阻	铂		−260 ~ 600	0.1 ~ 0.3	精度及灵敏度均较好，需注意环境温度的影响
		镍		−500 ~ 300	0.2 ~ 0.5	
		铜		0 ~ 180	0.1 ~ 0.3	
		热敏电阻		−50 ~ 350	0.3 ~ 0.5	体积小，响应快，灵敏度高，线性差，需注意环境温度影响
非接触式		辐射温度计		800 ~ 3 500	1	非接触测温，不干扰被测温度场，辐射率影响小，应用简便
		光高温计		700 ~ 3 000		
		热探测器		200 ~ 2 000	1	非接触测温，不干扰被测温度场，响应快，测温范围大，适于测温度分布，易受外界干扰，标定困难
		热敏电阻探测器		−50 ~ 3 200		
		光子探测器		0 ~ 3 500		
其他	示温涂料	碘化银，二碘化汞，氯化铁、液晶等		−35 ~ 2 000	<1	测温范围大，经济方便，特别适于大面积连续运转零件上的测温，精度低，人为误差大

5.2.1　热电偶

热电偶是目前工业上应用较为广泛的热电式传感器。热电偶是一种发电型的温敏元件，它将温度信号转换成电动势信号，配以测量电动势信号的仪表或变送器，便可以实现温度测量或温度信号的变换。热电偶应用广泛的原因是因为它有如下特点：

1）热电偶的测温精度可达 0.1 ~ 0.2℃，仅次于热电阻。由于热电偶具有良好的复现性和稳定性，所以国际实用温标中规定热电偶作为复现 630.74 ~ 1064.43℃ 范围的标准仪表。

2）结构简单，制造极为方便。

3）用途非常广泛。除了用来测量各种流体的温度外，还常用来测量固定表面的温度。热电偶的测温范围为 −270 ~ 2800℃，它可直接反映平均温度或温差。

4）动态特性好。由于热电偶的测量端可以制成很小的接点，响应速度快，其时间常数可达毫秒级甚至微秒级。

1. 热电偶的工作原理

将两根性质不同的金属丝或合金丝 A 与 B 的两个端头焊接在一起，就构成了热电偶，如图 5-2 所示。A、B 叫做热偶丝，也叫热电极。在闭合回路旁放置一个小磁针，当热电偶两端的温度 $T = T_0$ 时，磁针不动；当 $T \neq T_0$ 时，磁针就发生偏转，其偏转方向和热电偶两端温度的高

图 5-2　热电效应

低及两极的性质有关。上述现象说明，当热电偶两端温度 $T \neq T_0$ 时，回路中产生了电流，这种电流称为热电流，其电动势称为热电动势，这种物理现象称为热电效应。

放置在被测介质中的热电偶的一端，称为工作端，或称测量端。热电偶一般用于测量高温，所以工作端一般置于高温介质中，因而工作端也称热端。另外一端则称为参考端，也称自由端。热电偶测温时，参考端用来接测量仪表，如图 5-3 所示，其温度 T_0 通常是环境温度，或某个恒定的温度（如 50℃，0℃ 等），它一般低于工作端温度，所以常称为冷端。

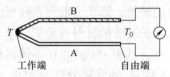

图 5-3 热电偶原理

当自由端的温度 T_0 保持一定时，热电动势的方向及大小仅与热电极材料和工作端的温度有关，即热电动势是工作端温度 T 的函数。这就是热电偶测温的物理基础。热电动势由接触电动势和温差电动势两部分组成。

2. 热电偶的材料、结构及种类

（1）热电偶的材料　由金属的热电效应原理可知，热电偶的热电极可以是任意金属材料，但在实际应用中，用做热电极的材料应具备如下几方面条件：

1）测量范围广。要求在规定的温度测量范围内具有较高的测量精确度、较大的热电动势，温度与热电动势的关系是单值函数。

2）性能稳定。要求在规定的温度测量范围内使用时热电性能稳定，有较好的均匀性和复现性。

3）化学性能好。要求在规定的温度测量范围内使用时有良好的化学稳定性、抗氧化或抗还原性能，不产生蒸发现象。

满足上述条件的热电偶材料并不很多。目前，我国大量生产和使用的、性能符合专业标准或国家标准并具有统一分度表的热电偶材料称为定型热电偶材料，共有 6 个品牌。它们分别是铂铑 30-铂铑 6、铂铑 10-铂、镍铬-镍硅、镍铬-镍铜、镍铬-镍铝、铜-铜镍。此外，我国还生产一些未定型的热电偶材料，如铂铑 13-铂、铱铑 40-铱、钨铼 5-钨铼 20 及金铁热电偶、双铂钼热电偶等。这些非标热电偶应用于一些特殊条件下的测温，如超高温、极低温、高真空或核辐射等环境。

（2）热电偶的结构　热电偶温度传感器广泛应用于工业生产过程中的温度测量，根据其用途和安装位置不同，它具有多种结构形式。

1）普通工业热电偶。普通工业热电偶通常由热电极、绝缘管、保护套管和接线盒等几个主要部分组成，其结构如图 5-4 所示。

① 热电极：又称为偶丝，它是热电偶的基本组成部分。用普通金属做成的偶丝，直径一般为 0.5～3.2mm；用贵重金属做成的偶丝，直径一般为 0.3～0.6mm。偶丝的长度由工作端插入在被测介质中的深度来决定，通常为 300～2000mm，常用的长度为 350mm。

② 绝缘管：又称为绝缘子，是用于防止热电极之间及热电极与保护套之间互相短路而进行绝缘保护的零件。形状一般为圆形或椭圆形，

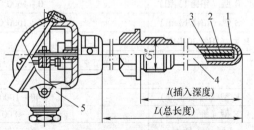

图 5-4 普通工业热电偶结构

1—测量端　2—热电极　3—绝缘管
4—保护套管　5—接线盒

中间开有 2 个、4 个或 6 个孔，偶丝穿孔而过。材料为黏土质、高铝质、刚玉质等，材料选用视使用的热电偶而定。

③ 保护套管：保护套管是用于保护热电偶感温元件免受被测介质化学腐蚀和机械损伤的装置，形状一般为圆柱形。保护套管应具有耐高温、耐腐蚀、导热性好的特性，可以用做保护套管的材料有金属、非金属及金属陶瓷三大类。金属材料有铝、黄铜、碳钢、不锈钢等，其中 1Crl8Ni9Ti 不锈钢是目前热电偶保护套管使用的典型材料；非金属材料有高铝质（Al_2O_3 的质量分数为 85%~90%）、刚玉质（Al_2O_3 的质量分数为 99%），使用温度都在 1300℃ 以上；金属陶瓷材料有氧化镁加金属钼，使用温度在 1700℃，且在高温下有很好的抗氧化能力，适用于钢液温度的连续测量。

④ 接线盒：热电偶的接线盒用于固定接线座和连接外界导线，起着保护热电极免受外界环境侵蚀和保证外接导线与接线柱接触良好的作用。接线盒一般由铝合金制成，根据被测介质温度对象和现场环境条件要求，可设计成普通型、防溅型、防水型和防爆型等接线盒。

2）铠装热电偶。它是由金属套管、绝缘材料和热电极经焊接密封和装配等工艺制成的坚实组合体。金属套管材料可以是铜、不锈钢（1Cr18Ni9Ti）或镍基高温合金（GH30）等；绝缘材料常使用电熔氧化镁、氧化铝、氧化铍等的粉末；而热电极无特殊要求。套管中热电极有单支（双芯）、双支（四芯），彼此间互不接触。中国已生产 S 型、R 型、B 型、K 型、E 型、J 型和铱铑 40-铱等铠装热电偶，套管最长可达 100m 以上，管外径最细能达 0.25mm。铠装热电偶已达到标准化、系列化。铠装热电偶具有体积小、热容量小、动态响应快、可挠性好、柔软性良好、强度高、耐压、耐振、耐冲击等许多优点，因此被广泛应用于工业生产过程。

铠装热电偶接线盒的结构，根据不同的使用条件，有不同的形式，如简易式、带补偿导线式、插座式等，选用时可参考有关资料。

（3）热电偶的种类

1）标准型热电偶。所谓标准型热电偶是指制造工艺比较成熟、应用广泛、能成批生产、性能优良而稳定并已列入工业标准化文件中的热电偶。国际电工委员会 1975 年向世界各国推荐了 7 种标准型热电偶，见表 5-3。在热电偶的名称中，正极写在前面，负极写在后面。

表 5-3　热电偶测温范围

热电偶型号	允差等级	1	2	3
	允差值（±%）	0.05	0.1	0.15
		符合误差限的测温范围		
R 型（铂铑 13-铂）		0~1600℃	0~1600℃	
S 型（铂铑 10-铂）		0~1600℃	0~1600℃	
B 型（铂铑 30-铂铑 6）			600~1700℃	600~1700℃
	允差值（±）	1.5℃或0.4%t	2.5℃或0.75%t	2.5℃或1.5%t
		符合误差限的测温范围		
K 型（镍铬-镍硅）		-40~1000℃	-40~1200℃	-200~40℃
E 型（镍铬-康铜）		-40~800℃	-40~900℃	-200~40℃
J 型（铁-康铜）		-40~750℃	-40~750℃	
	允差值（±）	0.5℃或0.4%t	1℃或0.75%t	1℃或1.5%t
		符合误差限的测温范围		
T 型（铜-康铜）		-40~350℃	-40~750℃	-200~40℃

2）非标准型热电偶。非标准型热电偶包括铂铑系、铱铑系及钨铼系热电偶等。

铂铑系热电偶有铂铑 20-铂铑 5、铂铑 40-铂铑 20 等一些种类，其共同的特点是性能稳定，适用于各种高温测量。

铱铑系热电偶有铱铑 40-铱、铱铑 60-铱。这类热电偶长期使用的测温范围在 2000℃ 以下，且热电动势与温度线性关系好。钨铼系热电偶有钨铼 3-钨铼 25、钨铼 5-钨铼 20 等种类，最高使用温度受绝缘材料的限制，目前可达 2500℃ 左右，主要用于钢液、反应堆测温等场合。

3）薄膜热电偶。薄膜热电偶是由两种金属薄膜连接而成的一种特殊结构热电偶，它的测量端既小又薄，热容量很小，动态响应快，可用于微小面积温度测量和快速变化的表面温度测量。薄膜热电偶测温时需用胶黏剂紧粘在被测物表面，所以热损失很小，测量精度高。由于使用温度受胶黏剂和衬垫材料限制，目前只能用于 – 200 ~ 300℃ 范围内。

5.2.2　金属热电阻

大多数金属导体的电阻都具有随温度变化的特性。其特性方程式为

$$R_t = R_0 [1 + \alpha(t - t_0)] \tag{5-6}$$

式中　R_t、R_0——热电阻在 t℃ 和 0℃ 时的电阻值；

α——热电阻的电阻温度系数（1/℃）。

对于绝大多数金属导体，α 不是一个常数，而是温度的函数。但在一定的温度范围内，α 近似地看作一个常数。不同的金属导体，α 保持常数所对应的温度范围不同。

选做感温元件的材料应满足如下要求：

1）材料的电阻温度系数 α 要大。α 越大，热电阻的灵敏度越高；纯金属的 α 比合金的高，所以一般均采用纯金属做热电阻元件。

2）在测温范围内，材料的物理、化学性质应稳定。

3）在测温范围内，α 保持常数，便于实现温度表的线性刻度特性。

4）具有比较大的电阻率，以利于减小热电阻的体积，减小热惯性。

5）特性复现性好，容易复制。

比较适合以上要求的材料有铂、铜、铁和镍。

1. 铂热电阻

铂的物理、化学性能非常稳定，是目前制造热电阻的最好材料。铂电阻主要作为标准电阻温度计，广泛应用于温度的基准、标准的传递。它的长时间稳定的复现性可达 10^{-4}K，是目前测温复现性最好的一种温度计。

铂的纯度通常用 W（100）表示，即

$$W(100) = \frac{R_{100}}{R_0} \tag{5-7}$$

式中　R_{100}——水沸点（100℃）时的电阻值；

R_0——水冰点（0℃）时的电阻值。

W（100）越高，表示铂丝纯度越高。国际实用温标规定：作为基准器的铂电阻，其比值 W（100）不得小于 1.3925。目前技术水平已达到 W（100）= 1.3930，与之相应的铂纯度为 99.9995%，工业用铂电阻的纯度 W（100）为 1.387 ~ 1.390。铂丝电阻值与温度之间的

关系如下：

在 0 ~ 630.755℃范围内时

$$R_t = R_0 (1 + At + Bt^2) \qquad (5-8)$$

在 -190 ~ 0℃范围内时

$$R_t = R_0 [1 + At + Bt^2 + C(t - 100)t^2] \qquad (5-9)$$

式中　R_t、R_0——热电阻在 t℃和0℃时的电阻值；

　　A、B、C——常数，对于 $W(100) = 1.391$ 有：$A = 3.96847 \times 10^{-3}/℃$，$B = -5.847 \times 10^{-7}/℃$，$C = -4.22 \times 10^{-12}/℃^4$。

常用铂电阻有两种，分度号为 Pt100 和 Pt10，最常用的是 Pt100。铂电阻一般由直径为 0.05 ~ 0.07mm 的铂丝绕在片形云母骨架上，铂丝的引线采用银线，引线用双孔瓷绝缘套管绝缘，如图 5-5 所示。

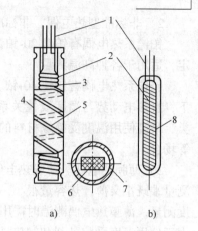

图 5-5　铂热电阻的构造
1—引线　2—铂丝　3—云母骨架
4—保护云母片　5—银绑带　6—铂电阻
7—保护套管　8—石英骨架

2. 铜电阻

当测量精度要求不高，温度范围在 -50 ~ 150℃的场合，普遍采用铜电阻。铜电阻阻值与温度呈线性关系，可用下式表示

$$R_t = R_0 (1 + \alpha t) \qquad (5-10)$$

式中　R_t——t℃时的电阻值；

　　R_0——0℃时的电阻值；

　　α——铜电阻温度系数，$\alpha = 4.25 \times 10^{-3}/℃ ~ 4.28 \times 10^{-3}/℃$。

铜热电阻体的结构如图 5-6 所示，它由直径约为 0.1mm 的绝缘电阻丝双绕在圆柱形塑料支架上。为了防止铜丝松散，整个元件经过酚醛树脂（环氧树脂）的浸渍处理，以提高其导热性能和机械固紧性能。铜丝绕组的线端与镀银铜丝制成的引出线焊牢，并穿以绝缘套管或直接用绝缘导线与之焊接。

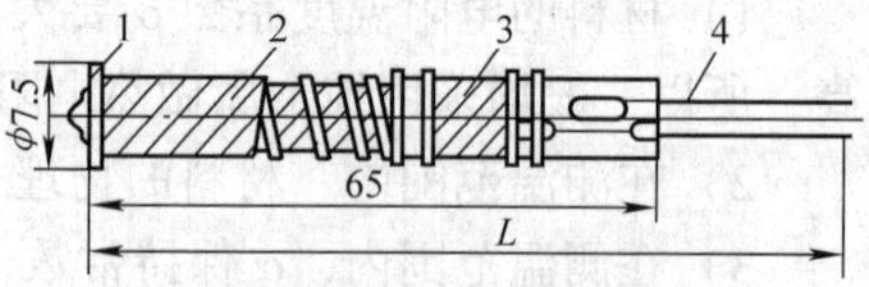

图 5-6　铜热电阻体的结构
1—线圈骨架　2—铜热电阻丝
3—补偿组　4—铜引出线

目前，我国工业上用的铜电阻分度号为 Cu50 和 Cu100，其 $R(0℃)$ 分别为 50Ω 和 100Ω。铜电阻的电阻比 $R(100℃)/R(0℃) = 1.428 \pm 0.002$。

3. 其他热电阻

随着科学技术的发展，近年来对于低温和超低温测量提出了迫切的要求，开始出现了一些新型热电阻，如铟电阻、锰电阻等。

（1）铟电阻　它是一种高精度低温热电阻。铟的熔点约为 150℃，在 4.2 ~ 15K 温度域内其灵敏度比铂的高 10 倍，故可用于不能使用铂的低温范围。其缺点是材料很软，复制性很差。

（2）锰电阻　在 2 ~ 63K 的低温范围内，锰电阻的阻值随温度变化很大，灵敏度高；在 4.2 ~ 15K 的温度范围内，电阻率随温度的二次方变化。磁场对锰电阻的影响不大，且有规律。锰电阻的缺点是脆性很大，难以控制成丝。

4. 半导体热敏电阻

半导体热敏电阻是利用半导体电阻值随温度显著变化的特性制成的。在一定范围内通过测量热敏电阻阻值的变化，就可以确定被测介质的温度变化情况。其特点是灵敏度高、体积小、反应快。半导体热敏电阻基本可以分为两种类型。

（1）负温度系数热敏电阻（NTC）　　NTC 热敏电阻最常见的是由锰、钴、铁、镍、铜等多种金属氧化物混合烧结而成。

根据不同的用途，NTC 又可以分为两类。第一类为负指数型，用于测量温度，它的电阻值与温度之间呈负的指数关系；第二类为负突变型，当其温度上升到某设定值时，其电阻值突然下降，多在各种电子电路中用于抑制浪涌电流，起保护作用。负指数型和负突变型的温度—电阻特性曲线分别如图 5-7 中的曲线 2 和曲线 1 所示。

（2）正温度系数热敏电阻（PTC）　　典型的 PTC 热敏电阻通常是在钛酸钡陶瓷中加入施主杂质以增大电阻温度系数。它的温电阻特性曲线呈非线性，如图 5-7 中的曲线 4 所示。PTC 在电子线路中多起限流、保护作用。当流过的电流超过一定限度或 PTC 感受到的温度超过一定限度时，其电阻值会突然增大。

近年来还研制出了用本征锗或本征硅材料制成的线性 PTC 热敏电阻，其线性度和互换性较好，可用于测温。其温度—电阻特性曲线如图 5-7 中的曲线 3 所示。

热敏电阻按结构形式可分为体型、薄膜型、厚膜型三种；按工作方式可分为直热式、旁热式、延迟电路三种；按工作温区可分为低温区（-60～200℃）、高温区（>200℃）两种。根据使用要求，热敏电阻可封装加工成各种形状的探头，如珠状、片状、杆状、锥状和针状等，如图 5-8 所示。

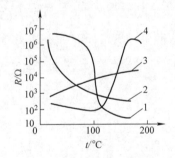

图 5-7　热敏电阻的特性曲线
1—负突变型 NTC　2—负指数型 NTC
3—线性型 PTC　4—突变型 PTC

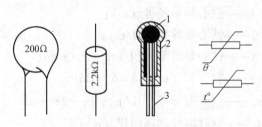

图 5-8　热敏电阻的结构外形与符号
1—热敏电阻　2—玻璃外壳　3—引出线

5.3　位移传感器

位移测量是线位移测量和角位移测量的总称，位移测量在机电一体化领域中应用十分广泛，这不仅因为在各种机电一体化产品中常需位移测量，而且还因为速度、加速度、力、压力、扭矩等参数的测量都是以位移测量为基础的。

直线位移传感器主要有电感式传感器、差动变压器传感器、电容式传感器、感应同步器和光栅传感器。

角位移传感器主要有电容传感器、旋转变压器和光电编码盘等。

5.3.1 电感式传感器

电感式传感器是基于电磁感应原理，将被测非电量转换为电感量变化的一种传感器。按其转换方式的不同，可分为自感式（包括可变磁阻式与涡流式）和互感式（如差动变压器式）两大类型。

1. 自感式电感传感器

自感式可分为可变磁阻式和涡流式两类。

（1）可变磁阻式电感传感器 典型的可变磁阻式电感传感器的结构如图5-9所示，主要由线圈、铁心和活动衔铁所组成。在铁心和活动衔铁之间保持一定的空气隙δ，被测位移构件与活动衔铁相连，当被测构件产生位移时，活动衔铁随着移动，空气隙δ发生变化，引起磁阻变化，从而使线圈的电感值发生变化。当线圈通以励磁电流时，其自感L与磁路的总磁阻R_m有关，即

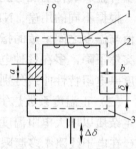

图5-9 可变磁阻式电感传感器
1—线圈 2—铁心 3—衔铁

$$L = \frac{W^2}{R_m} \tag{5-11}$$

式中 W——线圈匝数；

R_m——总磁阻。

如果空气隙δ较小，而且不考虑磁路的损失，则总磁阻为

$$R_m = \frac{l}{\mu A} + \frac{2\delta}{\mu_0 A_0} \tag{5-12}$$

式中 l——铁心导磁长度（m）；

μ——铁心磁导率（H/m）；

A——铁心导磁截面积（m²），$A = ab$；

δ——空气隙（m），$\delta = \delta_0 \pm \Delta\delta$；

μ_0——空气磁导率（H/m），$\mu_0 = 2\pi \times 10^{-7}$；

A_0——空气隙导磁截面积（m²）。

由于铁心的磁阻与空气隙的磁阻相比是很小的，计算时铁心的磁阻可忽略不计，故

$$R_m \approx \frac{2\delta}{\mu_0 A_0} \tag{5-13}$$

将式（5-13）代入式（5-11），得 $L = \frac{W^2 \mu_0 A_0}{2\delta}$ （5-14）

式（5-14）表明，自感L与空气隙δ的大小成反比，与空气隙导磁截面积A_0成正比。当固定A_0不变，改变δ时，L与δ呈非线性关系，此时传感器的灵敏度

$$S = \frac{dL}{d\delta} = -\frac{W^2 \mu_0 A_0}{2\delta^2} \tag{5-15}$$

由式（5-15）得知，传感器的灵敏度与空气隙δ的二次方成反比，δ越小，灵敏度越高。由于S不是常数，故会出现非线性误差，同变极距型电容式传感器类似。为了减小非线

性误差，通常规定传感器应在较小间隙的变化范围内工作。在实际应用中，可取 $\Delta\delta/\delta_0 \leqslant$ 0.1。这种传感器适用于较小位移的测量，一般为 $0.001 \sim 1mm$。

图 5-10 为差动式磁阻传感器，它由两个相同的线圈、铁心及活动衔铁组成。当活动衔铁接近于中间位置（位移为零）时，两线圈的自感 L 相等，输出为零。当衔铁有位移 $\Delta\delta$ 时，两个线圈的间隙为 $\delta_0 + \Delta\delta$、$\delta_0 - \Delta\delta$，这表明一个线圈自感增加，而另一个线圈自感减小，将两个线圈接入电桥的相邻臂时，其输出的灵敏度可提高一倍，并改善了线性特性，消除了外界干扰。

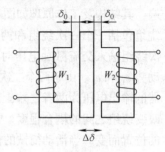

图 5-10 差动式磁阻传感器

可变磁阻式传感器还可做成改变空气隙导磁截面积的形式，当固定 δ，改变空气隙导磁截面积 A_0 时，自感 L 与 A_0 呈线性关系。

（2）涡流式传感器 涡流式传感器是利用金属导体在交流磁场中的涡电流效应。如图 5-11 所示，金属板置于一只线圈的附近，它们之间相互的间距为 δ。当线圈输入交变电流 i_0 时，便产生交变磁通量 Φ。金属板在此交变磁场中会产生感应电流 i，这种电流在金属体内是闭合的，所以称之为"涡流"。涡流的大小与金属板的电阻率 ρ、磁导率 μ、厚度 h、金属板与线圈的距离 δ、激励电流角频率 ω 等参数有关。若改变其中某一参数，而其他参数不变，就可根据涡流的变化测量该参数。涡流式传感器可分为高频反射式和低频透射式两种。

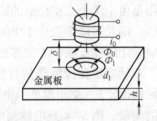

图 5-11 高频反射式涡流传感器

1）高频反射式涡流传感器。如图 5-11 所示，高频（>1MHz）激励电流 i_0 产生的高频磁场作用于金属板的表面，由于趋肤效应，在金属板表面将形成涡电流。与此同时，该涡流产生的交变磁场又反作用于线圈，引起线圈自感 L 或阻抗 Z_L 的变化，其变化与距离 δ、金属板的电阻率 ρ、磁导率 μ、激励电流 i_0 及角频率 ω 等有关，若只改变距离 δ 而保持其他系数不变，则可将位移的变化转换为线圈自感的变化，通过测量电路转换为电压输出。高频反射式涡流传感器多用于位移测量。

2）低频透射式涡流传感器。低频透射式涡流传感器的工作原理如图 5-12 所示，发射线圈 W_1 和接收线圈 W_2 分别置于被测金属板材料 G 的上、下方。由于低频磁场趋肤效应小，渗透深，当低频（音频范围）电压 u_1 加到线圈 W_1 的两端后，所产生磁力线的一部分透过金属板材料 G，使线圈 W_2 产生感应电动势 u_2。但由于涡流消耗部分磁场能量，使感应电动势 u_2 减少，当金属板材料 G 越厚时，损耗的能量越大，输出电动势 u_2 越小。因此，u_2 的大小与 G 的厚度及材料的性质有关。试验表明，u_2 随材料厚度 h 的增加按负指数规律减少。因此，若金属板材料的性质一定，则利用 u_2 的变化即可测量其厚度。

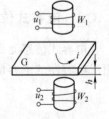

图 5-12 低频透射式
涡流传感器

2. 互感式差动变压器电感传感器

互感式差动变压器电感传感器是利用互感量 M 的变化来反映被测量的变化。这种传感器实质是一个输出电压的变压器。当变压器一次绕组输入稳定交流电压后，二次绕组便产生感应电压输出，该电压随被测量的变化而变化。

差动变压器电感传感器是常用的互感型传感器，其结构形式有多种，以螺管形应用较为普遍，其结构及工作原理如图 5-13a、b 所示。传感器主要由绕组、铁心和活动衔铁三部分组成。

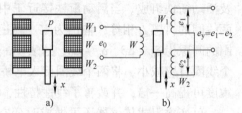

绕组包括一个一次绕组和两个反接的二次绕组，当一次绕组输入交流激励电压时，二次绕组将产生感应电动势 e_1 和 e_2。由于两个二次绕组极性反接，因此传感器的输出电压为两者之差，即 $e_y = e_1 - e_2$。活动衔铁能改变绕组之间的耦合程度。输出 e_y 的大小随活动衔铁的位置而变。当活动衔铁的位置居中时，即 $e_1 = e_2$，$e_y = 0$；当活动衔铁向上移时，即 $e_1 > e_2$，$e_y > 0$；当活动

图 5-13 互感型差动变压器电感传感器

衔铁向下移时，即 $e_1 < e_2$，$e_y < 0$。活动衔铁的位置往复变化，其输出电压 e_y 也随之变化。

差动变压器传感器输出的电压是交流电压，如用交流电压表指示，则输出值只能反映铁心位移的大小，而不能反映移动的极性；交流电压输出存在一定的零点残余电压，零点残余电压是由于两个二次绕组的结构不对称、铁磁材质不均匀、绕组间分布电容等原因所形成。所以，即使活动衔铁位于中间位置时，输出也不为零。鉴于这些原因，差动变压器的后接电路应采用既能反映铁心位移极性，又能补偿零点残余电压的差动直流输出电路。

差动变压器传感器具有精度高达 $0.1\mu m$ 量级、绕组变化范围大（可扩大到 $\pm 100mm$，视结构而定）、结构简单、稳定性好等优点，被广泛应用于直线位移及其他压力、振动等参量的测量。图 5-14 是电感测微仪所用的互感式差动位移传感器的结构图。

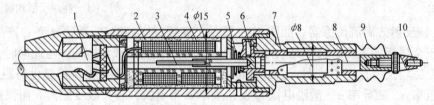

图 5-14 差动式位移传感器的结构图

1—引线 2—固定瓷筒 3—衔铁 4—绕组 5—测力弹簧 6—防转销
7—钢球导轨 8—测杆 9—密封套 10—测端

5.3.2 电容式位移传感器

电容式传感器是将被测物理量转换为电容量变化的装置。从物理学得知，由两个平行板组成电容器的电容量（F）为

$$C = \frac{\varepsilon \varepsilon_0 A}{\delta} \tag{5-16}$$

式中 ε——极板间介质的相对介电系数，空气中 $\varepsilon = 1$；

ε_0——真空中介电常数，$\varepsilon_0 = 8.85 \times 10^{-13} F/m$；

δ——极板间距离（m）；

A——两极板相互覆盖面积（m^2）。

式（5-16）表明，当被测量使 δ、A 或 ε 发生变化时，都会引起电容 C 的变化。若仅改变其中某一个参数，则可以建立起该参数和电容量变化之间的对应关系，因而电容式传感器

分为极距变化型、面积变化型和介质变化型三类，如图 5-15 所示。

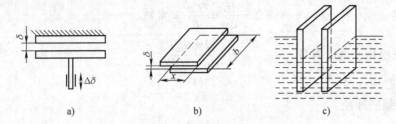

图 5-15 电容式传感器

a）极距变化型　b）面积变化型　c）介质变化型

1. 极距变化型

根据式（5-16），如果两极板相互覆盖面积及极间介质不变，则电容量 C 与极距 δ 呈非线性关系（见图 5-16），当极距有一微小变化量 $\mathrm{d}\delta$ 时，引起电容的变化量 $\mathrm{d}C$ 为

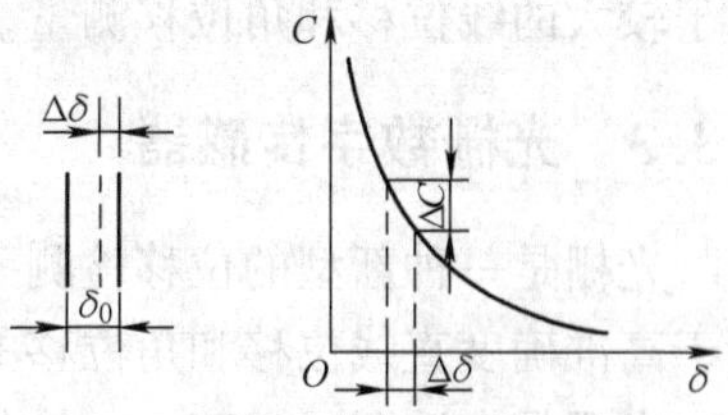

$$\mathrm{d}C = -\varepsilon\varepsilon_0 \frac{A}{\delta^2}\mathrm{d}\delta$$

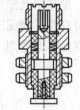

图 5-16　极距变化型电容式位移传感器

由此可得传感器的灵敏度

$$S = \frac{\mathrm{d}C}{\mathrm{d}\delta} = -\varepsilon\varepsilon_0 A \frac{1}{\delta^2} \tag{5-17}$$

可以看出，灵敏度 S 与极距的二次方成反比，极距越小，灵敏度越高，显然，这将引起非线性误差。为了减小这一误差，通常规定传感器只能在较小的极距变化范围内工作（即测量范围小），以使获得近似的线性关系，一般取极距变化范围为 $\Delta\delta/\delta_0 \approx 0.1$，$\delta_0$ 为初始间隙。实际应用中，常采用差动式，以提高灵敏度、线性度以及克服外界条件对测量精确度的影响。

图 5-17 为极距变化型电容式位移传感器的结构示例。原则上讲，电容式传感器仅需一块极板和引线就够了，因而传感器结构简单，极板形式可灵活多变，为实际应用带来方便。

极距变化型电容传感器的优点是可以用于非接触式动态测量，对被测系统影响小，灵敏度高，适用于小位移（数百微米以下）的精确测量。

图 5-17　极距变化型电容式位移传感器的结构

2. 面积变化型

面积变化型电容传感器可用于测量线位移及角位移。图 5-18 所示为测量线位移时两种面积变化型传感器的测量原理和输出特性。

对于平面型极板，当动板沿 x 方向移动时覆盖面积变化，电容量也随之变化。电容量为

$$C = \frac{\varepsilon\varepsilon_0 bx}{\delta} \tag{5-18}$$

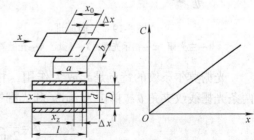

图 5-18　面积变化型电容传感器

式中　b——极板宽度。

其灵敏度　　　　　　　　　　$$S = \frac{dC}{dx} = \frac{\varepsilon\varepsilon_0 b}{\delta} = 常数 \tag{5-19}$$

对圆柱形极板，其电容量　　　$$C = \frac{2\pi\varepsilon\varepsilon_0 x}{\ln(D/d)} \tag{5-20}$$

式中　D——圆筒孔径；

　　　d——圆柱外径。

其灵敏度　　　　　　　　　　$$S = \frac{dC}{dx} = \frac{2\pi\varepsilon\varepsilon_0}{\ln(D/d)} \tag{5-21}$$

面积变化型电容传感器的优点是输出与输入呈线性关系，但灵敏度较极距变化型低，适用于较大的线位移和角位移测量。

5.3.3　光栅数字传感器

光栅是一种新型的位移检测元件，它把位移变成数字量的位移—数字转换装置。它主要用于高准确度直线位移和角位移的数字检测系统，其测量准确度高（可达 $\pm 1\mu m$）。

光栅是在透明的玻璃上，均匀地刻画出许多明暗相间的条纹，或在金属镜面上均匀地刻画出许多间隔相等的条纹，通常线条和间隙和宽度是相等的。以透光的玻璃为载体的称为透射光栅，以不透射光的金属（一般用不锈钢）为载体的称为反射光栅。根据光栅外形又可分为直线光栅和圆光栅。

测量装置由标尺光栅（也称主光栅）和指示光栅组成，两者的光刻密度相同，但体长相差很多，其结构如图 5-19 所示。光栅条纹密度一般为每毫米 25、50、100、250 条等。

把指示光栅平行地放在标尺光栅上面，并且使它们的刻线相互倾斜一个很小的角度 θ，这时在指示光栅上就出现几条较粗的明暗条纹，称为莫尔条纹。它们沿着与光栅条纹几乎成垂直的方向排列，如图 5-20 所示。

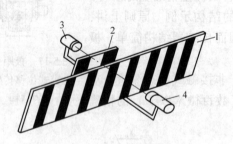
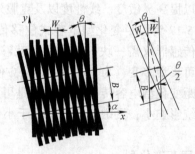

图 5-19　光栅原理　　　　　　　　图 5-20　莫尔条纹

1—主光栅　2—指示光栅　3—光源　4—光敏器件

光栅莫尔条纹的特点是起放大作用，相对两根莫尔条纹之间的间距 B（单位为 mm），两条光栅线纹夹角 θ（单位为 rad）和光栅栅距 W（单位为 mm）的关系（当 θ 很小时）为

$$B = \frac{W}{2\sin(\theta/2)} \approx \frac{W}{\theta} \tag{5-22}$$

若 $W = 0.01mm$，把莫尔条纹的宽度调成 10mm，则放大倍数相当于 1000 倍，即利用光的干涉现象把光栅间距放大 1000 倍，因而大大减轻了电子线路的负担。

光栅测量系统的基本构成如图 5-21 所示。光栅移动时产生的莫尔条纹明暗信号可用光敏元件接受，图 5-21 中的 a、b、c、d 是 4 块光电池，产生的信号，相位彼此差 90°，对这些信号进行适当的处理后，即可变成光栅位移量的测量脉冲。

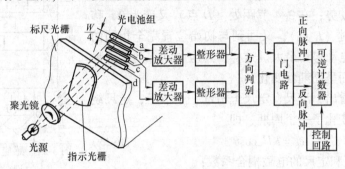

图 5-21　光栅测量系统

5.3.4　感应同步器

感应同步器是一种应用电磁感应原理制造的高精度检测元件，有直线和圆盘式两种，分别用做检测直线位移和转角。

直线感应同步器由定尺和滑尺两部分组成。定尺一般为 250mm，上面均匀分布节距为 2mm 的绕组；滑尺长 100mm，表面布有两个绕组，即正弦绕组和余弦绕组，如图 5-22 所示。当余弦绕组与定子绕组相位相同时，正弦绕组与定子绕组错开 1/4 节距。

圆盘式感应同步器绕组图形如图 5-23 所示，其转子相当于直线感应同步器的滑尺，定子相当于定尺，而且定子绕组中的两个绕组也错开 1/4 节距。

感应同步器根据其励磁绕组供电电压形式不同，分为鉴相测量方式和鉴幅测量方式。

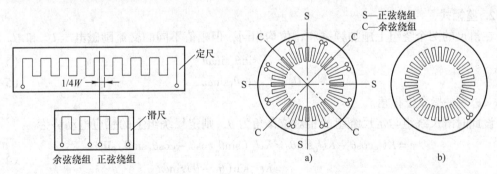

图 5-22　直线感应同步器绕组图形　　　　图 5-23　圆盘式感应同步器绕组图形

1. 鉴相式

所谓鉴相式就是根据感应电动势的相位来鉴别位移量。

如果将滑尺的正弦和余弦绕组分别供给幅值、频率均相等，但相位相差 90° 的励磁电压，即 $U_S = U_m \sin\omega t$，$U_C = U_m \cos\omega t$ 时，则定尺上的绕组由于电磁感应作用产生与励磁电压同频率的交变感应电动势。

图 5-24 说明了感应电动势幅值与定尺、滑尺相对位置的关系。当滑尺上的正弦绕组 S 和定尺上的绕组位置重合（A 点）时，耦合磁通最大，感应电动势最大；当继续平行移动滑

尺时，感应电动势慢慢减小，当移动到 1/4 节距位置处（B点），在感应绕组内的感应电动势相抵消，总电动势为 0；继续移动到半个节距时（C 点），可得到与初始位置极性相反的最大感应电动势；在 3/4 节距处（D 点）又变为 0，移动到下一个节距时（E 点），又回到与初始位置完全相同的耦合状态，感应电动势为最大。这样，感应电动势随着滑尺相对定尺的移动而呈周期性变化。

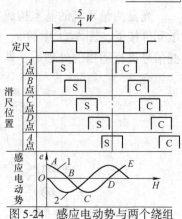

图 5-24　感应电动势与两个绕组
的相对位置关系
1—由 S 励磁的感应电动势曲线
2—由 C 励磁的感应电动势曲线

同时，可以看出，滑尺在定尺上滑动一个节距，定尺绕组的感应电动势变化了一个周期，即

$$e_S = KU_S\cos\theta \qquad (5\text{-}23)$$

式中　K——滑尺和定尺的电磁耦合系数；

　　　θ——滑尺和定尺相对位移的折算角。

若绕组的节距为 W，相对位移为 l，则

$$\theta = \frac{l}{W}360° \qquad (5\text{-}24)$$

同样，当仅对余弦绕组 C 施加交流励磁电压 U_C 时，定尺绕组的感应电动势为

$$e_C = -KU_C\sin\theta \qquad (5\text{-}25)$$

对滑尺上两个绕组同时施加励磁电压，则定尺绕组上所感应的总电动势为

$$e = e_A + e_C = KU_A\cos\theta - KU_C\sin\theta = KU_m\sin\omega t\cos\theta - KU_m\cos\omega t\sin\theta \qquad (5\text{-}26)$$

从式（5-26）可以看出，感应同步器把滑尺相对定尺的位移 l 的变化转成感应电动势相角 θ 的变化。因此，只要测得相角 θ，就可以知道滑尺的相对位移为

$$l = \frac{\theta}{360°}W \qquad (5\text{-}27)$$

2. 鉴幅式

在滑尺的两个绕组上施加频率和相位均相同，但幅值不同的交流励磁电压 U_S 和 U_C。

$$U_S = U_m\sin\theta_1\sin\omega t \qquad (5\text{-}28)$$

$$U_C = U_m\cos\theta_1\sin\omega t \qquad (5\text{-}29)$$

式中　θ_1——指令位移角。

设此时滑尺绕组与定尺绕组的相对位移角为 θ，则定尺绕组上的感应电动势为

$$e = KU_S\cos\theta - KU_C\sin\theta = KU_m(\sin\theta_1\cos\theta - \cos\theta_1\sin\theta)\sin\omega t$$
$$= KU_m\sin(\theta_1 - \theta)\sin\omega t \qquad (5\text{-}30)$$

式（5-30）把感应同步器的位移与感应电动势幅值 $KU_m\sin(\theta_1 - \theta)$ 联系起来，当 $\theta = \theta_1$ 时，$e = 0$。这就是鉴幅测量方式的基本原理。

5.3.5　角数字编码器

编码器是把角位移或直线位移转换成电信号的一种装置。前者称码盘，后者称码尺。按照读出方式编码器可分为接触式和非接触式两种。接触式采用电刷输出，以电刷接触导电区或绝缘区来表示代码的状态是 "1" 还是 "0"；非接触式的接收敏感元件是光敏元件或磁敏元件，采用光敏元件时以透光区和不透光区表示代码的状态是 "1" 还是 "0"，而磁敏元件

是用磁化区和非磁化区表示代码的状态是"1"还是"0"。

按照工作原理编码器可分为增量式和绝对式两类。增量式编码器是将位移转换成周期性变化的电信号，再把这个电信号转变成计数脉冲，用脉冲的个数表示位移的大小。绝对式编码器的每一个位置对应一个确定的数字码，因此它的示值只与测量的起始和终止位置有关，而与测量的中间过程无关。

1. 增量式码盘

增量型回转编码原理如图 5-25 所示。这种码盘有两个通道 A 与 B（即两组透光和不透光部分），其相位差 90°，相对于转角大小得到一定的脉冲，将脉冲信号送入计数器。则计数器的计数值就反映了码盘转过的角度。

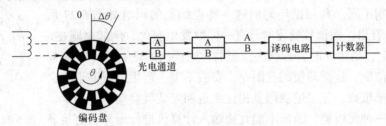

图 5-25　增量型回转编码原理

测量角位移时，单位脉冲对应的角度为

$$\Delta\theta = 360°/m \tag{5-31}$$

式中　m——码盘的孔数，增加孔数 m 可以提高测量精度。

若 n 表示计数脉冲，则角位移的大小为

$$\alpha = n\Delta\theta = \frac{360°}{m}n \tag{5-32}$$

为了判别旋转方向，采用两套光电转换装置。一套用来计数，另一套用来辨向，回路输出信号相差 1/4 周期，使两个光敏元件的输出信号正相位上相差 90°，作为细分和辨向的基础。为了提供角位移的基准点，在内码道内边再设置一个基准码道，它只有一个孔。其输出脉冲用来使计数器归零或作为每移动 360° 时的计数值。

增量式码盘制造简单，可按需要设置零位。但测量结果与中间过程有关，抗振、抗干扰能力差，测量速度受到限制。

2. 绝对式码盘

（1）二进制码盘　图 5-26 所示为一个接触式 4 位二进制码盘，涂黑部分为导电区，空白部分为绝缘区，所有导电部分连在一起，都取高电位。每一同心圆区域为一个码道，每一个码道上都有一个电刷，电刷经电阻接地，4 个电刷沿一固定的径向安装，电刷在导电区为"1"，在绝缘区为"0"，外圈为低位，内圈为高位。若采用 n 位码盘，则能分辨的角度为

$$\Delta\theta = \frac{360°}{2^n} \tag{5-33}$$

图 5-26　接触式 4 位二进制码盘

对二进制码盘来说，位数 n 越大，分辨力越高，测量越精确。当码盘与轴一起转动时，电刷上将出现相应的电位，对应一定的数码。码盘的精度取决于码盘本身的制造精度和安装

精度。由图 5-26 可以看出，当码盘由 $h(0111)$ 向 $i(1000)$ 过渡时，此时 4 个码道的电刷需要同时变位。如果由于电刷位置安装不准或码盘制作不精确，任何一个码道的电刷超前或滞后，都会使读数产生很大误差，例如本应为 $i(1000)$，由于最高位电刷滞后，则输出数据为 $a(0000)$，这种误差一般称为"非单值性误差"，应避免发生。但码盘的制作和安装又不可避免会有公差，为了消除非单值性误差，通常采用双电刷读数或采用循环码编码。

（2）循环码盘　采用双电刷码盘虽然可以消除非单值性误差，但它需要一个附加的外部逻辑电路，同时使电刷个数增加一倍。当位数很多时，会使结构复杂化，并且电刷与码盘的接触摩擦，影响它的使用寿命。为了克服上述缺点，一般采用循环码盘。

循环码的特点是从任何数转变到相邻数时只有一位发生变化，其编码方法与二进制不同。利用循环码的这一特点编制的码盘如图 5-27 所示。由图 5-27 看出，当读数变化时只有一位数发生变化，例如电刷在 h 和 i 的交界面上，当读 h 时，若仅高位超前，则读出的是 i，h 和 i 之间只相差一个单位值。这样即使码盘制作、安装不准，产生的误差也不会超过一个最低单位数，与二进制码盘相比制造和安装就要简单得多了。

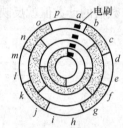

图 5-27　4 位循环码盘

循环码是一种无权码，因而不能直接输入计算机进行运算，直接显示也不符合日常习惯，因此还必须把它转换成二进制码。循环码转换成二进制码的一般关系式为

$$C_n = R_n$$
$$C_i = R_i \oplus C_{i+1}$$

（5-34）

式中　$\oplus$——不进位相加；

C_n、R_n——二进制、循环码的最高位。

式（5-34）表明，由循环码变成二进制码时，最高位不变，此后从高位开始依次求出其余各位，即本位循环码 R_i 与已经求得的相邻高位二进制码 C_{i+1} 做不进位相加，结果就是本位二进制码 C_i。

实际应用中，大多数采用循环码非接触式的光电码盘，这种码盘无磨损、寿命长、精度高、测量结果与中间过程无关，所以允许被测对象能以很高的速度工作，抗振、抗干扰能力强。

5.4　速度与加速度传感器

5.4.1　速度传感器

1. 直流测速机

直流测速机是一种测速元件，实际上它就是一台微型的直流发电机。根据定子磁极励磁方式的不同，直流测速机可分为电磁式和永磁式两种。如以电枢的结构不同来分，有无槽电枢、有槽电枢、空心杯电枢和圆盘电枢等。近年来，又出现了永磁式直线测速机。

测速机的结构有多种，但原理基本相同。图 5-28 所示为永磁

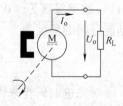

图 5-28　永磁式测速机原理

式测速机原理电路图。恒定磁通由定子产生，当转子在磁场中旋转时，电枢绕组中即产生交变的电动势，经换向器和电刷转换成与转子速度成正比的直流电动势。

直流测速机的输出特性曲线如图 5-29 所示。从图 5-29 中可以看出，当负载电阻 $R_L \to \infty$ 时，其输出电压 U_o 与转速 n 成正比。随着负载电阻 R_L 变小，其输出电压下降，而且输出电压与转速之间并不能严格保持线性关系。由此可见，对于要求精度比较高的直流测速机，除采取其他措施外，负载电阻 R_L 应尽量大。

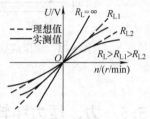

直流测速机的特点是输出斜率大、线性好，但由于有电刷和换向器，构造和维护比较复杂，摩擦转矩较大。直流测速机在机电控制系统中，主要用做测速和校正元件。在使用中，为了提高检测灵敏度，尽可能把它直接连接到电动机轴上。

图 5-29 直流测速机的输出特性曲线

2. 光电式转速传感器

光电式转速传感器是由装在被测轴（或与被测轴相连接的输入轴）上的带缝隙圆盘、光源、光敏器件和指示缝隙盘组成，如图 5-30 所示。光源发出的光通过缝隙圆盘和指示缝隙照射到光敏器件上。当缝隙圆盘随被测轴转动时，由于圆盘上的缝隙间距与指示缝隙的间距相同，因此圆盘每转一周，光敏器件输出与圆盘缝隙数相等的电脉冲，根据测量时间 t 内的脉冲数 N，则可测出转速为

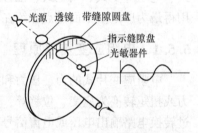

图 5-30 光电式转速传感器原理

$$n = \frac{60N}{Zt} \tag{5-35}$$

式中　Z——圆盘上的缝隙数；

　　　n——转速（r/min）；

　　　t——测量时间（s）。

一般取 $Zt = 60 \times 10^m$（$m = 0, 1, 2, \cdots$），利用两组缝隙间距 W 相同，位置相差（$i/2 + 1/4$）W（i 为正整数）的指示缝隙和两个光敏器件，就可辨别出圆盘的旋转方向。

5.4.2 加速度传感器

作为加速度检测元件的加速度传感器有多种形式，它们的工作原理都是利用惯性质量受加速度所产生的惯性力而造成的各种物理效应，进一步转化成电量，间接度量被测加速度。最常用的有应变式、压电式和电磁感应式等。

电阻应变式加速度计原理结构如图 5-31 所示。它由重块、悬臂梁、应变片和阻尼液体等构成。当有加速度时，重块受力，悬臂梁弯曲，按梁上固定的应变片之变形便可测出力的大小，在已知质量的情况下即可算出被测加速度。壳体内灌满的黏性液体作为阻尼之用。这一系统的固有频率可以做得很低。

压电加速度传感器结构原理如图 5-32 所示。使用时，传感器固定在被测物体上，感受该物体的振动，惯性质量块产生惯性力，使压敏元件产生变形。压敏元件产生的变形和由此产生的电荷与加速度成正比。压电加速度传感器可以做得很小、重量很轻，故对被测机构的影响就小。压电式加速度传感器的频率范围广、动态范围宽、灵敏度高，应用较为广泛。

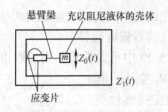

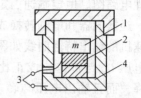

图 5-31　电阻应变式加速度传感器　　　　图 5-32　压电加速度传感器

1—重块　2—压敏元件　3—接线　4—座

5.5　力、压力和转矩传感器

在机电一体化系统中，力、压力和扭矩是很常用的机械参量。按其工作原理可分为弹性式、电阻应变式、气电式、位移式和相位差式等，在以上测量方式中，电阻应变式传感器应用得最为广泛。下面重点介绍在机电一体化系统中常用的电阻应变式传感器。

5.5.1　电阻应变传感原理

电阻应变片式的力、压力和扭矩传感器的工作原理是利用弹性敏感器元件将被测力、压力或扭矩转换为应变、位移等，然后通过粘贴在其表面的电阻应变片换成电阻值的变化，经过转换电路输出电压或电流信号。

1. 电阻应变效应

科学实验证明，当电阻丝在外力作用下发生机械变形时，其电阻值发生变化的现象，叫做电阻应变效应。

设有一根电阻丝，其电阻率为 ρ，长度为 l，截面积为 S，在未受力时的电阻值为

$$R = \rho \frac{l}{S} \tag{5-36}$$

如图 5-33 所示，电阻丝在拉力 F 作用下，长度 l 增加，截面积 S 减小，电阻率 ρ 也相应变化，将引起电阻变化 ΔR，其值为

$$\frac{\Delta R}{R} = \frac{\Delta l}{l} - \frac{\Delta S}{S} + \frac{\Delta \rho}{\rho} \tag{5-37}$$

图 5-33　金属丝伸长后的几何尺寸变化

对于半径为 r 的电阻丝，截面积 $S = \pi r^2$，则有 $\Delta S/S = 2\Delta r/r$。令电阻丝的轴向应变为 $\varepsilon = \Delta l/l$，径向应变为 $\Delta r/r$，由材料力学可知 $\Delta r/r = -\mu(\Delta l/l) = -\mu\varepsilon$，$\mu$ 为电阻丝材料的泊松系数，经整理可得

$$\frac{\Delta R}{R} = (1 + 2\mu)\varepsilon + \frac{\Delta \rho}{\rho} \tag{5-38}$$

通常把单位应变所引起的电阻相对变化称为电阻丝的灵敏系数，其表达式为

$$K = \frac{\Delta R/R}{\varepsilon} = (1 + 2\mu) + \frac{\Delta \rho/\rho}{\varepsilon} \tag{5-39}$$

从式（5-39）可看出，电阻丝灵敏系数 K 由两部分组成：受力后由材料的几何尺寸变化引起的 $(1 + 2\mu)$ 和由材料电阻率变化引起的 $(\Delta \rho/\rho)\varepsilon^{-1}$。对于金属丝材料，$(\Delta \rho/\rho)\varepsilon^{-1}$ 项的值比 $(1 + 2\mu)$ 小很多，可以忽略，故 $K = 1 + 2\mu$。大量实验证明，在电阻丝拉伸比例极限内，

电阻的相对变化与应变成正比，即 K 为常数。通常金属丝的 $K = 1.7 \sim 3.6$。式（5-39）可写成

$$\frac{\Delta R}{R} = K\varepsilon \qquad (5\text{-}40)$$

2. 电阻应变片

（1）金属电阻应变片　金属电阻应变片分为金属丝式和箔式。图 5-34a 所示的应变片是将金属丝（一般直径为 $0.02 \sim 0.04\mathrm{mm}$）贴在两层薄膜之间。为了增加丝体的长度，把金属丝弯成栅状，两端焊在引出线上。图 5-34b 所示的应变片采用金属薄膜代替细丝，因此又称为箔式应变片。金属箔的厚度一般在 $0.001 \sim 0.01$ mm 之间。箔片是先经轧制，再经化学抛光而制成的，其线栅形状用光刻工艺制成，因此形状尺寸可以做得很准确。由于箔式应变片很薄，散热性能好，在测量中可以通过较大电流，提高了测量灵敏度。

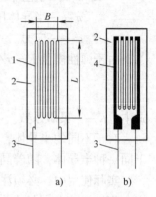

图 5-34　电阻应变片
a）丝式　b）箔式
1—应变丝　2—基底
3—引线　4—金属膜引线

用薄纸作为基底制造的应变片，称为纸基应变片。纸基应变片工作在 70℃ 以下。为了提高应变片的耐热防潮性能，也可以采用浸有酚醛树脂的纸作基底。此时使用温度可达 180℃，而且稳定性能良好。除用纸基以外，还有采用有机聚合物薄膜的，这样的应变片称为胶基应变片。

对于应变电阻材料，一般希望材料的 K 值要大，且在较大范围内保持 K 值为常数；电阻温度系数要小，有较好的热稳定性；电阻率要高，机械强度高，工艺性能好，易于加工成细丝及便于焊接等。

常用的电阻应变丝的材料是康铜丝和镍铬合金丝。镍铬合金比康铜的电阻率几乎大一倍，因此用同样直径的镍铬电阻丝做成的应变片要小很多。另外，镍铬合金丝的灵敏系数也比较大。但是，康铜丝的电阻温度系数小，受温度变化影响小。

应变片的尺寸通常用有效线栅的外形尺寸表示。根据基长不同可分为三种：小基长（$L = 2 \sim 7\mathrm{mm}$），中基长（$L = 10 \sim 30\mathrm{mm}$）及大基长（$L \geqslant 30\mathrm{mm}$）。

线栅宽 B 可在 $2 \sim 11\mathrm{mm}$ 内变化。表 5-4 给出了国产应变片的技术数据，供选择时参考。

表 5-4　国产应变片的技术数据

型　　号	形　　式	阻值/Ω	灵敏系数 K	线栅尺寸 $(B \times L)$/mm²
PZ – 17	圆角线栅，纸基	120 ± 0.2	$1.95 \sim 2.10$	2.8×17
8120	圆角线栅，纸基	118	$2.0\ (1 \pm 1\%)$	2.8×18
PJ – 120	圆角线栅，纸基	120	$1.9 \sim 2.1$	3×12
PJ – 320	圆角线栅，纸基	320	$2.0 \sim 2.1$	11×11
PB – 5	箔式	120 ± 0.5	$2.0 \sim 2.2$	3×5

（2）半导体电阻应变片　半导体应变片的工作原理和导体应变片相似。对半导体施加应力时，其电阻值发生变化，这种半导体电阻率随应力变化的关系称为半导体压阻效应。与金属导体一样，半导体应变电阻也由两部分组成，即由于受应力后几何尺寸变化引起的电阻变化和电阻率变化，这里电阻率变化引起的电阻变化是主要的，所以一般可表示为

171

$$\frac{\Delta R}{R} \approx \frac{\Delta \rho}{\rho} = \pi \sigma \tag{5-41}$$

式中　$\Delta R/R$——电阻的相对变化；

　　　$\Delta \rho / \rho$——电阻率的相对变化；

　　　π——半导体压阻系数；

　　　σ——应力。

由于弹性模量 $E = \sigma / \varepsilon$，所以式（5-41）又可写为

$$\frac{\Delta \rho}{\rho} = \pi \sigma = \pi E \varepsilon = K \varepsilon \tag{5-42}$$

式中　K——灵敏系数。

对于不同的半导体，压阻系数以及弹性模量都不一样，所以灵敏系数也不一样，就是对于同一种半导体，随着晶向不同，其压阻系数也不同。

实际使用中，必须注意外界应力相对晶轴的方向，通常把外界应力分为纵向应力 σ_L 和横向应力 σ_t，与晶轴方向一致的应力称为纵向应力；与晶轴方向垂直的应力称为横向应力。与之相关的有纵向压阻系数 π_L 和横向压阻系数 π_t。当半导体同时受两向应力作用时，有

$$\frac{\Delta \rho}{\rho} = \pi_L \sigma_L + \pi_t \sigma_t \tag{5-43}$$

一般半导体应变片是沿所需的晶向将硅单晶体切成条形薄片，厚度约为 $0.05 \sim 0.08\,mm$，在硅条两端先真空镀膜蒸发一层黄金，再用细金丝与两端焊接，作为引线。为了得到所需的尺寸，还可采用腐蚀的方法。制备好的硅条再粘贴到酚醛树脂的基底上，一般在基底上事先用印制电路的方法制好焊接极。图 5-35 所示是一种条形半导体应变片。为提高灵敏度，除应用单条应变片外，还有制成栅形的。各种应变片的技术参数、特性及使用要求可参见有关应变片手册。

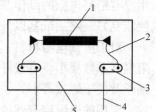

图 5-35　半导体应变片
1—ρ 型单晶硅条　2—内引线
3—焊接电极　4—引线　5—基底

3. 电阻应变片的粘贴及温度补偿

（1）应变片的粘贴　应变片用粘结剂粘贴到试件表面上，粘结剂形成的胶层必须准确迅速地将被测试件的应变传到敏感栅上。粘结剂的性能及粘结工艺的质量直接影响着应变片的工作特性，如零漂、蠕变、滞后、灵敏系数、线性以及它们受温度影响的程度。可见，选择粘结剂和正确的粘结工艺与应变片的测量精度有着极其重要的关系。

选择粘结剂必须适合应变片材料和被试件材料，不仅要求粘接力强，粘结后机械性能可靠，而且粘合层要有足够大的剪切弹性模量，良好的电绝缘性，蠕变和滞后小，耐湿、耐油、耐老化，动应力测量时耐疲劳等。此外，还要考虑到应变片的工作条件，如温度、相对湿度、稳定性要求以及贴片固化时热加压的可能性等。

常用的粘结剂类型有硝化纤维素型、氰基丙烯酸型、聚酯树脂型、环氧树脂类和酚醛树脂类等。

粘贴工艺包括被测试件表面处理、贴片位置的确定、贴片、干燥固化、贴片质量检查、引线的焊接与固定以及防护与屏蔽等。

（2）温度误差及其补偿

1）温度误差。作为测量用的应变片，希望它的电阻只随应变而变，而不受其他因素的影响。实际上，应变片的电阻受环境温度（包括试件的温度）的影响很大。因环境温度改变引起电阻变化的主要因素有两方面：一方面是应变片电阻丝的温度系数，另一方面是电阻丝材料与试件材料的线膨胀系数不同。

温度变化引起的敏感栅电阻的相对变化为 $(\Delta R/R)_1$，设温度变化 Δt，栅丝电阻温度系数为 α_t，则

$$\left(\frac{\Delta R}{R}\right)_1 = \alpha_t \Delta t$$

试件与电阻丝材料的线膨胀系数不同引起的变形使电阻有相对变化

$$\left(\frac{\Delta R}{R}\right)_2 = K(\alpha_g - \alpha_s)\Delta t$$

式中　K——应变片灵敏系数；

　　　α_g——试件膨胀系数；

　　　α_s——应变片敏感栅材料的膨胀系数。

因此，由温度变化引起总电阻相对变化为

$$\frac{\Delta R}{R} = \left(\frac{\Delta R}{R}\right)_1 + \left(\frac{\Delta R}{R}\right)_2 = \alpha_t \Delta t + K(\alpha_g - \alpha_s)\Delta t \tag{5-44}$$

2）为了消除温度误差，可以采取多种补偿措施。最常用和最好的方法是电桥补偿法，如图 5-36a 所示。工作应变片 R_1 安装在被测试件上，另选一个特性与 R_1 相同的补偿片 R_b，安装在材料与试件相同的某补偿件上，温度与试件相同但不承受应变。R_1 和 R_b 接入电桥相邻臂上，造成 ΔR_{1t} 与 ΔR_{bt} 相同，根据电桥理论可知，当相邻桥臂有等量变化时，对输出没有影响，则上述输出电压与温度变化无关。当工作应变片感受应变时，电桥将产生相应的输出电压。

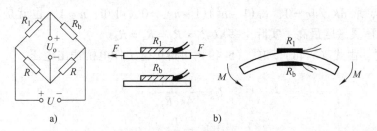

a)　　　　　　　　　　　　　　　　b)

图 5-36　温度补偿措施

在某些测试条件下，可以巧妙地安装应变片而不需补偿件而保证其灵敏度。如图 5-36b 所示，测量梁的弯曲应变时，将两个应变片分贴于梁的上、下两面对称位置，R_1 与 R_b 特性相同，所以两个电阻变化值相同而符号相反；但当 R_1 与 R_b 按图 5-36a 接入电桥时，电桥输出电压比单片时增加一倍。当梁的上、下面温度一致时，R_1 与 R_b 可起温度补偿作用。电路补偿法简单易行，使用普通应变片可对各种试件材料在较大温度范围内进行补偿，因而最常用。

（3）转换电路　应变片将被测试件的应变 ε 转换成电阻的相对变化 $\Delta R/R$，还需进一步转换成电压或电流信号才能用电测仪表进行测量。通常采用电桥电路实现这种转换。根据电源的不同，电桥分直流电桥和交流电桥。

下面以直流电桥为例进行分析（交流电桥的分析方法相似）。在图 5-37 所示的电桥电路中，U 为直流供桥电压，R_1、R_2、R_3、R_4 为 4 个桥臂电阻，当 $R_L = \infty$ 时，电桥输出电压为

$$U_o = U_{ab} = \frac{R_1 R_4 - R_2 R_3}{(R_1 + R_2)(R_3 + R_4)} U \qquad (5\text{-}45)$$

当 $U_o = 0$ 时，有 $\qquad R_1 R_4 - R_2 R_3 = 0$

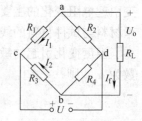

或 $\qquad\qquad\qquad \dfrac{R_1}{R_2} = \dfrac{R_3}{R_4} \qquad\qquad (5\text{-}46)$

式（5-46）称为直流电桥平衡条件。该式说明，欲使电桥达到平衡，其相邻两臂的电阻比值应该相等。

图 5-37　直接电桥

在单臂工作电桥（见图 5-38）中，R_1 为工作应变片，R_2、R_3、R_4 为固定电阻，U_o $\left(U_{ab}\right)$ 为电桥输出电压，负载 $R_L = \infty$，应变电阻 R_1 变化 ΔR_1 时，电桥输出电压为

$$U_o = \frac{(R_4/R_3)(\Delta R_1/R_1)}{[1 + (\Delta R_1/R_1) + R_2/R_1](1 + R_4/R_3)} U \qquad (5\text{-}47)$$

设桥臂比 $n = R_2/R_1$，并考虑到电桥初始平衡条件 $R_2/R_1 = R_4/R_3$，略去分母中的 $\Delta R_1/R_1$，可得

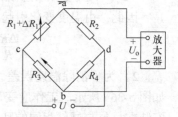

$$U_o = \frac{n}{(1+n)^2} \frac{\Delta R_1}{R_1} U \qquad (5\text{-}48)$$

由电桥电压灵敏度 K_U 定义，可得

图 5-38　单臂工作电桥

$$K_U = \frac{U_o}{\Delta R_1/R_1} = \frac{n}{(1+n)^2} U \qquad (5\text{-}49)$$

可见，提高电源电压 U 可以提高电压灵敏度 K_U，但 U 值的选取受应变片功耗的限制。在 U 值确定后，取 $\mathrm{d}K_U/\mathrm{d}n = 0$，得 $(1 - n^2)(1 + n)^4 = 0$，可知，$n = 1$，也就是 $R_1 = R_2$、$R_3 = R_4$ 时，电桥电压灵敏度最高，实际上多取 $R_1 = R_2 = R_3 = R_4$。

当 $n = 1$ 时，由式（5-48）和式（5-49）可得单臂工作电桥输出电压

$$U_o = \frac{U}{4} \frac{\Delta R_1}{R_1} \qquad (5\text{-}50)$$

$$K_U = \frac{U}{4} \qquad (5\text{-}51)$$

式（5-48）和式（5-49）说明，当电源电压 U 及应变片电阻相对变化一定时，电桥的输出电压及电压灵敏度与各电桥臂的阻值无关。

如果在电桥的相对两臂同时接入工作应变片，使一片受拉，另一片受压，如图 5-39a 所示，并使 $R_1 = R_2$，$\Delta R_1 = \Delta R_2$，$R_3 = R_4$，就构成差动电桥。可以导出，差动双臂工作电桥输出电压为

$$U_o = \frac{U}{2} \frac{\Delta R_1}{R_1} \qquad (5\text{-}52)$$

如果在电桥的相对两臂同时接入工作应变片，使两片都受拉或都受压，如图 5-39b 所示，并使 $\Delta R_1 = \Delta R_4$，也可导出与式（5-52）相同的结果。

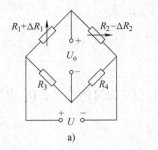
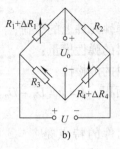

图 5-39　双臂电桥

如果电桥的 4 个臂都为电阻应变片，如图 5-40 所示，则称为全桥电路，可导出全桥电路的输出电压为

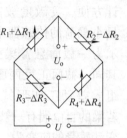

$$U_o = U \frac{\Delta R_1}{R_1} \qquad (5\text{-}53)$$

可见，全桥电路的电压灵敏度比单臂工作电桥提高 4 倍。全桥电路和相邻臂工作的半桥电路不仅灵敏度高，而且当负载电阻 $R_L = \infty$ 时，没有非线性误差，同时还起到温度补偿作用。

图 5-40　全桥电路

5.5.2　应变片测力传感器

应变片测力传感器按其量程大小和测量精度不同而有很多规格品种，它们的主要差别是弹性元件的结构形式不同，以及应变计在弹性元件上粘贴的位置不同。通常测力传感器的弹性元件有柱形、筒形、环形、梁式和轮辐式等。

1. 柱形或筒形弹性元件

如图 5-41 所示，这种弹性元件结构简单，可承受较大的载荷，常用于测量较大力的拉（压）力传感器中，但其抗偏心载荷、抗侧向力的能力差。为了减少偏心载荷引起的误差，应注意弹性元件上应变片粘贴的位置及接桥方法，以增加传感器的输出灵敏度。

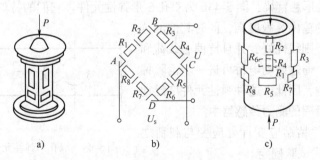

图 5-41　柱形和筒形弹性元件组成的测力传感器
a) 柱形　b) 电桥　c) 筒形

若在弹性元件上施加一压缩力 P，则筒形弹性元件的轴向应变 ε_1 为

$$\varepsilon_1 = \frac{\sigma}{E} = \frac{P}{EA} \qquad (5\text{-}54)$$

用电阻应变仪测出的指示应变为

$$\varepsilon = 2(1+\mu)\varepsilon_1 \tag{5-55}$$

式中　　P——作用于弹性元件上的载荷；

E——圆筒材料的弹性模量；

μ——圆筒材料的泊松比；

A——筒体截面积，$A = \pi(D_1 - D_2)^2/4$（D_1 为筒体外径，D_2 为筒体内径）。

2. 梁式弹性元件

悬臂梁式弹性元件的特点是结构简单、容易加工、粘贴应变计方便、灵敏度较高，适用于测量小载荷的传感器中。图 5-42 所示为一截面悬臂梁弹性元件，在其同一截面正反两面粘贴应变计，组成差动工作形式的电桥输出。若梁的自由端有一被测力 F，则应变计感受的应变为

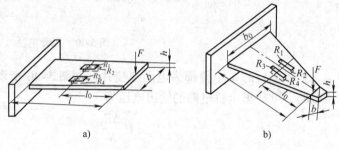

图 5-42　梁式弹性元件

a) 等截面梁　b) 等强度梁

$$\varepsilon = \frac{bl}{Ebh^2}F \tag{5-56}$$

电桥输出为
$$U_{SC} = K\varepsilon U \tag{5-57}$$

式中　　l——应变计中心处距受力点的距离；

b——悬臂梁的宽度；

h——悬臂梁的厚度；

E——悬臂梁材料的弹性模量；

K——应变计的灵敏系数；

U——电源电压。

3. 双孔形弹性元件

图 5-43a 为双孔形悬臂梁，图 5-43b 为双孔 S 形弹性元件。它们的特点是粘贴应变计处应变大，因而传感器的输出灵敏度高，同时其他部分截面积大、刚度大，则线性好，并且抗偏心载荷和抗侧向力的能力好。通过差动电桥可进一步消除偏心载荷侧向力的影响，因此，这种弹性元件广泛地应用于高精度、小量程的测力传感器中。

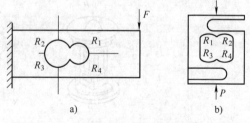

双孔形弹性元件粘贴应变计处应变与载荷之间的关系常用标定式试验确定。

图 5-43　双孔形弹性元件测力传感器示意图

a) 双孔形悬臂梁　b) 双孔 S 形弹性元件

4. 梁式剪切弹性元件

这种弹性元件的结构与普通梁式弹性元件基本相同，只是应变计粘贴位置不同。应变计受的应变只与梁所承受的剪切力有关，而与弯曲应力无关。因此，它对拉伸和压缩载荷具有相同的灵敏度，适用于同时测量拉力和压力的传感器。此外，它与梁式弹性元件相比，线性好、抗偏心载荷和侧向力的能力大，其结构和粘贴应变计的位置如图 5-44 所示。

应变计一般粘贴在矩形截面梁中间盲孔两侧，与梁的中性轴成 45°方向上。该处的截面

为工字形，以使剪切应力在截面上的分布比较均匀，且数值较大，粘贴应变计处的应变与被测力 F 之间的关系近似为

$$\varepsilon = \frac{F}{2bhG} \tag{5-58}$$

式中　G——弹性元件的剪切模量；

　　　b、h——粘贴应变计处梁截面的宽度和高度。

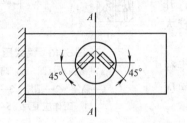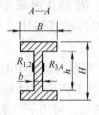

图 5-44　梁式剪切测力传感器示意图

5.5.3　压力传感器

压力传感器主要用于测量固体、气体和流体等的压力。同样，传感器所用弹性元件有膜式、筒式、组合式等多种形式。

1. 膜式压力传感器

它的弹性元件为四周固定的等截面圆形薄板，又称平膜板或膜片。其一表面承受被测分布压力，另一侧面贴有应变计。应变计接成桥路输出，如图 5-45 所示。

应变计在膜片上的粘贴位置根据膜片受压后的应变分布状况来确定，通常将应变计分别贴于膜片的中心（切向）和边缘（径向）。因为这两处应变最大符号相反，接成全桥线路后传感器输出最大。应变计可采用专制的圆形应变花。

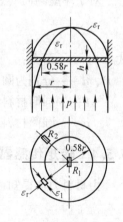

图 5-45　膜式压力传感器

膜片上粘贴应变计处的径向应变 ε_r 和切向应变 ε_t 与被测力 p 之间的关系为

$$\varepsilon_r = \frac{3p}{8h^2E}\ (1-\mu^2)\ (r^2-3x^2) \tag{5-59}$$

$$\varepsilon_t = \frac{3p}{8h^2E}\ (1-\mu^2)\ (r^2-x^2) \tag{5-60}$$

式中　x——应变计中心与膜片中心的距离；

　　　h——膜片厚度；

　　　r——膜片半径；

　　　E——膜片材料的弹性模量；

　　　μ——膜片材料的泊松比。

为保证膜式压力传感器的线性度小于 3%，在一定压力作用下，要求

$$\frac{r}{h} \leqslant 4\ \sqrt{3.5\ \frac{E}{p}} \tag{5-61}$$

2. 筒式压力传感器

它的弹性元件为薄壁圆筒，筒的底部较厚。这种弹性元件的特点是，圆筒受到被测压力后外表面各处的应变是相同的。因此应变计的粘贴位置对所测应变不影响。如图 5-46 所示，工作应变计 R_1、R_3 沿圆周方向贴在筒壁，温度补偿应变计 R_2、R_4 贴在筒底外壁上，并接成全桥线路，这种传感器适用于测量较大压力。

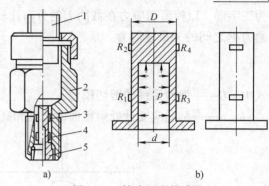

图 5-46 筒式压力传感器
a）结构示意图 b）筒式弹性元件
1—插座 2—基体 3—补偿应变片
4—工作应变片 5—应变筒

对于薄壁圆筒（壁厚与臂的中面曲率半径之比 $<1/20$），筒壁上工作应变计处的切向应变 ε_t 与被压力 p 的关系，可用下式求得

$$\varepsilon_1 = \frac{(2-\mu)d}{2(D-d)}p \tag{5-62}$$

对于厚壁圆筒（壁厚与中面曲率半径之比 $>1/20$），则有

$$\varepsilon_1 = \frac{(2-\mu)d^2}{2(D^2-d^2)E}p \tag{5-63}$$

式中 p——压力；

D、d——分别为圆筒内外直径；

E——圆筒材料的弹性模量；

μ——圆筒材料的泊松比。

5.5.4 转矩传感器

由材料力学得知，一根圆轴在转矩 M_n 作用下，表面切应力

$$\tau = M_n W_n \tag{5-64}$$

式中 W_n——圆轴抗扭断面模量。对于实心轴，$W_n = \pi d^3/16$；对于空心轴，$W_n = \pi(D_0^3 - ad_0^3)/16$；

d——实心轴直径，$d = d_0/D_0$；

D_0——空心轴外径；

d_0——空心轴内径。

在弹性范围内，切应变

$$\gamma = \tau/G = M_n/GW_n \tag{5-65}$$

式中 G——剪切弹性模量。

在测量转矩时，应变片可直接贴在传动轴上，但需要注意应变片的贴片位置与方向问题。

切应变是角应变。应变片不能直接测得切应变。但是当在轴的某一点上沿轴线成 45° 和 135° 的方向贴片，可以通过这两个方向上测得的应变值算得切应变值为

$$\gamma = \varepsilon_{45} - \varepsilon_{135} \tag{5-66}$$

式中 ε_{45}——沿轴线 45° 贴片测得的应变值；

ε_{135}——沿轴线 135°贴片测得的应变值。

当这两个应变片分别接在电桥相邻的两个桥臂中，从电桥的加减特性可知，应变仪的读数就是切应变值，再根据标定曲线就可换算得转矩值。

图 5-47 所示为电阻应变转矩传感器。它的弹性元件是一个与被测转矩轴相连的转轴，转轴上贴有与轴线成 45°的应变计，应变计两两相互垂直，并接成全桥工作的电桥。

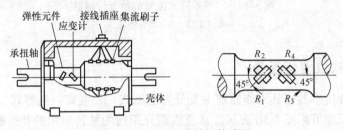

图 5-47　电阻应变转矩传感器

由于检测对象是旋转着的轴，因此应变计的电阻变化信号要通过集流装置引出才能进行测量，转矩传感器已将集流装置安装在内部，所以只需将传感器直联就能测量转轴的转矩，使用非常方便。

5.6　位置传感器

位置传感器和位移传感器不一样，它所测量的不是一段距离的变化量，而是通过检测，确定是否已到某一位置。因此，它只需要产生能反映某种状态的开关量就可以了。位置传感器分接触式和接近式两种。所谓接触式传感器就是能获取两个物体是否已接触信息的一种传感器；而接近式传感器是用来判别在某一范围内是否有某一物体的一种传感器。

5.6.1　接触式位置传感器

这类传感器用微动开关之类的触点器件便可构成，它分以下两种。

1. 微动开关制成的位置传感器

这种传感器用于检测物体位置，有图 5-48 所示的几种构造和分布形式。

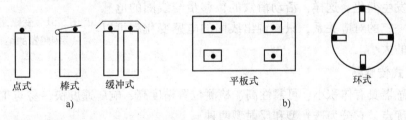

图 5-48　微动开关制成的位置传感器

2. 二维矩阵式配置的位置传感器

如图 5-49 所示，它一般用于机器人手掌内侧。在手掌内侧常安装有多个二维触觉传感器，用以检测自身与某一物体的接触位置，被握物体的中心位置和倾斜度，甚至还可识别物体的大小和形状。

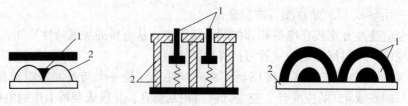

图 5-49　二维矩阵式配置的位置传感器

1—柔性电极　2—柔软绝缘体

5.6.2　非接触式位置传感器

非接触式位置传感器按其工作原理主要分为电磁式、光电式、电容式、气压式和超声波式。其基本工作原理可用图 5-50 表示。这里重点介绍前两种较常用的非接触式位置传感器。

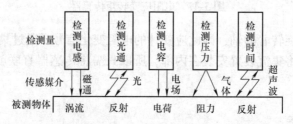

图 5-50　非接触式位置传感器的分类与基本工作原理

1. 电磁式传感器

当一个永久磁铁或一个通有高频电流的线圈接近一个铁磁体时，它们的磁力线分布将发生变化，因此，可以用另一组线圈检测这种变化。当铁磁体靠近或远离磁场时，它所引起的磁通量变化将在线圈中感应出一个电流脉冲，其幅值正比于磁通的变化率。变磁路气隙式电感传感器就是其中一种。图 5-51 所示为变磁路气隙式电感传感器的结构形式。活动衔铁和铁心都由截面积相等的高磁导率材料做成，线圈绕在铁心上，衔铁和铁心间有一气隙 δ_0。当活动衔铁作纵向位移时，气隙 δ 发生变化，从而使铁心磁路中的磁阻发生变化，磁阻的变化将使线圈的电感量发生变化。这样，活动衔铁的位移量与线圈的电感量之间存在一定的对应关系，只要调出线圈的电感变化就可以得知位移量的大小。

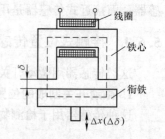

图 5-51　变磁路气隙式电感传感器的结构形式

2. 光电式传感器

这种传感器具有体积小、可靠性高、检测位置精度高、响应速度快、易与 TTL 及 CMOS 电路兼容等优点，它分为透光型和反射型两种。

在透光型光电传感器中，发光器件和受光器件相对放置，中间留有间隙。当被测物体到达这一间隙时，发射光被遮住，从而接收器件（光敏元件）便可检测出物体已经到达。这种传感器的接口电路如图 5-52a 所示。

反射型光电传感器发出的光经被测物体反射后再落到检测器件上，它的基本情况大致与透射型传感器相似，但由于是检测反射光，所以得到的输出电流较小。另外，对于不同的物体表面，信噪比也不一样，因此，设定限幅电平就显得非常重要。图 5-52b 表示这种传感器的典型应用，它的电路和透射型传感器大致相同，只是接收器的发射极电阻用得较大，且为可调，这主要是因为反射型光电传感器的光电流较小且有很大分散性。

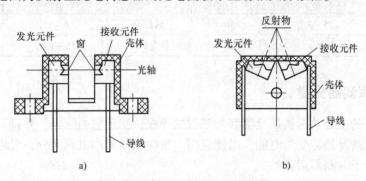

图 5-52　光电传感器原理
a) 透光式光电开关　b) 反射式光电开关

5.7　红外、图像传感器

5.7.1　红外辐射的基本知识

一切温度高于热力学温度零度的有生命和无生命的物体都在不停地辐射红外线。研究表明，红外线是从物质内部发射出来的，物质是由原子、分子组成的，它们按一定的规律不停地运动着，其运动状态也不断地变化，因而不断地向外辐射能量，这就是热辐射现象，红外辐射的物理本质就是热辐射。这种辐射的量主要由这个物体的温度和材料本身的性质决定。特别是，热辐射的强度及光谱成分取决于辐射体的温度，也就是说，温度这个物理量对热辐射现象起着决定性的作用。

根据电磁学理论，物质内部带电粒子（如电子）的变速运动都会发射或吸收电磁辐射，如 γ 射线、X 射线、紫外线、可见光、红外线、微波、无线电波等都是电磁辐射。可以把这些辐射按其波长（或频率）的次序排列成一个连续谱，称为电磁波谱。电磁辐射具有波动性，它们在真空中具有相同的传播速度，称为光速 c。光速 c 与电磁波的频率 ν、波长 λ 的关系是：$\nu\lambda = c$。

红外线有一些与可见光不一样的特性。

1) 红外线对人的眼睛不敏感，所以必须用对红外线敏感的红外探测器才能接收到。

2) 红外线的光量子能量比可见光小，例如 $10\mu m$ 波长的红外光子的能量大约是可见光光子能量的 1/20。

3) 红外线的热效应比可见光要强得多。

4) 红外线更易被物质所吸收，但对于薄雾来说，长波红外线更容易通过。

在电磁波谱中，红外辐射只占有小部分波段。整个电磁波谱包括 20 个数量级的频率范围，可见光谱的波长范围为 $0.38 \sim 0.75\mu m$，而红外波段为 $0.75 \sim 1000\mu m$。因此，红外光谱区比可见光谱区含有更丰富的内容。

在红外技术领域中，通常把整个红外辐射波段按波长分为 4 个波段，见表 5-5。

表 5-5　红外辐射波分类与波长

名　　称	波长范围/μm	简　　称	名　　称	波长范围/μm	简　　称
近红外	0.75 ~ 3	NIR	远红外	6 ~ 15	FIR
中红外	3 ~ 6	MIR	极远红外	15 ~ 1000	XIR

5.7.2　红外探测器分类

红外探测器的主要功用就是检测红外辐射的存在，测定它的强弱，并将其转变为其他形式的能量，多数情况是转变为电能，以便应用。按探测器工作机理区分，可将红外探测器分为热探测器和光子探测器两大类。

热探测器吸收红外辐射后产生温升，然后伴随发生某些物理性能的变化。测量这些物理性能的变化就可测量出它吸收的能量或功率。常用的热探测器有以下 4 种。

(1) 热敏电阻　热敏物质吸收红外辐射后，温度升高，阻值发生变化。阻值变化的大小与吸收的红外辐射能量成正比。利用物质吸收红外辐射后电阻发生变化而制成的红外探测器叫做热敏电阻。热敏电阻常用来测量热辐射，所以又常称热敏电阻为测辐射热传感器。

(2) 测辐射热电偶　测辐射热电偶是基于温差电效应制成的热探测器，在材料 A 和 B 的连接点上粘上涂黑的薄片，形成接受辐照的光敏面，在辐照作用下产生温升，称为热端。在材料 A 和 B 与导线形成的连接点保持同一温度，形成冷端。在两个导线间（输出端）产生开路的温差电动势。这种现象称为温差电现象。利用温差电现象制成的感温元件称为温差电偶（也称热电偶）。温差电动势的大小与接头处吸收的辐射功率或冷热两接头处的温差成正比，因此，测量热电偶温差电动势的大小就能测知接头处所吸收的辐射功率或冷热两接头处的温差。热电偶的缺点是热响应时间较长。

(3) 热释电探测器　压电类晶体中的极性晶体，如硫酸三甘肽（TGS）、钽酸锂（$LiTaO_3$）和铌酸锶钡（$Sr_1—BaxNb_2O_6$）等，具有自发的电极化功能，当受到红外辐照时，温度升高，在某一晶轴方向上能产生电压。电压大小与吸收的红外辐射功率成正比，这种现象被称为热释电效应。所以，称极性晶体为热释电晶体。热释电晶体自发极化的弛豫时间很短，约为 10^{-12}s。因此热释电晶体具有温度变化响应快的特点。热释电红外探测器探测率高，属于热探测器中最好的，因此得到了广泛应用。

(4) 气体探测器　气体在体积保持一定的条件下吸收红外辐射后会引起温度升高、压强增大。压强增加的大小与吸收红外辐射功率成正比，由此，可测量被吸收的红外辐射功率。利用上述原理制成的红外探测器叫做气体探测器。

光子探测器吸收光子后发生电子状态的改变，从而引起几种电学现象，这些现象统称为光子效应。利用光子效应制成的探测器称为光子探测器。

热探测器与光子探测器在使用场合上主要区别如下：

1) 探测器一般在室温下工作，不需要制冷；多数光子探测器必须工作在低温条件下才有优良的性能。工作于 $1 ~ 3μm$ 波段的探测器主要在室温下工作。

2) 热探测器对各种波长的红外辐射均有响应，是无选择性探测器，而光子探测器只对短于或等于截止波长的红外辐射才有响应，是有选择性的探测器。

3）热探测器的响应率比光子探测器的响应率低 1～2 个数量级，响应时间比光子探测器的长得多。

5.7.3　热释电型红外传感器

1. 热释电效应

若使某些强电介质物质的表面温度发生变化，在这些物质表面上就会产生电荷的变化，这种现象称为热释电效应，它是热电效应的一种。

在钛酸钡一类的晶体上，上、下表面设置电极，在上表面加以黑色膜，若有红外线间歇地照射，其表面稳度升高 ΔT，其晶体内部的原子排列将产生变化，引起自发极化电荷 ΔP，设元件的电容为 C，则元件两极的电压为 $\Delta P/C$。需注意的是，热释电效应产生的表面电荷不是永存的，只要一出现，很快便会被空气中的各分子所结合。因此，用热释电效应制成红外传感器，往往在它的元件前面加机械式的周期遮光装置，以使此电荷周期地出现。

2. 热释电效应红外线光敏元件的材料

热释电型红外线光敏元件的材料较多，其中以压电陶瓷和陶瓷氧化物最多。钽酸锂（$LiTaO_3$）、硫酸三甘肽（LATGS）及钛锆酸铅（PZT）制成的热释电型红外传感器目前应用较广。近年来开发的具有热释性能的高分子薄膜聚偏二氟乙烯（PVF_2），已用于红外成像器件、火灾报警传感器等。

3. 热释电红外传感器的构成及特性

（1）结构　热释电红外传感器的结构如图 5-53 所示。传感器由敏感元件、场效应晶体管、高阻电阻、滤光片等组成，并向壳内充入保护气封装起来。

（2）敏感元件　敏感元件用红外线热释电材料 PZT（或其他材料）制成很小的薄片，再在薄片两面镀上电极，构成两个反向串联的有极性的小电容。这样，当入射的能量顺序地射到两个元件时，由于是两个元件反相串联，故其输出是单元件的两倍；两个元件反相串联，对于同时输入的能量会相互抵消。由于双元件红外敏感元件具有上面的特性，可以防止因太阳光等红外线所引起的误差或误动作；由于周围环境温度的变化影响整个敏感元件温度变化，两个元件产生的热释电信号互相抵消，起到补偿作用。

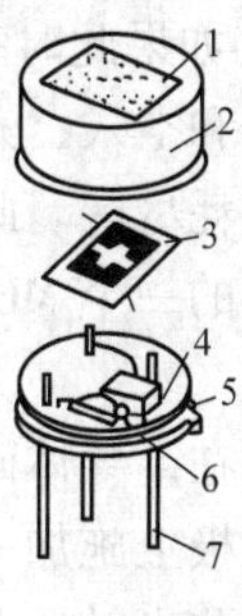

图 5-53　热释传感器结构
1—敏感元件　2—罩壳　3—滤光片
4—场效应晶体管　5—底板
6—高阻电阻　7—引脚

（3）场效应晶体管及高阻值电阻 R_g　热释电红外传感器的输出阻抗很高，可达 $10^{13}\,\Omega$，同时其输出电压信号又极微弱，因此，需要进行阻抗变换和信号放大才能应用。热释电红外传感器电路如图 5-54 所示。场效应晶体管用来构成源极跟随器。高阻值电阻 R_g 的作用是释放栅极电荷，使场效应晶体管安全工作。

（4）滤光片（FT）　一般热释电红外传感器在 0.2～20 μm 光谱范围内的灵敏度是相当平坦的。由于不同检测需要，要求光谱响应范围向狭窄方向发展，因此采用不同材料的滤光片作为窗口，使其具有不同用途。如用于人体探测和防盗报警的热释电红外传感器，为了使其对人体最敏感，要

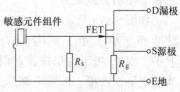

图 5-54　热释传感器电路

求滤光片能有效地选取人体的红外辐射。根据维恩位移定律，对于人体温（约36°），其辐射的最长波长为 $\lambda_m = (2898/309)\,\mu m = 9.4\,\mu m$，也就是说，人体辐射在 $9.4\,\mu m$ 处最强，红外滤波片选 $7.5 \sim 14\,\mu m$ 波段为宜。

5.7.4 固体电荷耦合成像器件

固态图像传感器（Solid State Imaging Sensor）是指在同一半导体衬底上生成若干个光敏单元与移位寄存器构成一体的集成光敏器件，其功能是把按空间分布的光强信息转换成按时序串行输出的电信号。目前最常用的固态图像传感器是电荷耦合器件（Charge Coupled Device，CCD）。CCD 自 1970 年问世以后，由于它的低噪声等特点，被广泛应用于广播电视、可视电话和传真、数码照相机、摄像机等方面，在自动检测和控制领域也显示出广阔的应用前景。

1. MOS 光敏元

一个完整的 CCD 由光敏元阵列、转移栅、读出移位寄存器及一些辅助输入、输出电路组成。光敏元的结构如图 5-55 所示，它是在 P型（或 N 型）硅衬底上生长一层厚度约为 120nm 的 SiO_2，再在 SiO_2 层上沉积一层金属电极，就构成了金属—氧化物—半导体结构元（MOS）。

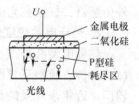

图 5-55 光敏元的结构

当向电极加正偏压时，在电场的作用下，电极下的 P 型硅区域里的空穴被赶尽，从而形成一个耗尽区，也就是说，对带负电的电子而言是一个势能很低的区域，这部分称为"势阱"。如果此时有光线入射到半导体硅片上，在光子的作用下，半导体硅片上就产生了光生电子和空穴，光生电子就被附近的势阱所吸收，称为"俘获"，同时产生的空穴则被电场排斥出耗尽区。此时势阱内所吸收的光生电子数量与入射到势阱附近的光强成正比。人们也称这样的一个 MOS 光敏元为一个像素，把一个势阱所收集的若干光生电荷称为一个电荷包。

通常在半导体硅片上制有几百或几千个相互独立的 MOS 光敏元，呈线阵或面阵排列。在金属电极上施加一正电压时，在半导体硅片上就形成几百或几千个相互独立的势阱。如果照射在这些光敏元上的是一幅明暗起伏的图像，那么通过这些光敏元就会将其转换成一幅与光照强度相对应的光生电荷图像。

2. 读出移位寄存器

读出移位寄存器是电荷图像的输出电路，如图 5-56 所示。它也是 MOS 结构，但在半导体的底部覆盖上一层遮光层，防止外来光线的干扰。实现电荷定向转移的控制方法，类似于步进电动机的步进控制方式，也有二相、三相等控制方式之分。

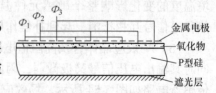

图 5-56 读出移位寄存器结构原理图

如图 5-57a 所示，把 MOS 元的电极 3 个分为一组，依次在其上施加 3 个相位不同的控制脉冲 Φ_1、Φ_2、Φ_3，如图 5-57b 所示。在 $t = t_0$ 时，第一相时钟 Φ_1 为高电平，Φ_2、Φ_3 为低电平，在 P_1 极下方形成深势阱，信息电荷存储其中；在 $t = t_1$ 时，Φ_1、Φ_2 处于高电平，Φ_3 为低电平，P_1 极、P_2 极下都形成势阱。由于两电极下势阱间的耦合，原来在 P_1 下的电荷将在 P_1、P_2 两电极下分布；当 P_1 回到低电位时，电荷全部流回 P_2 下的势阱中（$t_1 = t_2$）。在 $t = t_3$

时刻，Φ_3 为高电平，P_2 电平降低，电荷包从 P_2 下转到 P_3 下的势阱。以此控制，最终 P_1 下的电荷转移到 P_3 下。在三相脉冲控制下，信息电荷不断向右转移，直到最后位依次向外输出。

3. 电荷的输出

图 5-58 所示为利用二极管的输出方式。在阵列末端衬底上扩散形成输出二极管，当输出二极管加上反相偏压时，在结区内产生耗尽层。当信号电荷在时钟脉冲作用下移向输出二极管，并通过输出栅极 OG 转移到输出二极管耗尽区内时，信号电荷将作为二极管的少数载流子而形成反向电流 I_o。输出电流的大小与信号电荷大小成正比，并通过负载电阻 R_1 变为信号电压 U_o 输出。

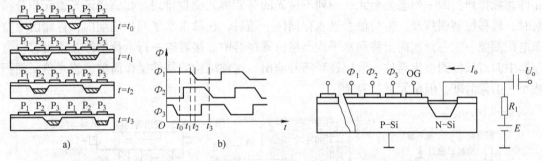

图 5-57　三相控制方式电荷定向转移过程　　　　图 5-58　利用二极管的输出方式

4. 线阵 CCD 图像传感器

线阵 CCD 图像传感器的结构如图 5-59 所示，有单侧传输和双侧传输两种结构形式。当入射光照射在光敏元阵列上，在各光敏元梳状电极施加高电压时，光敏元聚集光电荷，进行光积分，光电荷与光照强度和光积分时间成正比。在光积分时间结束时，转移栅上的电压提高（平时为低电压），将转移栅打开，各光敏元中所积累的光电荷并行地转移到移位寄存器中。当转移完毕，转移栅电压降低，同时在移位寄存器上加时钟脉冲，在移位寄存器的输出端依次输出各位的信息，这是一次串行输出的过程。目前，实用的线阵 CCD 图像传感器多采用双侧结构。单、双数光敏元中的信号电荷分别转移到上、下方的移位寄存器中，然后，在控制脉冲的作用下，自左向右移动，在输出端交替合并输出，这样就形成了原来光敏信号电荷的顺序。

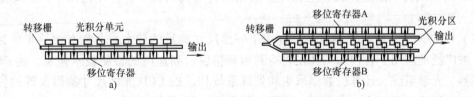

图 5-59　线阵 CCD 图像传感器的结构示意图

a)　单侧传输　b）双侧传输

5. 面阵 CCD 图像传感器

面阵 CCD 图像传感器是把光敏元排列成矩阵的器件，目前存在 3 种典型结构形式，图 5-60a 所示结构由行扫描电路、垂直输出寄存器、感光区和输出二极管组成。行扫描电路将光敏元内的信息转移到水平（行）方向上，由垂直方向的寄存器将信息转移到输出二极管，输出信号由信号处理电路转换为视频图像信号。这种结构易引起图像模糊。

图 5-60b 所示结构增加了具有公共水平方向电极的不透光的信息存储区。在正常垂直回扫周期内，具有公共水平方向电极的感光区所积累的电荷同样迅速下移到信息存储区。在垂直回扫结束后，感光区回复到积光状态。在水平消隐周期内，存储区的整个电荷图像向下移动，每次总是将存储区最底部一行的电荷信号移到水平读出器，该行电荷在读出移位寄存器中向右移动以视频信号输出。当整帧视频信号自存储器移出后，就开始下一帧信号的形成。该 CCD 结构具有单元密度高、电极简单等优点，但增加了存储器。

图 5-60c 所示结构是用得最多的一种结构形式。它将图 5-60b 所示结构中感光元与存储元件相隔排列，即一列感光单元、一列不透光的存储单元交替排列。在感光区光敏元积分结束时，转移控制栅打开，电荷信号进入存储区。随后，在每个水平回扫周期内，存储区中整个电荷图像一次一行地向上移到水平读出移位寄存器中。接着这一行电荷信号在读出移位寄存器中向右移位到输出器件，形成视频信号输出。这种结构的器件操作简单，感光单元面积减小，图像清晰，但单元设计复杂。

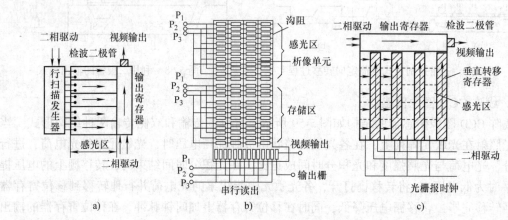

图 5-60 面阵 CCD 图像传感器结构示意图

a) 光敏元矩阵排列形式一　　b) 光敏元矩阵排列形式二　　c) 光敏元矩阵排列形式三

6. CCD 技术的应用

CCD 的应用技术是光、机、电和计算机相结合的高新技术，应用范围很广。其主要应用如下。

（1）CCD 用于一维尺寸测量　CCD 用于一维尺寸测量的技术是非常有效的非接触检测技术，被广泛地应用于各种加工件在线检测和高精度、高速度的检测技术领域。由 CCD 图像传感器、光学系统、计算机数据采集和处理系统构成的 CCD 光敏尺寸检测仪器的使用范围和优越性是现有机械式、光学式、电磁式测量仪器都无法比拟的。这与 CCD 本身所具有的高分辨率、高灵敏度、像素位置信息强、结构紧凑及其自扫描的特性密切相关。这种测量方法往往无须配置复杂的机械运动机构，从而减少产生误差的来源，使测量更准确、更方便。

（2）工业内窥镜电视系统　在质量控制、测试及维护检验中，正确地识别裂缝、应力、焊接整体性及腐蚀等缺陷是非常重要的。但传统的光纤内窥镜的光纤成像却常使检查人员难于判断是真正的瑕疵，还是图像不清造成的结果。

运用 CCD 电子成像技术的工业内窥镜电视，可以在易于观察的电视荧光屏上看到一个清晰的、真实色彩的放大图像。根据这个明亮而分辨率高的图像，检查人员能快速而准确地进行检查工作。在这种工业内窥镜中，利用电子成像的办法，不但可以提供比光纤更清晰及分辨率更高的图像，而且能在探测步骤及编制文件方面提供更大的灵活性。这种视频电子成像系统最适用于检查焊接、涂装或密封，检查孔隙、阻塞或磨损，寻查零件的松动及振动。在过去，内表面的检查，只能靠成本昂贵的拆卸检查，而现在则可迅速得到一个非常清晰的图像。此系统可向多个观察人员在电视荧光屏上提供清晰的大型图像，也可制成高质量的录像带及照相文件。

CCD 工业内窥镜电视原理如图 5-61 所示。利用发光二极管 LED（黑白探头）或导光束（彩色探头）对被检区进行照明（照明窗）。探头前部的透镜把被检物体成像在 CCD 芯片上。

CCD 把光信号变为电信号。电信号由导线传出。此信号经过放大、滤波及时钟分频等电路，并经图像处理器把模拟电信号变成数字化信号加以处理，最后输出给监视器、录像机或计算机。换用不同的探头即可得到高质量的彩色或黑白图像。由于光度是自动控制的，因此可使探测区获最佳照明状态。经过伽玛校正，可以进一步把图像黑暗部分的细节加以放大。

CCD 工业内窥镜电视的结构如图 5-62 所示。它包括一只观察探头、一台图像处理器及一台用以显示图像的电视监视器及录像机。在此系统中，用一只安装于探头端部的非常小的 CCD 传感器来代替光纤。CCD 像一部小型的电视摄像机，将 CCD 上的图像由光信号变成电信号，把这个电信号经过放大、图像处理器等电路处理后直接送入直观的监视器进行观察。

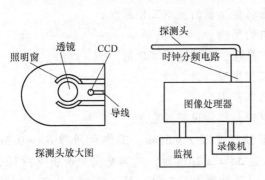

图 5-61　CCD 工业内窥镜电视原理

图 5-62　CCD 工业内窥镜电视的结构

这种 CCD 工业内窥镜电视有如下特点。

1）高分辨率。这种内窥镜能显示明亮而高分辨率的图像，分辨率高于每毫米 12 线，而用光导纤维和电视内窥镜仅为每毫米 5 线。用 CCD 代替成像面后，能消除光纤固有的模糊不清缺点。所得的高分辨率图像可改善检查精确度，减少检验人员的目视疲劳。

2）景深更大。景深是指在像平面上获得清晰图像的空间深度。CCD 工业内窥镜电视比传统的光纤内窥镜电视有更大的景深，也就是有更大的清晰图像的空间深度，可以节省移动探头及使探头对焦的时间。

3）不会发生纤维束折断的弊端。长期使用光纤内窥镜，会因弯曲拐折使光纤折断，像素消失而成黑点，产生"黑白点混成灰色"效应，使图像区域出现空档，因而有可能导致漏检重点检验部位的后果。而 CCD 工业内窥镜电视不用成像束，CCD 用电导体传送图像信息。这些电导体是专为经受严格工业环境而设计的，工作寿命长得多。

4) 图像更容易观察。在电视监视器上观察放大图像，可以有更精确的检查结果。因在荧光屏上观察，消除了目镜观察的眼睛不舒服和疲劳，可以在荧光屏前站着或坐着进行检查。

5) 可多人观察。在检查测试过程中，可以多人观察监视器。此外，还可以传送到远方观察。在检查过程中，可将图像录入磁带，以便事后讨论、入档及进一步研究。

6) 可作真实的彩色检查。在识别腐蚀、焊接区域烧穿及化学分析的缺陷时，准确的彩色再现往往是很重要的。光纤内窥镜有断丝和图像恶化等缺点，而 CCD 内窥镜图像不会老化，彩色再现极佳。

7) 方便而高质量的文件编制。可以直接用录像机录下图像、名字或号码等信息，可以由键盘控制录像带，以便综合记录保存，并可以使图像在荧光屏中定格，以便拍照。

(3) CCD 工业内窥镜电视技术的应用领域　由于 CCD 工业内窥镜电视能提供精确的图像，而且操作方便，因而非常适用于质量控制、常规维护工作及遥控目测检验等领域。在航空航天方面，用来检查主火箭引擎，检查飞行引擎的防热罩、飞行引擎，监视固体火箭燃料的加工操作等。

习题与思考题

5.1　简述传感器的定义、基本组成及主要技术指标。

5.2　什么是金属导体的应变效应？电阻应变片由哪几部分组成？各部分的作用是什么？

5.3　简述位移传感器的分类和差动变压器传感器的基本工作原理。

5.4　简述光栅数字传感器的分类及各自的用途。

5.5　简述压电加速度传感器的基本工作原理，举例说明其应用。

5.6　简述应变片构成的测力传感器的工作原理。

5.7　简述位置传感器的分类，举例说明其应用。

5.8　简述红外图像传感器的基本工作原理，举例说明其应用。

5.9　一变极距型电容传感器，其圆形极板半径 $r = 6\text{mm}$，工作台间隙 $\delta_0 = 0.3\text{mm}$。(1) 工作时，如果传感器与工件的间隙变化量 $\Delta\delta = \pm 2\mu\text{m}$ 时，电容变化量是多少？(2) 如果测量电路的灵敏度 $S_1 = 1000\text{mV/pF}$，仪表的灵敏度 $S_2 = 5$ 格/mV，当 $\Delta\delta = \pm 2\mu\text{m}$ 时，读数仪表的指示变化多少格？

5.10　欲测量液体压力，拟采用电容式、电感式、电阻应变式传感器，绘出可行方案图，并作比较。

5.11　为了节省能源，需要根据自然光的亮度来开、关路灯，即只有在夜间或天气很暗的时候才打开路灯，应该用何种器件来控制路灯的开、关？

第6章 可编程序控制器（PLC）的原理及应用

可编程序控制器（PLC）是在继电接触器逻辑控制基础上发展而来的，由于其特殊的性能，正在逐步取代继电接触器逻辑控制，在电气传动控制领域已得到广泛应用。虽然可编程序控制器种类很多，不同厂家的产品各有特点，但是作为工业标准控制设备，可编程序控制器在结构组成、工作原理和编程方法等许多方面是基本相同的。

6.1 概述

6.1.1 PLC 的产生

20 世纪 60 年代末，美国最大的汽车制造商通用汽车公司（GM），为了适应汽车型号不断更新的需要，想寻找一种方法，尽可能减少重新设计继电接触器控制系统和接线的工作量，以降低成本，缩短周期，于是设想把计算机的功能完备、灵活性、通用性好等优点和继电接触器控制系统的简单易懂、操作方便、价格便宜等优点结合起来，制造一种新型的工业控制装置。为此，1968 年，美国通用汽车公司公开招标，要求制造商为其装配线提供一种新型的通用控制器，提出了十项招标指标：

1）编程简单，可在现场修改程序。

2）维护方便，采用插件方式。

3）可靠性高于继电接触器控制系统。

4）设备体积要小于继电器控制柜。

5）数据可以直接送给管理计算机。

6）成本可与继电接触器控制系统相竞争。

7）输入量是 115V 交流电压。

8）输出量为 115V 交流电压，输出电流在 2A 以上，能直接驱动接触器、电磁阀等。

9）系统扩展时，原系统只需作很小的变动。

10）用户程序存储器容量能扩展到 4KB。

美国数字设备公司（DEC）中标，于 1969 年研制成功了一台符合要求的控制器，在通用汽车公司的汽车装配线上试验获得成功。由于这种控制器适于工业环境，便于安装，可以重复使用，通过编程来改变控制规律，可以取代继电接触器控制系统，因此在短时间内该控制器的应用很快就扩展到其他工业领域。美国电气制造商协会于 1980 年把这种控制器正式命名为可编程序控制器（PLC）。为使这一新型的工业控制装置的生产和发展规范化，国际电工委员会（IEC）制定了 PLC 的标准，给出 PLC 的定义如下："可编程序控制器是一种数字运算操作的电子系统，专为在工业环境下应用而设计的。它采用可编程的存储器，用来在其内部存储执行逻辑运算、顺序控制、定时、计数和算术运算等操作指令，并通过数字式和模拟式的输入和输出，控制各种类型的机械或生产过程"。

6.1.2　PLC 的发展

PLC 经过几十年的发展，已经发展到了第四代。其发展过程大致如下：

第一代为 1969～1972 年。这个时期是 PLC 发展的初期，该时期的产品，CPU 由中小规模集成电路组成，存储器为磁芯存储器。其功能也比较单一，仅能实现逻辑运算、定时、计数和顺序控制等功能，可靠性比以前的顺序控制器有较大提高，灵活性也有所增加。

第二代为 1973～1975 年。该时期是 PLC 的发展中期，随着微处理器的出现，该时期的产品已开始使用微处理器作为 CPU，存储器采用半导体存储器。其功能上进一步发展和完善，能够实现数字运算、传送、比较、PID 调节、通信等功能，并初步具备自诊断功能，可靠性有了一定提高，但扫描速度不太理想。

第三代为 1976～1983 年。PLC 进入大发展阶段，这个时期的产品已采用 8 位和 16 位微处理器作为 CPU，部分产品还采用了多微处理器结构。其功能显著增强，速度大大提高，并能进行多种复杂的数学运算，具备完善的通信功能和较强的远程 I/O 能力，具有较强的自诊断功能并采用了容错技术。在规模上向两极发展，即向小型、超小型和大型发展。

第四代为 1983 年至今。这个时期的产品除采用 16 位以上的微处理器作为 CPU 外，内存容量更大，有的已达数兆字节；可以将多台 PLC 连接起来，实现资源共享；可以直接用于一些规模较大的复杂控制系统；编程语言除了可使用传统的梯形图、流程图等外，还可以使用高级语言；外设多样化，可以配置 CRT 和打印机等。

进入 20 世纪 80 年代以来，随着大规模和超大规模集成电路等微电子技术的迅猛发展，以 16 位和 32 位微处理器构成的微机化 PLC 得到了惊人的发展，使 PLC 在概念、设计、性能价格比以及应用等方面都有了新的突破。不仅控制功能增强，功耗、体积减小，成本下降，可靠性提高，编程和故障检测更为灵活方便，而且远程 I/O 和通信网络、数据处理以及图像显示也有了长足的发展，所有这些已经使 PLC 应用于连续生产的过程控制系统，使之成为今天自动化技术的三大支柱之一。

6.1.3　PLC 的基本功能

PLC 在工业中的广泛应用是由其功能决定的，其功能主要有以下几个方面。

（1）开关量的逻辑控制　逻辑控制功能实际上就是位处理功能，是 PLC 的最基本功能之一，用来取代继电接触器控制系统，实现逻辑控制和顺序控制。PLC 根据外部现场（开关、按钮或其他传感器）的状态，按照指定的逻辑进行运算处理后，控制机械运动部件进行相应的操作。另外，在 PLC 中一个逻辑位的状态可以无限制的使用，逻辑关系的修改和变更也十分方便。

（2）定时控制　PLC 中有许多供用户使用的定时器，并设置了计时指令，定时器的设定值可以在编程时设定，也可以在运行过程中根据需要进行修改，使用方便灵活。同时 PLC 还提供了高精度的时钟脉冲，用于准确的实时控制。

（3）计数控制　PLC 为用户提供了许多计数器，计数器计数到某一数值时，产生一个状态计数器信号，利用该状态信号实现对某个操作的计数控制值可以在编程时设定，也可以在运行过程中根据需要进行修改。

（4）步进控制　PLC 为用户提供了若干个移位寄存器，可以实现由时间、计数或其他指定逻辑信号为转步条件的步进控制。即在一道工序完成以后，在转步条件控制下，自动进行下一道工序。有些 PLC 还专门设置了用于步进控制的步进指令，编程和使用都很方便。

（5）数据处理　PLC 的数据处理功能可以实现算术运算、逻辑运算、数据比较、数据传送、数据移位、数制转换和译码编码等操作。中、大型 PLC 数据处理功能更加齐全，可完成开方、PID 运算、浮点运算等操作，还可以和 CRT、打印机相连，实现程序、数据的显示和打印。

（6）回路控制　有些 PLC 具有 A-D、D-A 转换功能，可以方便地完成对模拟量的控制和调节。一般情况下，模拟量为 4～20mA 的电流或 0～10V 的电压；数字量为 8 位或 12 位的二进制数。

（7）通信联网　有些 PLC 采用通信技术，实现远程 I/O 控制、多台 PLC 之间的同位连接、PLC 与计算机之间的通信等。利用 PLC 同位连接，可以使各台 PLC 的 I/O 状态相互透明。采用 PLC 与计算机之间的通信连接，可以用计算机作为上位机，下面连接数十台 PLC 作为现场控制机，构成"集中管理、分散控制"的分布式控制系统，以完成较大规模的复杂控制。

（8）监控　PLC 设置了较强的监控功能。利用编程器或监视器对有关部分的运行状态进行监视。

（9）停电记忆　可以对 PLC 内部的部分存储器所使用的 RAM 设置停电保持器，以保证断电后这部分存储器中的信息能够长期保存。利用某些记忆指令可以对工作状态进行记忆，以保持 PLC 断电后的数据内容不变，PLC 电源恢复后，可以在原工作基础上继续工作。

（10）故障诊断　PLC 可以对系统构成、某些硬件状态、指令的合法性等进行自诊断，发现异常情况，发出报警并显示错误类型，如发生严重错误则自动中止运行。PLC 的故障自诊断功能，大大提高了 PLC 控制系统的安全性和可维护性。

6.1.4　PLC 的特点

（1）编程、操作简易方便，程序修改灵活　PLC 的编程可采用与继电接触器电路极为相似的梯形图语言，直观易懂，只要熟悉继电接触器线路都能极快地进行编程、操作和程序修改，深受现场电气技术人员的欢迎。近几年发展起来的其他的编程语言（如功能图语言、汇编语言等）使编程更加方便。

（2）体积小、功耗低　PLC 是将微电子技术应用于工业控制设备的新型产品，结构紧凑、坚固、体积小、重量轻、功耗低。

（3）抗干扰能力强、稳定可靠　PLC 采用大规模集成电路，器件的数量少、故障率低、可靠性高，而且 PLC 本身配有自诊断功能，可迅速判断故障，从而进一步提高可靠性。PLC 通过设置光耦合电路、滤波电路和故障检测与诊断程序等一系列硬件和软件的抗干扰措施，有效地屏蔽了一些干扰信号对系统的影响，极大地提高了系统的可靠性。

（4）采用模块化结构，扩充、安装方便，组合灵活　PLC 已实现了产品系列化、标准化、通用化和模块化，用 PLC 组成控制系统，在设计、安装、调试和维修等方面，表现了明显的优越性。

（5）通用性好、使用方便　PLC 中的继电器是"软元件"，其接线也是用程序实现的软接线，可以根据需要灵活组合。一旦控制系统的硬件配置确定以后，用户可以通过修改应用程序实现不同的控制。

（6）输入、输出时接口功率大　PLC 采用插件结构，当 PLC 的某一部分发生故障时，只要把该模块更换下来，就可继续工作。平均修复时间为 10min 左右。一般 PLC 平均无故障率为 3～5 年，使用寿命在 10 年以上。输入、输出模块可直接与 AC 220V、110V 和 DC 24V、48V 输入、输出信号相连接，输出可直接驱动 2A 以下的负载。

6.1.5　PLC 与微机（MC）及继电器控制的区别

1. PLC 与继电器控制的区别

对于采用 PLC 控制的系统，输入设备、输出设备以及控制电路的功能都与继电器控制相同，就连 PLC 控制的梯形图与继电器控制电路图也十分相似，并大多沿用了继电器控制电路元件符号。PLC 控制与继电器控制不同之处主要表现在：

（1）组成器件不同　继电器控制电路由许多真正的硬件继电器组成，而梯形图则由许多所谓"软继电器"组成。这些"软继电器"实质上是存储器中的每一位触发器，可以置"0"或置"1"。硬件继电器易磨损，而"软继电器"则无磨损现象。

（2）触点数量不同　继电器控制电路的触点数量有限，用于控制的继电器的触点数一般只有 4～8 对，而梯形图中每只"软继电器"供编程使用的触点数有无限对。因为在存储器中的触发器状态（电平）可取用任意次数。

（3）实施控制的方法不同　在继电器控制电路中，设备的某种控制是通过各种继电器之间硬接线实现的。由于其控制功能已包括在固定线路之间，因此它的功能专一，不灵活；而 PLC 控制是通过其指令系统即软件编制的程序实现的。在继电器控制电路中，为了达到某种目的，而又要安全可靠，同时还要节约使用继电器触点，因此设置了许多制约关系的联锁电路；而在梯形图中，因它是扫描工作方式，不存在几个支路并列同时动作的因素，同时在软件编程中也可将联锁条件编制进去，因而 PLC 的电路控制设计比继电器控制设计大大简化了。

（4）工作方式不同　在继电器控制电路中，当电源接通时，线路中各继电器都处于受制约状态，即该吸合的继电器都同时吸合，不应吸合的继电器都因受某种条件限制不能吸合，这种工作方式称为并行工作方式；在梯形图的控制电路中，各软继电器都处于周期性循环扫描接通中，受同一条件制约的各个继电器的动作次序决定于程序扫描顺序，这种工作方式称为串行工作方式。

一个继电器控制电路可以转化成 PLC 的梯形图，但由于工作方式的不同，即前者是并行工作方式，后者是串行工作方式，PLC 工作过程特点还有集中输入、集中输出刷新等。

2. PLC 与微机（MC）的区别

从微型计算机的应用范围来说，MC 是通用机，而 PLC 是专用机. 微型计算机是在以往计算机与大规模集成电路的基础上发展起来的，其最大特征是运算速度快、功能强、应用范围广。而 PLC 是一种为适应工业控制环境而设计的专用计算机，但从工业控制角度来看，PLC 是一种通用机。如果采用 MC 作为某一设备的控制器，就必须根据实际需要考虑抗干扰问题和硬件软件设计，以适应设备控制的专门需要。这样，势必把通用的 MC 转化成具有特殊功能的控制器，而成为一台专用机。

理解了这种关系，便可列出 PLC 与 MC 的主要差异以及各自的特点，例如：

1）PLC 抗干扰性能比 MC 高。

2）PLC 编程比 MC 简单。

3）PLC 设计调试周期短。

4）PLC 的输入/输出响应速度慢，有较大的滞后现象（一般为 ms 级），而 MC 的响应速度快（为 μs 级）。

5）PLC 易于操作，人员培训时间短，而 MC 则较难，人员培训时间长。

6）PLC 易于维修，MC 则较困难。

随着 PLC 功能的不断增强，越来越多地采用了微机技术；同时 MC 也为了适应用户需要，向提高可靠性、耐用性与便于维修方向发展，两者相互渗透，使 PLC 与 MC 的差异越来越小，两者之间的界限也越来越模糊。

3. PLC 与工业控制机的区别

工业控制机是由通用微机推广应用发展起来的，硬件结构方面总线标准化程度高，品种兼容性强。工业控制机由于直接由通用微机而来，故软件资源丰富，特别是有实时操作系统的支持，故对要求快速、实时性强、模型复杂性高的领域占有优势。

PLC 是由电气控制厂家研制生产的，从开始就是针对工业顺序控制并扩大应用而发展起来的，因此硬件结构专用，各厂家产品不通用。它对逻辑顺序控制很适应，目前虽然逐步扩大功能，如数据运算、PID 调节等，但是微机的很多软件还不能直接取用，必须经过二次开发。它编程中的梯形图很受不熟悉计算机，但熟悉电器的设计者与电气工人的欢迎。

6.2　PLC 的基本构成

6.2.1　PLC 的硬件组成

PLC 实质是一种专用于工业控制的微机，其硬件结构与微型计算机基本相同，主要由 CPU、输入/输出接口和存储器、编程器 4 部分组成，如图 6-1 所示。

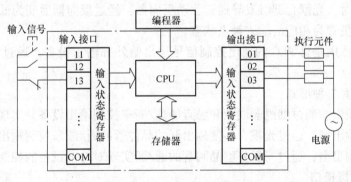

图 6-1　PLC 原理图

1. CPU 板

CPU 板是 PLC 的核心部件，它包括微处理器（CPU）、寄存器（ROM、RAM）、并行接口（PIO）、串行接口（SIO）及时钟控制电路等。

并行接口和串行接口（PIO/SIO）主要用于 CPU 与各接口电路之间的信息交换。时钟及控制电路用于产生时钟脉冲及各种控制信号。

串行和并行控制的基本区别：串行是通过扫描方式将外围的信号采集，进行编码，然后统一的发送或接收各控制器件；并行是将各个不同的信号统一发送到控制器。目前主要采用并行和串行两种方式。

CPU 板是 PLC 的运算、控制中心，用来实现各种逻辑运算、算术运算以及对全机进行管理控制，主要有以下功能：

1）接收并存储由编程器输入的用户程序和数据。

2）以扫描方式接收输入设备送来的控制信号或数据，并存入输入映像寄存器（输入状态寄存器）中或数据寄存器中。

3）执行用户程序，按指令规定的操作产生相应的控制信号，完成用户程序要求的逻辑运算或算术运算，并经运算结果存入输出映像寄存器（输出状态寄存器）或数据寄存器。

4）根据输出映像寄存器或数据寄存器中的内容，实现输出控制或数据通信等。

5）诊断电源电路及 PLC 的工作状况。

不同种类的 PLC，所采用的 CPU 芯片也不尽相同。如日本三菱公司的 F 系列 PLC，采用的 CPU 芯片为单板机 8031；A 系列的为 8086；FX2 系列采用两片超大规模的集成电路芯片：一片为 16 位通用 CPU，用于处理基本指令，另一片为专用逻辑处理器，用于处理高速指令及中断命令。

2. 输入/输出电路

PLC 的一大优点是抗干扰能力强。在 PLC 的输入端，所有的输入信号都是经过光耦合并经过 RC 电路滤波后才送入 PLC 内部放大器。采用光耦合和 RC 电路滤波后能有效消除环境中的干扰，而且光耦合器的输入/输出端绝缘电阻高，能保护 PLC 不会因外界的高压而受到损害。光耦合器的开关量输入接口电路如图 6-2 所示。

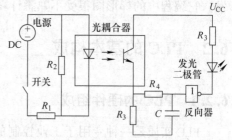

图 6-2　光耦合器的开关量输入接口电路

当开关闭合时，光耦合器触发导通，驱动反向器，经过反向器后变为低电平，发光二极管点亮，发光二极管为相应的输入触点状态。

输出电路的作用是将 PLC 的输出控制信号送出给外部输出设备，通过输出设备控制被控制对象工作。

输出电路共有 3 种形式：

1）继电器输出，通过继电器线圈和触点的通/断来控制输出设备并实现电器隔离。

2）晶体管输出型，通过光耦合器使输出开关晶体管的通/断来控制输出设备。

3）晶闸管输出型，通过光触发型晶闸管的通/断实现对外部设备的控制。

3. 存储器扩展接口

存储器扩展接口用于连接用户程序存储器及数据存储器的扩展卡盒。

（1）扩展卡盒

常用的扩展卡盒有 3 种：

1）CMOS 型 RAM 卡盒，它需要用锂电池后备，以防止断电时丢失数据。

2）EPROM 卡盒，这种卡盒需要专门写入器将调试好的用户程序或数据写入 EPROM，擦除时需要用紫外线擦除器。

3）EEPROM 卡盒，它的吸入盒擦除只需用编程器即可。

（2）只读存储器（ROM）　ROM 是用来存放固定程序的，一旦程序存放进去之后，就不可改变，也就是说不能再写入新的内容，而只能从中读出其所存储的内容。ROM 存放的内容不会因电源消失而消失。

ROM 中存放的程序只能由存储器制造厂写入，用户无法根据自己的需要写入程序。为了便于用户根据自己的需要修改 ROM 的存储内容，就发展生产了一种可擦去可编程序的只读存储器（EPROM）。这种存储器片子的上方有一个石英玻璃的窗口，当用紫外线通过这个窗口照射时，就可以把原来的信号擦除掉。

（3）随机存储器（RAM）　RAM 也叫做读写存储器。它由许多基本的存储电路组成，一个基本的存储电路存储 1 位二进制信息："0" 或 "1"。通常把 8 位二进制数称为一个字节，16 位二进制数称为一个字，8 位微型计算机的容量多数为 64KB。所有存储器有很多存储单元，像一个大宾馆有很多房间，每个房间要有一个房号一样，每个存储单元也要有一个编号，称为地址。计算机是以地址来选择不同的存储单元的。因此，在电路中就要有地址寄存器和地址译码器来选择所需要的单元。

4. 编程器

编程器是开发、维护 PLC 控制系统的必备设备。编程器通过电缆与 PLC 相连接，其主要功能如下：

1）通过编程器向 PLC 输入用户程序。

2）在线监视 PLC 的运行情况。

3）完成某些特定功能。如将 PLC、RAM 中的用户程序写入 EPROM，或转存到盒式磁带上；给 PLC 发出一些必要的命令，如运行、暂停、出错、复位等。

编程器是专用的，不同型号的 PLC 都有自己专用的编程器，不能通用。PLC 正常工作时，不一定需要编程器。因此，多台同型号的 PLC 可以只配一个编程器。

便携式编程器体积小，重量轻，可随身携带，便于在生产现场使用。编程器由键盘、LED 或 LCD 显示器、工作方式选择开关、外接口（盒式磁带机、打印机等）等组成。图 6-3 是一种编程器的面板布置图。

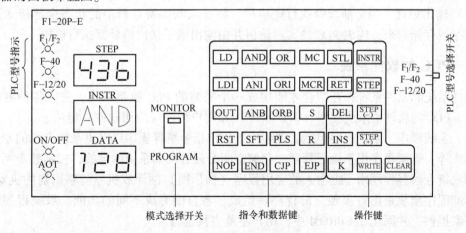

图 6-3　编程器面板布置示例

6.2.2 PLC 的工作过程

与普通微机类似，PLC 也是由硬件和软件两大部分组成的，在软件的控制下，PLC 才能正常地工作。软件分为系统软件和应用软件两部分。系统软件一般用来管理、协调 PLC 各部分的工作，翻译、解释用户程序，进行故障诊断等，是厂家为充分发挥 PLC 的功能和方便用户而设计的，通常都固化在 ROM 中与主机和其他部件一起提供给用户。

应用软件是为解决某个具体问题而编制的用户程序，它是针对具体任务编写的，是专用程序。用一台 PLC 配上不同的应用软件，就可完成不同的控制任务。

PLC 的工作过程如图 6-4 所示，可分为 3 个阶段进行，即输入处理、程序执行及输出处理。

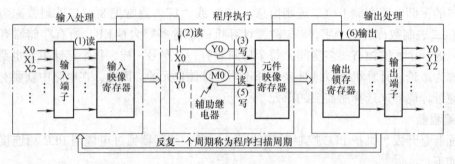

图 6-4　PLC 的工作过程

（1）输入处理　PLC 以重复扫描方式执行用户程序。在执行程序前，首先按地址编码顺序将所有输入端子的通断状态（输入信号）读入输入映像寄存器中，然后开始执行程序。在执行过程中，即使输入状态发生了变化，但输入映像寄存器中的内容不变，直到下一个扫描周期的输入处理阶段才重新读取输入状态。

（2）程序执行　在程序执行阶段，PLC 顺序扫描用户程序。每执行一条程序所需要的信息都是从映像寄存器和其他软元件映像寄存器中读出并参与运算，然后将执行结果写入有关的软元件映像寄存器中。因此各软元件映像寄存器（X 除外）中的内容随着程序的执行而不断地发生变化。

（3）输出处理　当全部指令执行完毕后，将输入映像寄存器中的状态全部传送到输出锁存寄存器存储起来，构成 PLC 的实际输出并由输出端子送出给外部执行机构。

6.2.3 PLC 的软件系统

硬件系统和软件系统相互结合才能构成一个完整的 PLC 控制系统，完成各种复杂的控制功能。PLC 的软件由系统程序（系统软件）和用户程序（应用软件）组成。

（1）系统程序　系统程序包括管理程序、用户指令解释程序以及供系统调用的专用标准程序模块等。管理程序用于运行管理、存储空间分配管理和系统的自检，控制整个系统的运行；用户指令解释程序用于把输入的应用程序（梯形图）翻译成机器能够识别的机器语言；专用标准程序模块是由许多独立的程序块组成，各自能完成不同的功能。系统程序由 PLC 生产厂家提供，并固化在 EPROM 中，用户不能直接读写。

（2）用户程序　用户程序是用户根据控制要求，用 PLC 编程语言编制的应用程序。

PLC 常用的 3 种图形化编程语言是梯形图（LD）、功能块图（FBD）和顺序功能图（SFC），两种文本化编程语言是指令表（IL）和结构化文本（ST）。用户通过编程器或计算机将用户程序写入到 PLC 的 RAM 中，并可以对其进行修改和更新，当 PLC 断电时，写入的内容被锂电池保持。

6.3　FX 系列 PLC 概述

PLC 种类繁多，型号各异，目前在中国市场上最具有竞争力的生产主流 PLC 产品的公司有三菱、西门子、欧姆龙，其主要产品如下：

（1）三菱公司产品　Q/QNA/Ans/A 系列，为模块化式大型 PLC，最大容量为 8Kbit；FX2/FX2N 系列小型 PLC，单元式，单机容量最大可以达到 256bit。

（2）西门子公司产品　S7-200 系列微型 PLC，单机最大容量为 256bit；S7-300 系列小到中型 PLC 单机最大容量为 1Kbit；S7-400 系列大到超大型 PLC，单机可组态位数过万位。

下面以三菱公司 FX 系列 PLC 为例介绍其型号、配置及其软元件。

6.3.1　FX 系列 PLC 的型号

FX 系列 PLC 是三菱公司的产品。三菱公司近年来推出的 FX 系列 PLC 有 FX_0、FX_2、FX_{0S}、FX_{0N}、FX_{2C}、FX_{1S}、FX_{1N}、FX_{2N}、FX_{2NC} 等系列型号。

FX 系列 PLC 型号命名的基本格式如下：

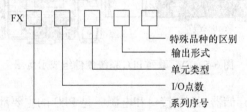

系列序号：系列名称，如 0、2、0S、0N、2C、1S、1N、2N、2NC 等。

I/O 点数：4～128 点。

单元类型：M 代表基本单元；E 代表输入/输出混合扩展单元及扩展模块；EX 代表输入专用扩展模块；EY 代表输出专用扩展模块。

输出形式：R 代表继电器输出：T 代表晶体管输出；S 代表晶闸管输出。

特殊品种的区别：D 代表 DC 电源，DC 输入；A1 代表 AC 电源，AC 输入（AC 100～120V）或 AC 输入模块；H 代表大电流输出扩展模块（1A/点）：V 代表立式端子排的扩展模式；C 代表接插口输入/输出方式；P 代表输入滤波器 1ms 的扩展模块；L 代表 TTL 输入型扩展模块：S 代表独立端子（无公共端）扩展模块；若特殊品种的区别缺省，通常指 AC 电源、DC 输入、横式端子排。

6.3.2　FX_{2N} 系列 PLC 的配置

FX_{2N} 系列 PLC 是 FX 系列中最高级的产品，可用于要求很高的控制系统。图 6-5 示出的是 FX_{2N} 系列 PLC 系统硬件组成示意图，其硬件由基本单元、扩展单元、扩展模块、转换电缆接口、特殊适配器和特殊功能模块等外部设备组成。

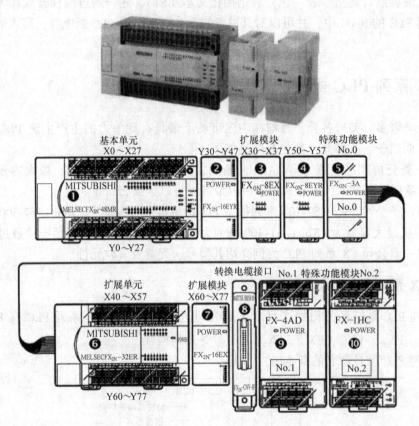

图 6-5　FX_{2N} 系列 PLC 系统硬件组成示意图

基本单元包括 CPU、存储器、I/O 接口和电源，是 PLC 的主要部分，其规格型号见表 6-1。

扩展单元用于扩展 I/O 的点数，内部设有电源。扩展模块用于增加输入或输出的点数，内部无电源，由基本单元或扩展单元供给。扩展单元和扩展模块内无 CPU，必须与基本单元一起使用。FX_{2N} 系列 PLC 扩展单元和扩展模块的规格型号分别见表 6-2、表 6-3。

表 6-1　FX_{2N} 系列 PLC 基本单元的规格型号

型　　号			输入点数	输出点数	扩展模块可用点数
继电器输出	晶闸管输出	晶体管输出			
FX_{2N}-16MR-001	—	FX_{2N}-16MT-001	8	8	24 ~ 32
FX_{2N}-32MR-001	FX_{2N}-32MS-001	FX_{2N}-32MT-001	16	16	24 ~ 32
FX_{2N}-48MR-001	FX_{2N}-48MS-001	FX_{2N}-48MT-001	24	24	48 ~ 64
FX_{2N}-64MR-001	FX_{2N}-64MS-001	FX_{2N}-64MT-001	32	32	48 ~ 64
FX_{2N}-80MR-001	FX_{2N}-80MS-001	FX_{2N}-80MT-001	40	40	48 ~ 64
FX_{2N}-128MR-001	—	FX_{2N}-128MT-001	64	64	48 ~ 64

表 6-2　FX$_{2N}$系列 PLC 扩展单元的规格型号

型　　号			输入点数	输出点数	扩展模块可用点数
继电器输出	晶闸管输出	晶体管输出			
FX$_{2N}$-32ER	—	FX$_{2N}$-32ET	16	16	24 ~ 32
FX$_{2N}$-48ER	—	FX$_{2N}$-48ET	24	24	24 ~ 64

表 6-3　FX$_{2N}$系列 PLC 扩展模块的规格型号

型　　号				输入点数	输出点数
输　入	继电器输出	晶闸管输出	晶体管输出		
FX$_{2N}$-16EX	—	—	—	16	—
FX$_{2N}$-16EX-C	—	—	—	16	—
FX$_{2N}$-16EXL-C	—	—	—	16	—
—	FX$_{2N}$-16EYR	FX$_{2N}$-16EYS	—	—	16
—	—	—	FX$_{2N}$-16EYT	—	16
—	—	—	FX$_{2N}$-16EYT-C	—	16

特殊功能模块是一些专门用途的装置，如进行模拟量控制的 A-D、D-A 转化模块，定位模块，高速计数模块和通信模块等，其规格型号见表 6-4。

表 6-4　FX$_{2N}$系列 PLC 特殊功能模块的规格型号

种　　类	型　　号	功 能 概 要
定位模块	FX$_{2N}$-1PG	脉冲输出模块、单轴用，最大频率为 100kbit/s，顺控程序控制
高速计数模块	FX$_{2N}$-1HC	高速计数模块，1 相 1 输入、1 相 2 输入(最大 50kHz)和 2 相输入(最大 50kHz)
模拟量输入模块	FX$_{2N}$-4AD	模拟输入模块，12 位 4 通道，电压输入为直流 ±10V；输入电流为直流 ±20mA
	FX$_{2N}$-4AD-PT	PT-100 型温度传感器用模块，4 通道输入
	FX$_{2N}$-4AD-TC	热电偶型温度传感器用模块，4 通道输入
模拟量输出模块	FX$_{2N}$-4DA	模拟输出模块，12 位 4 通道，电压输出为 ±10V；电流输出为 4 ~ 20mA
通信模块	FX$_{2N}$-232IF	RS-232C 通信接口，1 通道
功能扩展板	FX$_{2N}$-8AV-BD	容量适配器，模拟量 8 点
	FX$_{2N}$-232-BD	RS-232 通信板(用于连接各种 RS-232 设备)
	FX$_{2N}$-422-BD	RS-422 通信板(用于连接外部设备)
	FX$_{2N}$-485-BD	RS-485 通信板(用于计算机网络)
	FX$_{2N}$-CNV-BD	FX$_{0N}$用适配器连接板(不需电源)

6.3.3　梯形图的基本概念

1. 电气控制原理图与梯形图的关系

梯形图是一种目前用得最多的 PLC 编程语言。它是将原电气控制系统中常用的接触器、继电器变成简化了的符号而形成的，并与电气控制原理图相呼应。它具有形象、直观和实用的特点。电气控制原理图与梯形图的关系如图 6-6 所示。

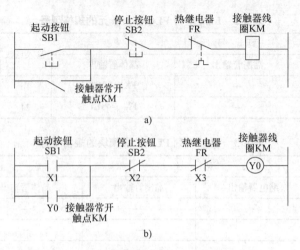

图 6-6　电气控制原理图与梯形图的关系

a）电气控制原理图　b）梯形图

2. 梯形图的符号含义

梯形图中，用类似继电器控制电路中的触点、线圈符号来表示 PLC 的编程元件。

梯形图主要是由母线、触点、线圈或功能框构成，其中图 6-6 中左、右的垂直线称为左、右母线；触点代表逻辑输入条件，对应电气控制原理图中的开关、按钮、继电器等电气元器件；线圈通常代表逻辑输出结果，用来控制外部的指示灯、电动机接触器、中间继电器等。其符号含义如图 6-7 所示，对照关系见表 6-5。

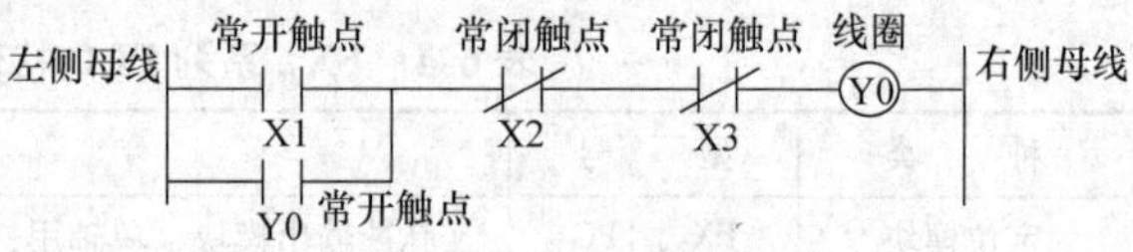

图 6-7　梯形图中的符号含义

表 6-5　梯形图中符号具体含义及对照关系

名　　称	物理继电器符号	PLC 继电器梯形图含义
线圈		─○─　或　──( )
常开触点		─│ │─
常闭触点		─│/│─　或　─│/│─

3. FX_{2N} 系列 PLC 内部软元件

软元件是指用于 PLC 编程使用的各种继电器、定时器、计数器、状态器及各种数据寄存器。PLC 梯形图中的一些编程元件沿用了继电器这一名称，如输入继电器、输出继电器、内部辅助继电器等。通常，X 代表输入继电器，用于直接输入给 PLC 的物理信号；Y 代表输出继电器，用于从 PLC 直接输出物理信号；M 代表辅助继电器，PLC 内部运算标志；S 代表状态继电器，PLC 内部运算标志；T 代表定时器；C 代表计数器；D 代表数据寄存器等。

4. 梯形图中母线和能流概念

梯形图中两侧的竖线称为母线，在分析梯形图的逻辑关系时，可参照继电器电路原理图的分析方式，假定两侧母线分别标识电源和地，母线之间有"能流"自左向右流动，通常右侧母线可以省略。

能流是一种假想的"能量流"或"电流"，在梯形图中从左向右流动，与执行用户程序时的逻辑运算的顺序一致。梯形图中的能流如图6-8虚线所示。

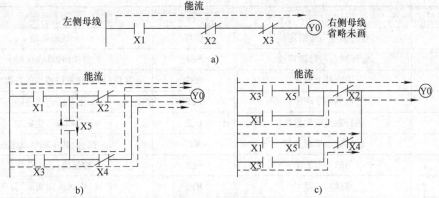

图6-8　梯形图中的能流

梯形图中的能流只能从左向右流动，根据该原则，不仅对理解和分析梯形图很有帮助，在进行设计时也起到关键的作用。

5. 梯形图中的继电器、线圈、触点使用原则（见图6-9）

梯形图每一行都是从左母线开始，继电器触点从左向右排，线圈接在最右边，如图6-9a所示。两个或两个以上线圈可以并联，但不能串联，如图6-9b所示。梯形图中，串、并联触点的个数无限制。

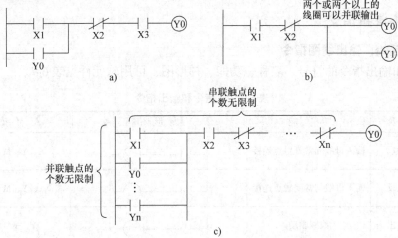

图6-9　梯形图中的继电器、线圈、触点使用原则

6.4　FX 系列 PLC 的基本指令及编程

6.4.1　FX 系列 PLC 的基本指令

不同型号 PLC 的梯形图在形式上大同小异，其指令系统也大致相同。本书以 FX_{2N} 系列 PLC 的基本指令为例，介绍其指令的功能、梯形图以及程序的编制。

FX$_{2N}$系列 PLC 的基本逻辑指令有 27 条，此外还有 100 多条应用指令。其基本逻辑指令助记符及其功能见表 6-6 所示。

表 6-6　基本逻辑指令助记符及其功能

指令助记符	功　能	指令助记符	功　能
LD	常开触点与母线连接	OUT	线圈驱动
LDI	常闭触点与母线连接	SET	置位(使动作保持)
LDP	取脉冲上升沿	RST	复位(使动作复位或当前数据"清0")
LDF	取脉冲下降沿	PLS	上升沿产生脉冲
AND	常开触点串联连接	PLF	下降沿产生脉冲
ANI	常闭触点串联连接	MC	主控(公共串联触点连接)
ANDP	与脉冲上升沿	MCR	主控复位(使 MC 复位)
ANDF	与脉冲下降沿	MPS	进栈(中间运算结果"暂存")
OR	常开触点并联连接	MRD	读栈(读出"暂存")
ORI	常闭触点并联连接	MPP	出栈(弹出"暂存")
ORP	或脉冲上升沿	INV	取反(运算结果取反)
ORF	或脉冲下降沿	NOP	空操作(程序清除或空格用)
ANB	电路块串联连接	END	结束(程序扫描结束)
ORB	电路块并联连接		

6.4.2　基本逻辑指令

1. 触点起始、输出线圈指令

取指令和输出指令的符号、名称、功能、梯形图、可用软元件见表 6-7。

表 6-7　取指令和输出指令

符号	名称	功　能	梯　形　图	可用软元件
LD	取	输入母线和常开触点连接	—┤├——○—	X、Y、M、S、T、C
LDI	取反	输入母线与常闭触点连接	—┤╱├——○—	X、Y、M、S、T、C
OUT	输出	线圈驱动	—┤├——○—	Y、M、S、T、C

OUT 指令是对输出继电器 Y、辅助继电器 M、状态器 S、定时器 T、计数器 C 的线圈的驱动指令，对输入继电器 X 不能使用。但是，OUT 指令可多次并联使用。

LD、LDI、OUT 指令的应用如图 6-10 所示。

在图 6-10 中，当输入端子 X000 有信号输入时，输入继电器 X000 的常开触点 X000 闭合，输出继电器 Y000 的线圈得电，输出继电器 Y000 的外部常开触点闭合；当输

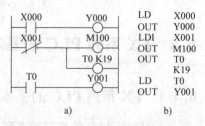

图 6-10　LD、LDI、OUT 指令的应用
a) 梯形图　b) 指令表

入端子 X001 有信号输入时，输入继电器 X001 的常开触点断开，中间继电器 M100 和定时器 T0 的线圈都不得电；若输入端子 X001 无信号输入，则输入继电器 X001 的常闭触点闭合，中间继电器 M100 和定时器 T0 的线圈得电，定时器 T0 开始计时，因 K=19，T0 为 100ms 定时器，所以 1.9s 后，定时器 T0 的常开触点闭合，输出继电器 Y001 的线圈得电，其外部常开触点闭合，即可使负载动作。

2．触点串联/并联指令

串联和并联指令的符号、名称、功能、梯形图、可用软元件见表 6-8。

表 6-8　串联和并联指令

符号	名称	功　能	梯 形 图	可用软元件
AND	与	常开触点串联连接		X、Y、M、S、T、C
ANI	与非	常闭触点串联连接		X、Y、M、S、T、C
OR	或	常开触点并联连接		X、Y、M、S、T、C
ORI	或非	常闭触点并联连接		X、Y、M、S、T、C

注：1. AND、ANI 用于 LD、LDI 后与一个常开或常闭触点的串联，串联的数量不限制；OR、ORI 用于 LD、LDI 后与一个常开或常闭触点的并联，并联的数量不限制。

　　2. 当串联的是两个或两个以上的并联触点或并联的是两个或两个以上的串联触点，要用到下面讲述的块与（ANB）或块或（ORB）指令。

AND、ANI 指令的应用如图 6-11 所示。图中，触点 X000 与 X001 串联，当 X000 与 X001 都闭合时，输出继电器线圈 Y000 得电，当 X002 和 X003 都闭合时，线圈 Y001 也得电。在指令 OUT　Y001 后，通过触点 M2 对 Y002 使用 OUT 指令，称为终接输出，即当触点 X002、X003 都闭合，且 M2 也闭合时，线圈 Y002 得电。

OR、ORI 指令应用如图 6-12 所示。图中，只要触点 X000、X001 或 X002 中任一触点闭合，线圈 Y000 就得电。线圈 Y001 的得电只依赖于触点 X003 和 X004 的组合或 X005 闭合，它相当于触点的混联。

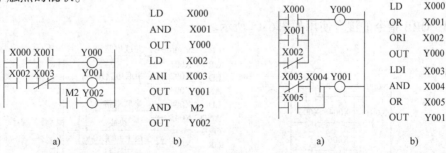

图 6-11　AND、ANI 指令的应用图　　　　图 6-12　OR、ORI 指令的应用
a）梯形图　b）指令表　　　　　　　a）梯形图　b）指令表

3. 电路块指令

块与和块或指令的符号、名称、功能、梯形图见表 6-9。

表 6-9　块与和块或指令

符　号	名　称	功　能	梯 形 图
ANB	块与	并联电路块的串联	
ORB	块或	串联电路块的并联	

注：1. 两个或两个以上触点并联的电路称为并联电路块；两个或两个以上触点串联的电路称为串联电路块。建立电路块用 LD 或 LDI 开始。

2. 当一个并联电路块和前面的触点或电路块串联时，需要用块与 ANB 指令；当一个串联电路块和前面的触点或电路块并联时，需要用块或 ORB 指令。

3. 若对每个电路块分别使用 ANB、ORB 指令，则串联或并联的电路块没有限制；也可成批使用 ANB、ORB 指令，但重复使用次数限制 8 次以下。

ORB 指令的应用如图 6-13 所示。

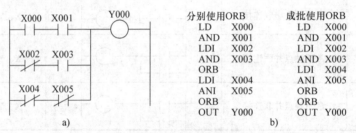

图 6-13　ORB 指令的应用
a）梯形图　b）指令表

ANB 指令的应用如图 6-14 所示。若将图 6-14a 中的梯形图改画成如图 6-14b 所示，梯形图的功能不变，但可使指令简化。

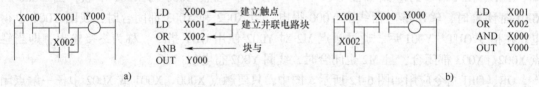

图 6-14　ANB 指令的应用
a）不合理的梯形图　b）改良后的梯形图

ANB、ORB 指令的混合使用如图 6-15 所示。

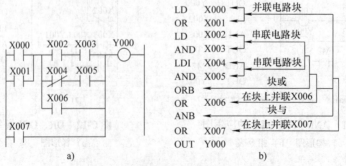

图 6-15　ANB、ORB 指令的混合使用
a）梯形图　b）指令表

4. 主控指令和主控复位指令

主控指令和主控复位指令的符号、名称、功能、梯形图见表6-10。

表6-10　主控指令和主控复位指令

符　号	名　称	功　能	梯　形　图	备　注
MC	主控	公共串联触点的连接	MC N Y,M	M 除特殊辅助继电器
MCR	主控复位	公共串联触点的复位	MCR N	

注：1. 主控指令中的公共串联触点相当于电气控制中一组电路的总开关。

　　2. 通过更改软元件 Y、M 的地址号，可多次使用主控指令。

　　3. 在 MC 内再采用 MC 指令，就成为主控指令的嵌套，相当于在总开关后接分路开关。嵌套级 N 的号按顺序增加，即 N0→N1→N2→…→N7。采用 MCR 指令返回时，则从 N 地址号大的嵌套级开始消除，但若使用 MCR N0，则嵌套级一下子回到 0。

MC、MCR 指令的应用如图 6-16 所示。当触点 X000 闭合时，触点 M100 闭合，从 MC 到 MCR 间的指令有效。若此时触点 X001、X002 闭合，则输出继电器线圈 Y000 得电，定时器线圈 T0 得电，1s 后触点 T0 闭合。当触点 X000 断开时，从 MC 到 MCR 间的指令无效。若此时，触点 X001、X002 闭合，线圈 Y000、T0 均不得电，线圈 Y002 也不会在 1s 后得电，而线圈 Y001 在 MCR 指令之后，不受主控指令的影响，当触点 X001 闭合时，仍会得电。

含有嵌套的 MC、MCR 指令的应用如图 6-17 所示。

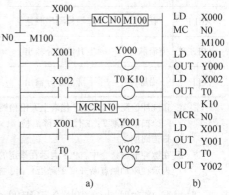

图 6-16　MC、MCR 指令的应用

a）梯形图　b）指令表

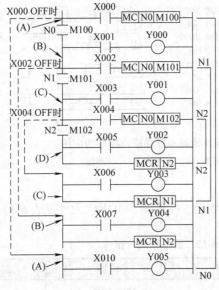

图 6-17　含有嵌套的 MC、MCR 指令的应用

5. 脉冲检测和脉冲输出指令

脉冲检测和脉冲输出指令的符号、名称、功能、梯形图和可用软元件见表 6-11。

表 6-11　脉冲检测和脉冲输出指令

符　号	名　称	功　能	梯　形　图	可用软元件
LD	取脉冲	上升沿检测运算开始		X、Y、M、S、T、C
LDF	取脉冲	下降沿检测运算开始		X、Y、M、S、T、C
ORP	或脉冲	上升沿检测并联连接		X、Y、M、S、T、C
ORF	或脉冲	下降沿检测并联连接		X、Y、M、S、T、C
ANDP	与脉冲	上升沿检测串联连接		X、Y、M、S、T、C
ANDF	与脉冲	下降沿检测串联连接		X、Y、M、S、T、C
PLS	上沿脉冲	上升沿微分输出	PLS	Y、M
PLF	下沿脉冲	下降沿微分输出	PLF	Y、M

注：1. 在脉冲检测指令中，P 代表上升沿检测，它表示在指定的软元件触点闭合（上升沿）时，被驱动的线圈得电一个扫描周期 T；F 代表下降沿检测，它表示指定的软元件触点断开（下降沿）时，被驱动的线圈得电一个扫描周期 T。

　　2. 在脉冲输出指令中，PLS 表示在指定的驱动触点闭合（上升沿）时，被驱动的线圈得电一个扫描周期 T；PLF 表示在驱动触点断开（下降沿）时，被驱动的线圈得电一个扫描周期 T。

脉冲检测和脉冲输出指令可用图 6-18 形象地说明。波形图中的高电平表示触点闭合或线圈得电。

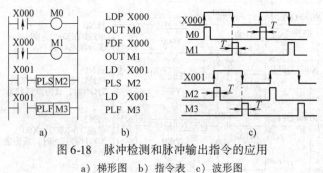

图 6-18　脉冲检测和脉冲输出指令的应用

a）梯形图　b）指令表　c）波形图

6. 置位和复位指令

置位和复位指令的符号、名称、功能、梯形图和可用软元件见表 6-12。

表 6-12　置位和复位指令

符　号	名　称	功　能	梯　形　图	可用软元件
SET	置位	动作保持	SET	Y、M、S
RST	复位	清除动作保持寄存器清零	RST	Y、M、S、T、C、D

置位与复位指令的应用可用图 6-19 形象地说明。

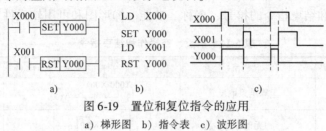

图 6-19 置位和复位指令的应用

a) 梯形图 b) 指令表 c) 波形图

1)在图 6-19a 中,触点 X000 一旦闭合,线圈 Y000 得电;触点 X000 断开后,线圈 Y000 仍得电。触点 X001 一旦闭合,则无论触点 X000 闭合还是断开,线圈 Y000 都不得电。其波形图如图 6-19c 所示。

2)对于同一软元件,SET、RST 可多次使用,顺序先后也可任意,但以最后执行的一行有效。在图 6-19 中,若将第一阶与第二阶梯形图对换,则当 X000、X001 都闭合时,因为 SET 指令在 RST 指令后面,所以线圈 Y000 一直得电。

3)对于数据寄存器 D,也可使用 RST 指令。

4)积累定时器 T246 ~ T255 的当前值复位和触点复位也可用 RST 指令。

7. 进栈、读栈和出栈指令

进栈、读栈和出栈指令的符号、名称、功能、梯形图和可用软元件见表 6-13。

表 6-13 进栈、读栈和出栈指令

符号	名称	功 能	梯 形 图	可用软元件
MPS	进栈	进栈		
MRD	读栈	读栈	MPS MRD MPP	无
MPP	出栈	出栈		

注:1. 在 PLC 中有 11 个存储器,它们用来存储运算的中间结果,称为栈存储器。使用一次 MPS 指令,将此时刻的运算结果送入栈存储器的第一段,再使用一次 MPS 指令,则将原先存入的数据依次移到栈存储器的下一段,并将此时刻的运算结果送入栈存储器的第一段。

2. 使用 MRD 指令是读出最上段所存的最新数据,栈存储器内的数据不发生移动。

3. 使用 MPP 指令,各数据依次向上移动,并将最上段的数据读出,同时该数据从栈存储器中消失。

4. MPS 指令可反复使用,但最终 MPS 指令和 MPP 指令数要一致。

MPS、MRD、MPP 指令的应用如图 6-20 所示。

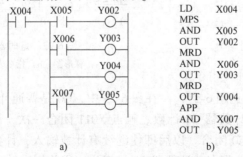

图 6-20 MPS、MRD、MPP 指令的作用

a) 梯形图 b) 指令表

8. 取反、空操作和程序结束指令

取反、空操作和结束指令的符号、名称、功能、梯形图和可用软元件见表6-14。

表6-14　取反、空操作和结束指令

符号	名称	功　　能	梯　形　图	可用软元件
INV	取反	运算结果取反	X000 X001　─┤├─┤├─/─(Y000)	无
NOP	空操作	无动作	──[NOP]──	无
END	结束	输入/输出处理，返回到程序开始	──[END]──	无

注：1. INV（Inverse）指令在梯形图中用45°的短斜线来表示，它将执行该命令之前的运算结果取反，运算结果如为0将它变为1，运算结果为1则变为0。INV指令可用于OUT指令，也可以用于LDP，LDF，ANDP等脉冲指令。

2. 用便携式编程器输入INV指令时，先按NOP键，再按P/I键。

3. 在将全部程序清除时，全部指令成为空操作。

4. 在PLC反复进行输入处理、程序执行、输出处理时，若在程序中插入END指令，那么，以后的其余程序不再执行，而直接进行输入处理；若在程序中没有END指令，则要处理到最后的程序步。

5. 程序开始的首次执行，从执行END指令开始。

END指令的应用如图6-21所示。

9. 定时器和计数器

（1）定时器的应用（见图6-22）　在图6-22中，T0是普通定时器，当触点X000闭合后，定时器T0开始计时，10s后触点T0闭合，线圈Y000得电；若触点X000断开，不论在定时中途，还是在定时时间到后，定时器T0被复位。T250是累积型定时器，当触点X001闭合后，定时器T250开始计时，在计时过程中，即使触点X001断开或停电，定时器T250仍保持已计时的时间。当触点X001再次闭合后，定时器T250在原计时时间的基础上继续计时，直到10s时间到。当触点X002闭合时，定时器T250被复位。

图6-21　END指令的应用

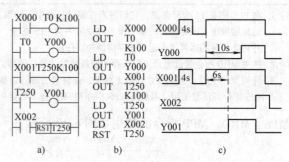

图6-22　定时器的应用
a）梯形图　b）指令表　c）波形图

（2）计数器的应用（见图6-23）　在图6-23中，C0是普通计数器，利用触点X011从断开到闭合的变化，驱动计数器C0计数。触点X011闭合一次，计数器C0的当前值加1，直到其当前值为5，触点C0闭合。以后即使继续有计数输入，计数器的当前值不变。当触点X010闭合，执行RSTC0指令，计数器C0被复位，当前值为0，触点C0断开，输出继电器线圈Y001失电。

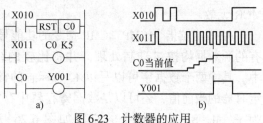

图 6-23　计数器的应用

a) 梯形图　b) 波形图

普通计数器和停电保持用计数器不同之处在于，在切断 PLC 的电源后，普通计数器的当前值被清除，而停电保持用计数器则可在存储计数器在停电前的计数值。当恢复供电后，停电保持用计数器可在上一次保存的计数值上累计计数，因此，它是一种累计计数器。

以上讲述了 FX_{2N} 系列 PLC 基本指令中的最常用的指令。在小型的、独立的工业控制中，使用这些指令，已基本能完成控制要求。

6.4.3　应用指令和步进指令

1. 常用的应用指令

应用指令共有 128 条，因篇幅有限，本节共介绍 9 条，其余可详见 FX 系列 PLC 的编程手册。

应用指令的操作码有一个统一的格式，如图 6-24 所示。图中，1、2、3 为操作码，4 为操作数。操作数有两种：通过执行指令不改变其内容的操作数称为源，用 $\boxed{S\cdot}$ 表示；通过执行指令改其内容的操作数称为目标，用 $\boxed{D\cdot}$ 表示。源和目标的用法将在后面结合实例进行说明。

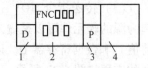

图 6-24　应用指令的格式

1—D 表示使用 32 位指令

2—应用指令的功能号及指令符号

3—P 表示脉冲执行指令　4—操作数

（1）条件跳转指令 CJ　CJ 指令的功能号为 00。其功能是在条件成立时，跳过不执行的部分程序。条件跳转指令的应用如图 6-25 所示。图中，P8 为操作数，它表示当条件成立时，所要跳转到的位置。

在触点 X000 未闭合时，梯形图中的输出线圈 Y000、Y001、定时器、计数器都分别受到触点 X001、X002、X003、X004、X005 的控制。当触点 X000 闭合时，跳转条件成立，在跳转指令到标号间的梯形图都不被执行。具体表现为：输出线圈 Y000 不论触点 X001 的闭合与否，都保持触点 X000 闭合前的状态；定时器 T0 停止计时，即触点 X002 闭合，定时器不计时，触点 X002 断开，定时器也不复位；计数器 C0 停止计数，触点 X003 闭合不能复位计数器，触点 X004 的通断也不能使计数器计数。由于线类

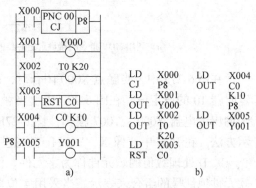

图 6-25　条件跳转指令的应用

a) 梯形图　b) 指令表

```
LD   X000      LD   X004
CJ   P8        OUT  C0
LD   X001           K10
OUT  Y000           P8
LD   X002      LD   X005
OUT  T0        OUT  Y001
     K20
LD   X003
RST  C0
```

Y001 在标号 P8 后面，所以不受 CJ 指令的影响。若采用 CJP 指令，则表示为执行条件跳转的脉冲指令，在 X000 由断开到闭合变化之后，只有一次跳转有效。

当跳转指令和主控指令一起使用时，应遵循如下规则：

1）当要求由 MC 外跳转到 MC 外时，可随意跳转。

2）当要求由 MC 外跳转到 MC 内时，跳转与 MC 的动作有关。

3）当要求由 MC 内跳转到 MC 内时，若主控断开，则不跳转。

4）当要求由 MC 内跳转到 MC 外时，若主控断开，不跳转；若主控接通，则跳转，但

MCR 无效。

（2）比较指令 CMP　CMP 指令的功能号为 10。其功能是将两个源数据字进行比较，所有的源数据均按二进制处理，并将比较的结果存放于目标软元件中。其中两个数据字可以是以 K 为标志的常数，也可以是计数器、定时器的当前值，还可以是数据寄存器中存放的数据。目标软元件为 Y、M、S。比较指令的应用如图 6-26 所示。在图中，当触点 X000 闭合时，将常数 10 和计数器 C20 中的当前值进行比较。目标软元件选定为 M0，则 M1、M2 即被自动占用。当常数 10 大于 C20 的当前值时，触点 M0 闭合；当常数 10 等于 C20 的当前值时，触点 M1 闭合；当常数 10 小于 C20 的当前值时，触点 M2 闭合。当触点 X000 断开时，不执行 CMP 指令，但以前的比较结果被保存，可用 RST 指令复位清零。

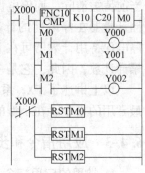

图 6-26　比较指令的应用

（3）传送指令 MOV　MOV 指令的功能号为 12。其功能是将源内容传送到目标软元件。作为源的软元件可以是输入、输出继电器 X、Y，辅助继电器 M，定时器 T，计数器 C（当前值）和数据寄存器 D。以上软元件除输入继电器 X 外，都可以作为目标软元件。传送指令的应用如图 6-27 所示。

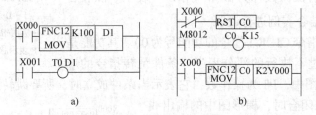

图 6-27　传送指令的应用
a）利用 MOV 指令间接设定定时器的值　b）利用 MOV 指令读出计数器的当前值

在图 6-27a 中，当触点 X000 闭合时，MOV 指令将常数 100 传送到数据寄存器 D1，作为定时器 T0 的设定值。在图 6-27b 中，当触点 X000 闭合时，MOV 指令将计数器的当前值送到输出继电器 Y000 ~ Y007 输出。图 6-27b 中，K2Y000 是将位元件组合成字元件的一种表示方法。在 PLC 中，像 X、Y、M、S 这些只处理闭合/断开信号的软元件称为位元件；把 T、C、D 处理数值的软元件称为字元件。位元件可通过组合来处理数据，它以 Kn 与开头的软元件地址号的组合来表示。当采用 4 位单位时，$n=1$ 表示 4 个连续的位元件来代表 4 位二进制数，即一个字。图 6-27b 中的 K2Y000 表示 Y000 ~ Y007，即将计数器 C0 的当前值在 Y000 ~ Y007 上以二进制的形式输出。

（4）二进制加法指令 ADD 和减法指令 SUB　ADD 指令的功能号为 20。其功能是将两个源数据进行代数加法，将相加结果送入目标所指定的软元件中。各数据的最高位为符号位，0 表示正，1 表示负。16 位加法运算时，运算结果大于 32767 时，进位继电器 M8022 动作；运算结果小于等于 - 32768 时，借位继电器 M8021 动作。加法指令的应用如图 6-28 所示，当触点 X000 闭合时，常数 K120 和数据寄存器 D0 中存储的数据相加，并把结果送入目标数据寄存器 D1。

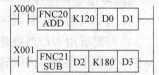

图 6-28　加法和减法指令的应用

SUB 指令的功能号为 21。其功能是将两个源数据进行代数减法，将相减结果送入目标所指定的软元件中。数据符号和进位、借位标志与二进制加法指令相同。减法指令的应用如图 6-28 所示。当触点 X001 闭合时，数据寄存器 D2 中存储的数减去常数 180，并把结果送入目标数据寄存器 D3。

（5）位右移指令 SFTR 和位左移指令 SFTL　SFTR 指令的功能号 34，SFTL 指令的功能号为 35。其功能是对 $n1$ 位（目标移位寄存器的长度）的位元件进行 $n2$ 位的位左移或位右移。其功能可以用图 6-29 形象地表示。

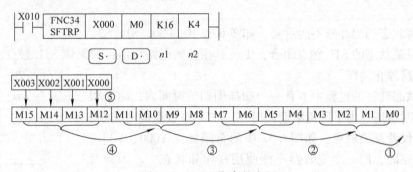

图 6-29　SFTR 指令的应用

在图 6-29 中，指令 SFTRP 中的 "P" 表示脉冲执行指令，当触点 X010 闭合一次，执行一次位右移指令。若使用 SFTR，则为连续执行指令，在每个扫描周期内，都执行一次右移指令。图中，$n1 = 16$，表示被移位的目标寄存器的长度为 16 位，即 M0 ~ M15；$n2 = 4$，表示在移位中移入的源数据为 4 位，即 X000 ~ X003。位右移时，M0 ~ M3 中的低 4 位首先被移出，M4 ~ M7、M8 ~ M11、M12 ~ M15、X000 ~ X003 以 4 位为一组依次向右移动。

位左移也有相同的功能，所不同的是在移位时，最高的 $n2$ 位首先被移出，低位的数据以 $n2$ 位为一组向左移动，最后源数据数从低 $n2$ 位移入。

（6）特殊功能模块读出指令 FROM 和特殊功能模块写入指令 TO　FROM 指令的功能号为 78。其功能是将特殊单元（用 $m1$ 编号）中第 $m2$ 号缓冲存储器（BFM）的内容读到 PLC，如图 6-30 所示。它的作用是在触点 X000 闭合时，从特殊单元（模块）No. 1 的缓冲存储器（BFM）#29 中读出 16 位数据传送到 PLC 的 K4M0 中。

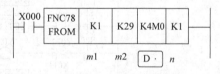

图 6-30　FROM 指令的应用

$m1$ 表示特殊单元或模块的编号，它由靠近基本单元开始，以 No. 1、No. 2、No. 3……顺序排列，图中所示 K1 即为 No. 1。

$m2$ 表示缓冲存储器号码，其号码为#0 ~ #31，其内容根据各设备的控制目的决定，图中 K29 即为#29。

D. 表示目标地址，图中 K4M0 如 MOV 指令中所述，为位元件的组合，K4M0 为 M0 ~ M15，共 16 位，即 16 位数据的存放空间。

n 表示传送点数，图中 K1 表示传送点数为 1。

TO 指令的功能号为 79，其功能是由 PLC 对特殊单元的缓冲存储器写入数据。如图 6-31 所示，它的作用是在

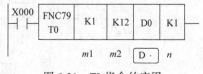

图 6-31　TO 指令的应用

触点 X000 闭合时，由 PLC 的数据寄存器 D0 对特殊单元（模块）No. 1 的缓冲存储器（BFM）#12 写入数据。图中，m1、m2 的表示方法同 FROM 指令，S. 表示源数据地址，图中为数据寄存器 D0。

2. 步进指令 STL 和返回指令 RET

步进指令（STL）是利用内部软元件进行工序步进式控制的指令。返回指令（RET）是状态（S）流程结束，用于返回主程序（母线）的指令。按一定规则编写的步进梯形图（STL 图）也可作为状态转移图（SFC 图）处理，从状态转移图反过来也可形成步进梯形图。

1）步进状态的地址号不能重复，如图 6-32 中的 S0、S1、S2。

2）如果某状态的 STL 触点闭合，则与其相连的电路动作；如果该 STL 触点断开，则与其相连的电路停止动作。

3）在状态转移的过程中，有一个扫描周期的时间内，两个相邻状态会同时接通。为了避免不能同时接通的一对触点同时输出，可在程序上设置互锁触点，如图 6-32 中的常闭触点 Y000、Y001。也因为这个原因，同一个定时器不能使用在相邻状态中。因为两个相邻状态在状态转移时，有一个同时接通的时间，致使定时器线圈不能断开，当前值不能复位。

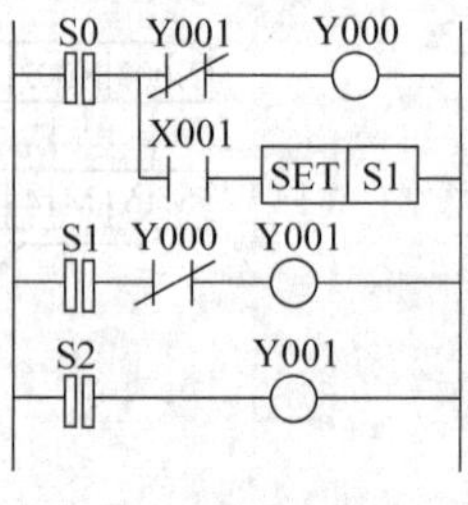

图 6-32 步进指令的应用

4）在步进梯形图中，可使用双重线圈，不会出现第三节中同名双线圈输出的问题。如图 6-33 所示，状态 S1 时，线圈 Y001 得电；状态 S2 时，线圈 Y001 也得电。

5）状态的转移可使用 SET 指令。如图 6-32 中的 SET　S1，触点 X001 是状态转移条件。

实际的 STL 图和 SFC 图如图 6-33 所示。SFC 图形如机械控制的状态流程图。在 SFC 图中，方框表示一个状态，起始状态用双线框表示；方框右侧表示在该状态中被驱动的输出继电器；方框与方框之间的短横线表示状态转移条件；不属于 SFC 图的电路采用助记符 LAD 0 和 LAD1。

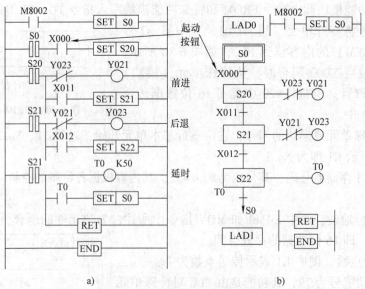

图 6-33　实际的 STL 图和 SFC 图
a）STL 图　b）SFC 图

至此，已经介绍了 FX$_{2N}$ 系列 PLC 的大部分基本指令和部分应用指令、步进指令。这些指令是工业控制中的常用指令。各厂家生产的 PLC，虽然编程指令不一样，但这些指令却基本相同，具有很强的通用性，读者在上述指令的基础上，很容易掌握其他 PLC 的指令和编程方法。

6.5　PLC 基本逻辑指令应用编程

6.5.1　电动机控制实例

1. 常闭触点输入的处理

以三相异步电动机起动、停止控制电路为例。用 PLC 实现电动机起动、停止控制，I/O 接线图如图 6-34 所示，起动按钮 SB1 为常开触点，停止按钮 SB2 为常闭触点。

图 6-35a 是继电器控制原理图，当编制的梯形图为图 6-35b 时，将程序送入 PLC，并运行这一程序，会发现输出继电器 Y0 线圈不能接通，电动机不能起动。因为 PLC 一通电 X1 线圈就得电，其常闭触点断开，当按下起动按钮 SB1 时，X0 线圈得电，X0 常开触点闭合，但 Y0 线圈无法接通，必须将 X1 改为图 6-35c 所示的常开触点才能满足起动、停止的要求，或者停止按钮 SB2 采用常开触点，就可以采用图 6-35b 的梯形图了。

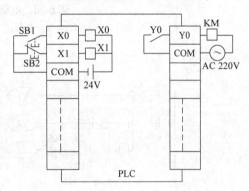

图 6-34　PLC 控制电动机 I/O 接线图

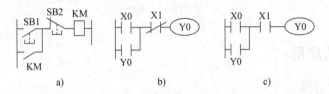

a)　　　　　　　b)　　　　　　　c)

图 6-35　三相异步电动机(继电器、PLC)起动、停止控制设计

由此可见，如果输入为常开触点，编制的梯形图与继电器原理图一致；如果输入为常闭触点，编制的梯形图与继电器原理图相反。一般为了与继电器原理图的习惯相一致，在 PLC 中尽可能采用常开触点作为输入信号。

2. 联锁控制

在生产机械的各种运动之间，往往存在着某种相互制约的关系，一般采用联锁控制来实现。图 6-36 所示为电动机正、反转联锁控制的 I/O 接线图、梯形图与指令表。图中，SB1、SB2 分别为正、反转起动按钮，SB3 为停止按钮，KM1 和 KM2 分别为电动机正、反转接触器，根据梯形图编写程序如图 6-36c 所示。

3. 顺序起动控制电路

图 6-37 为顺序起动控制电路梯形图与指令表，Y1 控制电动机 M1，Y2 控制电动机 M2，而 Y3 控制电动机 M3。当前级电动机不起动时，后级电动机无法起动，即 Y1 不得电，Y2

无法得电；同理，前级电动机停止时，后级电动机也停止，如 Y2 断电时，Y3 也断电。

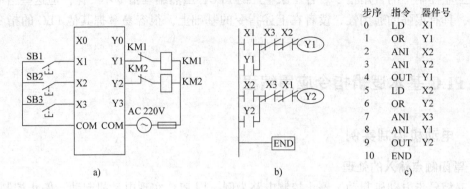

图 6-36　电动机正、反转联锁控制电路

a) 接线图　b) 梯形图　c) 指令表

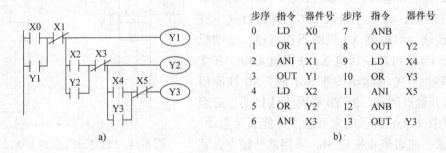

图 6-37　顺序起动控制电路

a) 梯形图　b) 指令表

6.5.2　定时器的应用

1. 延时断电定时器

PLC 提供的内部定时器均为通电延时定时器，通过程序可以实现延时断电定时器的功能。

图 6-38 为延时断电定时器梯形图、时序图和指令表。控制要求是：当输入信号 X1 = ON 时，输出继电器 Y1 得电（ON），当输入信号 X1 由 ON→OFF 时，输出继电器 Y1 经延时一定时间后才断开 OFF。

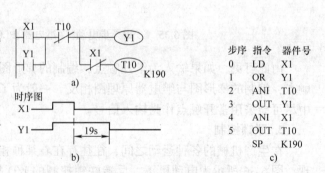

图 6-38　延时断电定时器

a) 梯形图　b) 时序图　c) 指令表

2. 长延时定时器

PLC 中定时器的最大设定值为 32767，最长延时时间为 3272.7s。可以通过程序实现长延时功能。图 6-39 所示为通过定时器串联实现长延时的方法之一。

a)

步序	指令	器件号	步序	指令	器件号
0	LD	X0	5	OUT	T1
1	OUT	T0		SP	K500
	SP	K100	8	LD	T1
4	LD	T0	9	OUT	Y0

b)

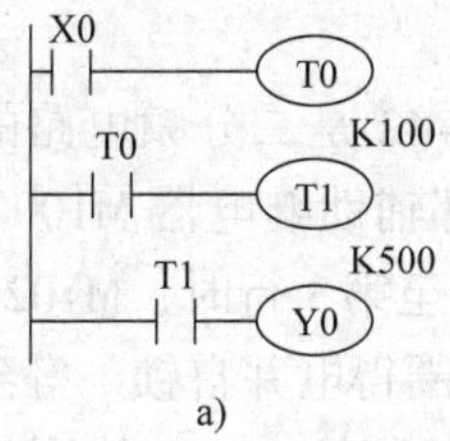

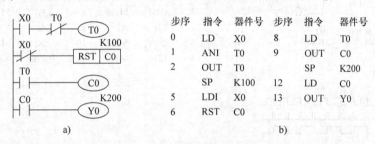

图 6-39　长延时定时器方法之一

a）梯形图　b）指令表

图 6-40 为实现长延时的方法之二，是由定时器 T0 和计数器 C0 组合而成的电路。当 X0 接通时，T0 形成设定值为 10s 的脉冲，该脉冲作为计数器 C0 的输入脉冲，即 C0 对 T0 的脉冲个数进行计数，当计到 200 次时，计数器动作，C0 常开触点闭合，Y0 线圈得电。从 X0 接通到 Y0 得电，延时时间为定时器延时时间和计数器设定值的乘积。

a)

步序	指令	器件号	步序	指令	器件号
0	LD	X0	8	LD	T0
1	ANI	T0	9	OUT	C0
2	OUT	T0		SP	K200
	SP	K100	12	LD	C0
5	LDI	X0	13	OUT	Y0
6	RST	C0			

b)

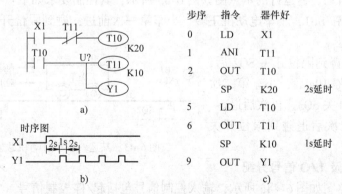

图 6-40　长延时定时器方法之二

a）梯形图　b）指令表

6.5.3　振荡电路与分频电路

1. 振荡电路

图 6-41 为振荡电路的梯形图、时序图和指令表。当输入接通 X1 闭合时，输出继电器 Y1 闪烁，即接通和断开交替进行。接通时间为 1s，由定时器 T11 设定；断开时间为 2s，由定时器 T10 设定。

步序	指令	器件好	
0	LD	X1	
1	ANI	T11	
2	OUT	T10	
	SP	K20	2s延时
5	LD	T10	
6	OUT	T11	
	SP	K10	1s延时
9	OUT	Y1	

c)

图 6-41　延时断电定时器

a）梯形图　b）时序图　c）指令表

2. 分频电路

在许多控制场合中，需要对控制信号进行分频。图 6-42 是二分频电路的梯形图、时序图和指令表。当输入 X1 在 t_1 时刻接通（ON）时，在内部辅助继电器 M100 上产生单脉冲。在此之前 Y1 线圈并未得电，Y1 常开未闭合，当程序扫描至第 3 行时，M102 线圈不能得电，M102 常闭触点仍处于闭合状态，当扫描至第 4 行，Y1 线圈得电并自锁。等到 t_2 时刻，输入 X1 再次接通（ON），M100 再次产生单脉冲。当扫描第 3 行时，M102 线圈得电常闭触点断开，Y1 线圈断电。在 t_3 时刻，输入 X1 第 3 次接通，M100 又产生单脉冲，Y1 再次接通。t_4 时刻，Y1 再次断电，循环往复。输出正好是输入信号的二分频。

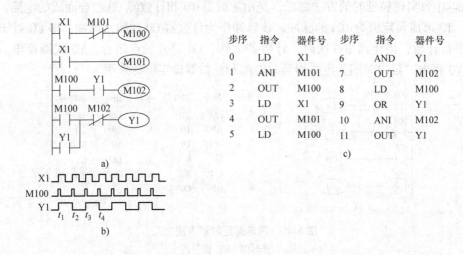

图 6-42　二分频电路
a）梯形图　b）时序图　c）指令表

6.6　PLC 控制综合应用实例——运料小车控制

1. 控制要求

某运料小车自动往返运行的示意图如图 6-43 所示，其控制要求如下：

1）按起动按钮 SB1，小车电动机正转，小车第一次前进；碰到限位开关 SQ1 后，电动机反转，小车后退。

2）小车后退碰到限位开关 SQ2 后，电动机 M 停转；停 10s 后，小车第二次前进，碰到限位开关 SQ3，再次后退。

3）小车第二次后退碰到限位开关 SQ2 时停止。

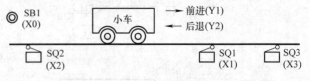

图 6-43　某运料小车自动往返运行的示意图

2. PLC 选型及 I/O 信号分配

本案例主电路图如图 6-44a 所示，输入控制信号包括起/停控制信号（2 个）、限位控制信号（3 个）和过载保护控制信号（1 个）；输出控制信号有 2 个（电动机 M 的正转与反转），故选 16 点 FX_{2N}-16MR 型 PLC，其 I/O 信号分配如图 6-44b 所示。

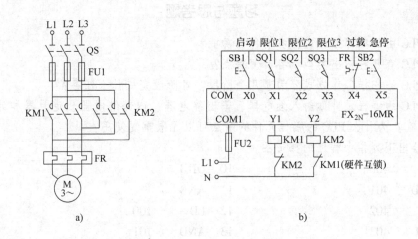

图 6-44 搬运小车控制硬件系统

a) 主电路图 b) PLC I/O 信号分配图

3. 程序设计

本案例要求小车按规定的工作过程运行,属于典型的顺序控制问题。对顺序控制问题,应按工艺过程进行编程。

用辅助继电器 M 对小车的工作过程加以描述,可表示为:一次前进(M1)→一次后退(M2)→停车延时(T10)→二次前进(M3)→二次后退(M4)→停车。对每一过程加上起/停条件,就构成了小车控制梯形图的基本环节,如图 6-45 所示。

需要注意的是,小车第一次前进与第二次前进过程中都将碰到限位开关 SQ1,但第一次前进碰到 SQ1 后小车应返回,而第二次前进碰到 SQ1 后小车应继续前进;同样,小车第一次后退与第二次后退过程中都将碰到限位开关 SQ2,但第一次后退碰到 SQ2 并延时 10s 后,小车应重新前进,而第二次后退碰到 SQ2 后应不起动延时环节而直接停车,为了区分这两个不同的工作过程,选用辅助继电器 M10 对第二次前进加以"记忆",并用 M10 信号对计时环节加以限制,同时在第二次前进回路中不设 SQ1 的输入信号。

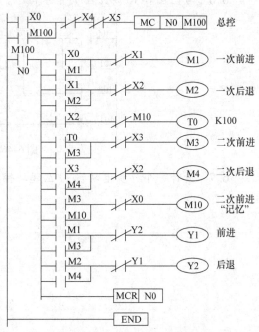

图 6-45 小车控制梯形图

为了防止电动机正、反转接触器切换过程中的短接故障,除在程序中加了互锁环节(Y1 与 Y2 的常闭触点)外,还在 I/O 接线上加了硬件互锁环节(KM1 与 KM2 的常闭触点)。另外,在梯形图中用 MC 指令增加了总控环节,以便急停及过载保护的实现。

习题与思考题

6.1 PLC 由哪些部分组成？各有什么功能？

6.2 PLC 有几种输出类型？各有何特点？

6.3 PLC 的扫描工作方式分为哪几个阶段？各阶段完成什么任务？

6.4 PLC 的编程元件如输入继电器、输出继电器、内部继电器、定时器和计数器的物理含义是什么？为什么 PLC 的编程元件的触点可以无限重复使用？

6.5 绘出下列指令程序的梯形图。

1	LD	400		10	ORB	
2	AND	401		11	ANB	
3	LD	402		12	LD	100
4	ANI	403		13	AND	101
5	ORB			14	ORB	
6	LD	404		15	AND	
7	AND	405		16	OUT	464
8	LD	406		17	END	
9	AND	407				

6.6 写出图 6-46 梯形图的指令程序。

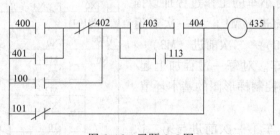

图 6-46 习题 6.6 图

6.7 设计一个异步电动机 Y/△ 起动控制的梯形图，并写指令程序。

第7章 单片机原理及接口技术

单片微型计算机（Single Chip Micro-Computer）简称单片机，又称为微控制器，是微型计算机的一个重要分支。单片机是 20 世纪 70 年代发展起来的一种大规模集成电路芯片，是集 CPU、RAM、ROM、定时器/计数器和 I/O 接口于同一硅片上的器件。由于它具有控制功能强，体积小，成本低，功率小，使用方便等优点，可直接用到设备和仪器、仪表中。因此 20 世纪 80 年代以来，单片机发展迅速，已经逐渐成为工厂自动化和各控制领域的支柱产品之一。

本章将论述 MCS-51 单片机的组成、原理和指令系统，介绍其系统扩展接口技术，最后介绍其应用。

7.1 单片机的工作原理

7.1.1 概论

单片机是把微型计算机主要部分都集成在一个芯片上的单片微型计算机。由于它的结构与指令功能都是按照工业控制要求设计的，故又叫单片微控制器。国外曾经一度把它称作单片微型计算机。本节介绍应用较广泛的 MCS-51 系列单片机的工作原理。

MCS-51 是 Intel 公司生产的一个单片机系列名称。该公司继 1976 年推出 MCS-48 系列 8 位单片机之后，又于 1980 年推出 MCS-51 系列高档 8 位单片机。属于这一系列的单片机芯片有 8051、8031、8751、80C51BH、80C31BH 等，它们的基本组成、基本性能和指令系统都是相同的。

MCS-51 系列单片机的基本结构框图如图 7-1 所示。

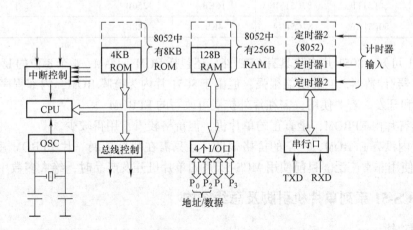

图 7-1 MCS-51 系列单片机的基本结构框图

从图中可以看出，单片机就是一台完整的微型计算机，它包含 CPU、ROM、RAM、定时器和 I/O 接口等，所以可以把它看成是单板机的微型化或集成化。与单板机不同的是，它把这些部分都集中在一个硅片上，并都挂在内部总线上，只把与外界有关的部分从引脚引出。

每个 MCS-51 系列单片机包括：

1）一个 8 位的微处理器（CPU）。

2）片内数据存储器 RAM（128B/256B），用以存放可以读/写的数据，如运算的中间结果、最终结果以及显示的数据等。

3）片内程序存储器 ROM/EPROM（4KB/8KB），用以存放程序、一些原始数据和表格。但也有一些单片机内部不带 ROM/EPROM，如 80231、8031、80C31 等。

4）4 个 8 位并行 I/O 接口 $P_0 \sim P_3$，每个接口既可以用做输入，也可以用做输出。

5）两个定时器/计数器，每个定时器/计数器都可以设置成计数方式，用以对外部事件进行计数，也可以设置成定时方式。

6）5 个中断源的中断控制系统。

7）一个全双工 URAT（通用异步接收发送器）的串行 I/O 口，用于实现单片机之间或单片机与微机之间的串行通信。

8）片内振荡和时钟产生电路。最高允许振荡频率为 12MHz。

以上各部分通过内部数据总线相连。MCS-51 系列单片机各品种的性能见表 7-1。

表 7-1　MCS-51 系列单片机性能表

ROM 型	无 ROM 型	EPROM 型	ROM 容量	RAM 容量	16 位定时器	电路类型
8051	8031	8751	4KB	128B	2	HMOS
8051AH	8031AH	8751H	4KB	128B	2	HMOS
8052	8032	8752BH	8KB	256B	3	HMOS
80C51BH	80C31BH	87C51	4KB	128B	2	CHMOS
83C152	80C152		8KB	256B	2	CHMOS
83C51FA	80C51FA	87C51FA	8KB	256B	4	CHMOS
83C51FB	80C51FB	87C51FB	16KB	256B	4	CHMOS
83C51GA	80C51GA	87C51GA	4KB	128B	2	CHMOS

由表 7-1 可知，8051 片内除具有 CPU 外，还包括 ROM、RAM、4 个 8 位的 I/O 口、2 个 16 位的定时器/计数器。它的功能很强，但由于 8051 片内为掩膜 ROM，内部程序不能改写，不便于实验和开发。若要使用，需在片外扩展可改写的 EPROM。

8751 具有片内 EPROM，是真正的单片机，但价格较贵，用得较少。

8031 片内没有 EPROM，但它的价格很低，且只需在片外扩展一片 EPROM 就可以构成 8751，所以使用非常广泛。目前使用 MCS-51 系列单片机开发产品时，绝大多数用 8031。

7.1.2　MCS-51 系列单片机引脚及总线结构

1. 引脚功能

MCS-51 系列单片机为 40 引脚芯片，如图 7-2 所示。按其引脚功能可分为三部分：

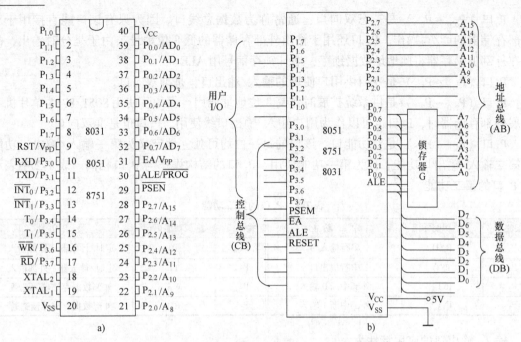

图 7-2 MCS-51 系列单片机引脚及总线结构

a）引脚图 b）总线结构

（1）电源及时钟引脚 V_{CC}、V_{SS}、$XTAL_1$、$XTAL_2$

V_{CC}——电源端，为 5V。

V_{SS}——接地端。

$XTAL_1$——接外部晶体的一个引脚，在片内，它是振荡电路反向放大器的输入端。在采用外部时钟时，该引脚必须接地。

$XTAL_2$——接外部晶体的另一个引脚，在片内，它是振荡电路反向放大器的输出端，振荡电路的频率就是晶体固有频率。若需采用外部时钟电路时，该引脚输入外部时钟脉冲。

（2）控制或与其他复用引脚$\overline{PSEN}$、ALE/$\overline{PROG}$、$\overline{EA}$/V_{PP}、RST/V_{PD}

$\overline{PSEN}$——外部程序存储器的读选通信号。在访问外部程序存储器时，此端定时输出负脉冲作为读外部程序存储器的选通信号。

ALE/$\overline{PROG}$——地址锁存允许信号。当访问外部存储器时，ALE 的输出用于锁存地址的低 8 位。对于 EPROM 型单片机，在 EPROM 编程期间，此引脚用于输入编程脉冲（$\overline{PROG}$）。

$\overline{EA}$/V_{PP}——外部程序存储器地址允许输入端/固化编程电压输入端。当$\overline{EA}$/V_{PP} = 1 时，访问内部程序存储器，但在 PC（程序计数器）值超过 0FFFH（对 8051/8751/80C51）或 1FFFH（对 8052）时，将自动转向执行外部程序存储器内的程序；当$\overline{EA}$/V_{PP} = 0 时，则只访问外部程序存储器。

RST/V_{PD}——复位信号输入端/备用电源输入端。

（3）输入/输出口 P_0、P_1、P_2、P_3

P_0 口（$P_{0.0} \sim P_{0.7}$）是三态双向口，通常称为数据总线口。因为只有该口能直接用于对外部存储器的读/写操作。P_0 口还用于输出外部存储器的低 8 位地址。由于是分时输出，故应在外部加锁存器将此地址数据锁存，地址锁存信号用 ALE。

P_1 口（$P_{1.0} \sim P_{1.7}$）是专门供用户使用的输入/输出口，是准双向口。

P_2 口（$P_{2.0} \sim P_{2.7}$）是供系统扩展时作高 8 位地址线用。例如，使用 8051/8751 单片机不扩展外部存储器时，P_2 口也可以作为用户输入/输出口线使用。P_2 口也是准双向口。

P_3 口（$P_{3.0} \sim P_{3.7}$）是双功能口，该口的每一位均可独立地定义为第一输入/输出口功能和第二输入/输出口功能。作为第一功能使用，P_3 口的结构操作与 P_1 口相同。表 7-2 中表示了 P_3 口的第二功能。

表 7-2　P_3 口的第二功能

接　口	第二功能标记	第　二　功　能	接　口	第二功能标记	第　二　功　能
$P_{3.0}$	RXD	串行输入口	$P_{3.4}$	T0	定时/计数器 0 外部输入
$P_{3.1}$	TXD	串行输出口	$P_{3.5}$	T1	定时/计数器 1 外部输入
$P_{3.2}$	INT$_0$	外部中断 0 输入	$P_{3.6}$	WR	外部数据存储器写选通
$P_{3.3}$	INT$_1$	外部中断 1 输入	$P_{3.7}$	RD	外部数据存储器读选通

输入/输出口的应用特性为：

1）I/O 口线都不能用做用户 I/O 口线。除 8051/8751 外，真正可完全为用户使用的 I/O 口线只有 P_1 口，以及作为多功能使用的 P_3 口。

2）I/O 的驱动能力：P_0 口可驱动 8 个 TTL 门电路；P_1、P_2、P_3 只能驱动 4 个 TTL 门。

3）P_3 口是双重功能口。

2. 三总线结构

MCS-51 系列单片机的引脚除了电源、复位、时钟接入、用户 I/O 口、部分 P_3 口外，其余引脚都是为实现系统扩展而设置的。这些引脚构成了三总线结构，即：

（1）地址总线（AB）　地址总线宽度为 16 位，其外部存储器直接地址范围为 64K 字节。16 位地址总线由 P_0 口经地址锁存器提供低 8 位地址（$A_0 \sim A_7$）；P_2 口直接提供高 8 位地址（$A_8 \sim A_{15}$）。

（2）数据总线（DB）　数据总线宽度为 8 位，由 P_0 提供。

（3）控制总线（CB）　由部分 P_3 口的第二功能状态和 4 根独立控制线 RESET、EA、ALE、PSEN 组成。

7.1.3　MCS-51 系列单片机的内部结构

MCS-51 系列单片机的内部结构如图 7-3 所示，可将其分为 CPU（中央处理单元）、存储器、I/O（输入/输出）口、定时器/计数器和中断系统 5 部分。

1. CPU

CPU（中央处理单元）是单片机的核心，由运算器、控制器和专用寄存器组三部分电路组成。

（1）运算器　包括一个可进行 8 位算术运算和逻辑运算的 ALU，8 位暂存器 1、暂存器 2，8 位累加器 ACC，寄存器 B 和程序状态寄存器 PSW 等。算术逻辑部件（ALU）既可以进行加、减、乘、除四则运算，也可以进行与、或、非、异或等逻辑运算，还具有传送、移

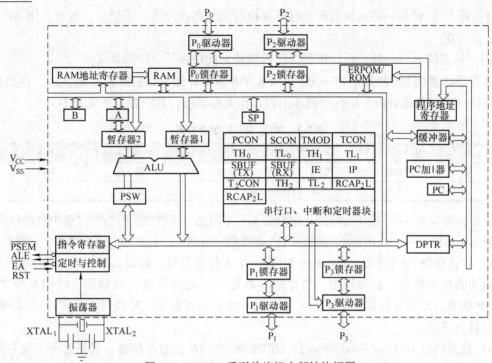

图 7-3 MCS-51 系列单片机内部结构框图

位、判断和程序转移等功能。

（2）控制器 控制器包括程序计数器 PC、指令寄存器 IR、指令译码 ID、振荡器及定时电路等。指令寄存器用于存放从程序存储器中取出的指令码。振荡器和定时电路用于对 IR 中指令码译码，并在 OSC 配合下产生指令的时序脉冲，以完成相应指令的执行。OSC 是控制器的心脏，能为控制器提供时钟脉冲。

（3）专用寄存器组 专用寄存器组主要用来指示当前要执行指令的内存地址、存放操作数和指令执行后的状态等。它包括程序计数器 PC、累加器 A、程序状态寄存器 PSW、堆栈指针 SP、数据指针 DPTR 和通用寄存器 B 等。

1）程序计数器 PC（Program Counter）：程序计数器是一个二进制 16 位的程序地址寄存器，专门用来存放下一条需要执行指令的内存地址，能自动加 1。

2）累加器 A（Accumulator）：累加器 A 又记作 ACC，是一个具有特殊用途的二进制 8 位寄存器，专门用来存放操作数或运算结果。

3）通用寄存器 B（General Purpose Register）：通用寄存器 B 是专门为乘法和除法设置的寄存器，是二进制 8 位寄存器。该寄存器在乘法和除法后，用来存放乘积高 8 位或除法的余数。

4）程序状态寄存器 PSW（Program Status Word）：PSW 是一个 8 位标志寄存器，用来存放指令执行后的有关状态。PSW 中的各位通常是在指令执行过程中自动形成的，但也可以由用户根据需要采用传送指令加以改变。它的各标志位定义如下：

PSW_7	PSW_6	PSW_5	PSW_4	PSW_3	PSW_2	PSW_1	PSW_0
Cy	AC	F_0	RS_1	RS_0	OV	—	P

进位标志位 Cy——表示加减过程中累加器最高位有无进位或借位。若有，则 Cy = 1；否则，Cy = 0。

辅助进位标志位 AC——表示加减运算时低 4 位有无向高 4 位进位或借位。若有，则 AC = 1；否则，AC = 0。

用户标志位 F_0——用户可以根据自己的需要对此位赋予一定的含义。

寄存器选择位 RS_1 和 RS_0——8051 共有 8 个 8 位寄存器，分别命名为 $R_0 \sim R_7$。用户可以用软件改变它们的组合值，切换当前选用的工作寄存器组。其组合关系见表 7-3。

表 7-3　RS_1、RS_0 的组合关系

RS_1	RS_0	寄 存 器 组	片内 RAM 地址	RS_1	RS_0	寄 存 器 组	片内 RAM 地址
0	0	第 0 组	00H ~ 07H	1	0	第 2 组	10H ~ 17H
0	1	第 1 组	08H ~ 0FH	1	1	第 3 组	18H ~ 1FH

溢出标志位 OV——指示运算过程中是否发生了溢出，机器在执行指令过程中自动形成。

奇偶标志位 P——用于指示运算结果中 1 的个数的奇偶性。若 P = 1，则为奇数，否则 P = 0。

5）堆栈指针 SP（Stack Pointer）：SP 是一个 8 位寄存器，能自动加 1 或减 1，专门用来存放堆栈的栈顶地址。在堆栈中，数据的存取是以"先进后出"的原则。使用堆栈之前，先给 SP 赋值，规定栈的起始位置。SP 指针是一个双向计数器，进栈时，SP 内容自动增加，出栈时自动减值。

6）数据指针 DPTR（DataPointer）：DPTR 是一个 16 位的寄存器，其高位字节寄存器用 DPH 表示，低位字节寄存器用 DPL 表示，可以用来存放片内 ROM 地址和片外 RAM、ROM 地址。取址/执行时序如图 7-4 所示。

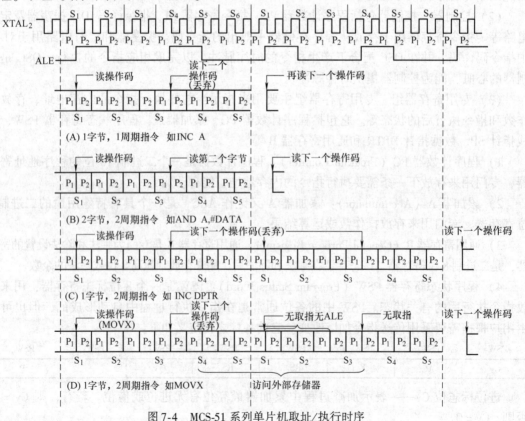

图 7-4　MCS-51 系列单片机取址/执行时序

每个机器周期（12 个振荡周期）由 6 个状态周期组成，而每个状态周期由两个时相 P_1、P_2 组成，所以一个机器周期可依次表示为 S_1P_1、S_1P_2、S_2P_1、S_2P_2、$\cdots$、S_6P_1、S_6P_2。一般情况下，算术逻辑操作发生在时相 P_1 期间，而内部寄存器之间的传送发生在时相 P_2 期间，图中标明的内部状态和时相表明了 CPU 指令取出和执行的时序。这些内部时钟信号无法从外部观察，故用 $XTAL_2$ 振荡信号作参考，而 ALE 可作为外部工作状态指示信号用。

对于单周期指令，读入指令寄存器时，从 S_1P_2 开始执行命令。如果为双字节指令，则在同一机器周期的 S_4 读入第二字节，如果它为单字节指令，则在 S_4 周期读入的指令操作码无效，而且程序计数器不加 1。在任何情况下，到达 S_6P_2 时结束指令操作。图 7-4 中（A）、（B）分别为单字节单周期和双字节单周期指令的时序。MCS-51 系列单片机一般情况下，双字节指令都在一个机器周期内执行完，对于双周期指令，不论是单字节还是双字节，都是在第一个机器周期内读完操作数，如图 7-4 中（C）、（D）所示。

2. 存储器

单片机的存储器有程序存储器（ROM）与数据存储器（RAM），在使用上是严格区分的。程序存储器存放程序指令及常数、表格等；数据存储器则存放缓冲数据。

（1）程序存储器的结构及运行操作　程序存储器的结构如图 7-5a 所示。可直接寻址范围为 64KB。对于片内有 ROM/EPROM 的单片机 8051/8751，当管脚 EA = 1，低 4K 地址（0000H ~ 0FFFH）指向片内；EA = 0 时，则向片外。对于片内无 ROM/EPROM 的单片机 8031 构成应用系统时，必须使 EA = 0。

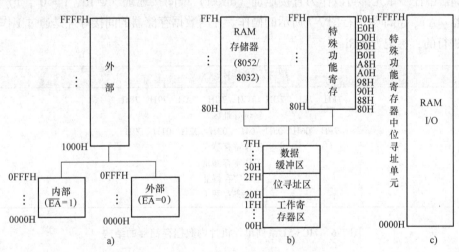

图 7-5　MCS-51 系列单片机的存储器结构

程序存储器的操作完全由程序计数器（PC）控制。PC 值指向程序指令操作码单元，则程序执行该操作指令；PC 值指向常数、表格单元，则实现取数、查表操作。因此，程序存储器的操作为程序运行与查表操作两类。

1）程序运行控制操作：程序运行控制有复位控制、中断控制和转移控制。

复位控制与中断控制有相应的硬件结构，其程序入口地址是固定的，见表 7-4。转移控制由转移指令给定，有条件转移指令与无条件转移指令，请参照指令系统表。

2）查表操作：MCS-51 指令系统提供了两条查表指令（MOVC），其寻址方式是采用基址加偏址的间接寻址方式。

MOVC A, @A+DPTR 该指令是把 A 作为一个无符号偏址数据加到 DPTR 上，把所得的地址内容送到累加器 A 中，DPTR 作为一个 16 位的基址寄存器，执行完指令后，DPTR 的内容不变。

MOVC A, @A+PC 该指令是以 PC 作为基址寄存器，A 作为偏址数据，相加后所得数据作为地址，取出该地址内容送入累加器 A 中，该指令执行完以后 PC 值不变，仍指向下一条指令。

表 7-4 复位、中断入口地址

操 作	入 口 地 址	操 作	入 口 地 址
复位	0000H	外部中断 INT_1	0013H
外部中断 INT0	0003H	定时器中断 T_1	001BH
定时器中断 T0	000BH	串行口中断	0023H

（2）数据存储器的结构及运行操作 数据存储器的结构如图 7-5b 所示。由于片内、外数据存储器使用不同的指令（MOV 与 MOVX），即使数据存储器的片、内外地址重叠，也不会造成操作混乱。片内数据存储器与工作寄存器统一编址。

1）片内数据存储器结构如图 7-6 所示。由工作寄存器、位寻址区、数据缓冲区组成，堆栈可在 07H 以上不使用的连续单元任意设置。片内数据存储器的复位状态及操作方法见表 7-5。片内存储器中任一单元都可以作为直接地址（direct）或间接地址（@Ri，i = 0，1）的内容与累加器（A）、立即数进行图 7-7 所示的操作。片内数据存储器的间接寻址是通过工作寄存器 R_0、R_1 进行的，标记为 @Ri。

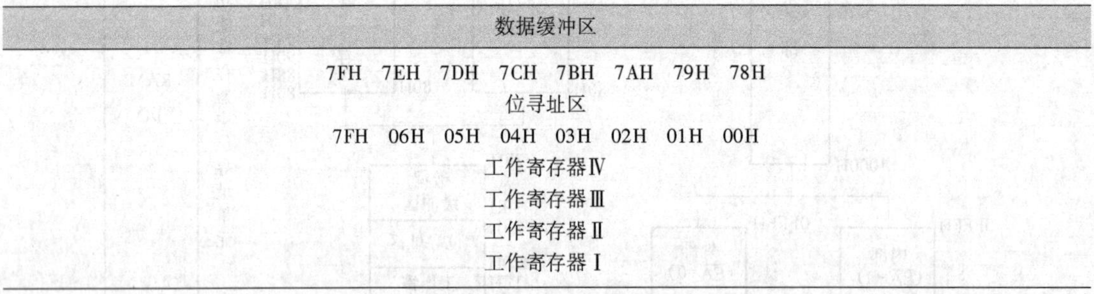

数据缓冲区
7FH 7EH 7DH 7CH 7BH 7AH 79H 78H
位寻址区
7FH 06H 05H 04H 03H 02H 01H 00H
工作寄存器Ⅳ
工作寄存器Ⅲ
工作寄存器Ⅱ
工作寄存器Ⅰ

图 7-6 MCS-51 系列单片机片内数据存储器的结构

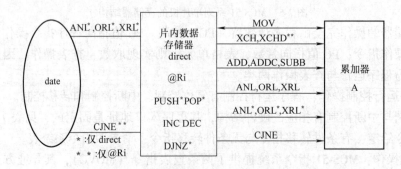

图 7-7 片内数据存储器的结构及操作

2）片外数据存储器的操作：片外数据存储器的最低位的 128 个地址单元与片内数据存储器地址重叠，并且与 I/O（输入/输出）口统一编址。片外数据存储器只有间接传送指令、MOVX 一种操作方式。其地址指针可用 DPTR 或 Ri，其指令如下：

MOVX　　@DPTR，A　和　MOVX　A，@DPTR

MOVX　　@Ri，　　A　和　MOVX　A，@Ri

使用 Ri 作地址指针时，高 8 位由传送指令给 P_2 赋值而定，低 8 位即为@Ri。

表 7-5　片内数据存储器的复位状态及操作方法

功能单元	地　　址	复位状态	操作方法
工作寄存器	00H ~ 1FH	指向 I 组	PSW. 4　置位选择
堆栈	07H ~ 1FH	栈底为 07H	SP 赋值
位寻址区	20H ~ 2FH	随机	置位与清零
数据缓冲区	30H ~ 7FH	随机	可直接与累加器进行传送、运算、转移等操作

3. I/O 口

（1）I/O 口的内部结构　I/O 口的每一位结构如图 7-8 所示，每一位均由锁存器、输出驱动器和输入缓冲器组成。图中的上拉电阻实际上是由场效应晶体管构成的，并不是线性电阻。

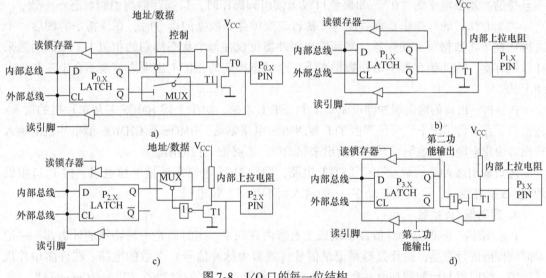

图 7-8　I/O 口的每一位结构

P_0 口和 P_2 口在对外部存储器进行读/写时要进行地址/数据的切换，故在 P_0、P_2 口的结构中设有多路转换器，分别切换到地址/数据和内部地址总线上，如图 7-8a、c 所示。多路转换器的切换由内部控制信号控制。P_1 口作为第一功能使用时，第二功能输出控制线应为高电平，如图 7-8b 所示。这时，与非门的输出取决于口锁存器状态，P_3 口的结构、操作与 P_1 口相同。P_3 口作第二功能使用时，相应的口锁存器必须为 1 状态，此时，与非的输出状态由第二功能输出控制线的状态确定，反映了第二功能输出电平状态。

P_1、P_2、P_3 均有内部上拉电阻，如图 7-8b、c、d 所示。当它们用作输入方式时，各口对应的锁存器必须先置 1，由此关断输出驱动器（场效应晶体管）。这时 P_1、P_2、P_3 口相应引脚内部的上拉电阻可将电平上拉成高电平，然后进行输入操作；当输入为低电平时，它能拉低为低电平输入。

P_0 口与其他 I/O 口不同，内部没有上拉电阻。图中驱动器上方的场效应晶体管仅用于外部存储器读/写时，作为地址/数据线用。其他情况下，场效应晶体管被开路，因而 P_0 口具有开漏输出。如果再给锁存器置入"1"状态，使输出的两个场效应晶体管均关断，使引脚处于"浮空"，就成为高阻状态。由于 P_1、P_2、P_3 口内部均有固定的上拉电阻，故皆为准双向口。在作输入时，可用一般方法由任何一种 TIL 或 MOS 电路所驱动。

(2) I/O 口的读—修改—写操作 由图 7-8 可见，每个输入/输出口具有两种读入方法，即读锁存器和读引脚，并有相应的指令。读锁存器指令都是从锁存器中读取数据，进行处理，并保证处理后的数据重新写入锁存器中，这类指令成为读—修改—写指令。

在 ANL、ORL、XRL；JBC；CPL；INC、DEC；DJNZ；MOV；CLR；SETB 等指令中，当目的操作数为某一 I/O 口或 I/O 的某一位时，这些指令均为读—修改—写指令。读引脚指令一般都是以 I/O 端口为源操作数的指令，执行读引脚指令时，打开三态门，输入口状态。例如，读 P_1 口的输入状态时，读引脚指令为：MOV   A，P_1

根据 I/O 口的结构及 CPU 的控制，当执行读引脚操作后，口锁存器状态与引脚状态应相同；但当给口锁存器写入某一状态后，响应的口引脚是否呈现锁存器状态与外电路的连接有关。例如用 I/O 口线驱动晶体管时，该口线锁存器写入"1"后使晶体管导通，而晶体管一旦导通，基极电平为"0"。如果该口线无读引脚操作时，口锁存器与引脚状态不一致。

(3) I/O 口的写操作及负载能力 执行改变锁存器数据的指令时，在该指令的最后一个时钟周期里将数据写入锁存器。然而输出缓冲器仅仅在每个状态周期的相位 1（P_1）期间采样口锁存器，因而锁存器中的新数据在下一个状态周期的相位 1 出现之前是不会出现在输出线上的。

P_1、P_2、P_3 口的输出缓冲器可驱动 4 个 LSTFL 电路。对于上述 HMOS 芯片单片机的输入/输出口，在正常情况下，可任意由 TFL 或 NMOS 电路驱动。HMOS 及 CHMOS 型单片机的输入输出口由集电极开路或漏极开路的输出来驱动时，不必加上拉电阻。

P_0 口输出缓冲器能驱动 8 个 LSTFL 电路，驱动 MOS 电路需外接上拉电阻，但 P_0 口用做地址/数据总线时，可直接驱动 MOS 的输入而不必加上拉电阻。

4. 定时器/计数器

(1) 结构 定时器与计数器在组成上有着内在联系，定时器是一种特殊的计数器——记录时间间隔的计数器，而计数器是记录信号（通常为脉冲信号）个数的电路。在许多单片机系统中，定时器与计数器都由一套电路来组成，称为"定时器/计数器（Timer/Counter）"。

单片机中的计数器通常按二进制计数，计数的范围用二进制的位数来表示，如 8 位、16 位计数器等。计数器的初始值可由软件来设置，计数器超过计数范围的情况，称为溢出。溢出时，相应的溢出标志位置位。

如果计数信号由内部的基准时钟源提供，则此时的计数器就变为定时器了。

单片机中的定时器/计数器由程序来设置其工作模式，如设置为定时器工作模式，就不能作为计数器使用；如设置为计数器工作模式，就不能作为定时器使用。定时器/计数器溢出时，叫通过中断方式通知 CPU。

MCS-51 单片机的 51 系列有两个定时器/计数器，分别记为 Timer0 和 Timer1 或 T0 和 T1。

每个定时器/计数器有一个外部输入端（T0 和 T1）、一个 16 位的二进制加法计数器

（TH0、TL0 和 TH1、TL1）以及两个内部特殊功能寄存器 TMOD 和 TCON。TMOD（Timer/ Counter Mode Control）是定时器/计数器模式控制寄存器，其格式如下（寄存器各位不可位寻址）：

寄存器名：TMOD	位名称	GATE	C/$\overline{T}$	M1	M0	GATE	C/$\overline{T}$	M1	M0
地址：89H	位地址	—	—	—	—	—	—	—	—

用于定时器/计数器1　　　　　　　　　用于定时器/计数器0

TMOD 被分成两部分，每部分 4 位，分别用于定时器/计数器 0 和定时器/计数器 1。其中 GATE 和 C/$\overline{T}$ 用于控制计数信号的输入，M1、M0 用于定义计数器的工作方式；

TCON 是定时器/计数器控制寄存器，其格式如下（寄存器各位可位寻址）：

寄存器名：TCON	位名称	TF1	TR1	TF0	TR0	IE1	IT1	IE0	IT0
地址：88H	位地址	8FH	8EH	8DH	8CH	8BH	8AH	89H	88H

用于定时器/计数器　　　　　　　　　用于外部中断

TCON 也被分成两部分，高 4 位用于定时器/计数器。其中 TR1、TR0 用于控制计数信号的输入，TF1、TF0 为计数器的溢出位

（2）原理　定时器/计数器中心部件为两个内部的 8 位二进制加法计数器，即 TH0、TL0 和 TH1、TL1，它们同时也是程序可访问的寄存器，相应的地址为 8CH（TH0）、8AH（TL0）、8DH（TH1）、8BH（TL1）。

掌握定时器/计数器的工作原理，可从以下三个方面考虑：

1）计数信号的选择和控制。以定时器/计数器 0 为例，计数信号的选择和控制如图 7-9 所示。

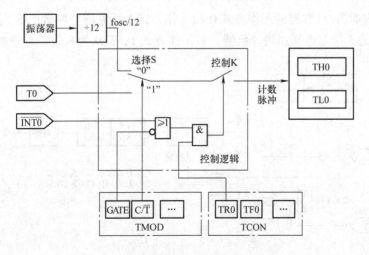

图 7-9　计数信号的选择和控制

由图 7-9 可看出，计数信号的选择和控制通过 TMOD 中的 GATE、$C/\bar{T}$ 和 TCON 中的 TR0 这三个控制位来实现。

TMOD 中的 $C/\bar{T}$ 用于选择计数信号的来源：$C/\bar{T}=0$，计数信号取自于内部，其计数频率为晶振频率的 1/12，此时工作于定时器模式；$C/\bar{T}=1$，计数信号来自于外部 T0（P3.4），此时工作于计数器模式。

在计数器模式下，CPU 检测外部 T0（P3.4）或 T1（P3.5）引脚，当出现"1"到"0"的跳变时，作为一个计数信号，使内部计数器加 1。因为检测需要两个机器周期，所以能检测到的最大计数频率为 CPU 晶振频率的 1/24。

TMOD 中的 GATE 和 TCON 中的 TR0 用于控制计数脉冲的接通，通常有两种使用方法：

① GATE = 0 时，仅仅由程序设置 TR0 = 1 来接通计数脉冲，由程序设置 TR0 = 0 来停止计数。此时与外部 $\overline{\text{IN T 0}}$ 无关。

② GATE = 1 时，先由程序设置 TR0 = 1，然后由外部 $\overline{\text{IN T 0}}$ = 1 来控制接通计数脉冲，$\overline{\text{IN T 0}}$ = 0 则停止计数。如 TR0 = 0，则禁止 $\overline{\text{IN T 0}}$ 来控制接通计数脉冲。

所以，GATE 位是专门用来选择计数启动方式的控制位，GATE = 0 时可由程序来启动计数，GATE = 1 时可由外部硬件通过 $\overline{\text{IN T 0}}$ 端来启动计数。

利用 $\overline{\text{IN T 0}}$ = 1 时的特性，通过定时器可测量 $\overline{\text{IN T 0}}$ 端或 $\overline{\text{IN T 1}}$ 的正脉冲宽度。

2）两个 8 位计数器的级联。两个 8 位计数器均为加法计数器，它们的级联和计数范围是由 TMOD 中的 M1、M0 来控制的。M1、M0 可设置四种内部计数的工作方式，见表 7-6。

表 7-6　计数器工作方式

工作方式	M1	M0	功　能	计数范围
0	0	0	13 位二进制加法计数器	2^{13} – 初值 = 8192 – 初值
1	0	1	16 位二进制加法计数器	2^{16} – 初值 = 65536 – 初值
2	1	0	可重置初值的 8 位二进制加法计数器	2^8 – 初值 = 256 – 初值
3	1	1	两个独立的 8 位二进制加法计数器（仅对 T0）	2^8 – 初值 = 256 – 初值

图 7-10 为定时器/计数器的工作方式 0 和工作方式 1 示意图。两者的区别仅在于：对工作方式 0，TL0 为 5 位二进制加法计数器；对工作方式 1，TL0 为 8 位二进制加法计数器。

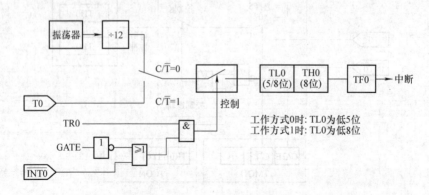

图 7-10　定时器/计数器的工作方式 0 和工作方式 1 示意图

工作方式 0 主要为兼容早期的 MCS—48 单片机所保留，一般可用工作方式 1 来代替。

工作方式 1 的特点是：计数范围宽，但每次的初值均要由程序来设置。

工作方式 2 的特点是：初值只需设置一次，每次溢出后，初值自动会从 TH0 加载到 TL0 或从 TH1 加载到 TL1。但计数范围较工作方式 1 小。定时器/计数器的工作方式 2，如图 7-11 所示。

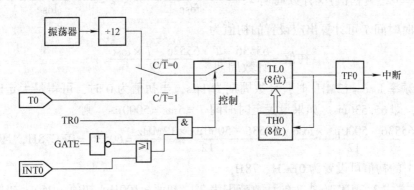

图 7-11 定时器/计数器的工作方式 2

工作方式 3 的特点是：增加了一个独立的计数器，但只能适用于定时器/计数器 0，而且占用了定时器/计数器 1 的 TR1 和 TF1，所以此时的定时器/计数器 1 只能用于不需要中断的应用，如作为串行口的波特性发生器。定时器/计数器的工作方式 3，如图 7-12 所示。

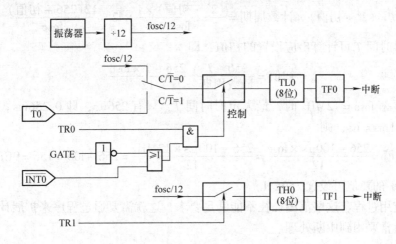

图 7-12 定时器/计数器的工作方式 3

以上四种工作方式对溢出处理均相同，加法计数超出范围后，溢出信号将使 TCON 中的 TF0 或 TF1 置位，计数值回到 0 或初值，重新开始计数。TF0 或 TF1 置位后，可向 CPU 提出中断请求。TF0 和 TF1 在 CPU 响应中断后会自动复位，而在禁止中断响应时，也可由软件来复位。

3）定时和计数范围的计算。由于内部计数器 TH0、TL0 和 TH1、TL1 的溢出值固定不变，所以定时和计数范围只能通过设置初值来控制。下面主要介绍工作方式 1 和工作方式 2 的计数范围计算。

① 工作方式 1。工作方式 1 的计数范围为 2^{16} – 初值 = 10000H – 初值 = 65536 – 初值。初值的取值范围为 0000H ~ 0FFFFH，即 0 ~ 65535。当初值为 0 时，可得最大计数值 N_{max} = 65536；而初值为 0FFFFH = 65535 时，可得最小计数值 N_{min} = 1。

定时时间 T 为计数范围乘上计数周期，即

$$T = (2^{16} - 初值) \times 计数周期 = \frac{(65536 - 初值) \times 1}{fosc} \times 12 = \frac{12(6536 - 初值)}{fosc}$$

根据定时时间 T 可计算出应设置的初值为

$$初值 = \frac{65536 - T}{计数周期} = \frac{65536 - T \times fosc}{12}$$

当晶振频率 fosc = 12MHz 时，计数周期为 1μs，当初值为 0 时，可得最大定时时间 T_{max} 为 65536μs，即 65.536ms。如果设置定时时间 T = 5ms = 5000μs，则

$$初值 = \frac{65536 - 5000μs \times fosc}{12} = \frac{65536 - 5000μs \times 12MHz}{12} = 60536 = 0EC78H，且 TH0、TL0$$

或 TH1、TL1 的初值可设置为 0ECH、78H。

② 工作方式 2。工作方式 2 的计数范围为 2^8 – 初值 = 100H – 初值 = 256 – 初值。初值取值范围为

000H ~ 0FFH，即 0 ~ 255。当初值为 0 时，可得最大计数值 N_{max} = 256；而初值为 0FFH = 255 时，可得最小计数值 N_{min} = 1。

定时时间 T 为计数范围乘上计数周期，即

$$T = (2^8 - 初值) \times 计数周期 = \frac{(2^8 - 初值) \times 1}{fosc} \times 12 = \frac{12(256 - 初值)}{fosc}$$

根据定时时间 T 可计算出应设置的初值，即

$$初值 = \frac{256 - T}{计数周期} = \frac{256 - T \times fosc}{12}$$

当晶振频率 fosc = 12MHz 时，最大定时时间 T_{max} 只有 256μs，即 0.256ms。如果设置定时时间 T = 0.1ms = μs，则

$$初值 = \frac{256 - 100μs \times fose}{12} = \frac{256 - 100μs \times 12MHz}{12} = 256 - 100 = 156 = 9CH$$

即 TH0 或 TH1 的初值可设置为 9CH。

在实际应用过程，这些范围往往不能满足要求，这就需要通过程序来扩展计数范围和定时范围，此时常要用到中断处理。

5. 中断系统

"存储程序和程序控制"是计算机的基本工作原理。CPU 平时总是按照规定顺序执行程序存储器中的指令，但在实际应用中，有许多外部或内部事件需要 CPU 及时处理，这就要改变 CPU 原来执行指令的顺序。计算机中的"中断（Interrupt）"就是指由于外部或内部事件而改变原来 CPU 正在执行指令顺序的一种工作机制。

计算机的中断机制涉及三个内容：中断源、中断控制和中断响应。中断源是指引起中断的事件，中断控制是指中断的允许/禁止、优先和嵌套等处理方式，中断响应是指确定中断入口、保护现场、进行中断服务、恢复现场和中断返回等过程。在计算机中，能实现中断功能的部件称为中断系统。

MCS-51 单片机的中断系统由中断源、中断控制电路和中断入口地址电路等部分组成。结构框图如图 7-13 所示。

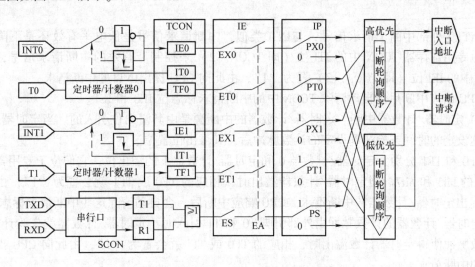

图 7-13　MCS-51 单片机的中断系统结构框图

从 MCS-51 中断系统结构框图中可看出，中断系统涉及的四个寄存器是：定时器/计数器控制寄存器 TCON（Timed Counter Control）、串行口控制寄存器 SCON（SerialPortContro1）、中断允许寄存器 rE（Interrupt Enable）和中断优先级寄存器 IP（Interrupt Priority）。外部中断事件与输入引脚INT0、INT1、T0、T1、TXD、RXD 有关。

（1）中断源　MCS-51 单片机中有三类中断源：两个外部中断、两个定时器/计数器中断和一个串行口中断。这些中断源提出中断请求后会在专用寄存器 TCON 和 SCON 中设置相应的中断标志。TCON 寄存器的格式如下：

寄存器名：TCON	位名称	TF1	TR1	TF0	TR0	IE1	IT1	IE0	IT0
地址：88H	位地址	8FH	8EH	8DH	8CH	8BH	8AH	89H	88H

其中与中断有关的位是 IE0、IE1 为外部中断请求标志，TF0、TF1 为计数器/定时器中断请求标志，IE0、IE1 为外部中断请求信号类型选择控制位。

SCON 寄存器的格式如下：

寄存器名：SCON	位名称	SM0	SM1	SM2	REN	TB8	RB8	TI	RI
地址：98H	位地址	9FH	9EH	9DH	9CH	9BH	9AH	99H	98H

其中与中断有关的位是串行口发送和接收中断请求标志 TI、RI。

各中断源提出中断请求的过程说明如下。

1）外部中断。外部中断源是通过两个外部引脚INT0（P3.2）、INT1（P3.3）引入的。

INT0为外部中断 0 请求信号。有两种有效的中断请求信号：专用寄存器 TCON 中的 IT0 位（即 TCON. 0）置为"0"，表示INT0有效的中断请求信号为低电平；TCON 中的 IT0 位为"1"，表示 INT0 有效的中断请求信号为由高电平变为低电平的下降沿。一但出现有效的中断请求信号，会使 TCON 中的 IE0 位（即 TCON.1）置位，由此向 CPU 提出 $\overline{INT0}$ 的中断请求。

$\overline{INT1}$ 为外部中断 1 请求信号，与 $\overline{INT0}$ 类似，中断请求信号是低电平有效还是下降沿有效，由专用寄存器 TCON 中的 IT1 位（即 TCON.2）来控制。有效的中断请求信号，会使 TCON 中的 IE1 位（即 TCON.3）置为"1"，由此向 CPU 提出 $\overline{INT1}$ 的中断请求。

CPU 响应中断后会自动清除 TCON 中的中断请求标志位 IE0 和 IE1。

2）定时器/计数器中断。定时器/计数器的中断源是由其溢出位引入的。当定时器/计数器到达设定的时间或检测到设定的计数脉冲后，其溢出位置位。

TF0 和 TF1 分别为定时器/计数器 0 和定时器/计数器 1 的溢出位，它们位于专用寄存器 TCON 的 bit5 和 bit7。当定时器/计数器溢出时，相应的 TF0 或 TF1 就会置为"1"，由此向 CPU 提出定时器/计数器的中断请求。CPU 响应中断后，会自动清除这些中断请求标志位。

定时器/计数器的计数脉冲由外部引脚 T0 和 T1 引入时，定时器/计数器就变为计数器。当计数脉冲使得定时器计数溢出时，相应的 TF0 或 TF1 就会置为"1"，由此向 CPU 提出计数器的中断请求。

3）串行口中断。串行口发送完一帧串行数据或接收到一帧串行数据后，都会发出中断请求。专用寄存器 SCON 中的 T1（SCON.1,）和 RI（SCON.0）为串行中断请求标志位。

T1 为串行发送中断标志。一帧串行数据发送结束后，由硬件置位。T1 置位既表示一帧信息发送结束，同时也是中断请求信号，可根据需要，用软件查询的方法获得数据已发送完毕的信息，或用中断的方法来发送下一个数据。

RI 为接收中断标志位。接收到一帧串行数据后，由硬件置位，RI 置位既表示一帧数据接收完毕，同时也是中断请求信号，可用查询的方法或者用中断的方法及时处理接收到的数据，否则下一帧数据会将前一帧数据冲掉。

TI、RI 与前面的中断请求标志位 IE0、IE1、TF0、TF1 不同，CPU 响应中断后不会自动清除 TI、RI，只能靠软件复位。

（2）中断控制 当发生中断请求后，CPU 是否立即响应中断还取决于当时的中断控制方式。中断控制主要解决三类问题：

• 中断的屏蔽控制，即什么时候允许 CPU 响应中断；

• 中断的优先控制，即多个中断请求同时发生时，先响应哪个中断请求；

• 中断的嵌套，即 CPU 正在响应一个中断时，是否允许响应另一个中断请求。

1）中断的屏蔽。MCS-51 单片机的中断屏蔽控制通过中断允许寄存器 IE 来实现。IE 的格式如下：

寄存器名：IE	位名称	EA	—	ET2	ES	ET1	EX1	ET0	EX0
地址：0A8H	位地址	0AFH	0AEH	0ADH	0ACH	0ABH	0AAH	0A9H	0A8H

其中 EA（Enable All Interrupts）是总允许位，如果它等于"0"，则禁止响应所有中断。当 EA 为"1"时，CPU 才有可能响应中断请求。但 CPU 是否允许响应中断请求，还要看各中断源的屏蔽情况，IE 中其他各位说明如下：

ES（Enables the Serial Port Interrupt）为串行口中断允许位，ET0（Enables the Timer 0

Overflow Interrupt）为定时器/计数器 0 中断允许位，EX0（Enables External Interrupt 0）为外部中断 0 中断允许位，ET1 为定时器/计数器 1 中断允许位，EX1 为外部中断 1 中断允许位，ET2 为 52 子系列所特有的定时器 2 中断允许位。

允许位为 0，表示屏蔽相应的中断，即禁止 CPU 响应来自相应中断源提出的中断请求。允许位为 "1"，表示允许：CPU 响应来自相应中断源提出的中断请求。

IE 中各位均可通过指令来改变其内容。CPU 复位后，IE 各位均被清 "0"，禁止响应所有中断。

如果要设置允许 CPU 响应定时器/计数器 1 中断、外部中断 1，禁止其他中断源提出的中断请求，则可以执行如下指令：

MOV IE, #0：禁止所有中断

SETB IE1：允许定时器/计数器 1 中断

SETB EX1：允许外部中断 1

SETB EA：打开总允许位

2）中断的优先级控制。MCS-51 单片机的中断优先级分为两级：高优先级和低优先级；通过软件控制和硬件轮询来实现优先控制。

对每个中断源，可通过编程设置为高优先级或低优先级中断，具体由优先级寄存器 IP 来控制。IP 的格式如下：

寄存器名：IP	位名称	—	—	PT2	PS	PT1	PX1	PT0	PX0
地址：0B8H	位地址	0BFH	0BEH	0BDH	0BCH	0BBH	0BAH	0B9H	0B8H

其中，PS 为串行口优先级控制位，PT0、PT1 为定时器/计数器 0、定时器/计数器 1 优先级控制位，PX0、PX1 为外部中断 0、外部中断 1 优先级控制位。另外，PT2 为 52 子系列所特有的定时器/计数器 2 优先级控制位。

优先级控制位设为 "1"，相应的中断就是高优先级，否则就是低优先级。CPU 开机复位后，IP 各位均被清 "0"，所有中断均设为低优先级。

如有多个中断源有中断请求信号，CPU 先响应高优先级的中断。当 CPU 同时收到几个同一优先级的中断请求时，CPU 则通过内部硬件轮询决定优先次序，这种中断轮询顺序。

（Interrupt Polling Sequence）也称同级内的辅助优先级，MCS-51 单片机同级内的中断轮询顺序见表 7-7。

表 7-7　同级内的中断轮询顺序

中　断　源	中　断　标　志	中断轮询顺序
外部中断 0	IE0	高 ↓ 低
定时器/计数器 0	TF0	
外部中断 1	IE1	
定时器/计数器 1	TF1	
串行口	TI 和 RI	
定时器/计数器 2	TF2 和 EXF2	

通过指令设置 IP 各优先控制位，结合同级内中断轮询顺序，可确定 CPU 中断响应的优先次序。

例如，要求定时器/计数器 0 为高优先级，其余为低优先级，可用如下程序实现：

MOV IP，#0 ；设置所有中断源为低优先级

SETB PT0；设置定时器/计数器 0 为高优先级

上面程序也可用一条指令完成：

MOV IP，#00000010B ；使 PT0 为 1，其余为 0

当一个系统有多个高优先级中断源时，只要 CPU 响应了其中一个高优先级中断，其他中断就不会再响应。推荐的办法是：一个系统中只设置一个高优先级中断，或者这些高优先级中断的服务程序能在较短的时间内及时完成，以不影响其他高优先级的中断响应。

3）中断的嵌套。CPU 工作时，在同一时刻接收到多个中断请求的机会不是很多。较常发生的情况是，CPU 先后接收到多个中断请求，CPU 在响应一个中断请求时，又接收到一个新的中断请求，这就要涉及中断的嵌套问题。

MCS-51 单片机中有两级中断的优先级，所以可实现两级的中断嵌套。

如果 CPU 已响应一个低优先级的中断请求，并正在进行相应的中断处理，此时，又有一个高优先级的中断源提出中断请求，CPU 可以再次响应新的中断请求，但为了使原来的中断处理能恢复，在转而处理高级别中断之前还需断点保护，高优先级的中断处理结束，则继续进行原来低优先级的中断处理。

如果第二个中断请求的优先级没有第一个优先级高（包括相同的优先级），则 CPU 在完成第一个中断处理之前不会响应第二个中断请求，只有等到第一个中断处理结束，才会响应第二个中断请求。

因此中断的嵌套处理遵循以下两条规则：

● 低优先级中断可以被高优先级中断所中断，反之不能；

● 一种中断（不管是什么优先级）一旦得到响应，与它同级的中断不能再中断它。

MCS-51 单片机硬件上不支持多于二级的中断嵌套。另外，在中断嵌套时，为了使得第一中断处理能恢复，必须注意现场的保护和 CPU 资源的分配。

（3）中断响应

1）中断请求信号的检测。MCS-51 单片机的中断请求信号是由中断标志、中断允许标志和中断优先标志经逻辑运算而得到。

中断标志就是外部中断 IE0 和 IE1、内部定时器/计数器中断，TF0 和 TF1、串行口中断 TI 和 RI，它们直接受中断源控制。

中断允许标志就是外部中断允许位 EX0 和 EX1、内部定时器/计数器中断允许位 ET0 和 ET1、串行口中断允许位 ES 以及总允许位 EA。它们可通过指令来设置。

中断优先标志就是 PX0、PX1、PT0、PT1 和 PS。它们也是通过指令来设置。

MCS-51 单片机的 CPU 对中断请求信号的检测顺序和逻辑表达式见表 7-8。

CPU 工作时，在每个机器周期中都会去查询中断请求信号。所谓中断，其实也是查询。是由硬件在每个机器周期进行查询，而不是通过指令查询。

表 7-8 中断请求信号的检测顺序和逻辑表达式

检测顺序	优 先 级	中 断 源	中断请求信号的逻辑表达式
1	高	外部中断 0	$IE0 \cdot EX0 \cdot EA \cdot PX0$
2	高	定时器/计数器 0	$IT0 \cdot ET0 \cdot EA \cdot PI0$
3	高	外部中断 1	$IE1 \cdot EX1 \cdot EA \cdot PX1$
4	高	定时器/计数器 1	$IT1 \cdot ET1 \cdot EA \cdot PT1$
5	高	串行口	$(TI + RI) \cdot ES \cdot EA \cdot PS$
6	高	外部中断 0	$IE0 \cdot EX0 \cdot EA \cdot \overline{PX0}$
7	高	定时器/计数器 0	$IT0 \cdot ET0 \cdot EA \cdot \overline{PI0}$
8	高	外部中断 1	$IE1 \cdot EX1 \cdot EA \cdot \overline{PX1}$
9	高	定时器/计数器 1	$IT1 \cdot ET1 \cdot EA \cdot \overline{PT1}$
10	高	串行口	$(TI + RI) \cdot ES \cdot EA \cdot \overline{PS}$

2）中断请求的响应条件。MCS-51 单片机的 CPU 在检测到有效的中断请求信号同时，还必须同时满足下列三个条件才能在下一机器周期响应中断：

① 无同级或更高级的中断在服务。

② 现行的机器周期是指令的最后一个机器周期。

③ 当前正执行的指令不是中断返回指令（RETI）或访问 IP、IE 寄存器等与中断有关的指令。

条件①是为了保证正常的中断嵌套。

条件②是为了保证每条指令的完整性。MCS-51 单片机指令有单周期、双周期、四周期指令等，CPU 必须等整条指令执行完了才能响应中断。

条件③是为了保证中断响应的合理性。如果 CPU 当前正执行的指令是返回指令（RETI）或访问 IP、IE 寄存器的指令，则表示本次中断还没有处理完，中断的屏蔽状态和优先级将要改变，此时，应至少再执行一条指令才能响应中断，否则，有可能会使上一条与中断控制有关的指令没起到应有的作用。

3）中断响应的过程。CPU 响应中断的过程可分为设置标志、保护断点、选择中断入口、进行中断服务和中断返回五个部分，如图 7-14 所示。

①设置标志。响应中断后，由硬件自动设置与中断有关的标志。例如，将置位一个与中断优先级有关的内部触发器，以禁止同级或低级的中断嵌套，还会复位有关中断标志，如 IE0、IE1、IT0、IT1，表

图 7-14 中断响应流程

示相应中断源提出的中断请求已经响应，可以撤消相应的中断请求。

另外，响应中断后，单片机外部的$\overline{\text{INT0}}$和$\overline{\text{INT1}}$引脚状态不会自动改变。因此，需要在中断服务程序中，通过指令控制接口电路来改变$\overline{\text{INT0}}$和$\overline{\text{INT1}}$引脚状态，以撤消此次中断请求信号。否则，中断返回后，将会再次进入中断。

②保护断点。中断的断点保护是由硬件自动实现的，当 CPU 响应中断后，硬件把当前 PC 寄存器的内容压入堆栈，即执行如下操作：

$$(\text{SP}) \leftarrow (\text{SP}) + 1; ((\text{SP})) \leftarrow (\text{PC}_{7-0});$$
$$(\text{SP}) \leftarrow (\text{SP}) + 1; ((\text{SP})) \leftarrow (\text{PC}_{15-8});$$

③选择中断入口。根据不同的中断源，选择不同的中断入口地址送入 PC，从而转入相应的中断服务程序。MCS-51 单片机中各中断源所在的中断入口地址见表 7-9。

表 7-9　中断源所在的中断入口地址

中　断　源	中断入口地址
外部中断 0	0003H
定时器/计数器 0	000BH
外部中断 1	0013H
定时器/计数器 1	001BH
串行口	0023H
定时器/计数器 2（仅对 52 子系列）	002BH

④ 进行中断服务。由于各中断入口地址间隔较近，通常可安排一条绝对转移指令，跳转到相应的中断服务程序。中断服务程序通常还要考虑现场的保护和恢复。不同的中断请求会有不同的中断服务要求，中断服务程序也各不相同。

⑤ 中断返回。中断服务程序最后执行中断返回指令 RETI，标志着中断响应的结束。CPU 执行 RETI 指令，将完成恢复断点和复位内部标志工作。

恢复断点操作如下：

$$(\text{PC}_{15-8}) \leftarrow ((\text{SP})); (\text{SP}) \leftarrow (\text{SP}) - 1;$$
$$(\text{PC}_{7-0}) \leftarrow ((\text{SP})); (\text{SP}) \leftarrow (\text{SP}) - 1;$$

这与 RET 指令的功能类似，但决不能用 RETI 指令来恢复断点，因为 RETI 指令还有修改内部标志的功能。

RETI 指令会复位内部与中断优先级有关的触发器，表示 CPU 已脱离一个相应优先级的中断响应状态。

4）中断响应时间

在实时控制系统中，为满足实时性要求，需要了解 CPU 的中断响应时间。现以外部中断为例，讨论中断响应的最短时间。

在每个机器周期的 S5P2，$\overline{\text{INT0}}$和$\overline{\text{INT1}}$的引脚状态被锁存到内部寄存器中，而实际

上，CPU 要在下一个周期才会查询这些值。如中断请求条件满足，则 CPU 将要花费 2 个机器周期用于保护断点、设置内部中断标记和选择中断入口。这样从提出中断请求到开始执行中断服务程序的第一条指令，至少隔开 3 个机器周期，这也是最短的中断响应时间。

如果遇到同级或高优先级中断服务时，则后来的中断请求需要等待的时间将取决于正在进行的中断服务程序。

如果现行的机器周期不是指令的最后一个机器周期，则附加的等待时间要取决于这条指令所需的机器周期数。一条指令最长的执行时间需要 4 个机器周期（如 MUL 和 DIV 指令），附加的等待时间最多为 3 个机器周期。

如果当前正执行的指令是返回指令（RET1）或访问 IP、IE 寄存器等与中断有关的指令，则附加的等待时间有可能增加到 5 个机器周期：完成本条与中断有关的指令需要 1 个机器周期，完成一条完整指令需要 1 ~ 4 个机器周期。

7.1.4　MCS-51 系列单片机指令系统

任何微机只有硬件是不能工作的，必须配备各种功能的软件才能完成其运算、测控等功能，而软件中最基本的就是指令系统。不同类型的 CPU 有不同的指令系统。

指令就是 CPU 根据人的意图来执行某种操作的命令。一台微机所能执行的全部指令的集合称为这个 CPU 的指令系统。

1. 指令格式

指令格式是指指令码的结构形式。通常由操作码、助记符字段和操作数字段两部分组成。指令格式如下：

$$操作码　　[目的操作数]，[源操作数]$$

例如：MOV A，#00H 指令中，MOV 是操作码，用以规定指令所实现的操作功能；A、#00H 是目的操作数和源操作数。操作数可以是一个数，也可以是一个数据所在的空间地址。

2. 寻址方式

寻址就是寻找指令中操作数或操作数所在的地址。8051 单片机的寻址方式共有 7 种。

（1）寄存器寻址　寄存器寻址就是由指令指出寄存器组 R_0 ~ R_7 中某一位或其他寄存器 A、B、DPTR 等的内容作为操作数，例如：MOV　A，R0　；R0→A

（2）直接寻址　在指令中直接给出操作数所在存储单元的地址，称为直接寻址方式。此时，指令中的操作数部分是操作数所在地址，例如：MOV　A，3AH　；（3AH）→A

（3）立即数寻址　指令操作码后面紧跟的是一字节或两字节操作数，用"#"表示，以区别直接地址。例如：MOV　A，#3A　；3AH→A

MOV　DPTR，#2000H；2000H→DPTR

（4）寄存器间接寻址　操作数的地址事先放在某个寄存器中，寄存器间接寻址是把指定寄存器的内容作为地址，由该地址所指定的单元内容作为操作数。例如：

$$MOV　A，@R0；（R0）→A$$

若 R0 中的内容为 65H，此命令将片内 RAM 65H 单元的内容送入 A 中。

（5）变址寻址（基址寄存器 + 变址寄存器间接寻址）　变址寻址是以某个寄存器的

内容为基地址，然后在这个基地址的基础上加上地址偏移量形成真正的操作数地址。例如：

$$MOVC \quad A, @A + DPTR \quad ; ((A) + (DPTR)) \rightarrow A$$

若 DPTR = 02F1H，A = 11H，则指令将程序存储器 02F1H + 11H = 0302H 中的内容送入 A 中。

（6）相对寻址　相对寻址只出现在相对转移指令中。相对转移指令执行时，是以当前的 PC 值加上指令中规定的偏移量 rel 而形成实际的转移地址。一般将相对转移指令操作码所在的地址成为源地址，转移后的地址称为目的地址。于是有：

$$目的地址 = 源地址 + 2 （相对转移指令字节数） + rel$$

例如：JC rel；设 rel = 75H，Cy = 1，PC = 1000H，则转移的目的地址为 1000H + 75H + 2H = 1077H。

（7）位寻址　采用位寻址方式的指令的操作数将是 8 位二进制数中的某一位。指令中给出的是位地址，即片内 RAM 某一单元中的一位。位地址在指令中用 bit 表示。例如：CLR bit。

3. 指令系统

8051 指令系统由 111 条指令组成，见表 7-10 ~ 表 7-14。

表 7-10　数据传送指令

助记符	数据传送	代码	说明	字节	振荡周期/μm
MOV	A. Rn	E8 ~ EF	寄存器送 A	1	12
MOV	A. direct	E5	直接字节送 A	2	12
MOV	A, @Ri	E6 ~ E7	间接 RAM 送 A	1	12
MOV	A, #data	74data	立即数送 A	2	12
MOV	Rn, A	F8 ~ FF	A 送寄存器	1	12
MOV	Rn, direct	A8 ~ AFdirect	直接字节送寄存器	2	24
MOV	Rn, #data	78 ~ 7Fdata	立即数送寄存器	2	12
MOV	Direct, A	F5direct	A 送直接字节	2	12
MOV	Direct, Rn	88 ~ 8Fdirect	寄存器送直接字节	2	24
MOV	Direct, Direct	85direct direct	直接字节送直接字节	3	24
MOV	Direct, @Ri	86 ~ 87	间接 RAM 送直接字节	2	24
MOV	Direct, #data	75direct data	立即数送直接字节	3	24
MOV	@Ri, A	F6 ~ F7	A 送间接 RAM	1	12
MOV	@Ri, direct	A6 ~ A7data	直接字节送间接 RAM	2	24
MOV	@Ri, #data	76 ~ 77data	立即数送间接 RAM	2	12
MOV	DPTR. #data 16	90 data 15 ~ 8 data7 ~ 0	16 位常数送数据指针	3	24
MOVC	A, @A + DPTR	93	由 A + DPTR 寻址的程序存储器字节送 A	1	24
MOVC	A, @A + PC	83	由 A + DPTR 寻址的程序存储器字节送 A	1	24
MOVX	A, @Ri	E2 ~ E3	外部数据（8 位地址）送 A	1	24
MOVX	A, @DPTR	E0	外部数据（16 位地址）送 A	1	25

（续）

助记符	数据传送	代　码	说　　明	字节	振荡周期/μm
MOVX	@ Ri, A	F2 ~ F3	A 送外部数据（8 位地址）	1	24
MOVX	@ DPTR, A	F0	A 送外部数据（16 位地址）	1	24
PUSH	direct	C0 direct	直接字节进栈，SP 加 1	2	12
POP	direct	D0 direct	直接字节退栈，SP 减 1	2	12
XCH	A, Rn	C8 ~ CF	交换 A 和存储器	1	12
XCH	A, direct	C5 direct	交换 A 和直接字节	2	12
XCH	A, @ Ri	C6 ~ C7	交换 A 和间接 RAM	2	12
XCHD	A, @ Ri	D6 ~ D7	换 A 和间接 RAM 的低 4 位	2	12
SWAP	A	C4	A 左环移四位	1	12

表 7-11　算术运算指令

助记符	数据传送	代　码	说　　明	字节	振荡周期/μm
ADD	A, Rn	28 ~ 2F	存储器加到 A	1	12
ADD	A, direct	25 direct	直接字节加到 A	2	12
ADD	A, R	26 ~ 27	间接 RAM 加到 A	1	12
ADD	A, #data	24data	立即数加到 A	2	12
ADDC	A, Rn	38 ~ 3F	存储器和进位位加到 A	1	12
ADDC	A, direct	35 direct	直接字节和进位位加到 A	2	12
ADDC	A, @ Ri	36 ~ 37	间接 RAM 和进位位加到 A	1	12
ADDC	A, data	34data	立即数和进位位加到 A	2	12
SUBB	A, Rn	98 ~ 9F	A 减去存储器和进位位	1	12
SUBB	A, direct	95 direct	A 减去直接字节和进位位	2	12
SUBB	A, @ Ri	96 ~ 97	A 减去间接 RAM 和进位位	1	12
SUBB	A, data	94data	A 减去立即数和进位位	2	12
INC	A	04	A 加 1	1	24
INC	Rn	08 ~ 0F	存储器加 1	1	12
INC	Direct	05 direct	直接字节加 1	2	12
INC	@ Ri	06 ~ 07	间接 RAM 加 1	1	12
DEC	A	14	A 减 1	1	12
DEC	Rn	18 ~ 1F	存储器减 1	1	12
DEC	Direct	15 direct	直接字节减 1	2	12
DEC	@ Ri	16 ~ 17	间接 RAM 减 1	1	12
INC	DPTR	A3	数据指针加 1	1	24
MUL	AB	A4	A 乘以 B	1	48
DIV	AB	84	A 除以 B	1	48
DA	A	D4	A 的十进制加法调整	1	12

表 7-12　位操作指令

助记符	数据传送	代　码	说　　明	字节	振荡周期/μm
CLR	C	C3	清零进位	1	12
CLR	bit	C2 bit	清零直接进位	2	12
SETB	C	D3	置位进行	2	12
DETB	bit	D2 bit	置位直接位	2	12
CPL	C	B3	进位取反	1	12
CPL	bit	B2 bit	直接位取反	2	12
ANL	C, bit	82 bit	直接数"与"到进位	2	24
ANL	C, /bit	B0 bit	直接位的反"与"到进位	2	24

（续）

助记符	数据传送	代 码	说 明	字节	振荡周期/μm
ORL	C, /bit	72 bit	直接数"或"到进位	2	24
ORL	C, /bit	A0 bit	直接位的反"或"到进位	2	12
MOV	C, bit	A2 bit	直接位送进位	2	24
MOV	rel	92 bit	送进位直接位	2	24
JC	rel	40 rel	进位为1转移	2	24
JNC	bit, rel	50 rel	进位为0转移	2	24
JB	bit, rel	20 bit rel	进位为1相对转移	3	24
JNB	bit, rel	30 bit rel	进位为0相对转移	3	24

表 7-13　逻辑运算指令

助记符	数据传送	代 码	说 明	字节	振荡周期/μm
ANL	A, Rn	58 ~ 5F	存储器"与"到A	1	12
ANL	A, direct	55 direct	直接字节"与"到A	2	12
ANL	A, @ Ri	56 ~ 57	间接RAM"与"到A	1	12
ANL	A, #data	54 data	立即数"与"到A	2	12
ANL	direct, A	52 direct	A"与"到直接字节	2	12
ANL	direct, #data	53 direct data	立即数"与"到直接字节	3	24
ORL	A, Rn	48 ~ 4F	存储器"或"到A	1	12
ORL	A, direct	45 direct	直接字节"或"到A	2	12
ORL	A, @ Ri	46 ~ 47	间接RAM"或"到A	1	12
ORL	A, #data	44 data	立即数"或"到A	2	12
ORL	Direct, A	42 direct	A"或"到直接字节	2	12
ORL	Direct, #data	43 direct data	立即数"或"到直接字节	3	12
XRL	A, Rn	68 ~ 6F	存储器"异或"到A	1	12
XRL	A, direct	65 direct	直接字节"异或"到A	2	12
XRL	A, @ Ri	66 ~ 67	间接RAM"异或"到A	1	12
XRL	A, #data	64 data	立即数"异或"到A	2	12
XRL	Direct, A	62 direct	A"异或"到直接字节	2	12
XRL	Direct, #data	63 direct data	立即数"异或"到直接字节	3	24
CLR	A	E4	清零A	1	12
CPL	A	F4	A取反	1	12
RL	A	23	A左环移	1	12
RLC	A	33	A通过进位左环移	1	12
RR	A	03	A右环移	1	12
RRC	A	13	A通过进位右环移		12

表 7-14　控制程序转移

助记符	数据传送	代 码	说 明	字节	振荡周期/μm
ACALL	addr 11	addr（$a_1 \sim a_0$）	绝对子程序调用	1	12
LCALL	addr 16	12addr(15 ~ 8) addr(7 ~ 0)	长子程序调用	2	12
RET		22	子程序调用反回	2	12
RET1		32	中断调用反回	2	12
AJMP	addr11	Δ1addr（$a_7 \sim a_0$）	绝对转移	1	12
LJMP	addr16	02addr(15-8) addr(7 ~ 0)	长转移	2	12
SJMP	rel	80rel	短转移	2	24
JMP	@ Q + DPTR	73	相对于DPTR间接转移	2	24

（续）

助记符	数据传送	代　　码	说　　　明	字节	振荡周期/μm
JZ	rel	60rel	A 为零转移	22	24
JNZ	rel	70rel	A 为零不转移	2	24
CJNE	A, direct, rel	B5 direct, rel	直接字节与 A 比较，不等则转	2	12
CJNE	A, #data, rel	B4 data, rel	立即数与 A 比较，不等则转	2	24
CJNE	Rn, #data, rel	B8 ~ BF data , rel	立即数与寄存器比较，不等则转	2	24
CJNE	@ Ri, #data, rel	B6 ~ B7 data, rel	立即数与间接 RAM 比较，不等则转	2	24
DJNZ	Rn, rel	D8 ~ DFrel	寄存器减 1，不为零则转	3	24
DJNZ	Direct, rel	D5direct rel	直接字节减 1，不为零则转	3	24
NOP		00	空操作	3	24

这些指令分为 5 大类：数据传送指令（28 条）、算术运算指令（24 条）、逻辑运算及移位指令（25 条）、控制转移指令（17 条）和位操作指令或布尔操作指令（17 条）。在此不对每一条指令进行详细介绍，只列出指令一览表。

addr11　　11 位地址

addr16　　16 位地址

bit　　　　位地址

rel　　　　相对位移量，为 8 位有符号数（补码形式）

direct　　直接寻址单元（RAM，SFR，I/O）

#data　　立即数

Rn　　　　工作寄存器 $R_0 \sim R_7$

A　　　　累加器

Ri　　　　i = 0 或 1，数据指针 R_0 或 R_1

X　　　　片内 RAM 中的直接地址或寄存器

@　　　　间接寻址方式中，表示间址寄存器的符号

（x）　　在直接寻址方式中，表示直接地址 X 中的内容，在间接寻址方式中，表示间址寄存器 X 指出的地址单元的内容。

7.2　单片机扩展与接口技术

单片机是一个小而全的微机，已经可以满足很多应用场合的需要。但在有些实际应用中，仍然感到它的功能还不能满足整个系统的需要，主要表现在有的价格低廉的单片机无片内 ROM，RAM 不够用，I/O 线不够，片内无 A-D、D-A 转换器等，因此必须对单片机系统进行扩展。

单片机系统扩展有两个途径：一是通过外部片选逻辑来扩展程序存储器和数据存储器，二是通过 Intel 公司为单片机设计的专用扩展芯片来扩展。单片机专用的扩展芯片见表 7-15。

表 7-15　单片机系统扩展的常用芯片

芯片型号	用　途	说　明
8243	16 线专用扩展器	4 通道 4 位 I/O 专用扩展器
8155/8156	RAM 和 I/O 扩展	256 ×8 位 RAM, 22 根 I/O 线, 一个 14 位定时/计数器
8755A	EPROM 和 I/O 扩展	2K ×8 位 EPROM, 16 根 I/O 口
8212	I/O 扩展	3 个可编程并行 I/O 接口
8255A	并行 I/O 扩展	串行通信接收/发送器
8251A	串行 I/O 扩展	通用外围接口器件
8041/8741	外围接口	3 线-8 线高速二进制译码器
8205	译码	优先级中断控制器
8214	中断扩展	正/反相双总线驱动器
8216/8226	总线驱动	点阵式打印机控制器
8295	打印机接口	可编程序 CRT 控制器
8275	CRT 接口	
8291, 8292	IEEE ~4 接口	

7.2.1　单片机系统扩展

单片机的芯片内集成了计算机的基本功能部件, 但片内 ROM、RAM 的容量, 并且输入/输出端口, 定时器及中断源等内部资源都还是有限的。根据实际需要, 必须进行一些功能扩展。

由 MCS-51 系列单片机的结构可知, 虽然芯片内部有 4 个 8 位输入/输出端口, 但对于众多的外部设备（如键盘、显示器、开关, D-A、A-D 转换器以及执行机构等）是不够用的, 这时就需要扩展 I/O 口线。

MCS-51 系列单片机扩展的内容主要有总线、程序存储器、数据存储器和输入/输出口扩展等。8031 的系统扩展及接口结构如图 7-15 所示。

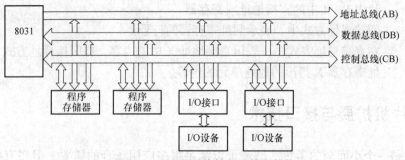

图 7-15　8031 的系统扩展及接口结构

1. 总线的扩展

通常情况下, CPU 外部都有单独的地址总线、数据总线和控制总线, 而 MCS-51 系列单片机的数据线和地址线是复用的, 而且由 I/O 口线兼用。为了将它们分离出来, 需要在单片机外部增加地址锁存器, 从而构成与一般 CPU 类似的片外三总线, 即 AB、CB、DB。

2. 程序存储器扩展

程序存储器的扩展，对于片内无 ROM 的单片机是必不可少的工作，程序存储器扩展的容量随应用系统的要求可随意设置。当片内容量不够用时，需要扩充外部程序存储器，而且片内、片外的空间统一进行编址。

（1）程序存储器扩展性能

1）程序存储器有单独的地址编号（0000H ~ FFFFH），虽然与数据存储器地址重叠，但不会被占用；使用单独的控制信号和指令，程序存储器的指令、数据读取控制不用数据存储器$\overline{RD}$控制和 MOVX 指令，而是由$\overline{PSEN}$控制，读取数据用 MOVC 查表指令。

2）随着大规模集成电路的发展，程序存储器的容量越来越大，所使用的芯片数量越来越少，因此它的地址选择多半采用线选法，而不用地址译码法。

3）程序存储器与数据存储器共用地址总线与数据总线。

（2）外部程序存储器的操作时序　MCS-51 系列单片机访问外部程序存储器时，所使用的控制信号有：

ALE：低 8 位地址锁存控制；

PSEN：外部程序存储器"读取"控制。

EA：片内、片外程序存储器访问控制。当 EA = 1 时，访问片内程序存储器；当 EA = 0 时，访问片外程序存储器。

外部程序存储器的操作时序如图 7-16 所示。

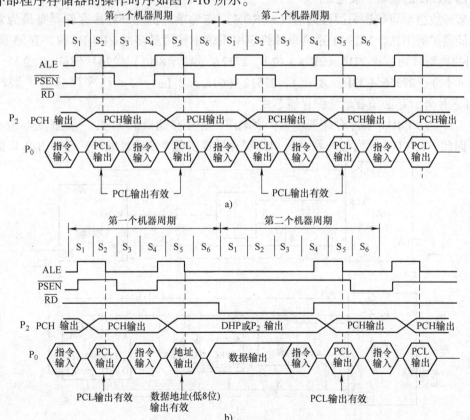

图 7-16　外部程序存储器的操作时序

由于在单片机中程序存储器与数据存储器是严格分开的，因此，程序存储器的操作时序分为两种情况：不执行 MOVX 指令的时序和执行 MOVX 指令的时序。

当应用系统中无片外 ROM 时，不执行 MOVX 指令，如图 7-10a 所示。P_0 口作为地址线，专门用于输出指向程序存储器的低 8 位地址 PCL。P_2 口专门用于输出程序存储器的高 8 位地址 PCH。P_2 口具有输出锁存功能，P_0 口除了输出地址数据外，还要输入指令，故要用 ALE 来锁存 P_0 口输出的地址数据 PCL，在每个机器周期中允许地址锁存器两次有效，在下降沿时锁存出现在 P_0 口上的低 8 位地址 PCL。同时 $\overline{PSEN}$ 也是每个机器周期中两次有效，用于选通外部程序存储器，使指令读入片内。

当应用系统中接有外部数据存储器，在执行 MOVX 指令时，其操作时序如图 7-10b 所示在指令输入以前，P_2 口、P_0 口输出的地址 PCH、PCL 指向程序存储器。在指令输入并判定是 MOVX 指令后，在该机器周期 S_5 状态中 ALE 锁存的 P_0 的地址数据则不是程序存储器的低 8 位，而是数据存储器的地址。若执行的是 "MOVX A，@DPTR/MOVX @DPTR，A" 指令，则此地址就是 DPL（数据指针的低 8 位），同时，在 P_2 口上出现的是 DPH（数据指针的高 8 位）；若执行的是 "MOVX A，@Ri/MOVX @Ri，A" 指令，则此地址就是 R_i 内容。而 P_2 口提供的是指向数据存储器高 8 位的 P_2 口内锁存器的内容，实际上就是下条指令的高 8 位地址。在同一机器周期中将不再出现有效取指信号。下一个机器周期中 ALE 的有效锁存信号也不复出现，而当 $\overline{RD}/\overline{WR}$ 有效时，P_0 将读/写数据存储器中的数据。

3. EPROM 的基本扩展电路

用紫外线擦除可编程只读存储器（EPROM）作为单片机外部程序存储器是最为常用的程序存储器扩展方法。MCS-51 系列单片机应用系统中使用最多的 EPROM 程序存储器是 Intel 公司的典型系列芯片 2716（2K×8 位）、2732A（4K×8 位）、2764（8K×8 位）、27128（16K×8 位）、27256（32K×8 位）、27512（64K×8 位）等。程序存储器扩展时，除 EPROM 芯片外，还必须有地址锁存器芯片。

图 7-17 为 EPROM 程序存储器基本扩展电路。程序存储器扩展时，一般扩展容量不大于 256B，因此，EPROM 片内地址除由 P_0 口经锁存器提供低 8 位地址线外，还需由 P_2 口提供若

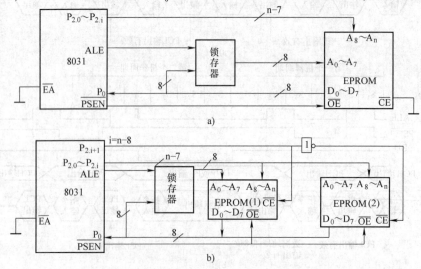

图 7-17　EPROM 程序存储器基本扩展电路

干地址线。EPROM 所需地址线数决定于 EPROM 容量，EPROM 为 2KB 时地址线为 11 根（$2K = 2^{11}$），4KB 时地址线为 12 根（$4K = 2^{12}$），依次类推。所需要的高 8 位地址线由 P_2 口提供。

如果系统中只扩展一片 EPROM 时，无需片选控制，EPROM 片选端$\overline{CE}$接地即可。如图 7-17a 所示，A_n 为最高地址位，扩展 2KB 时，An = A11。扩展两片 EPROM 时，使用 P_2 口的剩余口线直接接到一片 EPROM（1）的片选端$\overline{CE}$，经过反相器后再接到另一片 EPROM（2）的片选端$\overline{CE}$上，如图 7-17b 所示。

4. 数据存储器的扩展

在单片机应用系统中，作为数据存储器使用的有静态读/写存储器 RAM、动态读/写存储器 DRAM 和 IRAM 以及 EEPROM 等。

（1）数据存储器扩展性能

1）数据存储器与程序存储器地址重叠编号（0000H ~ FFFFH），使用不同的控制信号和指令。

2）由于数据存储器与程序存储器地址完全重叠，故两者的地址总线（无论是片内还是片选端线）和数据总线可完全并联使用。但数据存储器只使用$\overline{WR}$、$\overline{RD}$控制线而不用$\overline{PSEN}$。

（2）外部数据存储器的操作时序　外部数据存储器的操作时序包括从 RAM 中读和写两种操作时序。这时所用的控制信号有：$\overline{ALE}$（低 8 位地址锁存信号）、$\overline{RD}$（读信号）和$\overline{WR}$（写信号）。

图 7-18 是外部数据存储器的读/写操作时序。

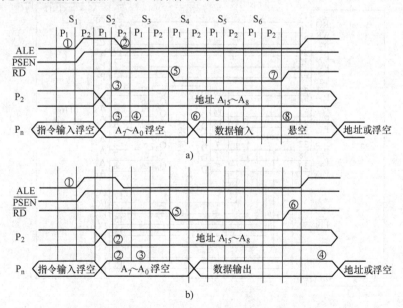

图 7-18　8051 访问外部数据存储器操作时序图

1）读片外 RAM 操作时序。8051 单片机若外扩一片 RAM，应将其$\overline{WR}$引脚与 RAM 芯片的$\overline{WE}$引脚连接，$\overline{RD}$引脚与 RAM 芯片的$\overline{OE}$引脚连接。ALE 信号锁存低 8 位地址，以便读片外 RAM 中的数据。读片外 RAM 的时序如图 7-18a 所示。

在第一个机器周期的 S_1 状态，ALE 信号由低变高①，读入 RAM 周期开始。在 S_2 状态，

CPU 把低 8 位地址送到 P_0 口总线上，把高 8 位地址送到 P_2 口（在执行 "MOVX A，@ DPTR" 指令阶段才送高 8 位；若是 "MOVX A，@ Ri"，则不送高 8 位）。

ALE 的下降沿②用来把低 8 位地址信息锁存到外部锁存器 74LS373 内③。而高 8 位地址信息一直锁存在 P_2 口锁存器中。

在 S_3 状态，P_0 口总线变成高阻悬浮状态④。在 S_4 状态，$\overline{RD}$ 信号变为有效⑤（是在执行 "MOVX A。@ DPTR" 后使信号有效），$\overline{RD}$ 信号使得被寻址的片外 RAM 略过片刻后把数据送上 P_2 口总线⑥，当 $\overline{RD}$ 回到高电平后⑦，P_0 口总线变为悬浮状态。至此，读片外 RAM 周期结束。

2）写片外 RAM 操作时序。向片外 RAM 写（存）数据，是 8051 执行 "MOVX @ DV-FR，A" 指令后产生的动作。这条指令执行后，在 8051 的 $\overline{WR}$ 引脚上产生 $\overline{WR}$ 信号有效电平，此信号使 RAM 的 $\overline{WE}$ 端被选通。写片外 RAM 的时序如图 7-18b 所示。开始的过程与读过程类似，但写的过程是 CPU 主动把数据送 P_0 口总线③。此间，P_0 口总线上不会出现高阻悬浮现象。在 S_4 状态，写控制信号 $\overline{WR}$ 有效，选通片外 RAM，稍过片刻，P_0 口总线上的数据就写到 RAM 内了。

（3）静态数据存储器扩展　最常用的静态数据存储器 RAM 芯片有 6116（2K×8 位）和 6224（8K×8 位）两种。静态数据存储器扩展电路与程序存储器扩展电路相似，所用的地址线、数字线完全相同，读、写控制线用 $\overline{WR}$、$\overline{RD}$。图 7-19 为扩展 2KB 静态 RAM 的电路。

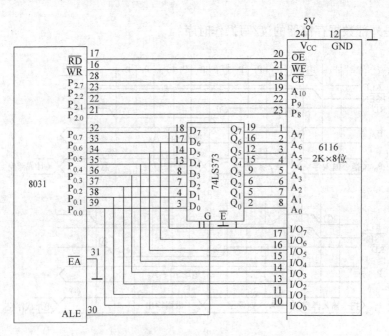

图 7-19　扩展 2KB 静态 RAM 的电路

（4）数据存储器 EEPROM 的扩展　电擦除可编程只读存储器（EEPROM）在单片机应用系统中既可作为程序存储器，又可作为数据存储器。将 EEPROM 作为数据存储器时，既可直接将它作为片外数据存储器扩展，也可以作为一般外围设备电路扩展。

1）并行 EEPROM 的扩展电路。图 7-20 为并行 EEPROM 的数据存储器扩展示意图。图中，并行 EEPROM 2816A 可按照典型的数据存储器扩展电路连接方式，如 2816A（1）芯片；也可作为外设电路，通过扩展输入/输出口 8255 连接，如 2816A（2）芯片。

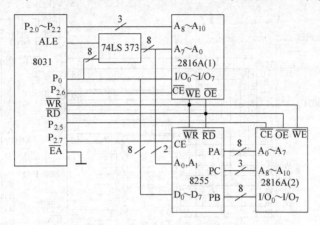

图 7-20 并行 EEPROM 的数据存储器扩展示意图

2）串行 EEPROM 的扩展电路。图 7-21 为 8031 扩展 59308 的电路。59308 是 NCR 公司生产的串行 EEPROM。

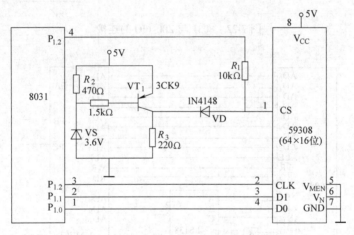

图 7-21 扩展串行 EEPROM59308 电路

5. I/O 的扩展

MCS-51 系列单片机虽有 4 个 8 位并行 I/O 口，但这些 I/O 口并不能完全提供给用户使用。因此，在大部分的 MCS-51 系列单片机应用系统设计中都不可避免地要进行 I/O 口的扩展。图 7-22 为用 1273 作为地址锁存器扩展并行 I/O 的电路，这里并行 I/O 芯片采用 Z80-PIO。由于是上升沿触发，因此 ALE 信号反相后送给地址锁存器的 CLK 端。

图 7-23 为 8098 单片机与并行接口芯片 8155 的连接示意图。通过单片机写 I/O 控制寄存器可以设置 8155 的 3 个 PIO 口 PA、PB、PC 的工作方式（输入/输出、基本/选通、中断/不中断）。

由上述例子可以看出，MCS-51 系列和 MCS-96 系列单片机的 I/O 与 RAM 以及扩展 I/O 和 RAM 都是统一编址，低位地址线直接按位接到芯片的地址线引脚，而较高位地址直接或通过译码后接到如"片选"等控制端。

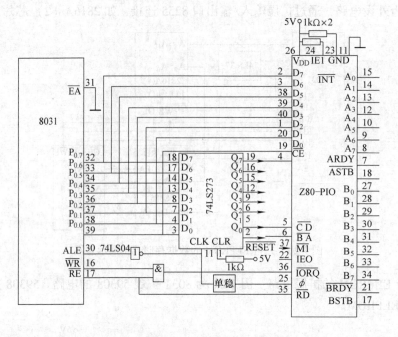

图 7-22 8031 与 Z80-PIO 的连接

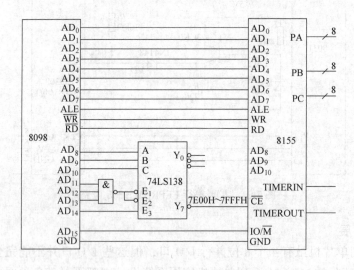

图 7-23 8098 与 8155 的连接

6. A-D，D-A 扩展及应用

由于 8031 单片机不带 A-D、D-A 转换器，因此扩展 A-D、D-A 电路是 8031 单片机应用中经常遇到的问题。利用 ADC 0804 与 8031 相连可组成一个简单的数据采集子系统，如图 7-24 所示。图中，ADC 芯片数据输出线与 8031 数据线直接相连，$\overline{RD}$、$\overline{WR}$ 和 $\overline{INT}$ 一一对接，用 $P_{1.0}$ 线产生片选信号，无需外加地址译码器。当 8031 向 ADC 0804 发出 $\overline{WR}$（启动转换）、$\overline{RD}$（读入结果）信号时，只要虚拟一个系统不占用的数据存储器地址即可。

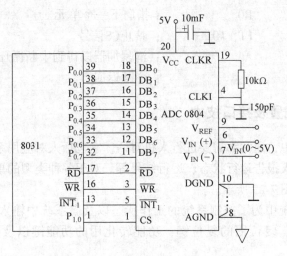

图 7-24　ADC 0804 与 8031 接口电路

驱动 ADC 0804（或 ADC 0801）操作的程序如下：

```
              ORG      0000H
              SJMP     START
              ORG      0013H
              JMP      INDATA       ; INT₁中断入口
              ORG      0040H        ; 主程序入口
START：       ANL      P1, #0FFH    ; 芯片选择
              MOVX     A, @ R1      ; 读入一个数据复位 ADC
                                      中断触发器
              ORL      P1, #01H     ; 置位 P₁.₀
              MOV      R0, #20H     ; 数据地址
              MOV      R1, #20FFH   ; 虚拟地址
              MOV      R2, #10H     ; 对 16 个字节计数
AGAIN：       MOV      A, #0FFH     ; 为中断循环置位 A
              ANL      P1, # 0FFH   ; 发送片选信号CS
              MOVX     @ R1, A      ; WR有效, 启动 A-D
              SETB     EA           ; 中断开放
              SETB     EX1          ; 允许INT₁中断
LOOP：        JNZ      LOOP         ; 中断等待
              DJNZ     R2, AGAIN    ; 若 16 个字节读完则转向用户程序
              NOP
              NOP                   ; 转向用户程序
              ⋮
INDATA：      MOVX     A, @ R1      ; 若CS为低, 则输入数据
              MOV      @ R0, A      ; 存储在 RAM 中
```

INC	R0	；指向下一个单元
ORL	P1，#01H	；禁止$\overline{CS}$信号
CLR	A	；清累加器以得到中断循环输出
RET1		；中断返回

7.2.2 人机通道配置及接口技术

单片机应用系统中，通常都需要进行人机对话。它包括人对应用系统的状态干预、数据输入以及应用系统向人报告运行状态、运行结果等。对于各种类型的单片机应用系统，其人机通道配置的集合如图 7-25 所示。

在单片机应用系统中为了控制系统的工作状态以及向系统中输入数据，应用系统应设有按键或键盘，例如，复位用的复位键，功能转化用的功能键以及数据输入用的数字键盘等。

（1）按键原理　按键是一种常开型按钮，如图 7-26 所示。常态时，按键的触点处于断开状态，按下键时它们才闭合。键盘分编码键盘和非编码键盘。键盘上闭合键的识别由专用的硬件译码器实现，并产生键编号或键值的这种键盘称为编码键盘，如 BCD 码键盘、ASCII码键盘等；靠软件识别的称为非编码键盘。在单片机组成的测控系统及智能化仪器中，用得最多的是非编码键盘。这里着重讨论非编码键盘的原理、接口技术和程序设计。

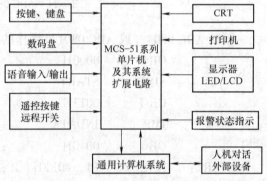

图 7-25　人机通道配置的集合

由于机械触点的弹性作用，一个按键在闭合时不会马上稳定地接通，断开时也不会一下子断开，因而在闭合及断开的瞬间均伴随有一连串的抖动，如图 7-27 所示。抖动时间长短由按键的机械特性决定，一般为 5 ~ 10ms。键抖动会引起一次按键被误读多次。为了确保CPU 对按键的一次闭合仅作一次处理，必须去除键抖动。在键闭合稳定时读取键的状态，并且必须判别到键释放稳定后再作处理。按键的抖动，可用硬件或软件两种方法消除。通常，在键数较少时可用硬件方法消除键抖动。如果按键较多，常用软件方法去抖动，即检测出键闭合后执行一个延时程序，产生 5 ~ 10ms 的延时，让前沿抖动消失后再一次检测键的状态，如果仍保持闭合状态电平。则确认为真正有键按下。当检测到按键释放后，也要给5 ~ 10ms 的延时,待后沿抖动消失后才能转入该键的处理程序。

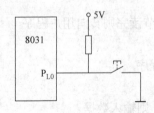

图 7-26　按键电路

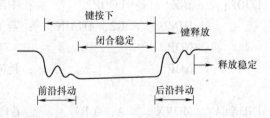

图 7-27　按键时的抖动

（2）键盘结构　键盘是一组按键的集合。可以分为独立连接式和行列式（矩阵式）两类，每一类按其译码方法不同都可分为编码及非编码两种类型。

1）独立式非编码键盘接口及处理程序。独立式按键是指直接用 I/O 口线构成的单个按键电路。每个独立式按键单独占有一根 I/O 口线，每根 I/O 口线上的按键工作状态不会影响其他 I/O 口线的工作状态。图 7-28 是最简单的键盘结构，该电路为查询方式电路。

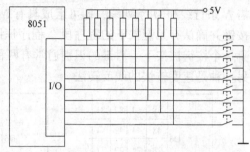

当任何一个键按下时，与之相连的输入数据线即被置 0（低电平），而平时该线为 1（高电平）。要判别是否有键按下，用单片机的位处理指令十分方便。

图 7-28　独立式非编码按键电路

图 7-28 所示查询方式键盘的处理程序中设有使用转移指令，并且省略了软件去抖动措施，只包括键查询、键功能程序转移。$P_{0F} \sim P_{7F}$ 为功能程序入口地址标号，其地址间隔应能容纳 JMP 指令字节；$PROM_0 \sim PROM_7$ 分别为每个按键的功能程序。

程序清单（设 I/O 为 P_1 口）：

```
START:      MOV     A, #0FFH        ; 输入时先置 P1 口为全 1
            MOV     P1, A
            MOV     A, P1           ; 键状态输入
            JNB     ACC.0, P0F      ; 0 号键按下转 P0F 标号地址
            JNB     ACC.1, P1F      ; 1 号键按下转 P1F 标号地址
            JNB     ACC.2, P2F      ; 2 号键按下转 P2F 标号地址
            JNB     ACC.3, P3F      ; 3 号键按下转 P3F 标号地址
            JNB     ACC.4, P4F      ; 4 号键按下转 P4F 标号地址
            JNB     ACC.5, P5F      ; 5 号键按下转 P5F 标号地址
            JNB     ACC.6, P6       ; 6 号键按下转 P6F 标号地址
            JNB     ACC.7, P7F      ; 7 号键按下转 P7F 标号地址
            JMP     START           ; 无键按下返回
P0F:        LIMP    PROM0
P1F:        LJMP    PROM1           ; 入口地址表
  ⋮
P7F:        LJMP    PROM7
PROM0:      ⋯                       ; 0 号键功能程序
            JMP     START           ; 0 号键执行完返回
PROM1:      ⋯
            JMP     START
  ⋮
PROM7:      ⋯
            JMP     START
```

由程序可以看出，各按键由软件设置了优先级，优先级顺序依次为 0～7。

2）行列式键盘接口及工作原理。为了减少键盘与单片机接口时所占用 I/O 线的数目，在键数较多时，通常都将键盘排列成行列矩阵形式，如图 7-29 所示。每一水平线（行线）与垂直线（列线）的交叉处不相通，而是通过一个按键来连通。利用这种行列矩阵结构只需 N 条行线和 M 条列线，即可组成具有 $N \times M$ 个按键的键盘。键盘处理程序首先执行等待按键并确认有无键按下的程序段，程序框图如图 7-30 所示。当确认有按键按下后，再识别哪一个按键被按下。对键的识别通常有两种方法：一种是常用的逐行（或列）扫描查询法，另一种是速度较快的线反转法。

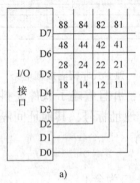
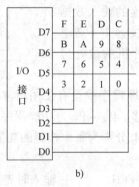
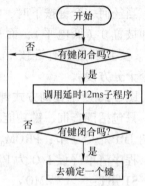

图 7-29　行列式编码的键值与键号
a）二进制键值　b）顺序排列的键号

图 7-30　判别有无键按下

以图 7-29 所示的 4×4 键盘为例，介绍行（或列）扫描法的工作原理。

首先判别键盘中有无键按下，由单片机 I/O 口向键盘列线送入（输出）全扫描字，然后从行线读入（输入）行线状态来判断。方法是：向列线（图中垂直线）输出全扫描字 00H，把列线的所有 I/O 口线均置为低电平，然后将行线的电平状态读入累加器 A 中。如果有按键按下，总会有一根行线电平被拉至低电平，从而使行输入不全为 1。

判断键盘中哪一个键被按下是通过将列线逐列置低电平后，检查行输入状态实现的。方法是：依次给列线送低电平，然后查所有行线状态，如果全为 1，则所按下的不在此列，如果不全为 1，则所按下的键必在此列，而且是在与零电平行线相交的交点上的那个键。

键盘上的每个键都有一个键值。键值赋值的最直接办法是将行、列线按二进制顺序排列，当某一键按下时，键盘扫描程序执行到给该列置零电平，若读出各行状态为非全 1，这时的行、列数据组合成键值。图 7-29 所示为用 4 行、4 列线构成的 16 个键的键盘，在使用一个 8 位 I/O 口线的高低 4 位对 16 位键进行编码时，16 个键的编码及各键相应键值如图 7-29a 所示。这种键值编码软件较为直观，但其间隔差异较大，散转入口地址安排不方便。因此，常采用依次序排列的键号方式，如图 7-29b 所示。

（3）单片机对非编码键盘扫描的控制方式　单片机对非编码键盘扫描的控制有以下 3 种方式供选择。用户可根据应用系统中 CPU 的"忙"、"闲"情况以及所需按键数目的多少来选择工作方式。

1）程序控制扫描方式，即查询方式。

2）定时扫描方式，利用单片机内部定时器产生中断（例如 10ms），CPU 响应中断后对键盘扫描一次。定时扫描方式的硬件电路与程序扫描方式相同。

3）中断扫描方式，引起外部中断（INT0 或 INT1）后，CPU 响应中断，对键盘进行扫描。

（4）显示及显示器接口　单片机应用系统中使用的显示器主要有 LED（发光二极管）显示块和 LCD（液晶显示器）两种类型。

LED 显示块是由发光二极管显示字段的显示器件。在单片机应用系统中通常使用的是 7 段 LED。这种显示块有共阴极与共阳极两种。共阴极 LED 显示块的发光二极管阴极共地。当某个发光二极管的阳极为高电平时，发光二极管点亮；共阳极 LED 显示块的发光二极管阳极并接。通常的 7 段 LED 显示块中有 8 个发光二极管，也有人叫做 8 段显示器。其中 7 个发光二极管构成 7 笔字形"8"，1 个发光二极管构成小数点。

7 段 LED 显示块非常容易与单片机接口。只要将一个 8 位并行输出口与显示块的发光二极管引脚相连即可。8 位并行输出口输出不同的字节数据即可获得不同的数字或字符，见表 7-16。通常将控制发光二极管的 8 位字节数据称为段选码。共阳极与共阴极的段选码互为补数。

在单片机应用系统中使用 LED 显示块构成 N 位 LED 显示器。图 7-31 是 N 位 LED 显示器的构成原理图。N 位 LED 显示器有 N 根位选线和 $S \times N$ 根段选线。根据显示方式不同，位选线与段选线的连接方法不同。段选线控制字符选择，位选线控制显示位的亮、暗。

表 7-16　共阴极 7 段 LED 显示字型编码表

显 示 字 符	共阴极段选码	显 示 字 符	共阴极段选码
0	3FH	B	7CH
1	06H	C	39H
2	5BH	D	5EH
3	4FH	E	79H
4	66H	F	71H
5	6DH	P	73H
6	7DH	U	3EH
7	07H	R	31H
8	7FH	Y	6EH
9	6FH	8	FFH
A	77H	"灭"（黑）	00H

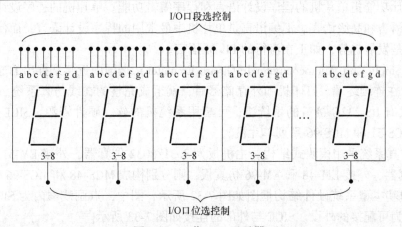

图 7-31　N 位 LED 显示器

LED 显示器有静态显示与动态显示两种方式。LED 显示器工作在静态显示方式下，共阴极或共阳极连接在一起接地或 5V；每位的段选线（a～dp）与一个 8 位并行口相连。电路每一位可独立显示，只要在该位的段选线上保持段选码电子，该位就能保持相应显示字符。

由于每一位由一个 8 位输出口控制段选码，故在同一时间里每一位显示的字符可以各不相同。N 位静态显示器要求有 $N \times 8$ 根 I/O 口线，占用 I/O 资源较多。故在位数较多时往往采用动态显示方式。

动态显示方式就是将所有位的段选线并联在一起，由一个 8 位 I/O 口控制，而共阴极点或共阳极点分别由相应的 I/O 口线控制。8 位 LED 动态显示电路只需要两个 8 位 I/O 口。其中一个控制段选码，另一个控制位选。由于所有位的段选码皆由一个 I/O 控制，因此，在每个瞬间，8 位 LED 只可能显示相同的字符。要想每位显示不同的字符，必须采用扫描显示方式，即在每一瞬间只使某一位显示相应字符。在此瞬间，段选控制 I/O 口输出相应字符段选码，位选控制 I/O 口在该显示位送入选通电平（共阴极送低电平、共阳极送高电平）以保证该位显示相应字符。如此轮流，使每位显示该位应显示字符，并保持延时一段时间，以造成视觉暂留效果。

7.2.3　单片机开发系统简介

单片机虽然硬件资源丰富、指令功能强，但它本身无开发能力，应用时必须借助于单片机开发系统对它进行开发。单片机开发系统有通用和专用两种。通用的单片机开发系统配备多种在线仿真器和开发软件，使用时，只要更换系统中的仿真器板，就能开发相应的单片机或微处理器。而只能开发一种类型的单片机或微处理器的开发系统称为专用开发系统。

一般单片机开发系统的功能应该具有在线仿真功能、调试功能和软件设计功能等方面。在线仿真功能指开发系统中的在线仿真器应能仿真目标系统（即应用系统）中的单片机，并能模拟目标系统的 ROM、RAM 和 I/O 口，使在线仿真时目标系统的运行环境和脱机运行的环境完全"逼真"，以实现目标系统的一次性开发。

调试功能指开发系统应能使用户有效地控制目标程序的运行（如单步运行、断点运行、连续运行、起/停控制等），能对目标系统的状态读出修改，能对目标程序运行进行跟踪以及程序固化功能。

软件设计功能指单片机的程序设计语言和程序编辑功能。单片机的程序设计语言有机器语言、汇编语言和高级语言。汇编语言是单片机中最常用的程序设计语言，而使用结构化高级语言编程是发展趋势，如正在流行的 PL/M 语言。

SICE（Single Chip Microcomputer In Circuit Emulator）是国内近年来推出的通用单片机仿真器。SICE 在连续终端、打印机和外存储器后，就组成完整的在线仿真系统。它也可连接 IBM-PC 等具有 RS-232C 接口的系统机，可享用系统机的软、硬件资源。SICE 能在线开发 MCS-48、MCS-51 和 MCS-96 系列单片机。

SICE 仿真系统采用模块式结构。主机板为 8031/8032 仿真器，外接 EM-51 仿真板可构成 8751 仿真器，外接 EM-48 和 EM-96 仿真板，则分别构成 MCS-48 和 MCS-96 仿真器。

SICE 的基本型系统硬件结构框图如图 7-32 所示，图中，点画线框内为 SICE 主机模板部分，框外为可配接的外设。SICE 与外部的连接如图 7-33 所示。

SICE 中的 8031 既是控制机又是 MCS-51 目标系统的处理机，其资源共享问题是由总线控制器解决的。SICE 也是一个 8031 的扩展系统，具有 32KB 的监控程序存储器。SICE 扩展了 48KB 的 RAM 存储器，其中系统 RAM 区为 2KB，用户源程序存储器为 30KB，仿真存储器为 16KB（MCS-51 目标系统程序存储器）。

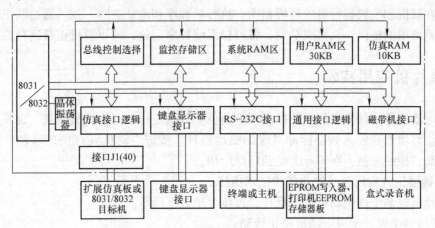

图 7-32　SICE 的基本型系统硬件结构框图

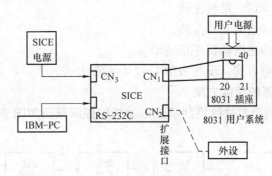

图 7-33　仿真系统的连接

SICE 的 40 芯仿真器接口 J1 用于连接 8031/8032 目标系统样机或 EM-48、EM-96、EM-51 等扩展仿真板。

SICE 可以外接键盘显示板，构成简易的在线仿真器（主要用于目标系统现场调试），也可以通过 RS-232C 接口连接终端或主机。SICE 的通用接口可连 EPROM 写入器、打印机或 EEPROM 存储器板。

联终端或联主机的 SICE 仿真系统为用户提供较强的软件功能：

1）编辑功能。如插入、显示、修改等。

2）汇编和编译功能。内部有固化的 MCS-48、MCS-51、MCS-96 汇编程序和 MBASIC-51 编译程序。允许用户用汇编语言和高级语言编写程序。通过汇编程序，可将 SICE 内的源程序编译成目标程序，并装配到仿真存储器中。SICE 还有浮点四则运算、三角函数等子程序可供调用。

3）仿真功能。SICE 在线仿真调试 8031 目标系统时，采用切换 CPU 的方法，实现 SICE 和目标系统对 8031 的资源共享。SICE 中的 8031 有两个状态：监控状态和目标状态。在总线控制器的控制下，使 CPU 在这两个状态之间切换。在目标状态 SICE 能将 8031 完整地出借给目标系统，用户可以把它视为目标系统中的 CPU。在联机调试目标系统的过程中，SICE 可以将零地址开始的 16KB 仿真 RAM 作为目标系统的程序存储器。

SICE 能控制目标机以单拍、跟踪、断点、实时断点和连续方式运行目标程序。SICE 使目标系统在联机和脱机运行时的环境相同，执行的程序和地址空间一致，通过联机仿真可以排除目标系统中的错误。调试成功后，将目标系统程序固化，即可脱机正常运行。

7.3 单片机应用实例

步进电动机是一种将电脉冲转换成相应角位移或线位移的电磁机械装置，也是一种能把输出机械位移增量和输入数字脉冲对应的驱动器件。步进电动机具有快速起动、停止的能力，精度高、控制方便，在工业上得到广泛应用。

1. 明确要设计应用系统的功能和技术指标

用单片机控制步进电动机正、反转，具体要求如下所示：

1）开始通电时，步进电动机停止转动。

2）单片机分别接有按钮 SB_1、SB_2 和 SB_3，用来控制步进电动机的转向，要求如下：

① 当按下 SB_1 时，步进电动机正转。

② 当按下 SB_2 时，步进电动机反转。

③ 当按下 SB_3 时，步进电动机停止转动。

④ 正转采用 1 相励磁方式，反转采用 1~2 相励磁方式。

2. 确定单片机应用系统总体方案

根据系统的要求，画出单片机控制步进电动机的控制框图如图 7-34 所示。系统包括单片机、按键和步进电动机。

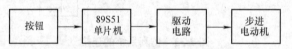

图 7-34　单片机控制步进电动机框图

3. 硬件设计

根据系统框图，可以设计出单片机控制步进电动机的硬件电路图，如图 7-35 所示，各部分的选择如下所示。

（1）单片机的选择　单片机的品种较多，选择时应根据控制系统的程序和数据量的大小来确定。由于本系统控制简单，程序和数据量都不大，因此选用 AT89S51 单片机，片内带 4KB Flash ISP 程序存储器和 128B 数据存储器。89S51 的晶体振荡器频率采用 6MHz。

（2）按键功能　按键采用 3 个功

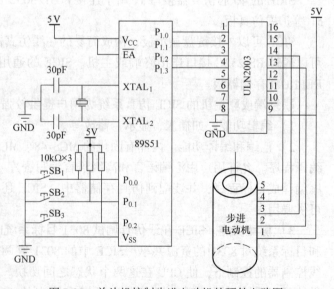

图 7-35　单片机控制步进电动机的硬件电路图

能键：SB_1、SB_2 和 SB_3。按键分别接在单片机的 P0.0~P0.2 引脚上，用来控制步进电动机的转向，作为控制信号的输入端键。按 SB_1 时，步进电动机正转；按 SB_2 时，步进电动机反转；按 SB_3 时，步进电动机停止转动。

（3）驱动电路　单片机的输出电流太小，不能直接与步进电动机相连，需要增加驱动电路。对于电流小于 0.5A 的步进电动机，可以采用 ULN2003 类的驱动 IC。

ULN2003 技术参数如下所示：

1）最大输出电压：50V。

2）最大连续输出电流：0.5A。

3）最大连续输入电流：25mA。

4）功耗：1W。

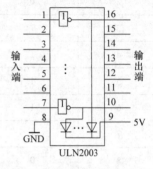

图 7-36 所示为 LN2001/ULN2002/ULN2003/ULN2004 系列驱动器引脚图。在图 7-36 左边，1~7 引脚为输入端，接单片机 P_1 口的输出端，引脚 8 接地；在右侧，10~16 引脚为输出端，接步进电动机，引脚 9 接电源 5V。该驱动器可提供最高 0.5A 的电流，正转采用 1 相励磁方式，反转采用 1~2 相励磁方式。

图 7-36　ULN2003 驱动器引脚图

4. 软件设计

（1）程序流程图及步进电动机时序程序设计流程图　如图 7-37 所示，主要包括键盘扫描模块、步进电动机正转模块、步进电动机反转模块和步进电动机定时模块。

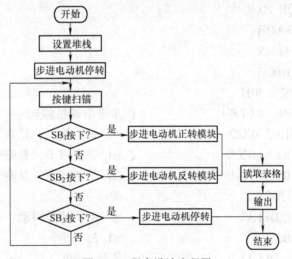

图 7-37　程序设计流程图

步进电动机正转采用 1 相励磁方式，正转工作时序见表 7-17。

表 7-17　1 相励磁方式正转时序

步 进 数	$P_{1.3}$	$P_{1.2}$	$P_{1.1}$	$P_{1.0}$	代　　码
1	1	1	0	0	0FCH
2	1	0	0	1	0F9H
3	0	0	1	1	0F3H
4	0	1	1	0	0F6H

步进电动机反转采用 1～2 相励磁方式，工作时序见表 7-18。

表 7-18　1～2 相励磁方式反转时序

步 进 数	$P_{1.3}$	$P_{1.2}$	$P_{1.1}$	$P_{1.0}$	代　　码
1	0	1	1	1	0F7H
2	0	0	1	1	0F3H
3	1	0	1	1	0FBH
4	1	0	0	1	0F9H
5	1	1	0	1	0FDH
6	1	1	0	0	0FCH
7	1	1	10	0	0FEH
8	0	1	1	0	0F6H

（2）程序设计

```
            K1 EQU P0.0
            K2 EQU P0.1
            K3 EQU P0.2
            ORG 0000H
            LJMP MAIN
            ORG 0100H
MAIN：      MOV SP, 50H
STOP：      MOV P1, #0FFH        ;步进电动机停转
LOOP：      JMB SB1, MZZ2        ;SB₁是否按下，是则转正转模块
            JNB SB2, MFZ2        ;SB₂是否按下，是则转反转模块
            JNB SB3, STOP1       ;SB₃是否按下，是则转步进电动机停转
            JMP LOOP             ;循环
STOP1：     ACALL DELAY          ;按SB₃，消除抖动
            JNB SB3, $           ;SB₃放开否?
            ACALL DELAY          ;放开，消除抖动
            JMP STOP             ;步进电动机停转
MZZ2：      ACALL DELAY          ;按SB₁，消除抖动
            JNB SB1, $           ;SB₁放开否?
            ACALL DELAY          ;放开，消除抖动
            JMP MZZ              ;转步进电动机正转模块
MFZ2：      ACALL DELAY          ;按SB₂，消除抖动
            JNB SB2, $           ;SB₂放开否?
            ACALL DELAY          ;放开，消除抖动
```

```
               JMP MFZ                   ;转步进电动机反转模块
               ;步进电动机正转模块程序
MZZ：          MOV R0, #00H              ;置表初值
MZZ1：         MOV A, R0
               MOV DPTR, #TABLE          ;表指针
               MOVC A, @ A + DPTR        ;取表代码
               JZ MZ2                    ;是否取到结束码?
               MOV P1, A                 ;从 P1 输出, 正转
               JNB SB3, STOP1            ;SB3 是否按下, 是则转步进电动机停转
               JNB SB2, MFZ2             ;SB2 是否按下, 是则转反转模块
               ACALL DELAY               ;步进电动机转速
               INC R0                    ;取下一个码
               JMP MZZ1
               RET
               ;步进电动机反转模块程序
MFZ：          MOV RO, #05               ;反转到 TABLE 表初值
MFZ1：         MOV A, R0
               MOV DPTR, #TABLE          ;表指针
               MOV A, @ A + DPTR         ;取表代码
               JZ MFZ                    ;是否取到结束码?
               MOV P1, A                 ;从 P1 输出, 反转
               JNB SB3, STOP1            ;SB3 是否按下, 是则转步进电动机停转
               JNB SB1, MZZ2             ;SB1 是否按下, 是则转正转模块
               ACALL DELAY               ;步进电动机转速
               INC R0                    ;取下一个码
               JMP MFZ1
               RET
DELAY：        MOV R5, #40               ;延时 20ms
DEL1：         MOV R6, #248
               DJNZ R6, $
               DJNZ R5, DEL1
               RET
               ;控制代码表
TABLE：        DB 0FCH, 0F9H, 0F3H, 0F6H ;正转
               DB 00H                    ;正转结束码
               DB 0F7H, 0F3H, 0FBH, 09H  ;反转
               DB 0FDH, 0FCH, 0FEH, 0F6H
               DB 00H                    ;反转结束码
               END                       ;程序结束
```

习题与思考题

7.1 MCS-51 系列单片机内部有哪些主要的逻辑部件?

7.2 MCS-51 设有 4 个 8 位并行端口,实际应用中 8 位数据信息由哪一个端口传送? 16 位地址线怎样形成? P_3 口有何功能?

7.3 试分析 MCS-51 端口的两种读操作(读端口引脚和读锁存器),读—修改—写操作是由哪一种操作进行的? 结构上的这种安排有何功用?

7.4 MCS-51 内部 RAM 区功能结构如何分配? 4 组工作寄存器使用时如何选用?

7.5 简述程序状态字 PSW 中各位的含义。

7.6 设内部 RAM 中 59H 单元的内容为 50H,写出当执行下列程序段后寄存器 A、R0 和内部 RAM 中 50H、51H 单元的内容为何值?

        MOV A, 59H
        MOVR0, A
        MOV A, #00H
        MOV @ R0, A
        MOV A, #25H
        MOV 51H, A
        MOV 52H, #70H

7.7 访问外部数据存储器和程序存储器可以用哪些指令来实现? 举例说明。

7.8 8051 单片机如何访问外部 ROM 及外部 RAM?

7.9 简述行列式键盘的工作原理。

7.10 SICE 通用仿真器的结构特点是什么? 具有哪些开发功能?

7.11 试论述 SICE 通用仿真器调试 MCS-51 应用系统的具体步骤。

第8章 机电一体化系统设计范例

8.1 机电一体化系统（产品）设计基本方法

机电一体化产品覆盖面很广，在系统构成上有着不同的层次，但在系统设计方面有着相同的规律。机电一体化系统设计是根据系统论的观点，运用现代设计的方法构造产品结构、赋予产品性能并进行产品设计的过程。

不论哪一类设计，必须有一个科学的设计程序，才能保证和提高产品设计质量。机电一体化产品设计的典型流程图如图8-1所示。

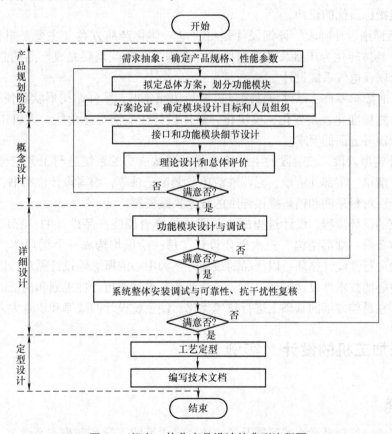

图8-1 机电一体化产品设计的典型流程图

从图8-1可以看出，产品开发设计可划分为四个阶段：

（1）产品规划阶段 产品规划要求进行需求分析、市场预测、可行性分析，确定设计参数及制约条件，最后给出详细的设计任务书，作为产品设计、评价和决策的依据。在这个阶段中，首先对设计对象进行机理分析和理论抽象，确定产品的规格、性能参数；然后根据设计对象的要求，进行技术分析，拟定系统总体设计方案，划分组成系统的各功能要素和功能模块，最后对各种方案进行可行性研究对比，确定最佳总体方案。

（2）概念设计阶段　需求是以产品功能来体现的，功能与产品设计的关系是因果关系。体现同一功能的产品可以有多种多样的工作原理。因此，这一阶段的最终目标就是在功能分析的基础上，通过构想设计理念、创新构思、搜索探求、优化筛选取得较理想的工作原理方案。对于机电一体化产品来说，在功能分析和工作原理确定的基础上进行工艺动作构思和工艺动作分解，初步拟定各执行构件动作相互协调配合的运动循环图，进行机械运动方案的设计（即机构系统的型综合和数综合）等，这就是产品概念设计过程的主要内容。

在这个阶段中，首先根据设计目标、功能要素和功能模块，画出机器工作时序图和机器传动原理简图；对于有过程控制要求的系统应建立各要素的数学模型，确定控制算法；计算各功能模块之间接口的输入/输出参数，确定接口设计的任务归属。然后以功能模块为单元，根据接口参数的要求对信号检测及转换、机械传动及工作机构、控制微机、功率驱动及执行元件等进行功能模块的选型、组配、设计；最后对所进行的设计进行整体技术经济评价，挑选出综合性能指标最优的设计。

（3）产品详细设计阶段　详细设计是将机电一体化产品方案（主要是机械运动方案、控制方案等）具体转化为产品及其零部件的合理构形，也就是要完成产品的总体设计、部件和零件设计以及电气系统设计。

详细设计时要求零件、部件设计满足机械的功能要求，零件结构形状要便于制造加工，常用零件尽可能标准化、系列化、模块化，总体设计还应满足总功能、人机工程、造型美学、包装和运输等方面的要求。

（4）设计定型阶段　该阶段的主要任务是对调试成功的系统进行工艺定型，整理出设计图样、软件清单、零部件清单、元器件清单及调试记录等；编写设计说明书，为产品投产时的工艺设计、材料采购和销售提供详细的技术档案资料。

纵观系统的设计流程，设计过程的各阶段均贯穿着围绕产品设计的目标所进行的"基本原理—总体布局—细部结构"三次循环设计，每一阶段均构成一个循环体，即以产品的规划为中心的可行性设计循环；以产品的最佳方案为中心的概念性设计循环；以产品性能和结构优化为中心的技术性设计循环。循环设计使产品设计在可行性规划和论证的基础上求得最佳方案，再在最佳方案的基础上进行技术优化，使系统设计的效率和质量大大地提高。

8.2　激光加工机的设计（实例1）

8.2.1　概述

激光加工机一般包括激光振荡器及其电源、光学系统（导光和聚焦系统）、机床本体辅助系统（冷却、吹气装置）等四大部分。图8-2为二氧化碳激光加工机结构示意图。

主要设计技术参数如下：

1）θ轴（主轴）的周向加工速度（$100 \sim 300 \text{mm/min}$可调）。

2）x轴（进给轴）最大速度（6000mm/min）。

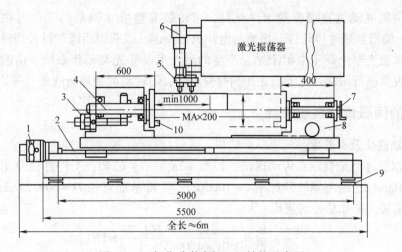

图 8-2 二氧化碳激光加工机结构示意图

1—x 轴用电动机 2—滚珠丝杠 3—θ 轴用电动机 4—主轴 5—转动喷嘴

6—导光辊 7—卡盘手柄 8—压紧移动手柄 9—底座 10—平衡块

3）θ 轴与 x 轴的加速时间（0.5s）。

4）x 向最大移动量（2000mm）。

5）θ 向最大回转角（180°）。

6）θ 轴周向和 x 轴的最小设定单位（脉冲当量 0.01mm/p）。

7）定位精度（±0.1mm 以内）。

8）传感器（旋转编码器）（1000p/r）。

图 8-3 所示为 θ 轴和 x 轴系的半闭环伺服传动系统。

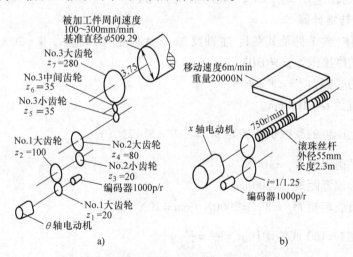

图 8-3 θ 轴和 x 轴系的半闭环伺服传动系统

a）θ 轴系传动系统 b）x 轴系传动系统

θ 轴系由交流伺服电动机通过三级齿轮传动减速，使工件仅在 180° 范围内回转，如图 8-3a 所示，电动机轴上装有编码器进行角位移检测和反馈。

为了说明直流伺服电动机的选用和计算方法，不妨假设 x 轴系不是用交流伺服电动机，而是用直流伺服电动机直接驱动滚珠丝杠、带动装有整个 θ 轴系的工作台往复运动，如图 8-3b 所示。编码器通过齿轮传动增速与电动机轴相连，以获得所需的脉冲当量。

YA6 固体激光器由高压电源激励，产生的激光束经导光与聚焦系统、由激光头输出的斑照射工件表面进行切割。为了防止切割材料燃烧，用转动喷嘴进行吹氮气保护。

8.2.2　轴的伺服传动系统设计

1. 总传动速比及其分配

（1）根据脉冲当量确定总传动速比　如图 8-3a 所示，已知：工件直径 D 上的周向脉冲当量 $\delta = 0.01\text{mm/p}$，编码器的分辨率 $s = 1000\text{p/r}$，工件基准直径 $D = 509.29\text{mm}$。根据周向脉冲当量的定义，可知总传动速比 i 为

$$i = \frac{2\pi}{\delta s} \times \frac{D}{2} = \frac{2\pi}{0.01 \times 1000} \times \frac{506.29}{2} \approx 160$$

（2）传动速比的分配　由于整个 θ 轴系在 x 轴系的工作台上，且有周向定位精度要求，因此，各级传动速比应按重量最轻和输出轴转角误差最小的原则来分配，故三级传动速比分别为

$$i_1 = \frac{z_2}{z_1} = \frac{100}{20} = 5 \quad i_2 = \frac{z_4}{z_3} = \frac{80}{20} = 4 \quad i_3 = \frac{z_7}{z_6} \times \frac{z_6}{z_5} = \frac{280}{35} \times \frac{35}{35} = 8$$

2. 转速计算

已知：工件直径 D 的圆周速度 $v_1 = 100 \sim 300\text{mm/min}$，则工件转速 n_1 为

$$n_1 = \frac{60v_1}{\pi D} = \frac{60 \times (100 \sim 300)}{\pi \times 509.29}\text{r/min} = (3.75 \sim 11.25)\text{r/min}$$

电动机所需的转速 $n_m = n_1 \times i = (600 \sim 1800)\text{r/min}$

3. 等效负载转矩计算

已知：回转体（含工件及其夹具、主轴及 No.3 大齿轮等）的重力 $W = 2000\text{N}$。

1）主轴承的摩擦因数 $\mu = 0.02$。

2）主轴承的摩擦力 $f = \mu W = 40\text{N}$。

3）主轴承直径 $D = 100\text{mm}$。

4）主轴承上产生的摩擦负载转矩 $M_f = \frac{1}{2}D \times F = 2\text{N} \cdot \text{m}$。

5）工件不平衡重力 $W_1 = 100\text{N}$。

6）工件重心偏置距离 $l = 200\text{mm}$。

7）不平衡负载转矩 $M_L = W_1 l = 2000\text{N} \cdot \text{cm} = 20\text{N} \cdot \text{m}$。

8）传动速比 $i = 160$ 或传动比 $\mu = \frac{1}{i} = \frac{1}{160}$。

9）换算到电动机轴上的等效负载转矩 M_{eL}（含齿轮传动链的损失 20%）为

$$M_{eL} = (M_f + M_L) \times 1.2 \times \mu = 0.165\text{N} \cdot \text{m}$$

4. 等效转动惯量计算

（1）传动系统 J_1　齿轮、轴类和工件的详细尺寸省略，各元件的 J 值见表 8-1，从该表可知，换算到电动机轴上的 $J_1 = 8.8\text{kg} \cdot \text{cm}^2$。

（2）工件 J_2 外径 $D_1 = 519mm$，内径 $d = 483mm$，长度 $l = 2000mm$ 的半圆筒形三合板，其重力 $W = 450N$，换算到电动机轴的工件 $J_2 = 1.36kg \cdot cm^2$。

（3）等效转动惯量 J_e $J_e = J_1 + J_2 = 10.16kg \cdot cm^2 = 0.1016 \times 10^{-2} kg \cdot cm^2$。

表 8-1 θ 轴传动系统的 J 值

传动件名称	No. 1 小齿轮	No. 1 大齿轮	No. 2 小齿轮	No. 2 大齿轮	No. 3 小齿轮	No. 3 中间齿轮（2 个）	No. 3 大齿轮（2 个）	工件
节圆直径 D/mm	40	200	40	160	70	70	460	519（内径 483）
宽度或长度 B/mm	30	20	30	25	40	40	30	2000
材料	钢材	钢材	钢材	钢材	钢材	钢材	钢材	三合板
轴与轴承等的 J/(kg · cm²)	1.02	132.77			495.68		31704.13	34582.06
转速 n/(r/min)	600	120			30		3.75	3.75
减速比 N	1/1	1/5			1/20		1/160	1/160
换算到电动机轴上的 J/kg · cm²	1.02	5.30			1.24		1.24	1.36
换算到电动机上的 J 值合计 J/kg · cm²	8.8							
	10.16							

5. 初选伺服电动机

由于该伺服电动机长期连续工作在变负载之下，故先按方均根负载初选电动机，其工作循环如图 8-3 所示（已知 $t_1 = t_2 = 0.5s$）。

$$M_{Lr} = \sqrt{\frac{M_{eL}^2 t_1 + (-M_{eL})^2 t_2}{t_1 t_2}} = \sqrt{\frac{0.165^2 \times 0.5 + 0.165^2 \times 0.5}{0.5 + 0.5}} N \cdot m = 0.165N \cdot m$$

计算所需伺服电动机功率（已知传动系统 $\eta = 0.95$，$n_{Lr} = n_m = 1800r/min$）为

$$P_m \approx (1.5 \sim 2.5) \frac{0.165 \times n_{Lr}}{159 \times 0.95} = (1.5 \sim 2.5) \frac{0.165 \times 1800}{159 \times 0.95 \times 60} kW = (0.049 \sim 0.082) kW$$

查有关手册，初选 IFT50 ~ 2 型交流伺服电动机，其额定转矩 $M_N = 0.75N \cdot m$，额定转速 $n_N = 2000r/min$，转子惯量 $J_m = 1.2 \times 10^{-4} kg \cdot m^2$，显然 $J_2/J_m > 3$，影响伺服电动机的灵敏度和响应时间。于是决定改选北京凯奇拖动控制系统有限公司生产的中惯量交流伺服电动机 SM02，其功率为 0.3kW，额定转矩 $M_N = 2N \cdot m$，最高转速 $n_{max} = 2000r/min$，$J_m = 4.2 \times 10^{-4} kg \cdot m^2$，$J_e/J_m = 2.4 < 3$。

6. 计算电动机需要的转矩 M_m

已知：加速时间 $t_1 = 0.5s$，电动机转速 $n_m = 600r/min$，根据动力学公式，电动机所需的转矩 M_m 为

$$M_m = M_a + M_{eL} = \frac{2\pi}{60} (J_m + J_e) \frac{n_m}{t_1 \eta} + M_{eL}$$

$$= \left[\frac{\pi}{30} (4.2 \times 10^{-4} + 0.1016 \times 10^{-2}) \times \frac{600}{0.5 \times 0.95} + 0.165 \right] N \cdot m = 0.355N \cdot m$$

可见，当电动机的转速 $n_m = 1800 r/min$ 时，电动机所需的转矩 $M_m = 0.835 N \cdot m$，远小于 SM02 交流伺服电动机的额定转矩（$M_N = 2N \cdot m$），伺服电动机是安全的。

7. 伺服电动机发热校核

已知：$M_1 = -M_2 = M_M$，参见图 8-4，其方均根转矩 M_{Lr} 为

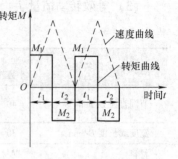

$$M_{Lr} = \sqrt{\frac{M_1^2 t_1 + (-M_2)^2 t_2}{t_1 + t_2}} = M_m = (0.355 \sim 0.735) N \cdot m$$

故有

$$\frac{M_N}{M_{Lr}} = \frac{2}{0.355} \sim \frac{2}{0.735} = (5.6 \sim 2.7) \geqslant 1.26$$

这表明该电动机的转矩能满足要求。

图 8-4　激光加工机工作循环图

8. 定位精度分析

θ 轴伺服系统虽然是半闭环控制，但除了电动机以外，仍是开环系统。因此，其定位精度主要取决于 θ 轴的齿轮传动系统，与电动机本身的制造精度关系不大。

根据误差速比原理，仅要求末级齿轮的传动精度较高。当要求周向定位精度 $\Delta = \pm 0.1 mm$ 时，则相当于主轴上的转角误差 $\Delta\theta$ 为

$$\Delta\theta = \frac{\Delta}{D/2} \times \frac{180}{\pi} = \frac{0.1 \times 2}{509.92} \times \frac{180°}{\pi} = 135'$$

由此可选择齿轮的传动精度。

8.2.3　x 轴的伺服传动系统设计

1. 根据脉冲当量确定丝杠导程 t_{sP} 或中间齿轮传动速比 i

如图 8-3b 所示，已知：线位移脉冲当量 $\delta = 0.01 mm/p$，编码器的分辨率 $s = 1000 p/r$，相当于该轴上的每个脉冲步距角 $\theta_b = \frac{360°}{1000} = 0.36°/p$，换算到电动机轴上 $\theta_m = \theta_b \times 1.25 = 0.45°/p$，电动机接驱动丝杠时，其中间齿轮传动速比 $i = 1$。根据线位移脉冲当量的定义，可知

$$t_{sP} = \delta i \times \frac{360°}{\theta_m} = 0.01 mm/p \times 1 \times \frac{360°}{0.45°/p} = 8 mm$$

2. 所需的电动机转速计算

已知：线速度 $v_2 = 6000 mm/min$，所需的电动机转速 n_m 为

$$n_m = \frac{v_2}{v_1} = \frac{6000 mm/min}{8 mm} = 750 r/min$$

因此，编码器轴上的转速 $n\frac{n_m}{1.25} = 600 r/min$。

3. 等效负载转矩计算

已知：移动体（含工件、整个 θ 轴系和工作台）的重力 $W = 20000N$，贴塑导轨的摩擦因数 $\mu = 0.065$，移动时的摩擦力 $f_1 = \mu W = 1300N$，滚珠丝杠传动副的效率 $\eta = 0.9$，根据机械效率公式，换算到电动机轴上所需的转矩 M_1 为

$$M_1 = \frac{\mu W t_{sP}}{2\pi\eta} = \frac{0.065 \times 20000 \times 0.008}{2\pi \times 0.9}\text{N}\cdot\text{m} = 1.839\text{N}\cdot\text{m}$$

由于移动体的重量很大，滚珠丝杠传动副必须事先预紧，其预紧力为最大轴向载荷的 $1/3$ 时，其刚度增加 2 倍，变形量减小 $1/2$。

预紧力 $F_2 = \frac{1}{3}f_1 = 433.33\text{N}$，螺母内部的摩擦因数 $\mu_m = 0.3$，因此，滚珠丝杠预紧后的摩擦转矩 M_2 为

$$M_2 = \mu_m \frac{F_2 t_{sP}}{2\pi} = 0.3 \times \frac{433.33 \times 0.008}{2\pi}\text{N}\cdot\text{m} = 0.1656\text{N}\cdot\text{m}$$

在电动机轴上的等效负载转矩 M_{eL} 为

$$M_{eL} = M_1 + M_2 = 2.0056\text{N}\cdot\text{m}$$

4. 等效转动惯量计算

（1）换算到电动机轴上的移动体 J_1　根据运动惯量换算的动能相等原则，得

$$J_1 = \frac{W}{g}\left(\frac{t_{sP}}{2\pi}\right)^2 = \frac{20000}{9.81}\times\left(\frac{0.8}{2\pi}\right)^2\text{kg}\cdot\text{cm}^2 = 0.3308\times10^{-2}\text{kg}\cdot\text{m}^2$$

（2）换算到电动机轴上的传动系统 J_2　该传动系统（含滚珠丝杠、齿轮及编码器等）的 J_2，其计算结果为

$$J_2 = 2.12\text{kg}\cdot\text{m}^2$$

因此，换算到电动机轴上的等效转动惯量 J_e 为

$$J_e = J_1 + J_2 = （0.3305 + 2.12）\times10^{-2}\text{kg}\cdot\text{m}^2 = 2.45\times10^{-2}\text{kg}\cdot\text{m}^2$$

5. 初选直流伺服电动机的型号

由于 $M_{eL} = 2.0056\text{N}\cdot\text{m}$ 和 $J_e = 2.45\times10^{-2}\text{kg}\cdot\text{m}^2$，查表 8-2，初选电动机型号为 CN-800-10，$M_N = 8.30\text{N}\cdot\text{m}$，$J_m = 0.91\times10^{-2}\text{kg}\cdot\text{m}^2$，则有 $J_e/J_m = \frac{2.45}{0.91} = 2.69 < 3$，$n_N = 1000\text{r/min}$，$n_{max} = 1500\text{r/min}$。

表 8-2　日本三洋直流伺服电动机规格参数

参　　数	C-100-20	C-200-20	CN-400-10	CN-800-10
1. 额定输出功率 P_R/kW	0.12	0.23	0.45	0.85
2. 额定电枢电压 E_R/V	70	60	105	100
3. 额定转矩 M_N/N·cm	117	225	440	830
4. 额定电枢电流 I_N/A	3.1	5.8	5.6	11
5. 额定转速 n_N/(r/min)	1 000	1 000	1 000	1 000
6. 连续失速转矩 M_s/N·cm	145	290	550	1 050
7. 瞬时最大转矩 M_{PS}/N·cm	1 300	2 600	4 000	8 000
8. 最大转速 n_{max}/(r/min)	2 000	2 000	1 500	1 500
9. 比功率 Q/(kW/s)	1.32	2.92	3.22	7.4
10. 转矩常数 K_T/(N·cm/A)	46	46	92	92
11. 感应电压常数 K_E/(V·kr/min)	47.5	47.5	95	95

（续）

参　　数	C-100-20	C-200-20	CN-400-10	CN-800-10
12. 转子惯量 $J_m / kg \cdot m^2$	0.10×10^{-2}	0.17×10^{-2}	0.59×10^{-2}	0.91×10^{-2}
13. 电枢阻抗 R_a / Ω	4.7	1.65	2.2	0.78
14. 电枢电感 L_a / mH	11	4.5	8	3.7
15. 机械时间常数 t_m / ms	23	15	16	10
16. 电气时间常数 t_e / ms	2.4	2.7	3.8	4.7
17. 热稳定常数 h_{th} / min	45	50	60	70
18. 热阻抗 $R_{th} /(℃/W)$	1.5	1.0	0.75	0.6
19. 电枢线圈温度上限/℃	130	130	130	130
20. 绝缘等级	F 级			
21. 励磁方式	永久磁铁			
22. 冷却方式	全封闭制冷			

6. 计算电动机需要的转矩 M_m

已知：加速时间 $t_1 = 0.5s$，电动机转速 $n_m = 750 r/min$，滚珠丝杠传动效率 $\eta = 0.9$，根据动电动机所需的转矩 M_m 为

$$M_m = M_a + M_{eL} = \frac{2\pi}{60}(J_m + J_e)\frac{n_m}{t_1 \eta} + M_{eL}$$

$$= \left[\frac{2\pi}{60}(0.91 \times 10^{-2} + 2.45 \times 10^{-2})\frac{750}{0.5 \times 0.9} + 2.0046\right] N \cdot m \approx 7.87 N \cdot m$$

7. 伺服电动机的确定

（1）伺服电动机的安全系数检查　与 θ 轴系相同，$M_{Lr} = M_m = 7.87 N \cdot m$，故有

$$M_N / M_{Lr} = \frac{8.30}{7.78} = 1.055 > 1.26$$

由于该电动机的安全系数很小，必须检查电动机的温升。

（2）热时间常数检查　已知：$t_P = 1s$，$t_{th} = 70min$，故 $t_P \leqslant \frac{1}{4} t_{th}$。

（3）电动机的 ω_n 和 ζ 检查　已知：$t_m = 10ms$，$t_e = 4.7ms$，则有

$$\omega_n = \sqrt{\frac{1}{t_m t_e}} = \sqrt{\frac{1}{10 \times 10^{-3} \times 4.7 \times 10^{-3}}} rad/s \approx 145.9 rad/s > 80 rad/s$$

$$\zeta = \frac{1}{2}\sqrt{\frac{t_m}{t_e}} = \frac{1}{2}\sqrt{\frac{10 \times 10^{-3}}{4.7 \times 10^{-3}}} \approx 0.729$$

该 ζ 值比较接近最佳阻尼比 $\zeta_0 = 0.707$。

8. 电动机温升检查

在连续工作循环条件下，检查电动机的温升。

（1）加速时的电枢电流 I_e

$$I_e = \frac{M_m}{K_T}$$

式中　K_T——电动机转矩常数，查表 8-2，$K_T = 92\text{N} \cdot \text{cm/A}$，所以

$$I_e = \frac{M_m}{K_T} = \frac{787}{92}\text{A} = 8.55\text{A}$$

（2）温升的第一次估算　当温度为 t_1 时，对应的电枢电阻 R_{at} 为

$$R_{at} = R_{20}[1 + 3.93 \times 10^{-3}(t_1 - 20)]$$

式中　R_{20}——20℃时的电枢电阻。

由表 8-2 查得 $R_{20} = 0.78\Omega$。

设 $t_1 = 60℃$，则有

$$R_{at} = 0.78 \times [1 + 3.93 \times 10^{-3}(60 - 20)]\Omega = 0.9\Omega$$

在该温度下的电功率损耗 P_e 为

$$P_e = I_a^2 R_{at} = (8.55\text{A})^2 \times 0.9\Omega = 65.79\text{W}$$

由表 8-2 查得热阻抗 $R_{th} = 0.6℃/\text{W}$，因此，电枢的温升 $\Delta t_1 = P_e R_{th} = 65.79\text{W} \times 0.6℃/\text{W}$ $= 39.47℃$。若环境温度为 25℃，则电枢温度为 64.47℃，以此温度作为第二次估算的基础。

（3）温升的第二次估算　设 $t_1 = 65℃$，则有

$$R_{at} = 0.78 \times [1 + 3.93 \times 10^{-3}(65 - 20)]\Omega = 0.917\Omega$$

电功率损耗 $P_e = I_a^2 R_{at} = 67.1\text{W}$

电枢温升 $\Delta t_2 = P_e R_{th} = 40℃$。若环境温度为 25℃，则电枢温度为 65℃，与假设温度一致。

（4）温升的第三次估算　设 $t_1 = 83℃$（热带地区），则有

$$R_{at} = 0.78 \times [1 + 3.93 \times 10^{-3}(83 - 20)]\Omega = 0.973\Omega$$

电功率损耗 $P_e = I_a^2 R_{at} = 71.16\text{W}$

电枢温升 $\Delta t_3 = P_e R_{th} \approx 43℃$。若环境温度为 40℃，则电枢温度为 83℃，与假设温度基本一致。

查手册可知，对于电枢绕组绝缘等级为 F 级的电动机，当环境温度为 40℃时，电动机的温升限值可达 100℃。因此，该电动机的安全系数虽然较小，在设计参数范围内，仍正常使用。

9. 电动机起动特性检查

（1）直线运动中的加速度计算　在等加速的直线运动过程中，其加速度 a（m/s^2）为

$$a = \frac{v - v_0}{60t_a}$$

式中　v——加速过程的终点速度（m/min）；

v_0——初始速度（m/min）。

已知：$v = 6\text{m/min}$，$v_0 = 0$，$t_a = 0.5\text{s}$，则有

$$a = \frac{v}{60t_a} = \frac{6}{60 \times 0.5}\text{m/s}^2 = 0.2\text{m/s}^2$$

（2）加速距离计算　在等加速运动中，其移动距离 S 为

$$S = v_0 t_a + \frac{1}{2}at_a^2$$

已知：$v_0 = 0$，$a = 0.2\text{m/s}^2$，$t_a = 0.5\text{s}$，则有

$$S = \frac{1}{2}at_a^2 = \frac{1}{2} \times 0.2\,\mathrm{m/s^2} \times (0.5\,\mathrm{s})^2 = 0.025\,\mathrm{m} = 25\,\mathrm{mm}$$

（3）等加速运动的调节特性　若 $a = 0.2\,\mathrm{m/s^2}$ 保持不变，则对电动机所需的转矩毫无影响。对于不同的线速度要求，其加速时间与距离是不同的，即具有调节特性。例如：

a）$v = 100\,\mathrm{mm/min}$，则有 $t_a = 8.33 \times 10^{-3}\,\mathrm{s}$，$S = 6.94 \times 10^{-3}\,\mathrm{mm}$。

b）$v = 600\,\mathrm{mm/min}$，则有 $t_a = 0.05\,\mathrm{s}$，$S = 0.25\,\mathrm{mm}$。

10. 定位精度分析

与 θ 轴系精度分析相同，x 轴系的定位精度主要取决于滚珠丝杠传动的精度和刚度，它与电动机制造精度的关系不大。

已知定位精度 $\Delta = 0.1\,\mathrm{mm}$，一般按 $\Delta_s = \left(\frac{1}{3} \sim \frac{1}{2} \right)\Delta = (0.033 \sim 0.05)\,\mathrm{mm}$ 选择丝杠的累积误差，并计算丝杠的刚度所产生的位移误差。

激光加工机的工艺力是非常小的，但要重视滚珠丝杠的精度和刚度，以免产生过大的变形误差，这通常是激光加工机设计失败的重要原因。

8.3　机械手自动控制（实例2）

1. 设计任务书

简易型机械手设计自动控制方案，要求采用 PLC 控制。

2. 控制要求与控制方案

（1）控制要求　机械手自动操作完成将工件由 A 点移向 B 点的动作，其示意图如图 8-5 所示。机械手每个工作臂上都有上、下限位和左、右限位开关，而其夹持装置不带限位开关。一旦夹持开始，定时器起动，定时结束，夹持动作随即完成。机械手到达 B 点后，将工件松开的时间也是由定时器控制的，定时结束时，表示工件已松开。

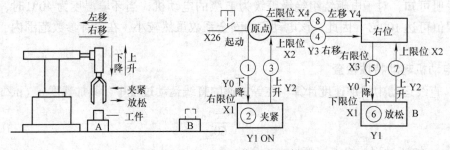

图 8-5　机械手的动作要求示意图

（2）控制方案　本例采用 FX$_2$ 型 PLC 控制，有关输入、输出点在 PLC 内的分配，如图 8-6 所示，机械手的动作过程如下：

当按下起动按钮时，机械手从原点开始下降，下降到底时碰到下限位开关（X1 接通），下降停止，同时接通定时器，机械手开始夹紧工件，定时结束夹紧完成。机械手上升，上升到顶时，碰到上限位开关（X2 接通），上升停止。机械手右移，至碰到右限位开关（X3 接通）时，右移停止。机械手下降，下降到底时，碰到下限位开关（X1 接通），下降停止。同时接通定时器，机械手放松工件，定时结束，工件已松开。机械手上升，上升到顶碰到上限位开关（X2 接通）时，上升停止。机械手左移，到原点碰到左限位开关（X4 接通）时，左移停止。于是机械手动作的一个周期结束。机械手自动操作流程图如图 8-7 所示。

图 8-6　机械手控制 I/O 分配图

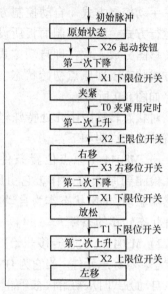

图 8-7　自动控制流程图

状态转移图如图 8-8 所示。

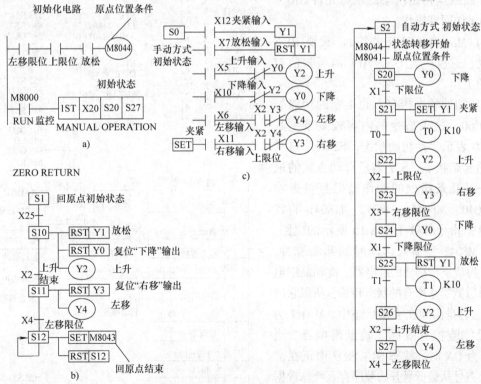

图 8-8　状态转移图

a）初始化状态　b）回原点初始状态　c）手动方式状态　d）自动方式状态

273

图 8-9 是机械手控制的操作面板示例。由图可见，此机械手可分为 3 种控制方式：手动控制方式、自动控制方式和半自动运行方式。根据控制面板所设，可将状态转移图分成 4 块：即自动方式状态、手动方式状态、回原点初始状态、初始化状态，如图 8-9 所示。

对状态转移图中几处特殊辅助继电器及特殊功能说明如下：

1）M8044（原点位置条件）。此元件在检测到原点时动作。它由原点的各传感器驱动，ON 状态作为自动方式时的允许状态转移的条件。

2）M8041（状态转移开始）。它是一个状态转移标志元件。当它为 ON 状态时，表示自动方式时从初始状态开始转移。

3）M8043（回原点完成）。这是一个标志元件。当它为 ON 时，表示原点状态结束，回原点初始状态的状态元件 S10 ~ S19 都将作回零操作。

4）M8000（RUN 监控）。只要 RUN 按钮动，它就一直 ON，用此信号来监控 PLC 的工作。

5）初始状态指令。此指令的功能号为 FNC60。这条指令的内容较复杂。其中的 S0 表示手动初始状态，S2 表示自动方式的起始状态，S27 表示自动方式的最终状态。此条指令的动作结果直接影响了 M8040、M8041、M8042、M8041 的状态。这条指令等效于图 8-10 所示的电路。其中，M8042 为输入起动时的起动脉冲。M8040 为禁止转移辅助继电器。此辅助继电器接通后就禁止所有的状态转移，所以它的 ON 状态总是出现在手动状态中。M8047 为状态元件监控有效标志辅助继电器。当 M8047 为 ON 时，状态 S0 ~ S899 中正在动作的状态号从最低号开始顺序存入特殊数据寄存器 D8040 ~ D8047，最多可存 8 个状态号。机械手状态转移图对应程序如下：

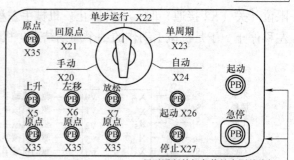

图 8-9　机械手控制的操作面板

```
0   LD    X   4        32  LD    S   4        64  STL   S  21
1   AND   X   2        33  AND   X   2        65  SET   Y   1
2   ANI   X   2        34  SET   S  10        66  OUT   T   0
3   OUT M8044                                           K  10
                       36  STL   S  10        69  LD    X  22
5   LD  M8000          37  RST   Y   1        70  SET   S  22
6   FNC   60           38  RST   Y   0
          X  20        39  OUT   Y   2        72  STL   S  22
          S  20        40  LD    X   2        73  OUT   Y   2
          S  27        41  SET   S  11        74  LD    X   2
13  STL   S   0                               75  SET   S  23
14  LD    X  12        43  STL   S  11
15  SET   Y   1        44  RST   Y   3        77  STL   S  23
16  LD    X   7        45  OUT   Y   4        78  OUT   Y   3
17  RST   Y   1        46  LD    X   4        79  LD    X   2
18  RST   Y   1        47  SET   S  12        80  SET   S  24
19  ANT   Y   0
20  OUT   Y   2        49  STL   S  12        82  STL   S  24
                       50  RST M8041          83  OUT   Y   2
21  LD    X  10        52  RST   S  12        84  LD    X   1
22  ANT   Y   2                               85  SET   S  25
23  OUT   Y   3
                                              87  STL   S  25
24  LD    X   6        54  STL   S   2        89  RST   Y   1
25  AND   X   2        55  LD  M8041          89  OUT   T   0
26  ANT   Y   3        56  AND M8041                    K  10
27  OUT   Y   4        57  SET   S  21        92  LD    T   1
                                              93  SET   S  26
28  LD    X  11        59  STL   S  20
29  AND   X   2        60  OUT   Y   0        95  STL   S  26
30  ANT   Y   4        61  LD    X   1        96  OUT   Y   2
31  OUT   Y   5        62  SET   S  21        97  LD    X   2
    (RET)                                     98  SET   S  20

                                             100 STL   S  27
                                             101 OUT   Y   1
                                             102 LD    X   4
                                             103 OUT   S   2
                                             105 RET
                                             106 END
```

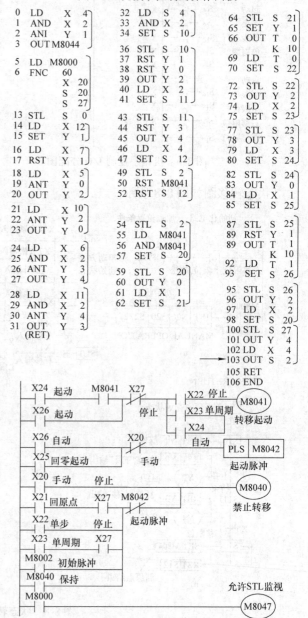

图 8-10　初始状态指令等效电路

8.4　单片机应用设计实例——机械预缩机预缩量的控制（实例 3）

8.4.1　预缩量的数字控制

织物在染整加工中始终处在经向拉伸状态，使织物经向伸长纬向收缩，这样制成成品后缩水率很高，为此要经过预缩处理才能成为成品。

预缩机通常由进布→给湿→加热→纬向拉宽→三辊预缩→松式烘干→落布等单元组成。预缩加工主要在三辊预缩机上完成，三辊橡胶毯预缩机的构成如图 8-11 所示。

当织物进入加热辊与胶毯的接触面时，由于胶毯内侧的收缩作用，使紧贴在它上面的织物一起收缩，并被加热辊熨烫，达到预缩效果。显然，由于机械预缩机的特殊加工工艺，前后两单元机之间不允许设置松紧架之类的检测环节，并且为了达到预定的预缩效果（预缩量），运行中必须能正确地控制预缩单元的进布速 v_1 与出布速 v_2 的速差，从而实现工艺所要求的预缩量控制。

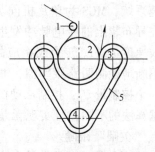

图 8-11　三辊橡胶预缩机的构成
1—进布加压辊　2—加热承压辊　3—出布辊
4—橡胶毯调节辊　5—橡胶毯

德国门富式机械预缩机采用数字调速系统实现预缩量控制，其控制系统原理如图 8-12 所示。图 8-12 中，GD 为给定积分器，VFC 为压频变换器，它将输入的给定电压转换成给定频率 f_g，作为全机的总给定。f_g 经可控分频器输出各单元机所需的分给定频率 f'_{g1}、f'_{g2}……，所以 GD、VFC 与可控分频器一起构成高精度可调频率源，而 f'_g 与反馈频率 f_{f1} 一起加入可逆计数器，其结果经 D-A 转换输出，构成数字稳速系统。只要调节各单元机的频率给定 f'_g，即可控制各单元机之间的速差。这里把预缩单元作为主令机，其余为从动机。只要调节 RP_2，使拉幅单元的频率给定 f'_{g2} 大于预缩单元的频率给定 f'_{g3} 即可实现预缩运行。

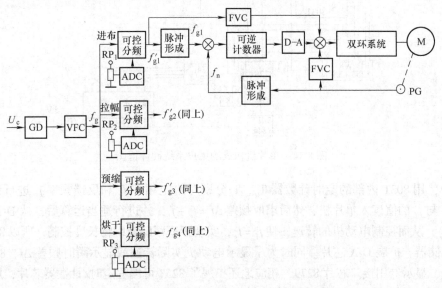

图 8-12　门富式机械预缩机控制系统原理图

图 8-12 所示的控制系统与前面介绍的热定型机中的超喂控制系统的原理完全一样。实际上预缩控制和超喂控制一样，都是传动单元的速差控制。

8.4.2 用 MCS-51 系列单片机实现预缩量控制

在联合机传动控制中，超喂、欠喂都属于同步运行，只是速差不同，显然用微机来实现这种控制具有更大的灵活性。

1. 微机控制同步运行原理

图 8-13 为这种系统的原理框图，图中，M_1 为主令单元，M_2 为从动单元，KZ_1、KZ_2 为原双闭环调速系统，MCS 为单片机同步控制板。F_1、F_2 为装在导布辊上的光电脉冲发生器，它将织物的实际线速度 v_1、v_2 转换成相应的频率 f_1、f_2，单片机不断地检测两路频率值，并根据差值 $f_1 - f_2$ 输出一个控制量 U_k，控制从动机 M_2 跟随主令机 M_1。根据算法的不同，可实现无差跟随，或实现"超喂"、"欠喂"跟随。

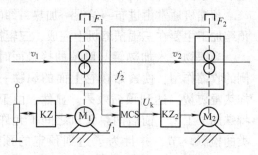

图 8-13 单片机预缩量控制框图

2. 单片机控制的硬件电路

用 8031 单片机构成的用户系统硬件框图如图 8-14 所示。

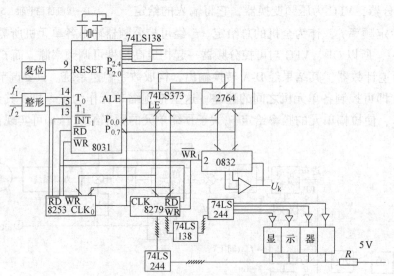

图 8-14 单片机构成的用户系统硬件框图

图中，用 8031 内部的定时计数器 T_0、T_1 分别对给定频率 f_g 和反馈频率 f_f 进行计数，并定时把 f_g 与 f_f 的值读入单片机，然后求取频差 $\Delta f = f_g - f_f$，并进行适当运算后，从 D-A 输出控制电压 U_k，从而控制电动机的转速，使 $f_f = f_g$，实现频率跟踪或织物长度控制，所以 8031 需扩展外部存储器，扩展 D-A 芯片。同时为了显示电动机实际转速或显示瞬时频差 Δf，8031 还扩展了键盘、显示专用接口芯片 8279，相应地还扩展了 8253 可编程定时/计数器芯片，用来产生秒脉冲定时中断信号，以得到正确的转速值。图中的其他环节在下面叙述中逐一介绍。

（1）片外程序存储器 8031 本身没有片内存储器，外接一片 2764 作片外存储器，其地址的高 8 位接 8031 的 P₂ 口，低 8 位经地址锁存器 74LS373 与单片机的 P₀ 口相连，8031 的地址锁存允许端 ALE 与 74LS373 的 S 端相连，用来传递锁存命令，ALE 的下降沿把 P₀ 口送来的地址锁入 74LS373，而 74LS373 的输出允许端 $\overline{OE}$ 是接地的，所以其输入输出之间是直通的。8031 的 PSEN 接存储器的输出允许端 $\overline{OE}$，用来传递存储器读选通信号。

（2）DAC 0832 与 8031 的接口 DAC 0832 是一个具有两级输入数据寄存器的 8 位 D-A 转换芯片。这里仅一路模拟量输出，所以采用单缓冲器工作方式，输出转换时间为 1ms。0832 与 8031 的接口逻辑如图 8-15 所示。

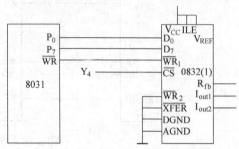

图 8-15　0832 与 8031 的接口点电路

0832 为电流输出，图中，I_{out1} 为电流输出端 1，I_{out2} 为电流输出端 2，R_{fb} 为反馈信号输入端。V_{CC} 为 0832 主电源，可取 5V～15V，V_{REF} 为基准电源，为简单起见，这里 V_{REF} 与 V_{CC} 连在一起，用同一电源供电。这里把模拟地 AGND 与数字地 DGND 连在一起。片选端 $\overline{CS}$ 接系统地址译码器 74LS139 的 Y₄ 端，这里 D-A 芯片的口地址为 8400H。其余控制端：数据允许锁存端 ILE、DAC 寄存器写选通端 $\overline{WR_2}$ 以及数据传送端 $\overline{XFER}$ 直接接成有效状态。

（3）8279 及其与 8031 的接口 8279 与 8031 的接口如图 8-16 所示。本系统中，只利用了 8279 的显示功能，所以只介绍与显示有关的模块功能，没有用到的引脚与模块不再说明。

8279 的显示部分按扫描方式工作，可显示 8 位或 16 位 LED 显示块。按 8279 的内部结构，与显示有关的内部电路有如下几个部分，这里简单叙述其功能及使用方法。

1）I/O 控制及数据缓冲器：数据缓冲器是三态双向缓冲器，它连接着内部与外部总线，用来传送 CPU 与 8279 之间的命令或数据。I/O 控制线是 CPU 实现对 8279 进行控制的引线，其中 $\overline{CS}$ 是 8279 的片选信号，当 $\overline{CS}=0$ 时，8279 才被允许读出或写入信息；$\overline{WR}$、$\overline{RD}$ 为来自 CPU 的读、写控制信号；A₀ 被用来区分信息特性，当 A₀=1 时，表示数据缓冲器输入为指令，而输出为状态字，当 A₀=0 时，输入、输出均为数据。

2）时序控制逻辑：控制与定时寄存器用来存放键盘与显示的工作方式，以及由 CPU 编程决定的其他操作方式。寄存器接收并锁存送来的命令，通过译码即产生相应的控制功能。

3）基本计数器：定时控制包含了基本计数器，其首级计数器是一个可编程的 N 分频器，分频系数 N 可编程为 2～31 之间的任一数，这样可对 CLK 上输入的时钟进行 N 分频，以得到内部所需的 100kHz 时钟，然后将 100kHz 再进行分频可得到键扫描频率和显示扫描时间。

4）扫描计数器：扫描计数器有两种工作方式。一种是编码工作方式，这时计数器以二进制方式计数，4 位计数器的状态直接从扫描线 SL₀～SL₃ 上输出，所以必须由外部译码器对 SL₀～SL₃ 进行译码，以产生对键盘和显示器的扫描信号。另一种是译码工作方式，这时对计数器的低两位进行译码后从 SL₀～SL₃ 上输出，作为 4 位显示器的扫描信号，所以只有 RAM 的前 4 个字符被显示出来。编码方式中扫描输出线高电平有效，译码方式中则低电平有效。

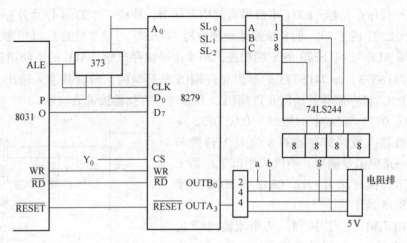

图 8-16   382793 与 8031 的接口电路

5）显示 RAM 和显示地址寄存器：显示 RAM 用来存储显示数据，容量为 16×8 位，显示过程中，存储的显示数据轮流从显示寄存器输出，显示寄存器的输出与显示扫描相配合，不断从显示 RAM 中读出显示数据，同时轮流驱动被选中的显示器件。显示地址寄存器用来寄存由 CPU 进行读/写显示 RAM 的地址，它可以由命令设定，也可以设置成每次读出或写入后自动递增。

（4）8279 的软件编程   8279 的初始化程序框图及显示器更新的程序框图如图 8-17 所示。

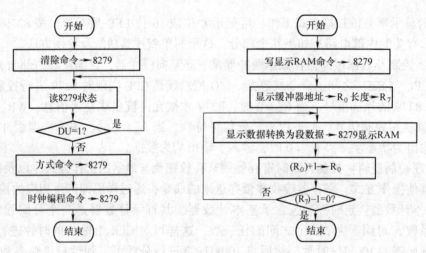

图 8-17   8279 的初始化程序框图

系统通过对 8279 编程写入 8279 的控制命令来选择其工作方式。8279 在编程中设置的控制命令有如下 4 条。

1）键盘/显示方式设置命令字：该命令字用来设定键盘与显示的工作方式。该命令字的格式为

D_7	D_6	D_5	D_4	D_3	D_2	D_1	D_0
0	0	0	D	D	K	K	K

其中，$D_7 D_6 D_5 = 000$ 为命令字特征位；$D_4 D_3$ 为显示器工作方式选择位；$D_2 D_1 D_0$ 为键盘、显示方式选择位。

这里 $D_4 D_3$ 显示方式定义如下：

　　　0　0　为 8 个字符显示，左入口；

　　　0　1　为 16 个字符显示，左入口；

　　　1　0　为 8 个字符显示，右入口；

　　　1　1　为 16 个字符显示，右入口。

所谓左（右）入口是指显示位置从最左（右）一位开始，依次输入显示字符逐个向右（左）排列。

命令字中的 $D_2 D_1 D_0$ 键盘、显示方式定义在本系统中没有用到，在此不介绍。

本系统中该命令字设置为 10H，为 8×8 字符显示，右边输入。

2）程序时钟命令；该命令用来设定对外部输入 CLK 端的时钟进行分频的分频系数 N。N 取值为 2~31。8279 需要 100kHz 的内部时钟信号。该信号来自 8031 的 ALE 端，8031 的晶振频率为 6MHz，而 ALE 的输出频率为晶振的 1/6，所以本系统中取分频系数为 10。

该命令字格式为

　　　D_7　D_6　D_5　D_4　D_3　D_2　D_1　D_0

　　　0　　0　　1　　P　　P　　P　　P　　P

其中，$D_7 D_6 D_5$ 为命令字特征位；$D_4 D_3 D_2 D_1 D_0$ 为分频系数。

本系统中该命令字设置为 2AH。

3）写显示 RAM 命令：在 CPU 将要显示的数据写入 8279 的显示 RAM 之前，必须先用该命令来设定将要写入的显示 RAM 的地址。

该命令格式为

　　　D_7　D_6　D_5　D_4　D_3　D_2　D_1　D_0

　　　1　　0　　0　　AI　A　　A　　A　　A

其中，$D_7 D_6 D_5$ 为命令字特征位；D_4 为自动增量特征位，AI =1，则每次写入后地址自动增 1，指向下次写入地址；$D_3 D_2 D_1 D_0$ 为显示 RAM 缓冲单元。

本系统中该命令字为 90H。

4）清除命令：当 CPU 将清除命令写入 8279 时，显示缓冲器被清成初始状态，同时也能清除键输入标志和中断请求标志。命令字格式为

　　　D_7　　D_6　　D_5　　D_4　　D_3　　D_2　　D_1　　D_0

　　　1　　　1　　　0　　CD　　CD　　CD　　CF　　CA

其中，$D_7 D_6 D_5$ 为命令字特征位；$D_4 D_3 D_2$ 为设定清除显示 RAM 的方式。当 $D_4 D_3 D_2 = 100$ 时，将显示 RAM 全部清零；D_1 用来置空 FIFO 存储器，当 $D_1 = 1$ 时，在执行清除命令后，FIFO RAM 被置空，使中断输出线复位；D_0 为总清特征位，$D_0 = 1$ 为总清。

本系统中该命令字为 0D1H。

（5）8253 的接口与编程　8253 与 8031 的接口比较简单，硬件电路这里不再单独画出。8253 是可编程的定时/计数器，它有 3 个独立的 16 位计数器。计数频率为 0~2MHz，每个计数器有两个输入和一个输出线，它们分别是时钟 CLK、门控 GATE 和输出 OUT。当计数器减为零时，OUT 输出相应信号。从门控线输入的信号用来起动计数器或禁止计数。

每个计数器都有 6 种工作方式，这 6 种方式的计数减量、门控作用、输出信号的波形都不同。计数器的工作方式及计数常数分别由软件编程来设定，可进行二进制或二至十进制计数或定时操作。工作方式的设定由 CPU 向控制寄存器写入控制字实现。

控制字格式为

D_7	D_6	D_5	D_4	D_3	D_2	D_1	D_0
SC1	SC2	RL1	RL0	M_2	M_1	M_0	BCD

（6）接口芯片的地址分配 上述接口的地址经 74LS138 译码器统一分配。8031 与 138 之间的连接如图 8-18 所示。

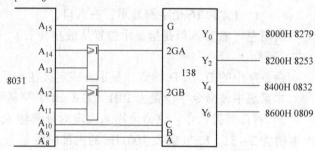

可见，74LS138 译码后的地址为 8000H ~ 87FFH。各芯片的地址分配为：8279 芯片 8000H；8253 芯片 8200H；0832 芯片 8400H。

图 8-18 8031 与 138 之间的连接图

（7）其他硬件电路 除上述硬件电路外，系统中还有时钟电路、复位电路、整形电路和防干扰电路等。

时钟由石英晶体与其外接电容构成并联谐振回路，接到 8031 的 XTAL$_1$、XTAL$_2$ 端构成自激振荡器。

图 8-19 为系统开关复位电路，图中，R_1、C 构成上电自动复位电路，SB 为手动复位按钮。为使输入脉冲宽度和前、后沿符合要求，采用 CD40106 作整形电路。

在系统设计中，为了防止受到干扰，系统设计了相应硬件电路，如图 8-20 所示。这是一个由单稳态电路构成的漏脉冲检测电路，在系统主程序中加入了相应的语句，使 8031 的 $P_{1.7}$ 引脚每隔 Δt 的时间输出一个脉冲，去触发单稳电路 CD4528，即 8031 的 $P_{1.7}$ 输出一个频率为 $f = \dfrac{1}{\Delta t}$ 的脉冲列。显然，当系统受到某种干扰，程序不能正常执行或出现"非"运行时，$P_{1.7}$ 的输出脉冲将丢失或消失。

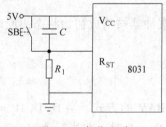

图 8-19 复位电路

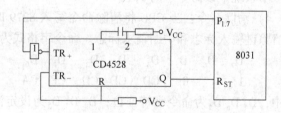

图 8-20 漏脉冲检测电路

该系统中，系统程序正常执行一个循环的时间为 4 ~ 6ms，即 $P_{1.7}$ 输出脉冲的周期 Δt = 4 ~ 6ms，为此设计单稳电路的延迟时间为 7ms，一旦系统程序运行失控，延迟超过 7ms 仍没有触发脉冲到来，则单稳电路输出正跳变信号，使系统复位。

3. 系统软件设计

运行过程中，单片机以一定的采样间隔采集给定脉冲 f_1（或主令机编码脉冲）和被控

电动机的反馈脉冲 f_2，对其偏差信号 $\Delta f = (f_1 - f_2)$ 进行一定运算后，输出控制量 U_k 去控制从动机跟随给定值或跟随主令机。常用的控制算法是 PI 运算，可实现无差调节。

采用不同的偏差算式可获得不同的同步方案。例如：若对偏差 Δf 进行 PI 运算，则最后偏差为零，实现 $f_1 = f_2$ 的同步方式；若对 $\Delta f = [f_1 - (f_2 + x)]$ 进行 PI 运算，则控制的结果是 $f_1 = f_2 + x$，实现 $f_1 > f_2$ 的超喂运行。根据 x 的取值、采样周期以及编码器每周的脉冲数，可计算得相应的超喂量。反之，根据工艺上所要求的超喂量及已知其他参数，可折算出偏差值 x。同理，若对算式 $\Delta f = [f_1 - (f_2 - x)]$ 进行 PI 运算，则可获得欠喂运行。

实际控制中，由于 8031 单片机字长和运行速度的限制，以及编码器周脉冲数的限制，在编程中采用可变采样周期的运行方式，提高了系统稳定性。具体采样时间由调试确定，一般确定采样周期不大于 10ms。高速时，根据分段范围缩短采样周期；低速时，以自然累计方式自动延长采样周期。实验表明，这种设计思想使系统运行稳定。系统主程序软件流程如图 8-21 所示。

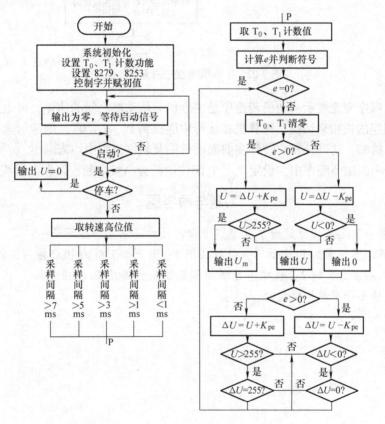

图 8-21　系统主程序软件流程图

图中"转速高位值"是指电动机转速"百"位值，如"7"指 700r/min。为避免计数器溢出，程序中设计了满位保护，一旦计数器计满 255，将产生中断申请，在中断服务程序中将 8031 的 T_1、T_0 计数器同时清零。系统有两个中断服务程序：一个是显示车速或速差中断服务程序；另一个是满位保护中断服务程序。两个中断服务程序的流程如图 8-22 所示。

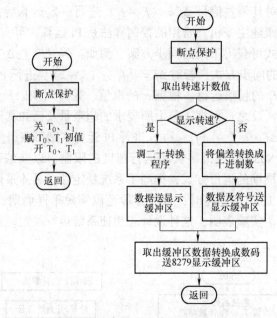

图 8-22　中断服务程序的流程如图

显示程序究竟显示从动机转速还是主令机与从动机之间的速差，可由操作人员按动与 8031 $P_{1.6}$ 相连的按钮来切换。计算机在运行中巡检到 $P_{1.6}$ ＝ "0"，则显示速差，否则显示转速。为节省篇幅，这部分软、硬件在前面硬件图及软件流程中均未画出。

上述两个中断服务程序中，设定 T_0、T_1 满位中断为高级中断，以保证系统正常运行。

习题与思考题

8.1　机电一体化系统设计通常有哪些步骤？设计要注意哪些问题？

8.2　试用前面所学的 PLC 知识，设计实例 1：激光加工机的 PLC 控制系统。

8.3　本应用设计实例 2：机械手自动控制系统设计是用 PLC 控制的，能否用单片机控制？如果能，请设计用单片机控制。

参 考 文 献

[1] 吴振顺. 液压控制系统 [M]. 北京：高等教育出版社，2008.

[2] 芮延年. 机电传动控制 [M]. 北京：机械工业出版社，2006.

[3] 胡胜海. 机械系统设计 [M]. 哈尔滨：哈尔滨工程大学出版社，2009.

[4] 高安邦，田敏，成建生. 机电一体化系统实用案例精选 [M]. 北京：中国电力出版社，2010.

[5] 刘建华，张静之. 传感器与 PLC 应用 [M]. 北京：科学出版社，2009.

[6] 杨帮文. 控制电机技术与选用手册 [M]. 北京：中国电力出版社，2010.

[7] 王国彪. 纳米制造前沿综述 [M]. 北京：科学出版社，2009.

[8] 计时鸣. 机电一体化控制技术与系统 [M]. 西安：西安电子科技大学出版社，2009.

[9] 刘杰. 机电一体化技术基础与产品设计 [M]. 北京：冶金工业出版社，2010.

[10] 杨欣，王玉风，刘湘黔，张延强. 51 单片机应用实例详解 [M]. 北京：清华大学出版社，2010.

[11] 中村政俊，后藤聪，久良修郭. 机电一体化伺服系统控制——工业应用中的问题及其理论解答 [M]. 张涛，译. 北京：清华大学出版社，2012.

[12] 郑堤，唐可洪. 机电一体化设计基础 [M]. 北京：机械工业出版社，2011.

[13] 俞竹青. 机电一体化系统设计 [M]. 北京：电子工业出版社，2011.

[14] 梁景凯，盖玉先. 机电一体化技术与系统 [M]. 北京：机械工业出版社，2011.

[15] 黄筱调，赵松年. 机电一体化技术基础及应用 [M]. 北京：机械工业出版社，2011.

[16] D 穆斯，等. 机械设计 [M]. 孔建益，译. 北京：机械工业出版社，2012.

[17] 张策. 机械原理与机械设计 [M]. 北京：机械工业出版社，2011.

[18] 黄平，朱文坚. 机械设计基础——理论、方法与标准 [M]. 北京：清华大学出版社，2012.

[19] 马履中. 机械原理及设计 [M]. 北京：机械工业出版社，2009.

[20] 芮延年. 机电一体化系统综合设计及应用实例 [M]. 北京：中国电力出版社，2011.

[21] 张建民. 机电一体化系统设计 [M]. 北京：高等教育出版社，2010.

[22] 罗伯特 H 毕夏普. 机电一体化导论 [M]. 方建军，译. 北京：机械工业出版社，2009.

[23] 李永海. 机电一体化系统设计 [M]. 北京：中国电力出版社，2012.

[24] 王金娥，罗生梅. 机电一体化课程设计指导书 [M]. 北京：北京大学出版社，2012.

[25] 陈荷娟. 机电一体化系统设计 [M]. 北京：北京理工大学出版社，2013.

[26] 王纪坤，李学哲. 机电一体化系统设计 [M]. 北京：国防工业出版社，2013.

[27] 向中凡. 机电一体化基础 [M]. 重庆：重庆大学出版社，2013.

[28] 唐文彦. 传感器 [M]. 北京：机械工业出版社，2011.

[29] 胡向东. 传感器与检测技术 [M]. 北京：机械工业出版社，2009.

[30] 秦志强，谭立新，刘遥生. 现代传感器技术及应用 [M]. 北京：电子工业出版社，2010.

[31] Andrzej M Pawlak. 机电系统中的传感器与驱动器——设计与应用 [M]. 许良军，译. 北京：机械工业出版社，2012.

[32] 郑锋. 51 单片机典型应用开发范例大全 [M]. 北京：中国铁道出版社，2011.

[33] 李朝青，刘艳玲. 单片机原理及接口技术 [M]. 北京：北京航空航天大学出版社，2013.

[34] 王晓明. 电动机的单片机控制 [M]. 北京：北京航空航天大学出版社，2011.

[35] 向晓汉，王宝银. 三菱 FX 系列 PLC 完全精通教程 [M]. 北京：化学工业出版社，2012.

[36] 张豪. 三菱 PLC 应用案例解析 [M]. 北京：中国电力出版社，2012.

[37] 王永华. 现代电气控制及 PLC 应用技术 [M]. 北京：北京航空航天大学出版社，2013.